目　錄
CONTENTS

營建法規＆建築相關法系示意圖

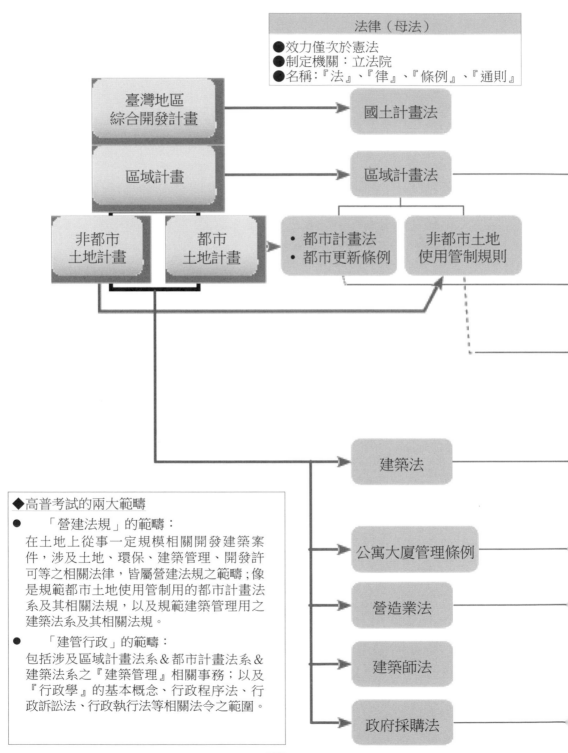

法律（母法）
- ●效力僅次於憲法
- ●制定機關：立法院
- ●名稱：『法』、『律』、『條例』、『通則』

臺灣地區綜合開發計畫 → 國土計畫法

區域計畫 → 區域計畫法

非都市土地計畫　都市土地計畫 → ・都市計畫法　・都市更新條例　　非都市土地使用管制規則

建築法

公寓大廈管理條例

營造業法

建築師法

政府採購法

◆高普考試的兩大範疇
- ● 「營建法規」的範疇：
  在土地上從事一定規模相關開發建築案件，涉及土地、環保、建築管理、開發許可等之相關法律，皆屬營建法規之範疇；像是規範都市土地使用管制用的都市計畫法系及其相關法規，以及規範建築管理用之建築法系及其相關法規。
- ● 「建管行政」的範疇：
  包括涉及區域計畫法系＆都市計畫法系＆建築法系之『建築管理』相關事務；以及『行政學』的基本概念、行政程序法、行政訴訟法、行政執行法等相關法令之範圍。

行政命令（子法）
●效力次於憲法及法律
●制定機關：行政院或行政院所屬部會
●名稱：『規程』、『規則』、『細則』、『要點』、『辦法』、『標準』、『準則』

- 區域計畫法施行細則

- 都市計畫法台灣省施行細則
- 都市計畫定期通盤檢討實施辦法
- 都市計畫容積轉移實施辦法
- 新訂擴大變更都市計畫禁建期間特許興建或繼續施工辦法
- 都市計畫公共設施用地多目標使用辦法
- 都市更新建築容積獎勵辦法
- 都市更新權利變換實施辦法
- 都市更新條例施行細則
- 都市計畫公共設施保留地臨時建築使用辦法
- 都市更新建築容積獎勵辦法

- 非都市土地使用管制規則
- 非都市土地開發影響費徵收辦法
- 農業發展條例施行細則
- 農業用地興建農舍辦法

- 建築技術規則
- 建築物室內裝修管理辦法
- 實施區域計畫地區建築管理辦法
- 建築基地法定空地分割辦法
- 造執照及雜項執照規定項目審查及簽證項目抽查作業要點
- 建築物部分使用執照核發辦法
- 建築物使用類組及變更使用辦法
- 建築物公共安全檢查簽證及申報辦法
- 違章建築處理辦法
- 內政部審議行政院交議特種建築物申請案處理原則
- 實施都市計畫以外地區建築物管理辦法
- 建築物無障礙設施設計規範

- 公寓大廈管理服務人管理辦法
- 公寓大廈規約範本

- 營造業法施行細則
- 營繕工程承攬契約應記載事項實施辦法
- 營造業承攬工程造價限額工程規模範圍申報淨值及一定期間承攬總額認定辦法

- 公共工程技術服務契約範本
- 公共工程施工品質管理作業要點
- 外國廠商參與非條約協定採購處理辦法
- 政府採購法施行細則
- 公共工程施工品質管理制度

※ 本書條列之法規為重點解析精選，並非將法條全數列舉。

01

中央法規標準法

◆法律常見用語

①得：乃係任意的規定，「得」為如何之行為，亦「得」不為如何之。

②應：為強行適用之規定，適用該法規條文之事物除非有但書明定之例外，否則不能排除其規定之適用。

③以上、以下、以內：凡法律明文規定有以上、以下、以內之計算基準者，俱連本數計算。例如建築技術規則建築施工編第 14 條規定「建築物高度不得超過基地面前道路寬度之 1.5 倍加 6 公尺」，若建築物高度恰好為基地面前道路寬度之 1.5 倍加 6 公尺亦不算超過該規定。

④沒入、沒收：沒入為訴訟法或行政法上之處分，如違警法第 22 條之沒入違禁物等，沒收則為刑法上之從刑，如刑法第 38 條之規定等。

⑤但書：在法規條文中，對於上半段所規定的，於下半段中指出例外之規定或附加一定條件之條件而以但字開頭之句子。

⑥法令：就狹義而言，由立法院制定，經總統公布的法律稱為『法』，由行政機關制定的命令稱為『令』。

⑦處分：乃對於特定人或特定物之法律關係所為之處理或決定之一方行為而言。

⑧準用、適用：「適用」與「準用」之應用法律範圍不同，「適用」為完全享有及受限於對原指定身分之人的所有法律、法條規定，「準用」則只就某事項所定之法規，於性質不相抵觸之範圍內而應用其部分條文。

⑨罰金、罰鍰：『罰鍰』為行政罰、對於違反各種行政法規所科之罰款為『罰鍰』，『罰金』則為財產刑之一種、乃法院令犯罪人繳納一定金額之刑罰。罰鍰縱令違法人依法繳納千元亦不算入犯罪前科，但如受法院判處罰金 1 元亦算犯罪。

⑩不溯既往：對於法律之適用只限於該法律公布施行後的行為，即對舊法時期之行為，新法無回溯處分之效力。

中央法規標準法

| 中華民國 93 年 05 月 19 日 |

重點 1. 總則

★★☆#1 【立法目的】
中央法規之制定、施行、適用、修正及廢止,除憲法規定外,依本法之規定。

★★★#2 【法律得定名為】
法律得定名為法、律、條例或通則。

★★★#3 【命令之種類】
各機關發布之命令,得依其性質,稱規程、規則、細則、辦法、綱要、標準或準則。

重點 2. 法規之制定

★☆☆#4 【制定程序】
法律應經立法院通過,總統公布。

★★★#5 【應以法律定之】
左列事項應以法律定之:
一、憲法或法律有明文規定,應以法律定之者。
二、關於人民之權利、義務者。
三、關於國家各機關之組織者。
四、其他重要事項之應以法律定之者。

★★☆#6 【應以法律規定之事項】
應以法律規定之事項,不得以命令定之。

★☆☆#7 【法定職權 / 法律授權】
各機關依其法定職權或基於法律授權訂定之命令,應視其性質分別下達或發布,並即送立法院。

★☆☆#11 【位階】
法律不得牴觸憲法,命令不得牴觸憲法或法律,下級機關訂定之命令不得牴觸上級機關之命令。

重點 3. 法規之施行

★☆☆#12 【施行日期】
法規應規定施行日期,或授權以命令規定施行日期。

★★☆#13 【公布或發布日施行者】
法規明定自公布或發布日施行者,自公布或發布之日起算至第 3 日起發生效力。

★★☆#14 【特定施行日】
法規特定有施行日期,或以命令特定施行日期者,自該特定日起發生效力。

重點 4. 法規之適用

★★☆#16 【優先適用性】
法規對其他法規所規定之同一事項而為特別之規定者,應優先適用之。其他法規修正後,仍應優先適用。

★★☆#17 【適用或準用】法規對某一事項規定適用或準用其他法規之規定者,其他法規修正後,

適用或準用修正後之法規。

★★★#18　【處理程序終結】
各機關受理人民聲請許可案件適用法規時,除依其性質應適用行為時之法規外,如在處理程序終結前,據以准許之法規有變更者,適用新法規。但舊法規有利於當事人而新法規未廢除或禁止所聲請之事項者,適用舊法規。

★☆☆#19　【國家遭遇非常事故】
法規因國家遭遇非常事故,一時不能適用者,得暫停適用其一部或全部。
法規停止或恢復適用之程序,準用本法有關法規廢止或制定之規定。

重點 5. 法規之修正與廢止

★★★#20　【有左列情形之一者,修正之】
法規有左列情形之一者,修正之:
一、基於政策或事實之需要,有增減內容之必要者。
二、因有關法規之修正或廢止而應配合修正者。
三、規定之主管機關或執行機關已裁併或變更者。
四、同一事項規定於二以上之法規,無分別存在之必要者。
法規修正之程序,準用本法有關法規制定之規定。

★★★#21　【有左列情形之一者,廢止之】
法規有左列情形之一者,廢止之:
一、機關裁併,有關法規無保留之必要者。
二、法規規定之事項已執行完畢,或因情勢變遷,無繼續施行之必要者。
三、法規因有關法規之廢止或修正致失其依據,而無單獨施行之必要者。
四、同一事項已定有新法規,並公布或發布施行者。

★★★#22　【廢止程序】
法律之廢止,應經立法院通過,總統公布。
命令之廢止,由原發布機關為之。
依前二項程序廢止之法規,得僅公布或發布其名稱及施行日期;並自公布或發布之日起,算至第 3 日起失效。

★★☆#23　【期滿廢止規定】
法規定有施行期限者,期滿當然廢止,不適用前條之規定。但應由主管機關公告之。

★★☆#24　【法律需要延長者】
法律定有施行期限,主管機關認為需要延長者,應於期限屆滿 1 個月前送立法院審議。但其期限在立法院休會期內屆滿者,應於立法院休會 1 個月前送立法院。
命令定有施行期限,主管機關認為需要延長者,應於期限屆滿 1 個月前,由原發布機關發布之。

★☆☆#25　【原發布命令機關裁併後廢止業務之承受】
命令之原發布機關或主管機關已裁併者,其廢止或延長,由承受其業務之機關或其上級機關為之。

02

區域計畫法系及相關法規

- 區域計畫法
- 區域計畫法施行細則
- 非都市土地使用管制規則
- 非都市土地開發影響費徵收辦法
- 農業發展條例
- 農業發展條例施行細則
- 農業用地興建農舍辦法

區域計畫法

｜中華民國 89 年 01 月 26 日｜

重點 **1.** 總則

★★★#1　【立法目的】
為促進土地及天然資源之保育利用，人口及產業活動之合理分布，以加速並健全經濟發展，改善生活環境，增進公共福利，特制定本法。

★★★#3　【定義】
本法所稱區域計畫，係指基於地理、人口、資源、經濟活動等相互依賴及共同利益關係，而制定之區域發展計畫。

★★☆#4　【主管機關】
區域計畫之主管機關：中央為內政部；直轄市為直轄市政府；縣（市）為縣（市）政府。
各級主管機關為審議區域計畫，應設立區域計畫委員會；其組織由行政院定之。

重點 **2.** 區域計畫之擬定、變更、核定與公告

★☆☆#5　【區域計畫擬定地區】
左列地區應擬定區域計畫：
一、依全國性綜合開發計畫或地區性綜合開發計畫所指定之地區。
二、以首都、直轄市、省會或省（縣）轄市為中心，為促進都市實質發展而劃定之地區。
三、其他經內政部指定之地區。

★★☆#6　【區域計畫擬定機關】
區域計畫之擬定機關如左：
一、跨越兩個省（市）行政區以上之區域計畫，由中央主管機關擬定。
二、跨越兩個縣（市）行政區以上之區域計畫，由中央主管機關擬定。
三、跨越兩個鄉、鎮（市）行政區以上之區域計畫，由縣主管機關擬定。
依前項第三款之規定，應擬定而未能擬定時，上級主管機關得視實際情形，指定擬定機關或代為擬定。

★☆☆#7　【區域計畫內容】
區域計畫應以文字及圖表，表明左列事項：
一、區域範圍。
二、自然環境。
三、發展歷史。
四、區域機能。
五、人口及經濟成長、土地使用、運輸需要、資源開發等預測。
六、計畫目標。
七、城鄉發展模式。
八、自然資源之開發及保育。
九、土地分區使用計畫及土地分區管制。
十、區域性產業發展計畫。
十一、區域性運輸系統計畫。
十二、區域性公共設施計畫。
十三、區域性觀光遊憩設施計畫。
十四、區域性環境保護設施計畫。

十五、實質設施發展順序。

十六、實施機構。

十七、其他。

★★★#9　【區域計畫法程序核定】

區域計畫依左列規定程序核定之：

一、中央主管機關擬定之區域計畫，應經中央區域計畫委員會審議通過，報請
行政院備案。

二、直轄市主管機關擬定之區域計畫，應經直轄市區域計畫委員會審議通過，
報請中央主管機關核定。

三、縣（市）主管機關擬定之區域計畫，應經縣（市）區域計畫委員會審議通
過，報請中央主管機關核定。

四、依第 6 條第二項規定由上級主管機關擬定之區域計畫，比照本條第一款程
序辦理。

★★☆#10　【公告實施及展示】

區域計畫核定後，擬定計畫之機關應於接到核定公文之日起 40 天內公告實施，
並將計畫圖說發交各有關地方政府及鄉、鎮（市） 公所分別公開展示；其展
示期間，不得少於 30 日。並經常保持清晰完整，以供人民閱覽。

★★☆#11　【區域計畫公告實施後之擬定變更】

區域計畫公告實施後，凡依區域計畫應擬定市鎮計畫、鄉街計畫、特定區計畫
或已有計畫而須變更者，當地都市計畫主管機關應按規定期限辦理擬定或變更
手續。未依限期辦理者，其上級主管機關得代為擬定或變更之。

★★★#13　【區域計畫法之變更】

區域計畫公告實施後，擬定計畫之機關應視實際發展情況，每 5 年通盤檢討一
次，並作必要之變更。但有左列情事之一者，得隨時檢討變更之：

一、發生或避免重大災害。

二、興辦重大開發或建設事業。

三、區域建設推行委員會之建議。

區域計畫之變更，依第 9 條及第 10 條程序辦理；必要時上級主管機關得比照
第 6 條第二項規定變更之。

★☆☆#14　【調查勘測】

主管機關因擬定或變更區域計畫，得派員進入公私土地實施調查或勘測。但設
有圍障之土地，應事先通知土地所有權人或其使用人；通知無法送達時，得以
公告方式為之。

為實施前項調查或勘測，必須遷移或拆除地上障礙物，以致所有權人或使用人
遭受損失者，應予適當之補償。補償金額依協議為之，協議不成，報請上級政
府核定之。

重點 3. 區域土地分區管制

★★★#15　【非都市土地分區管制】

區域計畫公告實施後，不屬第 11 條之非都市土地，應由有關直轄市或縣（市）
政府，按照非都市土地分區使用計畫，製定非都市土地使用分區圖，並編定各
種使用地，報經上級主管機關核備後，實施管制。變更之程序亦同。其管制規
則，由中央主管機關定之。

前項非都市土地分區圖，應按鄉、鎮（市）分別繪製，並利用重要建築或地形
上顯著標誌及地籍所載區段以標明土地位置。

★★★#15-1 【分區變更之程序】

區域計畫完成通盤檢討公告實施後，不屬第 11 條之非都市土地，符合非都市土地分區使用計畫者，得依左列規定，辦理分區變更：

一、政府為加強資源保育須檢討變更使用分區者，得由直轄市、縣（市）政府報經上級主管機關核定時，逕為辦理分區變更。

二、為開發利用，依各該區域計畫之規定，由申請人擬具開發計畫，檢同有關文件，向直轄市、縣（市）政府申請，報經各該區域計畫擬定機關許可後，辦理分區變更。

區域計畫擬定機關為前項第二款計畫之許可前，應先將申請開發案提報各該區域計畫委員會審議之。

★★★#15-2 【許可審議應符合之條件】

依前條第一項第二款規定申請開發之案件，經審議符合左列各款條件，得許可開發：

一、於國土利用係屬適當而合理者。

二、不違反中央、直轄市或縣（市）政府基於中央法規或地方自治法規所為之土地利用或環境保護計畫者。

三、對環境保護、自然保育及災害防止為妥適規劃者。

四、與水源供應、鄰近之交通設施、排水系統、電力、電信及垃圾處理等公共設施及公用設備服務能相互配合者。

五、取得開發地區土地及建築物權利證明文件者。

前項審議之作業規範，由中央主管機關會商有關機關定之。

★★★#15-3 【開發影響費】

申請開發者依第 15 條之一第一項第二款規定取得區域計畫擬定機關許可後，辦理分區或用地變更前，應將開發區內之公共設施用地完成分割移轉登記為各該直轄市、縣（市）有或鄉、鎮（市）有，並向直轄市、縣（市）政府繳交開發影響費，作為改善或增建相關公共設施之用；該開發影響費得以開發區內可建築土地抵充之。

前項開發影響費之收費範圍、標準及其他相關事項，由中央主管機關定之。

第一項開發影響費得成立基金；其收支保管及運用辦法，由直轄市、縣（市）主管機關定之。

第一項開發影響費之徵收，於都市土地準用之。

★★☆#15-4 【許可審議的期限及延長】

依第 15-1 條第一項第二款規定申請開發之案件，直轄市、縣（市）政府應於受理後 60 日內，報請各該區域計畫擬定機關辦理許可審議，區域計畫擬定機關並應於 90 日內將審議結果通知申請人。但有特殊情形者，得延長一次，其延長期間並不得超過原規定之期限。

★★☆#17 【因區域計畫而受損害之土地改良物之補償】

區域計畫實施時，其地上原有之土地改良物，不合土地分區使用計畫者，經政府令其變更使用或拆除時所受之損害，應予適當補償。補償金額，由雙方協議之。協議不成，由當地直轄市、縣（市）政府報請上級政府予以核定。

重點 4. 區域計畫之擬定、變更、核定與公告 —————————————————

★☆☆#18 【區域建設推行委員會之組成】

中央、直轄市、縣（市）主管機關為推動區域計畫之實施及區域公共設施之興

修，得邀同有關政府機關、民意機關、學術機構、人民團體、公私企業等組成區域建設推行委員會。

★★☆#19　【區域建設推行委員會之任務】

區域建設推行委員會之任務如左：

一、有關區域計畫之建議事項。

二、有關區域開發建設事業計畫之建議事項。

三、有關個別開發建設事業之協調事項。

四、有關籌措區域公共設施建設經費之協助事項。

五、有關實施區域開發建設計畫之促進事項。

六、其他有關區域建設推行事項。

區域計畫法施行細則

│ 中華民國 102 年 10 月 23 日 │

重點

★☆☆#3　【計畫年期】

各級主管機關依本法擬定區域計畫時，得要求有關政府機關或民間團體提供資料，必要時得徵詢事業單位之意見，其計畫年期以不超過 25 年為原則。

★☆☆#4　【區域範圍劃定條件】

區域計畫之區域範圍，應就行政區劃、自然環境、自然資源、人口分布、都市體系、產業結構與分布及其他必要條件劃定之。

直轄市、縣（市）主管機關之海域管轄範圍，由中央主管機關會商有關機關劃定。

★★★#5　【土地分區使用計畫包括事項及環境敏感地區】

本法第 7 條第九款所定之土地分區使用計畫，包括土地使用基本方針、環境敏感地區、土地使用計畫、土地使用分區劃定及檢討等相關事項。

前項所定環境敏感地區，包括天然災害、生態、文化景觀、資源生產及其他環境敏感等地區。

★★★#7　【區域土地使用管制】

區域土地應符合土地分區使用計畫，並依下列規定管制：

一、都市土地：包括已發布都市計畫及依都市計畫法第 81 條規定為新訂都市計畫或擴大都市計畫而先行劃定計畫地區範圍，實施禁建之土地；其使用依都市計畫法管制之。

二、非都市土地：指都市土地以外之土地；其使用依本法第 15 條規定訂定非都市土地使用管制規則管制之。

前項範圍內依國家公園法劃定之國家公園土地，依國家公園計畫管制之。

★★★#11　【非都市土地得劃定為下列各種使用區】

非都市土地得劃定為下列各種使用區：

一、特定農業區：優良農地或曾經投資建設重大農業改良設施，經會同農業主管機關認為必須加以特別保護而劃定者。

二、一般農業區：特定農業區以外供農業使用之土地。

三、工業區：為促進工業整體發展，會同有關機關劃定者。

四、鄉村區：為調和、改善農村居住與生產環境及配合政府興建住宅社區政　策之需要，會同有關機關劃定者。

五、森林區：為保育利用森林資源，並維護生態平衡及涵養水源，依森林法等有關法規，會同有關機關劃定者。

六、山坡地保育區：為保護自然生態資源、景觀、環境，與防治沖蝕、崩塌、地滑、土石流失等地質災害，及涵養水源等水土保育，依有關法規，會同有關機關劃定者。

七、風景區：為維護自然景觀，改善國民康樂遊憩環境，依有關法規，會同有關機關劃定者。

八、國家公園區：為保護國家特有之自然風景、史蹟、野生物及其棲息地，並供國民育樂及研究，依國家公園法劃定者。

九、河川區：為保護水道、確保河防安全及水流宣洩，依水利法等有關法規，會同有關機關劃定者。

十、海域區：為促進海域資源與土地之保育及永續合理利用，防治海域災害及環境破壞，依有關法規及實際用海需要劃定者。

十一、其他使用區或特定專用區：為利各目的事業推動業務之實際需要，依有關法規，會同有關機關劃定並註明其用途者。

【編定各種使用地】

直轄市、縣（市）主管機關依本法第 15 條規定編定各種使用地時，應按非都市土地使用分區圖所示範圍，就土地能供使用之性質，參酌地方實際需要，依下列規定編定，且除海域用地外，並應繪入地籍圖；其已依法核定之各種公共設施用地，能確定其界線者，並應測定其界線後編定之：

一、甲種建築用地：供山坡地範圍外之農業區內建築使用者。

二、乙種建築用地：供鄉村區內建築使用者。

三、丙種建築用地：供森林區、山坡地保育區、風景區及山坡地範圍之農業區內建築使用者。

四、丁種建築用地：供工廠及有關工業設施建築使用者。

五、農牧用地：供農牧生產及其設施使用者。

六、林業用地：供營林及其設施使用者。

七、養殖用地：供水產養殖及其設施使用者。

★★★#13

八、鹽業用地：供製鹽及其設施使用者。

九、礦業用地：供礦業實際使用者。

十、窯業用地：供磚瓦製造及其設施使用者。

十一、交通用地：供鐵路、公路、捷運系統、港埠、空運、氣象、郵政、電信等及其設施使用者。

十二、水利用地：供水利及其設施使用者。

十三、遊憩用地：供國民遊憩使用者。

十四、古蹟保存用地：供保存古蹟使用者。

十五、生態保護用地：供保護生態使用者。

十六、國土保安用地：供國土保安使用者。

十七、殯葬用地：供殯葬設施使用者。

十八、海域用地：供各類用海及其設施使用者。

十九、特定目的事業用地：供各種特定目的之事業使用者。

前項各種使用地編定完成後，直轄市、縣（市）主管機關應報中央主管機關核定；變更編定時，亦同。

★☆☆#15　【開發計畫】

本法第 15-1 條第一項第二款所稱開發計畫，應包括下列內容：

一、開發內容分析。

二、基地環境資料分析。

三、實質發展計畫。

四、公共設施營運管理計畫。

五、平地之整地排水工程。

六、其他應表明事項。

本法第 15-1 條第一項第二款所稱有關文件，係指下列文件：

一、申請人清冊。

二、設計人清冊。

三、土地清冊。

四、相關簽證（名）技師資料。

五、土地及建築物權利證明文件。

六、相關主管機關或事業機構同意文件。

七、其他文件。

前二項各款之內容，應視開發計畫性質，於審議作業規範中定之。

非都市土地使用管制規則
| 中華民國 111年 07月20日 |

重點 1. 總則

★★☆#2　【使用分區】

非都市土地得劃定為特定農業、一般農業、工業、鄉村、森林、山坡地保育、風景、國家公園、河川、海域、特定專用等使用分區。

★★☆#3　【使用地】

非都市土地依其使用分區之性質，編定為甲種建築、乙種建築、丙種建築、丁種建築、農牧、林業、養殖、鹽業、礦業、窯業、交通、水利、遊憩、古蹟保存、生態保護、國土保安、墳墓、海域、特定目的事業等使用地。

重點 2. 容許使用、建蔽率、容積率

★★☆#6　【非都市土定核准為臨時使用之規定】

非都市土地經劃定使用分區並編定使用地類別，應依其容許使用之項目及許可使用細目使用。但中央目的事業主管機關認定為重大建設計畫所需之臨時性設施，經徵得使用地之中央主管機關及有關機關同意後，得核准為臨時使用。中央目的事業主管機關於核准時，應函請直轄市或縣（市）政府將臨時使用用途及期限等資料，依相關規定程序登錄於土地參考資訊檔。

中央目的事業主管機關及直轄市、縣（市）政府應負責監督確實依核定計畫使用及依限拆除恢復原狀。

前項容許使用及臨時性設施，其他法律或依本法公告實施之區域計畫有禁止或限制使用之規定者，依其規定。

海域用地以外之各種使用地容許使用項目、許可使用細目及其附帶條件如附表一；海域用地容許使用項目及區位許可使用細目如附表一之一。

非都市土地容許使用執行要點，由內政部定之。

目的事業主管機關為辦理容許使用案件，得視實際需要，訂定審查作業要點。

★★★#8　【國土計畫之種類】

國土計畫之種類如下：

一、全國國土計畫。

二、直轄市、縣（市）國土計畫。

中央主管機關擬訂全國國土計畫時，得會商有關機關就都會區域或特定區

域範圍研擬相關計畫內容；直轄市、縣（市）政府亦得就都會區域或特定區域範圍，共同研擬相關計畫內容，報中央主管機關審議後，納入全國國土計畫。直轄市、縣（市）國土計畫，應遵循全國國土計畫。

國家公園計畫、都市計畫及各目的事業主管機關擬訂之部門計畫，應遵循國土計畫。

★★★#9 　【非都市土地建蔽率及容積率相關規定】

下列非都市土地建蔽率及容積率不得超過下列規定。但直轄市或縣（市）政府得視實際需要酌予調降，並報請中央主管機關備查：

一、甲種建築用地：建蔽率 60%。容積率 240%。
二、乙種建築用地：建蔽率 60%。容積率 240%。
三、丙種建築用地：建蔽率 40%。容積率 120%。
四、丁種建築用地：建蔽率 70%。容積率 300%。
五、窯業用地：建蔽率 60%。容積率 120%。
六、交通用地：建蔽率 40%。容積率 120%。
七、遊憩用地：建蔽率 40%。容積率 120%。
八、殯葬用地：建蔽率 40%。容積率 120%。
九、特定目的事業用地：建蔽率 60%。容積率 180%。

經區域計畫擬定機關核定之開發計畫，有下列情形之一，區內可建築基地經編定為特定目的事業用地者，其建蔽率及容積率依核定計畫管制，不受前項第九款規定之限制：

一、規劃為工商綜合區使用之特定專用區。
二、規劃為非屬製造業及其附屬設施使用之工業區。

依工廠管理輔導法第二十八條之十辦理使用地變更編定之特定目的事業用地，其建蔽率不受第一項第九款規定之限制。但不得超過百分之七十。

第一項以外使用地之建蔽率及容積率，由下列使用地之中央主管機關會同建築管理、地政機關訂定：

一、農牧、林業、生態保護、國土保安用地之中央主管機關：行政院農業委員會。
二、養殖用地之中央主管機關：行政院農業委員會漁業署。
三、鹽業、礦業、水利用地之中央主管機關：經濟部。
四、古蹟保存用地之中央主管機關：文化部。

★★☆#9-1 　【非擴大投資或產業升級之相關建蔽率及容積率規定】

依原獎勵投資條例、原促進產業升級條例或產業創新條例編定開發之工業區，或其他政府機關依該園區設置管理條例設置開發之園區，於符合核定開發計畫，並供生產事業、工業及必要設施使用者，其擴大投資或產業升級轉型之興辦事業計畫，經工業主管機關或各園區主管機關同意，平均每公頃新增投資金額（不含土地價款）超過新臺幣 4 億 5 千萬元者，平均每公頃再增加投資新臺幣 1 千萬元，得增加法定容積 1%，上限為法定容積 15%。

前項擴大投資或產業升級轉型之興辦事業計畫，為提升能源使用效率及設置再生能源發電設備，於取得前項增加容積後，並符合下列各款規定之一者，得依下列項目增加法定容積：

一、設置能源管理系統：2%。
二、設置太陽光電發電設備於廠房屋頂，且水平投影面積占屋頂可設置區域範圍 50% 以上：3%。

第一項擴大投資或產業升級轉型之興辦事業計畫，依前二項規定申請後，仍有增加容積需求者，得依工業或各園區主管機關法令規定，以捐贈產業空間或繳納回饋金方式申請增加容積。

第一項規定之工業區或園區，區內可建築基地經編定為丁種建築用地者，其容

積率不受第 9 條第一項第四款規定之限制。但合併計算前三項增加之容積，<u>其容積率不得超過 400%</u>。

第一項至第三項增加容積之審核，在中央由經濟部、科技部或行政院農業委員會為之；在直轄市或縣（市）由直轄市或縣（市）政府為之。

前五項規定應依第 22 條規定辦理後，始得為之。

重點 3. 土地使用分區變更

★★★#11　【應辦理土地使用分區變更】

非都市土地申請開發達下列規模者，應辦理土地使用分區變更：

一、申請開發社區之計畫達 50 戶或土地面積在 1 公頃以上，應變更為鄉村區。

二、申請開發為工業使用之土地面積達 10 公頃以上或依產業創新條例申請開發為工業使用之土地面積達 5 公頃以上，應變更為工業區。

三、申請開發遊憩設施之土地面積達 5 公頃以上，應變更為特定專用區。

四、申請設立學校之土地面積達 10 公頃以上，應變更為特定專用區。

五、申請開發高爾夫球場之土地面積達 10 公頃以上，應變更為特定專用區。

六、申請開發公墓之土地面積達 5 公頃以上或其他殯葬設施之土地面積達 2 公頃以上，應變更為特定專用區。

七、前六款以外開發之土地面積達 2 公頃以上，應變更為特定專用區。

前項辦理土地使用分區變更案件，申請開發涉及其他法令規定開發所需最小規模者，並應符合各該法令之規定。

申請開發涉及填海造地者，應按其開發性質辦理變更為適當土地使用分區，不受第一項規定規模之限制。

中華民國 77 年 7 月 1 日本規則修正生效後，同一或不同申請人向目的事業主管機關提出 2 個以上興辦事業計畫申請之開發案件，其申請開發範圍毗鄰，且經目的事業主管機關審認屬同一興辦事業計畫，應累計其面積，累計開發面積達第一項規模者，應一併辦理土地使用分區變更。

★★★#13　【辦理土地使用分區變更之程序】

非都市土地開發需辦理土地使用分區變更者，其申請人應依相關審議作業規範之規定製作開發計畫書圖及檢具有關文件，並依下列程序，向直轄市或縣（市）政府申請辦理：

一、申請開發許可。

二、相關公共設施用地完成土地使用分區及使用地之異動登記，並移轉登記為該管直轄市、縣（市）有或鄉（鎮、市）有。但其他法律就移轉對象另有規定者，從其規定。

三、申請公共設施用地以外土地之土地使用分區及使用地之異動登記。

四、山坡地範圍，依水土保持法相關規定應擬具水土保持計畫者，應取得水土保持完工證明書；非山坡地範圍，應取得整地排水完工證明書。但申請開發範圍包括山坡地及非山坡地範圍，非山坡地範圍經水土保持主管機關同意納入水土保持計畫範圍者，得免取得整地排水完工證明書。

填海造地及非山坡地範圍農村社區土地重劃案件，免依前項第四款規定取得整地排水完工證明書。

第一項第二款相關公共設施用地按核定開發計畫之公共設施分期計畫異動登記及移轉者，第一項第三款土地之異動登記，應按該分期計畫申請辦理變更為許可之使用分區及使用地。

★★★#14　【受理申請後之事項】

直轄市或縣（市）政府依前條規定受理申請後，應查核開發計畫書圖及基本資料，並視開發計畫之使用性質，徵詢相關單位意見後，提出具體初審意見，併同申請案之相關書圖，送請各該區域計畫擬定機關，提報其區域計畫委員會，依各該區域計畫內容與相關審議作業規範及建築法令之規定審議。

前項申請案經區域計畫委員會審議同意後，由區域計畫擬定機關核發開發許可予申請人，並通知土地所在地直轄市或縣（市）政府。

依前條規定申請使用分區變更之土地，其使用管制及開發建築，應依區域計畫擬定機關核發開發許可或開發同意之開發計畫書圖及其許可條件辦理，申請人不得逕依第 6 條附表一作為開發計畫以外之其他容許使用項目或許可使用細目使用。

★★☆#15　【土地使用分區變更】

非都市土地開發需辦理土地使用分區變更者，申請人於申請開發許可時，得依相關審議作業規範規定，檢具開發計畫申請許可，或僅先就開發計畫之土地使用分區變更計畫申請同意，並於區域計畫擬定機關核准期限內，再檢具使用地變更編定計畫申請許可。

申請開發殯葬、廢棄物衛生掩埋場、廢棄物封閉掩埋場、廢棄物焚化處理廠、營建剩餘土石方資源處理場及土石採取場等設施，應先就開發計畫之土地使用分區變更計畫申請同意，並於區域計畫擬定機關核准期限內，檢具使用地變更編定計畫申請許可。

★☆☆#17　【依法辦理有關法規】

申請土地開發者於目的事業事業法規另有規定，或依法需辦理環境影響評估、實施水土保持之處理及維護或涉及農業用地變更者，應依各目的事業、環境影響評估、水土保持或農業發展條例有關法規規定辦理。

前項環境影響評估、水土保持或區域計畫擬定等主管機關之審查作業，得採併行方式辦理，其審議程序如附表二及附表二之一。

★★★#23　【獲准開發許可後之程序】

申請人於獲准開發許可後，應依下列規定辦理；逾期未辦理者，區域計畫擬定機關原許可失其效力：

一、於收受開發許可通知之日起一年內，取得第 13 條第一項第二款、第三款土地使用分區及使用地之異動登記及公共設施用地移轉之文件，並擬具水土保持計畫或整地排水計畫送請水土保持主管機關或直轄市、縣（市）政府審核。但開發案件因故未能於期限內完成土地使用分區及使用地之異動登記、公共設施用地移轉及申請水土保持計畫或整地排水計畫審核者，得於期限屆滿前敘明理由向直轄市、縣（市）政府申請展期；展期期間每次不得超過 1 年，並以二次為限。

二、於收受開發許可通知之日起 10 年內，取得公共設施用地以外可建築用地使用執照或目的事業主管機關核准營運（業）之文件。但開發案件因故未能於期限內取得者，得於期限屆滿前提出展期計畫向直轄市、縣（市）政府申請核准後，於核准展期期限內取得之；展期計畫之期間不得超過 5 年，並以一次為限。

前項屬非山坡地範圍案件整地排水計畫之審查項目、變更、施工管理及相關申請書圖文件，由內政部定之。

申請人依第 13 條第一項或第三項規定，將相關公共設施用地移轉登記為該管直轄市、縣（市）有或鄉（鎮、市）有後，應依核定開發計畫所訂之公共設施分期計畫，於申請建築物之使用執照前完成公共設施興建，並經該管直轄市或縣（市）政府查驗合格，移轉予該管直轄市、縣（市）有或鄉（鎮、市）有。但

公共設施之捐贈及完成時間，其他法令另有規定者，從其規定。

前項應移轉登記為鄉（鎮、市）有之公共設施，鄉（鎮、市）公所應派員會同查驗。

★★☆#23-3 　【需辦理出流管制計畫者相關規定】

申請人獲准開發許可後，依水利法相關規定需辦理出流管制計畫者，免依第13條第一項第四款、第23條第一項第一款、第23條之一第一項及前條整地排水相關規定辦理。

★★☆#26 　【土地使用分區及使用地變更編定異動登記前應先完成之事項】

申請人於非都市土地開發依相關法規規定應繳交開發影響費、捐贈土地、繳交回饋金或提撥一定年限之維護管理保證金時，<u>應先完成捐贈之土地及公共設施用地之分割、移轉登記，並繳交開發影響費、回饋金或提撥一定年限之維護管理保證金後</u>，由直轄市或縣（市）政府函請土地登記機關辦理土地使用分區及使用地變更編定異動登記，並將核定事業計畫使用項目等資料，依相關規定程序登錄於土地參考資訊檔。

重點 4. 使用地變更編定

★★☆#27 　【變更編定原則】

土地使用分區內各種使用地，除依第三章規定辦理使用分區及使用地變更者外，應在原使用分區範圍內申請變更編定。

前項使用分區內各種使用地之變更編定原則，除本規則另有規定外，應依使用分區內各種使用地變更編定原則表如附表三辦理。

非都市土地變更編定執行要點，由內政部定之。

◆使用分區內各種使用地變更編定原則表

變更編定原則 ＼ 使用地類別 ＼ 使用分區	特定農業區	一般農業區	鄉村區	工業區	森林區	山坡地保育區	風景區	河川區	特定專用區
甲種建築用地	×	×	×	×	×	×	×	×	×
乙種建築用地	×	×	+	×	×	×	×	×	×
丙種建築用地	×	×	×	×	×	×	×	×	×
丁種建築用地	×	×	×	+	×	×	×	×	×
農牧用地	+	+	+	+	+	+	+	+	+
林業用地	×	+	×	×	+	+	+	×	+
養殖用地	×	+	×	×	+	+	+	×	+
鹽業用地	×	×	×	×	×	×	×	×	+
礦業用地	+	+	×	+	×	+	+	×	+
窯業用地	×	×	×	+	×	×	×	×	+
交通用地	×	+	+	+	×	+	+	+	+
水利用地	+	+	+	+	+	+	+	+	+
遊憩用地	×	+	+	×	×	+	+	×	+
古蹟保存用地	+	+	+	+	+	+	+	+	+
生態保護用地	+	+	+	+	+	+	+	+	+
國土保安用地	+	+	+	+	+	+	+	+	+
墳墓用地	×	+	×	×	×	+	+	×	+
特定目的事業用地	+	+	+	+	×	+	+	+	+

說明：
一、「×」為不允許變更編定為該類使用地。但本規則另有規定者，得依其規定辦理。
二、「＋」為允許依本規則規定申請變更編定為該類使用地。

★★☆#31 【非都市土地申請變更編定為丁種建築用地之相關規定】
工業區以外之丁種建築用地或都市計畫工業區土地有下列情形之一而原使用地或都市計畫工業區內土地確已不敷使用，經依產業創新條例第 65 條規定，取得直轄市或縣（市）工業主管機關核定發給之工業用地證明書者，得在其需用面積限度內以其毗連非都市土地申請變更編定為丁種建築用地：
一、設置污染防治設備。
二、直轄市或縣（市）工業主管機關認定之低污染事業有擴展工業需要。
前項第二款情形，興辦工業人應規劃變更土地總面積 10% 之土地作為綠地，辦理變更編定為國土保安用地，並依產業創新條例、農業發展條例相關規定繳交回饋金後，其餘土地始可變更編定為丁種建築用地。
依原促進產業升級條例第 53 條規定，已取得工業主管機關核定發給之工業用地證明書者，或依同條例第 70-2 條之第五項規定，取得經濟部核定發給之證明文件者，得在其需用面積限度內以其毗連非都市土地申請變更編定為丁種建築用地。
都市計畫工業區土地確已不敷使用，依第一項申請毗連非都市土地變更編定者，其建蔽率及容積率，不得高於該都市計畫工業區土地之建蔽率及容積率。
直轄市或縣（市）工業主管機關應依第 54 條檢查是否依原核定計畫使用；如有違反使用，經直轄市或縣（市）工業主管機關廢止其擴展計畫之核定者，直轄市或縣（市）政府應函請土地登記機關恢復原編定，並通知土地所有權人。

★☆☆#35-1 【變更編定為建築用地之相關規定】
非都市土地鄉村區邊緣畸零不整且未依法禁、限建，並經直轄市或縣（市）政府認定非作為隔離必要之土地，合於下列各款規定之一者，得在原使用分區內申請變更編定為建築用地：
一、毗鄰鄉村區之土地，外圍有道路、水溝或各種建築用地、作建築使用之特定目的事業用地、都市計畫住宅區、商業區、工業區等隔絕，面積在 0.12 公頃以下。
二、凹入鄉村區之土地，三面連接鄉村區，面積在 0.12 公頃以下。
三、凹入鄉村區之土地，外圍有道路、水溝、機關、學校、軍事等用地隔絕，或其他經直轄市或縣（市）政府認定具明顯隔絕之自然界線，面積在 0.5 公頃以下。
四、毗鄰鄉村區之土地，對邊為各種建築用地、作建築使用之特定目的事業用地、都市計畫住宅區、商業區、工業區或道路、水溝等，所夾狹長之土地，其平均寬度未超過 10 公尺，於變更後不致妨礙鄰近農業生產環境。
五、面積未超過 0.012 公頃，且鄰接無相同使用地類別。
前項第一款、第二款及第五款土地面積因地形坵塊完整需要，得為 10% 以內之增加。
第一項道路、水溝及其寬度、各種建築用地、作建築使用之特定目的事業用地之認定依前條第三項、第四項及第六項規定辦理。
符合第一項各款規定有數筆土地者，土地所有權人個別申請變更編定時，依前條第五項規定辦理。

直轄市或縣（市）政府於審查第一項各款規定時，得提報該直轄市或縣（市）非都市土地使用編定審議小組審議後予以准駁。

第一項土地於山坡地範圍外之農業區者，變更編定為甲種建築用地；於山坡地保育區、風景區及山坡地範圍內之農業區者，變更編定為丙種建築用地。

★★★#49-1　【專案小組審查及不得規劃作建築之相關規定】

直轄市或縣（市）政府受理變更編定案件時，除有下列情形之一者外，應組專案小組審查：

一、第 28 條第三項免擬具興辦事業計畫情形之一。

二、非屬山坡地變更編定案件。

三、經區域計畫委員會審議通過案件。

四、第 48 條第一項第二款、第三款情形之一。

專案小組審查山坡地變更編定案件時，其興辦事業計畫範圍內土地，經依建築相關法令認定有下列各款情形之一者，不得規劃作建築使用：

一、坡度陡峭。

二、地質結構不良、地層破碎、活動斷層或順向坡有滑動之虞。

三、現有礦場、廢土堆、坑道，及其周圍有危害安全之虞。

四、河岸侵蝕或向源侵蝕有危及基地安全之虞。

五、有崩塌或洪患之虞。

六、依其他法律規定不得建築。

★☆☆#53　【非都市土地之建築管理】

非都市土地之建築管理，應依實施區域計畫地區建築管理辦法及相關法規之規定為之；其在山坡地範圍內者，並應依山坡地建築管理辦法之規定為之。

◆附表一

使用地類別	容許使用項目
甲種建築用地 （15 項）	1.農產品集散批發運銷設施 2.農作產銷設施 3.畜牧設施 4.鄉村教育設施 5.住宅 6.日用品零售及服務設施 7.衛生及福利設施 8.行政及文教設施 9.公用事業設施 10.無公害性小型工業設施 11.宗教建築 12.再生能源相關設施 13.溫泉井及溫泉儲槽 14.兒童課後照顧服務中心 15.動物保護相關設施
乙種建築用地 （15 項＋5 項）	1.農產品集散批發運銷設施 2.農作產銷設施 3.畜牧設施 4.鄉村教育設施 5.住宅 6.日用品零售及服務設施 7.衛生及福利設施

使用地類別	容許使用項目
乙種建築用地 (15 項＋5 項)	8.行政及文教設施 9.公用事業設施 10.無公害性小型工業設施 11.宗教建築 12.再生能源相關設施 13.溫泉井及溫泉儲槽 14.兒童課後照顧服務中心 15.動物保護相關設施 16.安全設施 17.水產養殖設施 18.遊憩設施 19.交通設施 20.水源保護及水土保持設施
丙種建築用地 (15 項＋5 項＋3 項)	1.農產品集散批發運銷設施 2.農作產銷設施 3.畜牧設施 4.鄉村教育設施 5.住宅 6.日用品零售及服務設施 7.衛生及福利設施 8.行政及文教設施 9.公用事業設施 10.無公害性小型工業設施 11.宗教建築 12.再生能源相關設施 13.溫泉井及溫泉儲槽 14.兒童課後照顧服務中心 15.動物保護相關設施 16.安全設施 17.水產養殖設施 18.遊憩設施 19.交通設施 20.水源保護及水土保持設施 21.戶外遊憩設施 22.觀光遊憩管理服務設施 23.森林遊樂設施
丁種建築用地	1.工業設施 2.工業社區 3.再生能源相關設施 4.臨時堆置收納營建剩餘土石方 5.水庫、河川、湖泊淤泥資源再生利用臨時處理設施 6.依產業創新條例第三十九條規定，經核定規劃之用地使用 7.廢棄物資源回收儲存場及其相關設施 8.交通設施

榜首提點

非都市土地使用分區及使用地變更計畫及申請案件之審議流程圖

申請人 #13 #17 #23	製作開發計畫書圖及檢具有關文件: 1. 申請開發許可。 2. 山坡地:水土保持計畫者,取得水土保持完工證明書;非山坡地: 整地排水計畫完工證明書。 3. 環境影響評估書件。

↓

直轄市或 縣市政府 #14	1. 查核開發計畫書圖及基本資料。 2. 徵詢相關單位意見後,提出具體初審意見,併同申請案之相關書 圖,送請各該區域計畫擬定機關,提報其區域計畫委員會。

↓

區域計畫 擬定機關 #14	區域計畫委員會審議同意後, 由區域計畫擬定機關<u>核發開發許可</u>予申請人。

↓

申請人
#23
	山坡地範圍:向水土保持主管機關申請水土保持施工許可證
	    1. 核發水土保持施工許可證
	    2. 申請水土保持完工證明書
	    3. 發給水土保持完工證明書
	非山坡地範圍:向直轄市或縣市政府申請整地排水計畫施工許可證
	    1. 核發整地排水計畫施工許可證
	    2. 申請整地排水計畫完工證明書
	    3. 發給整地排水計畫完工證明書

↓

申請人 #13	申請土地使用分區及使用地之異動登記。

↓

直轄市或 縣市政府	辦理使用分區及使用地變更編定之異動登記。

↓

申請人	向直轄市或縣市政府申請建築執照。

↓

直轄市或 縣市政府	核發建築執照。

非都市土地開發影響費徵收辦法
| 中華民國 104 年 12 月 04 日 |

重點

★★★#2　　　　【開發影響費】

非本辦法所稱開發影響費,指因土地開發涉及土地使用分區或使用地
性質變更,而對開發區周圍產生公共設施服務水準及其他公共利益之影
響,向申請開發者所徵收之費用。

農業發展條例

| 中華民國 105 年 11 月 30 日 |

重點
★★☆#3

【用詞定義】
本條例用辭定義如下：
六、休閒農場：指經營休閒農業之場地。
十、農業用地：指非都市土地或都市土地農業區、保護區範圍內，依法供下列使用之土地：
   1.供農作、森林、養殖、畜牧及保育使用者。
   2.供與農業經營不可分離之農舍、畜禽舍、倉儲設備、曬場、集貨場、農路、灌溉、排水及其他農用之土地。
   3.農民團體與合作農場所有直接供農業使用之倉庫、冷凍（藏）庫、農機中心、蠶種製造（繁殖）場、集貨場、檢驗場等用地。
十一、耕地：指依區域計畫法劃定為特定農業區、一般農業區、山坡地保育區及森林區之農牧用地。

農業發展條例施行細則

| 中華民國 110年 11 月 23 日 |

重點

★★☆#2

【第 3 條第十款所稱第 1 目至第 3 目使用之農業用地範圍】
本條例第 3 條第十款所稱依法供該款第一目至第三目使用之農業用地，其法律依據及範圍如下：
一、本條例第 3 條第十一款所稱之耕地。
二、依區域計畫法劃定為各種使用分區內所編定之林業用地、養殖用地、水利用地、生態保護用地、國土保安用地及供農路使用之土地，或上開分區內暫未依法編定用地別之土地。
三、依區域計畫法劃定為特定農業區、一般農業區、山坡地保育區、森林區以外之分區內所編定之農牧用地。
四、依都市計畫法劃定為農業區、保護區內之土地。
五、依國家公園法劃定為國家公園區內按各分區別及使用性質，經國家公園管理處會同有關機關認定合於前三款規定之土地。

★★☆
#2-1

前條農業用地為從事農業使用而有填土需要者，其填土土質應為適合種植農作物之土壤，不得為砂、石、磚、瓦、混凝土塊、營建剩餘土石方、廢棄物或其他不適合種植農作物之物質。

農業用地興建農舍辦法

| 中華民國 111年 11 月 01 日 |

重點

★★☆#2

【申請人之資格】
依本條例第 18 條第一項規定申請興建農舍之申請人應為農民，且其資格應符合下列條件，並經直轄市、縣（市）主管機關核定：
一、已成年。
二、申請人之戶籍所在地及其農業用地，須在同一直轄市、縣（市）內，且其土地取得及戶籍登記均應滿 2 年者。但參加興建集村農舍建築物坐落之農業用地，不受土地取得應滿 2 年之限制。

三、申請興建農舍之該筆農業用地面積不得小於 0.25 公頃。但參加興建 集村農舍及於離島地區興建農舍者，不在此限。

四、申請人無自用農舍者。申請人已領有個別農舍或集村農舍建造執照者，視為已有自用農舍。但該建造執照屬尚未開工且已撤銷或原申請案件重新申請者，不在此限。

五、申請人為該農業用地之所有權人，且該農業用地應確供農業使用及屬未經申請興建農舍者；該農舍之興建並不得影響農業生產環境及農村發展。

前項第五款規定確供農業使用與不影響農業生產環境及農村發展之認定，由申請人檢附依中央主管機關訂定之經營計畫書格式，載明該筆農業用地農業經營現況、農業用地整體配置及其他事項，送請直轄市、縣（市）主管機關審查。

直轄市、縣（市）主管機關為辦理第一項申請興建農舍之核定作業，得由農業單位邀集環境保護、建築管理、地政、都市計畫等單位組成審查小組，審查前二項、第 3 條、第 4 條至第 6 條規定事項。

★★☆#5 【不得申請興建農舍之情形】

申請興建農舍之農業用地，有下列情形之一者，不得依本辦法申請興建農舍：一、非都市土地工業區或河川區。

二、前款以外其他使用分區之水利用地、生態保護用地、國土保安用地或林業用地。

三、非都市土地森林區養殖用地。

四、其他違反土地使用管制規定者。

申請興建農舍之農業用地，有下列情形之一者，不得依本辦法申請興建集村農舍：

一、非都市土地特定農業區。

二、非都市土地森林區農牧用地。

三、都市計畫保護區。

背誦小口訣

〈區域計畫法〉第1條立法目的之條文：

為促進土地及天然資源之保育利用，人口及產業活動之合理分布，以加速並健全經濟發展，改善生活環境，增進公共福利，特制定本法

◆輕鬆背→土天人‧產經生福

03

◆國土計畫法之立法重點？

一、建立國土計畫體系，確認國土計畫優位。
二、劃設國土功能分區，建立使用許可制度。
三、建立資訊公開機制，納入民眾與監督。
四、推動國土復育工作，促進環境永續發展。
五、保障民眾既有權利，研訂補償救濟機制。

◆實施目的？（此可反推回去為目前規畫體制所面臨之問題）

政府為追求生活、生產及生態之永續發展，並達到：
一、建立國土計畫體系，明確宣示國土空間政策，並依循辦理實質空間規劃。
二、因應氣候變遷趨勢、海洋使用需求、維護糧食安全及城鄉成長管理，研訂國
　　土空間計畫，引導土地有秩序利用。
三、依據土地資源特性、環境容受力及地方發展需求，研擬土地使用管制，確保
　　土地永續發展。
四、依據土地規劃損失及利得，研訂權利保障及補償救濟等目標，爰擬具「國土
　　計畫法」草案。

國土計畫法

◆現行空間計畫體系如何與本法建構新的國土計畫體系銜接？

一、現行全國土地分別按區域計畫法、都市計畫法及國家公園法擬定計畫及進行管制，區域計畫為最上位之法定空間計畫。

二、本法草案下之國土計畫體系為「全國」及「直轄市、縣（市）」等二層級架構。考量過去並無以「直轄市、縣（市）」為擬定計畫範圍之法定空間計畫，爰自99年起，依據區域計畫法規定，推動直轄市、縣（市）政府自擬區域計畫，以補足過去欠缺直轄市、縣（市）層級空間計畫之情況，並利未來銜接轉化為直轄市、縣（市）國土計畫。

三、目前轄區內含非都市土地之 18 個直轄市、縣（市）政府均辦理各該區域計畫之規劃作業，預定自 103 年起陸續審議、核定及公告實施；且因目前各直轄市、縣（市）區域計畫內容業已納入本法草案之重要規劃原則及項目（包括：成長管理、氣候變遷等），是以，空間計畫體系及計畫將可順利銜接。

◆本法及國土計畫之實施期程如何？區域計畫法未來是否仍適用？

一、中央主管機關應於本法施行後二年內，公告實施全國國土計畫；直轄市、縣（市）主管機關應於全國國土計畫公告實施後二年內，依中央主管機關指定之日期，一併公告實施直轄市、縣（市）國土計畫；並於直轄市、縣（市）國土計畫公告實施後二年內，依中央主管機關指定之日期，一併公告國土功能分區圖。

二、直轄市、縣（市）主管機關依前項公告國土功能分區圖之日起，區域計畫法不再適用。

三、本法係制度上之重大變革，為臻周延，爰規定本法施行日期，由行政院以命令定之。

國土計畫法

| 中華民國 109 年 04 月 21 日 |

重點

★★☆#1　**【立法目的】**
為因應氣候變遷，確保國土安全，保育自然環境與人文資產，促進資源與產業合理配置，強化國土整合管理機制，並復育環境敏感與國土破壞地區，追求國家永續發展，特制定本法。

★☆☆#2　**【主管機關】**
本法所稱主管機關：在中央為內政部；在直轄市為直轄市政府；在縣（市）為縣（市）政府。

★☆☆#3　**【用詞定義】**
本法用詞，定義如下：
一、國土計畫：指針對我國管轄之陸域及海域，為達成國土永續發展，所訂定引導國土資源保育及利用之空間發展計畫。
二、全國國土計畫：指以全國國土為範圍，所訂定目標性、政策性及整體性之國土計畫。
三、直轄市、縣（市）國土計畫：指以直轄市、縣（市）行政轄區及其海域管轄範圍，所訂定實質發展及管制之國土計畫。
四、都會區域：指由 1 個以上之中心都市為核心，及與中心都市在社會、經濟上具有高度關聯之直轄市、縣（市）或鄉（鎮、市、區）所共同組成之範圍。
五、特定區域：指具有特殊自然、經濟、文化或其他性質，經中央主管機關指定之範圍。
六、部門空間發展策略：指主管機會商各目的事業主管機關，就部門發展所需涉及空間政策或區位適宜性，綜合評估後，所訂定之發展策略。
七、國土功能分區：指基於保育利用及管理之需要，依土地資源特性，所劃分之國土保育地區、海洋資源地區、農業發展地區及城鄉發展地區。
八、成長管理：指為確保國家永續發展、提升環境品質、促進經濟發展及維護社會公義之目標，考量自然環境容受力，公共設施服務水準與財務成本、使用權利義務及損益公平性之均衡，規範城鄉發展之總量及型態，並訂定未來發展地區之適當區位及時程，以促進國土有效利用之使用管理政策及作法。

★★☆#4　**【中央主管機關及直轄市、縣（市）主管機關應辦理下列事項】**
中央主管機關應辦理下列事項：
一、全國國土計畫之擬訂、公告、變更及實施。
二、對直轄市、縣（市）政府推動國土計畫之核定及監督。
三、國土功能分區劃設順序、劃設原則之規劃。
四、使用許可制度及全國性土地使用管制之擬定。
五、國土保育地區或海洋資源地區之使用許可、許可變更及廢止之核定。
六、其他全國性國土計畫之策劃及督導。
直轄市、縣（市）主管機關應辦理下列事項：
一、直轄市、縣（市）國土計畫之擬訂、公告、變更及執行。
二、國土功能分區之劃設。
三、全國性土地使用管制之執行及直轄市、縣（市）特殊性土地使用管制之擬定、執行。

四、農業發展地區及城鄉發展地區之使用許可、許可變更及廢止之核定。

五、其他直轄市、縣（市）國土計畫之執行。

★★★#6 【國土計畫之規劃基本原則】

一、國土規劃應配合國際公約及相關國際性規範，共同促進國土之永續發展。

二、國土規劃應考量自然條件及水資源供應能力，並因應氣候變遷，確保國土防災及應變能力。

三、國土保育地區應以保育及保安為原則，並得禁止或限制使用。

四、海洋資源地區應以資源永續利用為原則，整合多元需求，建立使用秩序。

五、農業發展地區應以確保糧食安全為原則，積極保護重要農業生產環境及基礎設施，並應避免零星發展。

六、城鄉發展地區應以集約發展、成長管理為原則，創造寧適和諧之生活環境及有效率之生產環境確保完整之配套公共設施。

七、都會區域應配合區域特色與整體發展需要，加強跨域整合，達成資源互補、強化區域機能提升競爭力。

八、特定區域應考量重要自然地形、地貌、地物、文化特色及其他法令所定之條件，實施整體規劃。

九、國土規劃涉及原住民族之土地，應尊重及保存其傳統文化、領域及智慧，並建立互利共榮機制。

十、國土規劃應力求民眾參與多元化及資訊公開化。

十一、土地使用應兼顧環境保育原則，建立公平及有效率之管制機制。

★★☆#8 【國土計畫之種類】

國土計畫之種類如下：

一、全國國土計畫。

二、直轄市、縣（市）國土計畫。

中央主管機關擬訂全國國土計畫時，得會商有關機關就都會區域或特定區域範圍研擬相關計畫內容；直轄市、縣（市）政府亦得就都會區域或特定區域範圍，共同研擬相關計畫內容，報中央主管機關審議後，納入全國國土計畫。

直轄市、縣（市）國土計畫，應遵循全國國土計畫。

都市計畫、國家公園計畫及各目的事業主管機關擬訂之部門計畫，應遵循國土計畫。

★★☆#20 【國土功能分區及其分類】

各國土功能分區及其分類之劃設原則如下：

一、國土保育地區：依據天然資源、自然生態或景觀、災害及其防治設施分布情形加以劃設，並按環境敏感程度，予以分類：

(一)第一類：具豐富資源、重要生態、珍貴景觀或易致災條件，其環境敏感程度較高之地區。

(二)第二類：具豐富資源、重要生態、珍貴景觀或易致災條件，其環境敏感程度較低之地區。

(三)其他必要之分類。

二、海洋資源地區：依據內水與領海之現況及未來發展需要，就海洋資源保育利用、原住民族傳統使用、特殊用途及其他使用等加以劃設，並按用海需求，予以分類：

(一)第一類：使用性質具排他性之地區。

(二)第二類：使用性質具相容性之地區。

(三)其他必要之分類。

三、農業發展地區：依據農業生產環境、維持糧食安全功能及曾經投資建設重
　　大農業改良設施之情形加以劃設，並按農地生產資源條件，予以分類：
(一)第一類：具優良農業生產環境、維持糧食安全功能或曾經投資建設重大農業改良
　　設施之地區。
(二)第二類：具良好農業生產環境、糧食生產功能，為促進農業發展多元化之地區。
(三)其他必要之分類。
四、城鄉發展地區：依據都市化程度及發展需求加以劃設，並按發展程度，予
　　以分類：
　(一)第一類：都市化程度較高，其住宅或產業活動高度集中之地區。
　(二)第二類：都市化程度較低，其住宅或產業活動具有一定規模以上之地區。
　(三)其他必要之分類。
新訂或擴大都市計畫案件，應以位屬城鄉發展地區者為限。

★★☆#22 【直轄市、縣（市）公告實施後各主管機關相關規定】
直轄市、縣（市）國土計畫公告實施後，應由各該主管機關依各級國土計畫國土功能
分區之劃設內容，製作國土功能分區圖及編定適當使用地，並實施管制。
前項國土功能分區圖，除為加強國土保育者，得隨時辦理外，應於國土計畫所定之一
定期限內完成，並應報經中央主管機關核定後公告。
前二項國土功能分區圖與使用地繪製之辦理機關、製定方法、比例尺、辦理、檢討變
更程序及公告等之作業辦法，由中央主管機關定之。

★★☆#35 【劃定為國土復育促進地區】
下列地區得由目的事業主管機關劃定為國土復育促進地區，進行復育工作：
一、土石流高潛勢地區。
二、嚴重山崩、地滑地區。
三、嚴重地層下陷地區。
四、流域有生態環境劣化或安全之虞地區。
五、生態環境已嚴重破壞退化地區。
六、其他地質敏感或對國土保育有嚴重影響之地區。
前項國土復育促進地區之劃定、公告及廢止之辦法，由中央主管機關會商相關
目的事業主管機關定之。
國土復育促進地區之劃定機關，由中央主管機關協調有關機關決定，協調不
成，報行政院決定之。

★★☆#45 【公告及實施及區域計畫法相關規定】
中央主管機關應於本法施行後 2 年內，公告實施全國國土計畫。
直轄市、縣（市）主管機關應於全國國土計畫公告實施後 3 年內，依中央主管
機關指定之日期，一併公告實施直轄市、縣（市）國土計畫；並於直轄市、縣
（市）國土計畫公告實施後 4 年內，依中央主管機關指定之日期，一併公告國
土功能分區圖。
直轄市、縣（市）主管機關依前項公告國土功能分區圖之日起，區域計畫法不
再適用。

04

都市計畫法系及相關法規

- 都市計畫法
- 都市計畫法台灣省施行細則
- 都市計畫定期通盤檢討實施辦法
- 都市計畫容積轉移實施辦法
- 新訂擴大變更都市計畫禁建期間特許興建或繼續施工辦法
- 都市計畫公共設施用地多目標使用辦法
- 都市計畫公共設施保留地臨時建築使用辦法

都市計畫法

| 中華民國 110年 05月 26日 |

重點 1. 總則

★★★#1 【立法目的】
為改善居民生活環境，並促進市、鎮、鄉街有計畫之均衡發展，特制定本法。

★★★#3 【都市計畫之定義】
本法所稱之都市計畫，係指在一定地區內有關都市生活之經濟、交通、衛生、保安、國防、文教、康樂等重要設施，作有計畫之發展，並對土地使用作合理之規劃而言。

★★☆#4 【主管機關】
本法之主管機關：在中央為內政部；在直轄市為直轄市政府；在縣（市）為縣（市）政府。

★★☆#5 【計畫年限】
都市計畫應依據現在及既往情況，並預計 25 年內之發展情形訂定之。

★★★#7 【用語定義】
本法用語定義如左：
一、主要計畫：係指依第15條所定之主要計畫書及主要計畫圖，作為擬定細部計畫之準則。
二、細部計畫：係指依第22條之規定所為之細部計畫書及細部計畫圖，作為實施都市計畫之依據。
三、都市計畫事業：係指依本法規定所舉辦之公共設施、新市區建設、舊市區更新等實質建設之事業。
四、優先發展區：係指預計在 10 年內，必須優先規劃、建設發展之都市計畫地區。
五、新市區建設：係指建築物稀少，尚未依照都市計畫實施建設發展之地區。
六、舊市區更新：係指舊有建築物密集，畸零破舊，有礙觀瞻，影響公共安全，必須拆除重建，就地整建或特別加以維護之地區。

重點 2. 都市計畫之擬定、變更、發布及實施

★★☆#9 【種類】
都市計畫分為左列 3 種：
一、市（鎮）計畫。
二、鄉街計畫。
三、特定區計畫。

★★☆#10 【應擬定市鎮計畫】
左列各地方應擬定市（鎮）計畫：
一、首都、直轄市。
二、省會、市。
三、縣政府所在地及縣轄市。
四、鎮。
五、其他經內政部或縣（市）（局）政府指定應依本法擬定市（鎮）計畫之地區。

★★★#11 【應擬定鄉街計畫】
左列各地方應擬定鄉街計畫：
一、鄉公所所在地。

二、人口集居五年前已達 3,000，而在最近五年內已增加 1/3 以上之地區。

三、人口集居達 3,000，而其中工商業人口占就業總人口 50％以上之地區。

四、其他經縣政府指定應依本法擬定鄉街計畫之地區。

★★☆#12　【應擬定特定區計畫】

為發展工業或為保持優美風景或因其他目的而劃定之特定地區，應擬定特定區計畫。

★★☆#13　【擬定機關】

都市計畫由各級地方政府或鄉、鎮、縣轄市公所依左列之規定擬定之：

一、市計畫由直轄市、市政府擬定，鎮、縣轄市計畫及鄉街計畫分別由鎮、縣轄市、鄉公所擬定，必要時得由縣政府擬定之。

二、特定區計畫由直轄市、縣（市）政府擬定之。

三、相鄰接之行政地區，得由有關行政單位之同意，會同擬定聯合都市計畫。但其範圍未逾越省境或縣境者，得由縣政府擬定之。

★★☆#14　【擬定機關】

特定區計畫，必要時得由內政部訂定之。

經內政部或縣（市）政府指定應擬定之市（鎮）計畫或鄉街計畫，必要時得由縣（市）政府擬定之。

★★★#15　【主要計畫應表明】

市鎮計畫應先擬定主要計畫書，並視其實際情形，就左列事項分別表明之：

一、當地自然、社會及經濟狀況之調查與分析。

二、行政區域及計畫地區範圍。

三、人口之成長、分布、組成、計畫年期內人口與經濟發展之推計。

四、住宅、商業、工業及其他土地使用之配置。

五、名勝、古蹟及具有紀念性或藝術價值應予保存之建築。

六、主要道路及其他公眾運輸系統。

七、主要上下水道系統。

八、學校用地、大型公園、批發市場及供作全部計畫地區範圍使用之公共設施用地。

九、實施進度及經費。

十、其他應加表明之事項。

前項主要計畫書，除用文字、圖表說明外，應附主要計畫圖，其比例尺不得小於一萬分之一；其實施進度以 5 年為一期，最長不得超過 25 年。

★★☆#16　【合併擬定】

鄉街計畫及特定區計畫之主要計畫所應表明事項，得視實際需要，參照前條第一項規定事項全部或一部予以簡化，並得與細部計畫合併擬定之。

★★★#17　【分期分區發展原則】

第 15 條第一項第九款所定之實施進度，應就其計畫地區範圍預計之發展趨勢及地方財力，訂定分區發展優先次序。第一期發展地區應於主要計畫發布實施後，最多 2 年完成細部計畫；並於細部計畫發布後，最多 5 年完成公共設施。其他地區應於第一期發展地區開始進行後，次第訂定細部計畫建設之。

未發布細部計畫地區，應限制其建築使用及變更地形。但主要計畫發布已逾 2 年以上，而能確定建築線或主要公共設施已照主要計畫興建完成者，得依有關建築法令之規定，由主管建築機關指定建築線，核發建築執照。

★★☆#18　【都市計畫委員會審議】

主要計畫擬定後，應先送由該管政府或鄉、鎮、縣轄市都市計畫委員會審議。

其依第 13 條、第 14 條規定由內政部或縣（市）政府訂定或擬定之計畫，應先分別徵求有關縣（市）政府及鄉、鎮、縣轄市公所之意見，以供參考。

★★★#19　【公開展覽與說明會】
主要計畫擬定後，送該管政府都市計畫委員會審議前，應於各該直轄市、縣（市）政府及鄉、鎮、縣轄市公所公開展覽 30 天及舉行說明會，並應
將公開展覽及說明會之日期及地點刊登新聞紙或新聞電子報周知；任何公民或團體得於公開展覽期間內，以書面載明姓名或名稱及地址，向該管政府提出意見，由該管政府都市計畫委員會予以參考審議，連同審議結果及主要計畫一併報請內政部核定之。
前項之審議，各級都市計畫委員會應於 60 天內完成。但情形特殊者，其審議期限得予延長，延長以 60 天為限。
該管政府都市計畫委員會審議修正，或經內政部指示修正者，免再公開展覽及舉行說明會。

★☆☆#20　【主要計畫核定機關】
主要計畫應依左列規定分別層報核定之：
一、首都之主要計畫由內政部核定，轉報行政院備案。
二、直轄市、省會、市之主要計畫由內政部核定。
三、縣政府所在地及縣轄市之主要計畫由內政部核定。
四、鎮及鄉街之主要計畫由內政部核定。
五、特定區計畫由縣（市）政府擬定者，由內政部核定；直轄市政府擬
　　定者，由內政部核定，轉報行政院備案；內政部訂定者，報行政院備案。
主要計畫在區域計畫地區範圍內者，內政部在訂定或核定前，應先徵詢各該區域計畫機構之意見。
第一項所定應報請備案之主要計畫，非經准予備案，不得發布實施。但備案機關於文到後 30 日內不為准否之指示者，視為准予備案。

★★☆#21　【發布實施】
主要計畫經核定或備案後，當地直轄市、縣（市）政府應於接到核定或備案公文之日起 30 日內，將主要計畫書及主要計畫圖發布實施，並應將發布地點及日期刊登新聞紙或新聞電子報周知。
內政部訂定之特定區計畫，層交當地直轄市、縣（市）政府依前項之規定發布實施。
當地直轄市、縣（市）政府未依第一項規定之期限發布者，內政部得代為發布之。

★★★#22　【細部計畫應表明】
細部計畫應以細部計畫書及細部計畫圖就左列事項表明之：
一、計畫地區範圍。
二、居住密度及容納人口。
三、土地使用分區管制。
四、事業及財務計畫。
五、道路系統。
六、地區性之公共設施用地。
七、其他。
前項細部計畫圖比例尺不得小於 1/1200。

★★☆#23　【細部計畫之核定發布與定樁】
細部計畫擬定後，除依第 14 條規定由內政部訂定，及依第 16 條規定與主要

計畫合併擬定者，由內政部核定實施外，其餘均由該管直轄市、縣（市）政府核定實施。

前項細部計畫核定之審議原則，由內政部定之。

細部計畫核定發布實施後，應於 1 年內豎立都市計畫樁、計算坐標及辦理地籍分割測量，並將道路及其他公共設施用地、土地使用分區之界線測繪於地籍圖上，以供公眾閱覽或申請謄本之用。

前項都市計畫樁之測定、管理及維護等事項之辦法，由內政部定之。

細部計畫之擬定、審議、公開展覽及發布實施，應分別依第 17 條第一項、第 18 條、第 19 條及第 21 條規定辦理。

榜首提點 **重要程序：**
主要計畫發布程序：＃15 ＞ ＃19 ＞ ＃18 ＞ ＃20 ＞ ＃21
細部計畫發布程序：＃22 ＞ ＃19 ＞ ＃18 ＞ ＃20 ＞ ＃23

★★☆#24 【自行擬定或變更細部計畫】
土地權利關係人為促進其土地利用，得配合當地分區發展計畫，自行擬定或變更細部計畫，並應附具事業及財務計畫，申請當地直轄市、縣（市）政府或鄉、鎮、縣轄市公所依前條規定辦理。

★★☆#25 【自行擬定或變更遭拒】
土地權利關係人自行擬定或申請變更細部計畫，遭受直轄市、縣（市）政府或鄉、鎮、縣轄市公所拒絕時，得分別向內政部或縣（市）政府請求處理；經內政部或縣（市）政府依法處理後，土地權利關係人不得再提異議。

★★☆#26 【通盤檢討】
都市計畫經發布實施後，不得隨時任意變更。但擬定計畫之機關每 3 年內或 5 年內至少應通盤檢討一次，依據發展情況，並參考人民建議作必要之變更。對於非必要之公共設施用地，應變更其使用。

★★★#27 【迅行變更與逕為變更】
都市計畫經發布實施後，遇有左列情事之一時，當地直轄市、縣（市）政府或鄉、鎮、縣轄市公所，應視實際情況迅行變更：
一、因戰爭、地震、水災、風災、火災或其他重大事變遭受損壞時。
二、為避免重大災害之發生時。
三、為適應國防或經濟發展之需要時。
四、為配合中央、直轄市或縣（市）興建之重大設施時。
前項都市計畫之變更，內政部或縣（市）政府得指定各該原擬定之機關限期為之，必要時並得逕為變更。

★★★#27-1 【交錢變更】
土地權利關係人依第 24 條規定自行擬定或變更細部計畫，或擬定計畫機關依第 26 條或第 27 條規定辦理都市計畫變更時，主管機關得要求土地權利關係人提供或捐贈都市計畫變更範圍內之公共設施用地，可建築土地、樓地板面積或一定金額予當地直轄市、縣（市）政府或鄉、鎮、縣轄市公所。
前項土地權利關係人提供或捐贈之項目、比例、計算方式、作業方法、辦理程序及應備書件等事項，由內政部於審議規範或處理原則中定之。

★★★#27-2 【平行作業與聯席會議】
重大投資開發案件，涉及都市計畫之擬定、變更，依法應辦理環境影響評估、

實施水土保持之處理與維護者，得採平行作業方式辦理，必要時，並得聯合作業，由都市計畫主管機關召集聯席會議審決之。

前項重大投資開發案件之認定、聯席審議會議之組成及作業程序之辦法，由內政部會商中央環境保護及水土保持主管機關定之。

★★★#30 【獎勵私人或團體投資辦理】

都市計畫地區範圍內，公用事業及其他公共設施，當地直轄市、縣（市）政府或鄉、鎮、縣轄市公所認為有必要時，<u>得獎勵私人或團體投資辦理，並准收取一定費用</u>；其獎勵辦法由內政部或直轄市政府定之；收費基準由直轄市、縣（市）政府定之。

公共設施用地得作多目標使用，其用地類別、使用項目、准許條件、作業方法及辦理程序等事項之辦法，由內政部定之。

重點 3. 土地使用分區管制

★☆☆#32 【分區劃定】

都市計畫得劃定住宅、商業、工業等使用區，並得視實際情況，劃定<u>其他使用區或特定專用區</u>。

前項各使用區，得視實際需要，再予劃分，分別予以不同程度之使用管制。

★☆☆#33 【保護區】

都市計畫地區，得視地理形勢，使用現況或軍事安全上之需要，保留農業地區或設置<u>保護區</u>，並限制其建築使用。

★★☆#34 【住宅區】

住宅區為保護居住環境而劃定，其土地及建築物之使用，不得有礙居住之寧靜、安全及衛生。

★☆☆#35 【商業區】

商業區為促進商業發展而劃定，其土地及建築物之使用，不得有礙商業之便利。

★★☆#36 【工業區】

工業區為促進工業發展而劃定，其土地及建築物，以供工業使用為主；具有危險性及公害之工廠，應特別指定工業區建築之。

★☆☆#39 【土地分區管制內容項目】

對於都市計畫各使用區及特定專用區內土地及建築物之使用、基地面積或基地內應保留空地之比率、容積率、基地內前後側院之深度及寬度、停車場及建築物之高度，以及有關交通、景觀或防火等事項，內政部或直轄市政府得依據地方實際情況，於本法施行細則中作必要之規定。

★★★#40 【都市計畫法與建築法之關係】

都市計畫經發布實施後，應依建築法之規定，實施建築管理。

★★★#41 【土地上原有建築物不合土地使用分區規定】

都市計畫發布實施後，其土地上原有建築物不合土地使用分區規定者，除准修繕外，不得增建或改建。當地直轄市、縣（市）政府或鄉、鎮、縣轄市公所認有必要時，得斟酌地方情形限期令其變更使用或遷移；其因變更使用或遷移所受之損害，應予適當之補償，補償金額由雙方協議之；協議不成，由當地直轄市、縣（市）政府函請內政部予以核定。

重點 4. 公共設施用地

★★★#42 【公共設施用地】

都市計畫地區範圍內，應視實際情況，分別設置左列公共設施用地：

一、道路、公園、綠地、廣場、兒童遊樂場、民用航空站、停車場所、河道及港埠用地。

二、學校、社教機構、社會福利設施、體育場所、市場、醫療衛生機構及機關用地。

三、上下水道、郵政、電信、變電所及其他公用事業用地。

四、本章規定之其他公共設施用地。

前項各款公共設施用地應儘先利用適當之公有土地。

★☆☆#43 【依據原則】

公共設施用地，應就人口、土地使用、交通等現狀及未來發展趨勢，決定其項目、位置與面積，以增進市民活動之便利，及確保良好之都市生活環境。

★☆☆#44 【交通原則】

道路系統、停車場所及加油站，應按土地使用分區及交通情形與預期之發展配置之。鐵路、公路通過實施都市計畫之區域者，應避免穿越市區中心。

★☆☆#45 【開放空間原則】

公園、體育場所、綠地、廣場及兒童遊樂場，應依計畫人口密度及自然環境，作有系統之布置，除具有特殊情形外，其佔用土地總面積不得少於全部計畫面積10%。

★★☆#46 【鄰里福利機關原則】

中小學校、社教場所、社會福利設施、市場、郵政、電信、變電所、衛生、警所、消防、防空等公共設施，應按閭鄰單位或居民分布情形適當配置之。

★☆☆#47 【鄰避設施原則】

屠宰場、垃圾處理場、殯儀館、火葬場、公墓、污水處理廠、煤氣廠等應在不妨礙都市發展及鄰近居民之安全、安寧與衛生之原則下，於邊緣適當地點設置之。

★★★#48 【取得方式】

依本法指定之公共設施保留地供公用事業設施之用者，<u>由各該事業機構依法予以徵收或購買；其餘由該管政府或鄉、鎮、縣轄市公所依左列方式取得之</u>：

一、徵收。

二、區段徵收。

三、市地重劃。

★★★#49 【補償方式】

依本法徵收或區段徵收之公共設施保留地，其<u>地價補償以徵收當期毗鄰非公共設施保留地之平均公告土地現值為準，必要時得加成補償之。但加成最高以不超過40%為限；其地上建築改良物之補償以重建價格為準</u>。

前項公共設施保留地之加成補償標準，由當地直轄市、縣（市）地價評議委員會於評議當年期公告土地現值時評議之。

★★★#50 【臨時建築】

<u>公共設施保留地在未取得前，得申請為臨時建築使用。</u>

前項臨時建築之權利人，經地方政府通知開闢公共設施並限期拆除回復原狀時，應自行無條件拆除；其不自行拆除者，予以強制拆除。

都市計畫公共設施保留地臨時建築使用辦法，由內政部定之。

★☆☆#50-1 【免徵稅賦規定】

公共設施保留地因依本法第49條第一項徵收取得之加成補償，免徵所得稅；因繼承或因配偶、直系血親間之贈與而移轉者，免徵遺產稅或贈與稅。

★☆☆#50-2 【公私有地交換】

私有公共設施保留地得申請與公有非公用土地辦理交換，不受土地法、國有財產法及各級政府財產管理法令相關規定之限制；劃設逾 25 年未經政府取得者，得優先辦理交換。

前項土地交換之範圍、優先順序、換算方式、作業方法、辦理程序及應備書件等事項之辦法，由內政部會商財政部定之。

本條之施行日期，由行政院定之。

★☆☆#51 　【公共設施保留地使用】
依本法指定之公共設施保留地，不得為妨礙其指定目的之使用。但得繼續為原來之使用或改為妨礙目的較輕之使用。

★☆☆#53 　【公共設施保留地之租用收買】
獲准投資辦理都市計畫事業之私人或團體，其所需用之公共設施用地，屬於公有者，得申請該公地之管理機關租用；屬於私有而無法協議收購者，應備妥價款，申請該管直轄市、縣（市）政府代為收買之。

★☆☆#54 　【不得轉租】
依前條租用之公有土地，不得轉租。如該私人或團體無力經營或違背原核准之使用計畫，或不遵守有關法令之規定者，直轄市、縣（市）政府得通知其公有土地管理機關即予終止租用，另行出租他人經營，必要時並得接管經營。但對其已有設施，應照資產重估價額予以補償之。

★☆☆#56 　【私人捐贈】
私人或團體興修完成之公共設施，自願將該項公共設施及土地捐獻政府者，應登記為該市、鄉、鎮、縣轄市所有，並由各該市、鄉、鎮、縣轄市負責維護修理，並予獎勵。

重點 5. 新市區之建設

★★★#57 　【新市區之建設事業計畫內容】
主要計畫經公布實施後，當地直轄市、縣（市）政府或鄉、鎮、縣轄市公所應依第 17 條規定，就優先發展地區，擬具事業計畫，實施新市區之建設。

前項事業計畫，應包括下列各項：
一、劃定範圍之土地面積。
二、土地之取得及處理方法。
三、土地之整理及細分。
四、公共設施之興修。
五、財務計畫。
六、實施進度。
七、其他必要事項。

★★★#58 　【以市地重劃方式實施新市區建設之相關規定】
縣（市）政府為實施新市區之建設，對於劃定範圍內之土地及地上物得實施區段徵收或土地重劃。

依前項規定辦理土地重劃時，該管地政機關應擬具土地重劃計畫書，呈經上級主管機關核定公告滿 30 日後實施之。

在前項公告期間內，重劃地區內土地所有權人半數以上，而其所有土地面積超過重劃地區土地總面積半數者表示反對時，該管地政機關應參酌反對理由，修訂土地重劃計畫書，重行報請核定，並依核定結果辦理，免再公告。

土地重劃之範圍選定後，直轄市、縣（市）政府得公告禁止該地區之土地移轉、分割、設定負擔、新建、增建、改建及採取土石或變更地形。但禁止

期間，<u>不得超過 1 年 6 個月</u>。

土地重劃地區之最低面積標準、計畫書格式及應訂事項，由內政部訂定之。

★★☆#61　【私人或團體舉辦新市區建設之計畫書內容】

私人或團體申請當地直轄市、縣（市）政府核准後，得舉辦新市區之建設事業。但其申請建設範圍之土地面積至少應在 <u>10 公頃以上，並應附具左列計畫書件：</u>

一、土地面積及其權利證明文件。

二、細部計畫及其圖說。

三、公共設施計畫。

四、建築物配置圖。

五、工程進度及竣工期限。

六、財務計畫。

七、建設完成後土地及建築物之處理計畫。

前項私人或團體舉辦之新市區建設範圍內之道路、兒童遊樂場、公園以及其他必要之公共設施等，應由舉辦事業人自行負擔經費。

重點 6. 舊市區之更新

★☆☆#63　【訂定更新計畫】

直轄市、縣（市）政府或鄉、鎮、縣轄市公所對於窳陋或髒亂地區認為有必要時，得視細部計畫劃定地區範圍，訂定更新計畫實施之。

★★★#64　【都市更新處理方式】

都市更新處理方式，分為左列 3 種：

一、重建：係為全地區之徵收、拆除原有建築、重新建築、住戶安置，並得變更其土地使用性質或使用密度。

二、整建：強制區內建築物為改建、修建、維護或設備之充實，必要時對部分指定之土地及建築物徵收、拆除及重建，改進區內公共設施。

三、維護：加強區內土地使用及建築管理，改進區內公共設施，以保持其良好狀況。

前項更新地區之劃定，由直轄市、縣（市）政府依各該地方情況，及按各類使用地區訂定標準，送內政部核定。

★★★#65　【更新計畫內容】

更新計畫應以圖說表明左列事項：

一、劃定地區內重建、整建及維護地段之詳細設計圖說。

二、土地使用計畫。

三、區內公共設施興修或改善之設計圖說。

四、事業計畫。

五、財務計畫。

六、實施進度。

★☆☆#66　【更新計畫擬定、變更、報核與發布程序】

更新地區範圍之劃定及更新計畫之擬定、變更、報核與發布，應分別依照有關細部計畫之規定程序辦理。

重點 7. 組織及經費

★☆☆#74　【都市計畫委員會】

內政部、各級地方政府及鄉、鎮、縣轄市公所為審議及研究都市計畫，應分別

設置都市計畫委員會辦理之。

都市計畫委員會之組織，由行政院定之。

★☆☆#75　【都市計畫之專業人員】

內政部、各級地方政府及鄉、鎮、縣轄市公所應設置經辦都市計畫之專業人員。

★☆☆#76　【經費來源 1- 賣地而來】

因實施都市計畫廢置之道路、公園、綠地、廣場、河道、港灣原所使用之公有土地及接連都市計畫地區之新生土地，由實施都市計畫之當地地方政府或鄉、鎮、縣轄市公所管理使用，依法處分時所得價款得以補助方式撥供當地實施都市計畫建設經費之用。

★★☆#77　【經費來源 2- 正式經費】

地方政府及鄉、鎮、縣轄市公所為實施都市計畫所需經費，應以左列各款籌措之：

一、編列年度預算。

二、工程受益費之收入。

三、土地增值稅部分收入之提撥。

四、私人團體之捐獻。

五、中央或縣政府之補助。

六、其他辦理都市計畫事業之盈餘。

七、都市建設捐之收入。

都市建設捐之徵收，另以法律定之。

★☆☆#78　【發行公債】

中央、直轄市或縣（市）政府為實施都市計畫或土地徵收，得發行公債。

前項公債之發行，另以法律定之。

重點 8. 罰則

★☆☆#79　【罰則 1】

都市計畫範圍內土地或建築物之使用，或從事建造、採取土石、變更地形，違反本法或內政部、直轄市、縣（市）政府依本法所發布之命令者，當地地方政府或鄉、鎮、縣轄市公所得處其土地或建築物所有權人、使用人或管理人新臺幣 60,000 元以上 300,000 元以下罰鍰，並勒令拆除、改建、停止使用或恢復原狀。不拆除、改建、停止使用或恢復原狀者，得按次處罰，並停止供水、供電、封閉、強制拆除或採取其他恢復原狀之措施，其費用由土地或建築物所有權人、使用人或管理人負擔。

前項罰鍰，經限期繳納，屆期不繳納者，依法移送強制執行。

依第 81 條劃定地區範圍實施禁建地區，適用前二項之規定。

★☆☆#80　【罰則 2】

不遵前條規定拆除、改建、停止使用或恢復原狀者，除應依法予以行政強制執行外，並得處 6 個月以下有期徒刑或拘役。

重點 9. 附則

★★★#81　【禁限建】

依本法新訂、擴大或變更都市計畫時，得先行劃定計畫地區範圍，經由該管都市計畫委員會通過後，得禁止該地區內一切建築物之新建、增建、改建，並禁止變更地形或大規模採取土石。但為軍事、緊急災害或公益等之需要，或施工中之建築物，得特許興建或繼續施工。

前項特許興建或繼續施工之准許條件、辦理程序、應備書件及違反准許條件之

廢止等事項之辦法，由內政部定之。

第一項禁止期限，視計畫地區範圍之大小及舉辦事業之性質定之。但最長不得超過 2 年。

前項禁建範圍及期限，應報請行政院核定。

第一項特許興建或繼續施工之建築物，如牴觸都市計畫必須拆除時，不得請求補償。

★★★#83-1 【得以容積移轉方式辦理】

公共設施保留地之取得、具有紀念性或藝術價值之建築與歷史建築之保存維護及公共開放空間之提供，得以容積移轉方式辦理。

前項容積移轉之送出基地種類、可移出容積訂定方式、可移入容積地區範圍、接受基地可移入容積上限、換算公式、移轉方式、折繳代金、作業方法、辦理程序及應備書件等事項之辦法，由內政部定之。

都市計畫法台灣省施行細則
│中華民國 109 年 03 月 31 日│

重點

★★☆#15 【住宅區不得為下列建築物及土地之使用】

住宅區為保護居住環境而劃定，不得為下列建築物及土地之使用：

一、第 17 條規定限制之建築及使用。

二、使用電力及氣體燃料（使用動力不包括空氣調節、抽水機及其附屬設備）超過 3 匹馬力，電熱超過 30 瓩（附屬設備與電熱不得流用於作業動力）、作業廠房樓地板面積合計超過 100 平方公尺或其地下層無自然通風口（開窗面積未達廠房面積 1/7）者。

三、經營下列事業：

(一)使用乙炔從事焊切等金屬之工作者。

(二)噴漆作業者。

(三)使用動力以從事金屬之乾磨者。

(四)使用動力以從事軟木、硬橡皮或合成樹脂之碾碎或乾磨者。

(五)從事搓繩、製袋、碾米、製針、印刷等使用動力超過 0.75 瓩者。

(六)彈棉作業者。

(七)醬、醬油或其他調味品之製造者。

(八)沖壓金屬板加工或金屬網之製造者。

(九)鍛冶或翻砂者。

(十)汽車或機車修理業者。但從事汽車之清潔、潤滑、檢查、調整、維護、總成更換、車輪定位、汽車電機業務或機車修理業其設置地點面臨 12 公尺以上道路者，不在此限。

(十一) 液化石油氣之分裝、儲存、販賣及礦油之儲存、販賣者。但申請僅供辦公室、聯絡處所使用，不作為經營實際商品之交易、儲存或展示貨品者，不在此限。

(十二) 塑膠類之製造者。

(十三) 成人用品零售業。

四、汽車拖吊場、客、貨運行業、裝卸貨物場所、棧房及調度站。但申請僅供辦公室、聯絡處所使用者，或計程車客運業、小客車租賃業之停車庫、運輸業停車場、客運停車站及貨運寄貨站設置地點面臨 12 公尺以上道路者，

　　　　不在此限。
五、加油（氣）站或客貨運業停車場附設自用加儲油加儲氣設施。
六、探礦、採礦。
七、各種廢料或建築材料之堆棧或堆置場、廢棄物資源回收貯存及處理場所。
　　但申請僅供辦公室、聯絡處所使用者或資源回收站者，不在此限。
八、殯葬服務業（殯葬設施經營業、殯葬禮儀服務業）、壽具店。但申請僅供
　　辦公室、聯絡處所使用，不作為經營實際商品之交易、儲存或展示貨品者，
　　不在此限。
九、毒性化學物質或爆竹煙火之販賣者。但農業資材、農藥或環境用藥販售業
　　經縣（市）政府實地勘查認為符合安全隔離者，不在此限。
十、戲院、電影片映演業、視聽歌唱場、錄影節目帶播映場、電子遊戲場、動
　　物園、室內釣蝦（魚）場、機械式遊樂場、歌廳、保齡球館、汽車駕駛訓
　　練場、攤販集中場、零售市場及旅館或其他經縣（市）政府認定類似之營
　　業場所。但汽車駕駛訓練場及旅館經目的事業主管機關審查核准與室內釣
　　蝦（魚）場其設置地點面臨 12 公尺以上道路，且不妨礙居住安寧、公共
　　安全與衛生者，不在此限。
十一、舞廳（場）、酒家、酒吧（廊）、特種咖啡茶室、三溫暖、一般浴室、性
　　　交易服務場所或其他類似之營業場所。
十二、飲酒店、夜店。
十三、樓地板面積超過 500 平方公尺之大型商場（店）或樓地板面積超過 300
　　　平方公尺之飲食店。
十四、樓地板面積超過 500 平方公尺之證券及期貨業。
十五、樓地板面積超過 700 平方公尺之金融業分支機構、票券業及信用卡公司。
十六、人造或合成纖維或其中間物之製造者。
十七、合成染料或其中間物、顏料或塗料之製造者。
十八、從事以醱酵作業產製味精、氨基酸、檸檬酸或水產品加工製造者。
十九、肥料製造者。
二十、紡織染整工業。
二十一、拉線、拉管或用滾筒壓延金屬者。
二十二、金屬表面處理業。
二十三、其他經縣（市）政府認定足以發生噪音、振動、特殊氣味、污染或有礙居住
　　　　安寧、公共安全或衛生，並依法律或自治條例限制之建築物或土地之使用。
未超過前項第二款、第三款第五目或第十三款至第十五款之限制規定，與符合
前項第三款第十目但書、第四款但書、第九款但書及第十款但書規定許可作為
室內釣蝦（魚）場，限於使用建築物之第 1 層；作為工廠（銀樓金飾加工業除
外）、商場（店）、汽車保養所、機車修理業、計程車客運業、小客車租賃業
之停車庫、運輸業停車場、客運停車站、貨運寄貨站、農業資材、農藥或環境
用藥販售業者，限於使用建築物之第 1 層及地下 1 層；作為銀樓金飾加工業
之工廠、飲食店及美容美髮服務業者，限於使用建築物之第 1 層、第 2 層及
地下 1 層；作為證券業、期貨業、金融業分支機構者，應面臨 12 公尺以上道路，
申請設置之樓層限於地面上第 1 層至第 3 層及地下 1 層，並應有獨立之出入口。

榜首提點 ***以上「住宅區不得為何種建築物及土地之使用」部分，建議背誦其中 10 種以
應付考試。***

★☆☆#18【乙種工業區】（以下為經整理的精要部分）
　　1. 供公害輕微之工廠
　　2. 公害輕微之工廠的必要附屬設施
　　3. 公共服務設施及公用事業設施
　　4. 工業發展有關設施
　　5. 一般商業設施
　　6. 不得為甲種或危險公害使用

★☆☆#19【甲種工業區】（以下為經整理的精要部分）
　　甲種工業區以供輕工業及無公共危險之重工業為主，不得為下列建築物及土地之使用。

★☆☆#20【特種工業區】（以下為經整理的精要部分）
　　特種工業區除得供與特種工業有關之辦公室、倉庫、展售設施、生產實驗室、訓練房舍、環境保護設施、單身員工宿舍、員工餐廳及其他經縣（市）政府審查核准之必要附屬設施外，應以下列特種工業、公共服務設施及公用事業設施之使用為限：
　　一、甲種工業區限制設置並經縣（市）政府審查核准設置之工業。
　　二、其他經縣（市）政府指定之特種原料及其製品之儲藏或處理之使用。
　　三、公共服務設施及公用事業設施：

★☆☆#21【零星工業區】（以下為經整理的精要部分）
　　零星工業區係為配合原登記有案，無污染性，具有相當規模且遷廠不易之合法性工廠而劃定，僅得為無污染性之工業及與該工業有關之辦公室、展售設施、倉庫、生產實驗室、訓練房舍、環境保護設施、單身員工宿舍、員工餐廳、其他經縣（市）政府審查核准之必要附屬設施使用，或為汽車運輸業停車場、客貨運站、機車、汽車及機械修理業與儲配運輸物流業及其附屬設施等之使用。

★★☆#16【大型商場（店）及飲食店符合不受限制之條件】
　　大型商場（店）及飲食店符合下列條件，並經縣（市）政府審查無礙居住安寧、公共安全與衛生者，不受前條第一項第十三款使用面積及第二項使用樓層之限制：
　　一、主要出入口面臨 15 公尺以上之道路。
　　二、申請設置之地點位於建築物地下第一層或地面上第一層、第二層。
　　三、依建築技術規則規定加倍附設停車空間。
　　四、大型商場（店）或樓地板面積超過 600 平方公尺之飲食店，其建築物與鄰地間保留 4 公尺以上之空地（不包括地下室）。

★☆☆#26【保存區使用說明】
　　保存區為維護名勝、古蹟、歷史建築、紀念建築、聚落建築群、考古遺址、史蹟、文化景觀、古物、自然地景、自然紀念物及具有紀念性或藝術價值應保存之建築，保全其環境景觀而劃定，以供其使用為限。

★★☆#28【保護區內之土地，禁止下列行為】
　　保護區內之土地，禁止下列行為。但第一款至第五款及第七款之行為，為前條第一項各款設施所必需，且經縣（市）政府審查核准者，不在此限：
　　一、砍伐竹木。但間伐經中央目的事業主管機關審查核准者，不在此限。
　　二、破壞地形或改變地貌。
　　三、破壞或污染水源、堵塞泉源或改變水路及填埋池塘、沼澤。
　　四、採取土石。
　　五、焚毀竹、木、花、草。
　　六、名勝、古蹟及史蹟之破壞或毀滅。
　　七、其他經內政部認為應行禁止之事項。

★★☆#29【申請興建農舍須符合下列規定】
　　農業區為持農業生產而劃定，除保持農業生產外，僅得申請興建農舍、農業

產銷必要設施、休閒農業設施、自然保育設施、綠能設施及農村再生相關公共設施。但第 29-1 條、第 29-2 條及第 30 條所規定者，不在此限。

申請興建農舍須符合下列規定：

一、興建農舍之申請人<u>必須具備農民身分</u>，並應在該<u>農業區內有農業用地或農場</u>。

二、<del>農舍之高度不得超過 4 層或 14 公尺</del>，建築面積不得超過申請興建農舍之該宗農業用地面積 <u>10%</u>，建築總樓地板面積不得超過 <u>660 平方公尺</u>，與都市計畫道路境界之距離，除合法農舍申請立體增建外，不得小於 8 公尺。

三、都市計畫農業區內之農業用地，其已申請建築者（包括 10% 農舍面積及 90% 之農業用地），主管建築機關應於都市計畫及地籍套繪圖上著色標示之，嗣後不論該 90% 農業用地是否分割，均不得再行申請興建農舍。

四、農舍不得擅自變更使用。

第一項所定農業產銷必要設施、休閒農業設施、自然保育設施、綠能設施及農村再生相關公共設施之項目由農業主管機關認定，並依目的事業主管機關所定相關法令規定辦理，且不得擅自變更使用；農業產銷必要設施之建蔽率不得超過 60%，休閒農業設施之建蔽率不得超過 20%、自然保育設施之建蔽率不得超過 40%。

前項農業產銷必要設施，不得供為居室、工廠及其他非農業產銷必要設施使用。但經核准工廠登記之農業產銷必要設施，不在此限。

第一項農業用地內之農舍、農業產銷必要設施、休閒農業設施及自然保育設施，其建蔽率應一併計算，合計不得超過 60%。

★☆☆#29-1 【農業區為保持農業生產得設置】

農業區經縣（市）政府審查核准，得設置公用事業設施、土石方資源堆置處理、廢棄物資源回收、貯存場、汽車運輸業停車場（站）、客（貨）運站與其附屬設施、汽車駕駛訓練場、社會福利事業設施、幼兒園、兒童課後照顧服務中心、加油（氣）站（含汽車定期檢驗設施）、面積 0.3 公頃以下之戶外球類運動場及運動訓練設施、溫泉井及溫泉儲槽、政府重大建設計畫所需之臨時性設施。核准設置之各項設施，不得擅自變更使用，並應依農業發展條例第 12 條繳交回饋金之規定辦理。

前項所定經縣（市）政府審查核准之社會福利事業設施、幼兒園、兒童課後照顧服務中心、加油（氣）站及運動訓練設施，其建蔽率不得超過 40%。

第一項溫泉井及溫泉儲槽，以溫泉法施行前已開發溫泉使用者為限，其土地使用面積合計不得超過 10 平方公尺。

縣（市）政府得視農業區之發展需求，於都市計畫書中調整第 1 項所定之各項設施，並得依地方實際需求，於都市計畫書中增列經審查核准設置之其他必要設施。

縣（市）政府於辦理第一項及前項設施之申請審查時，應依據地方實際情況，對於其使用面積、使用條件及有關管理維護事項，作必要之規定。

★☆☆#29-2 【私設通路】

毗鄰農業區之建築基地，為建築需要依其建築使用條件無法以其他相鄰土地作為私設通路連接建築線者，得經縣（市）政府審查核准後，以農業區土地興闢作為連接建築線之私設通路使用。

前項私設通路長度、寬度及使用條件等相關事項，由縣（市）政府定之。

★★☆#30 【既有農舍或建地目】

農業區土地在都市計畫發布前已為建地目、編定為可供興建住宅使用之建築用

地，或已建築供居住使用之合法建築物基地者，其建築物及使用，應依下列規定辦理：

一、建築物簷高不得超過 14 公尺，並以 4 層為限，建蔽率不得大於 60％，容積率不得大於 180％。

二、土地及建築物除作居住使用及建築物之第一層得作小型商店及飲食店外，不得違反農業區有關土地使用分區之規定。

三、原有建築物之建蔽率已超過第一款規定者，得就地修建。但改建、增建或拆除後新建，不得違反第一款之規定。

★★☆#32-2　【公有土地得提高法定容積之用地及規定】

公有土地供作老人活動設施、長期照顧服務機構、公立幼兒園及非營利幼兒園、公共托育設施及社會住宅使用者，其容積得酌予提高至法定容積之 1.5 倍，經都市計畫變更程序者得再酌予提高。但不得超過法定容積之 2 倍。

公有土地依其他法規申請容積獎勵或容積移轉，與前項提高法定容積不得重複申請。

行政法人興辦第一項設施使用之非公有土地，準用前二項規定辦理。

★★☆#34-3　【各土地使用分區法定容積增加建築容積上限規定】

各土地使用分區除增額容積及依本法第 83-1 條規定可移入容積外，於法定容積增加建築容積後，不得超過下列規定：

一、依都市更新法規實施都市更新事業之地區：建築基地 1.5 倍之法定容積或各該建築基地 0.3 倍之法定容積再加其原建築容積。

二、前款以外之地區：建築基地 1.2 倍之法定容積。

前項所稱增額容積，指都市計畫擬定機關配合公共建設計畫之財務需要，於變更都市計畫之指定範圍內增加之容積。

舊市區小建築基地合併整體開發建築、高氯離子鋼筋混凝土建築物及放射性污染建築物拆除重建時增加之建築容積，得依第 33 條、第 40 條及放射性污染建築物事件防範及處理辦法規定辦理。

都市計畫定期通盤檢討實施辦法

│中華民國 106 年 04 月 18 日│

重點

★☆☆#1　【立法依據】

本辦法依都市計畫法（以下簡稱本法）第 26 條第二項規定訂定之。

★★☆#2　【都市計畫通盤檢討前之基本調查與內容】

都市計畫通盤檢討時，應視實際情形分期分區就本法第 15 條或第二十二條規定之事項全部或部分辦理。但都市計畫發布實施已屆滿計畫年限或二十五年者，應予全面通盤檢討。

★★★#5　【基本調查】

都市計畫通盤檢討前應先進行計畫地區之基本調查及分析推計，作為通盤檢討之基礎，其內容至少應包括下列各款：

一、自然生態環境、自然及人文景觀資源、可供再生利用資源。

二、災害發生歷史及特性、災害潛勢情形。

三、人口規模、成長及組成、人口密度分布。

四、建築密度分布、產業結構及發展、土地利用、住宅供需。

五、公共設施容受力。

六、交通運輸。

都市計畫通盤檢討時，應依據前項基本調查及分析推計，研擬發展課題、對策及願景，作為檢討之依據。

★★☆#6 【防災】

都市計畫通盤檢討時，應依據都市災害發生歷史、特性及災害潛勢情形，就都市防災避難場所及設施、流域型蓄洪及滯洪設施、救災路線、火災延燒防止地帶等事項進行規劃及檢討，並調整土地使用分區或使用管制。

★★★#7 【主要計畫通盤檢討之生態都市發展策略】

辦理主要計畫通盤檢討時，應視實際需要擬定下列各款生態都市發展策略：

一、自然及景觀資源之管理維護策略或計畫。

二、公共施設用地及其他開放空間之水與綠網絡發展策略或計畫。

三、都市發展歷史之空間紋理、名勝、古蹟及具有紀念性或藝術價值應予保存建築之風貌發展策略或計畫。

四、大眾運輸導向、人本交通環境及綠色運輸之都市發展模式土地使用配置策略或計畫。

五、都市水資源及其他各種資源之再利用土地使用發展策略或計畫。

★★★#8 【細部計畫通盤檢討之生態都市規劃原則】

辦理細部計畫通盤檢討時，應視實際需要擬定下列各款生態都市規劃原則：

一、水與綠網絡系統串聯規劃設計原則。

二、雨水下滲、貯留之規劃設計原則。

三、計畫區內既有重要水資源及綠色資源管理維護原則。

四、地區風貌發展及管制原則。

五、地區人行步道及自行車道之建置原則。

★★★#9 【應辦理都市設計之地區及表明事項】

都市計畫通盤檢討時，下列地區應辦理都市設計，納入細部計畫：

一、新市鎮。

二、新市區建設地區：都市中心、副都市中心、實施大規模整體開發之新市區。

三、舊市區更新地區。

四、名勝、古蹟及具有紀念性或藝術價值應予保存建築物之周圍地區。

五、位於高速鐵路、高速公路及區域計畫指定景觀道路二側1公里範圍內之地區。

六、其他經主要計畫指定應辦理都市設計之地區。

都市設計之內容視實際需要，表明下列事項：

一、公共開放空間系統配置及其綠化、保水事項。

二、人行空間、步道或自行車道系統動線配置事項。

三、交通運輸系統、汽車、機車與自行車之停車空間及出入動線配置事項。

四、建築基地細分規模及地下室開挖之限制事項。

五、建築量體配置、高度、造型、色彩、風格、綠建材及水資源回收再利用之事項。

六、環境保護設施及資源再利用設施配置事項。

七、景觀計畫。

八、防災、救災空間及設施配置事項。

九、管理維護計畫。

★☆☆#12 【更新基本方針】

都市計畫通盤檢討時，應針對舊有建築物密集、畸零破舊，有礙觀瞻、影響公共安全，必須拆除重建，就地整建或特別加以維護之地區，進行全面調查分析，劃定都市更新地區範圍，研訂更新基本方針，納入計畫書規定。

★★☆#14　【應即辦理通盤檢討】
都市計畫發布實施後有下列情形之一者，應即辦理通盤檢討：
一、都市計畫依本法第 27 條之規定辦理變更致原計畫無法配合者。
二、區域計畫公告實施後，原已發布實施之都市計畫不能配合者。
三、都市計畫實施地區之行政界線重新調整，而原計畫無法配合者。
四、經內政部指示為配合都市計畫地區實際發展需要應即辦理通盤檢討者。
五、依第 3 條規定，合併辦理通盤檢討者。
六、依第 4 條規定，辦理細部計畫通盤檢討時，涉及主要計畫部分需一併檢討者。

★★☆#15　【未滿 2 年不得藉故通盤檢討】
都市計畫發布實施未滿 2 年，除有前條規定之情事外，不得藉故通盤檢討，辦理變更。

★☆☆#17　【遊憩設施用地之檢討之規定】
遊憩設施用地之檢討，依下列規定辦理：
一、兒童遊樂場：按閭鄰單位設置，每處最小面積不得小於 0.1 公頃為原則。
二、公園：包括閭鄰公園及社區公園。閭鄰公園按閭鄰單位設置，每一計畫處所最小面積不得小於 0.5 公頃為原則；社區公園每一計畫處所最少設置一處，人口在 100,000 人口以上之計畫處所最小面積不得小於 4 公頃為原則，在 10,000 人以下，且其外圍為空曠之山林或農地得免設置。
三、體育場所：應考量實際需要設置，其面積之 1/2，可併入公園面積計算。
通盤檢討後之公園、綠地、廣場、體育場所、兒童遊樂場用地計畫面積，不得低於通盤檢討前計畫劃設之面積。但情形特殊經都市計畫委員會審議通過者，不在此限。

★☆☆#18　【變更土地使用分區規模之規定】
都市計畫通盤檢討變更土地使用分區規模達 1 公頃以上之地區、新市區建設地區或舊市區更新地區，應劃設不低於該等地區總面積 10%之公園、綠地、廣場、體育場所、兒童遊樂場用地，並以整體開發方式興闢之。

都市計畫容積轉移實施辦法
｜中華民國 103 年 08 月 04 日｜

重點
★☆☆#1　【母法】
本辦法依都市計畫法第 83-1 條第二項規定訂定之。
★☆☆#2　【主管機關】
本辦法所稱主管機關：在中央為內政部；在直轄市為直轄市政府；在縣（市）為縣（市）政府。
★☆☆#3　【適用地區】
本辦法之適用地區，以實施容積率管制之都市計畫地區為限。
★☆☆#4　【容積移轉得考量】
直轄市、縣（市）主管機關為辦理容積移轉，得考量都市發展密度、發展總量、

公共設施劃設水準及發展優先次序，訂定審查許可條件，提經該管都市計畫委員會或都市設計審議委員會審議通過後實施之。

★★★#5 【用詞定義】

本辦法用詞，定義如下：

一、容積：指土地可建築之總樓地板面積。

二、容積移轉：指一宗土地容積移轉至其他可建築土地供建築使用。

三、送出基地：指得將全部或部分容積移轉至其他可建築土地建築使用之土地。

四、接受基地：指接受容積移入之土地。

五、基準容積：指以都市計畫及其相關法規規定之容積率上限乘土地面積所得之積數。

★★★#6 【送出基地以下列各款土地為限】

條送出基地以下列各款土地為限：

一、都市計畫表明應予保存或經直轄市、縣（市）主管機關認定有保存價值之建築所定著之土地。

二、為改善都市環境或景觀，提供作為公共開放空間使用之可建築土地。

三、私有都市計畫公共設施保留地。但不包括都市計畫書規定應以區段徵收、市地重劃或其他方式整體開發取得者。

前項第一款之認定基準及程序，由當地直轄市、縣（市）主管機關定之。

第一項第二款之土地，其坵形應完整，面積不得小於 500 平方公尺。但因法令變更致不能建築使用者，或經直轄市、縣（市）政府勘定無法合併建築之小建築基地，不在此限。

★★☆#7 【送出基地之相關規定】

送出基地申請移轉容積時，以移轉至同一主要計畫地區範圍內之其他可建築用地建築使用為限；都市計畫原擬定機關得考量都市整體發展情況，指定移入地區範圍，必要時，並得送請上級都市計畫委員會審定之。

前條第一項第一款送出基地申請移轉容積，其情形特殊者，提經內政部都市計畫委員會審議通過後，得移轉至同一直轄市、縣（市）之其他主要計畫地區。

★★☆#8 【接受基地可移入容積之上限】

接受基地之可移入容積，以不超過該接受基地基準容積之 30% 為原則。

位於整體開發地區、實施都市更新地區、面臨永久性空地或其他都市計畫指定地區範圍內之接受基地，其可移入容積得酌予增加。但不得超過該接受基地基準容積之 40%。

★☆☆#9 【換算公式】

接受基地移入送出基地之容積，應按申請容積移轉當期各該送出基地及接受基地公告土地現值之比值計算，其計算公式如下：

接受基地移入之容積＝送出基地之土地面積×（申請容積移轉當期送出基地之公告土地現值／申請容積移轉當期接受基地之公告土地現值）× 接受基地之容積率

★☆☆#9-1 【折繳代金】

接受基地得以折繳代金方式移入容積，其折繳代金之金額，由直轄市、縣（市）主管機關委託 3 家以上專業估價者查估後評定之；必要時，查估工作得由直轄市、縣（市）主管機關辦理。其所需費用，由接受基地所有權人或公有土地地上權人負擔。

前項代金之用途，應專款專用於取得與接受基地同一主要計畫區之第 6 條第一項第三款土地為限。

接受基地同一主要計畫區內無第 6 條第一項第三款土地可供取得者，不得依本條規定申請移入容積。

★★☆#10　【分次移轉／分次移入】

送出基地除第 6 條第一項第二款之土地外，得分次移轉容積。

接受基地在不超過第 8 條規定之可移入容積內，得分次移入不同送出基地之容積。

★★☆#11　【接受基地】

接受基地於申請建築時，因基地條件之限制，而未能完全使用其獲准移入之容積者，得依本辦法規定，移轉至同一主要計畫地區範圍內之其他可建築土地建築使用，並以 1 次為限。

★☆☆#12　【符合規定】

接受基地於依法申請建築時，除容積率管制事項外，仍應符合其他都市計畫土地使用分區管制及建築法規之規定。

★★☆#17　【受理容積移轉申請案件後】

直轄市、縣（市）主管機關受理容積移轉申請案件後，應即審查，經審查不合規定者，駁回其申請；其須補正者，應通知其於 15 日內補正，屆期未補正或補正不完全者，駁回其申請；符合規定者，除第 6 條第一項第一款之土地及接受基地所有權人或公有土地地上權人依第 9-1 條規定繳納代金完成後逕予核定外，應於接受基地所有權人、公有土地地上權人或前條第三項實施者辦畢下列事項後，許可送出基地之容積移轉：

一、取得送出基地所有權。

二、清理送出基地上土地改良物、租賃契約、他項權利及限制登記等法律關係。但送出基地屬第 6 條第一項第三款者，其因國家公益需要設定之地上權、徵收之地上權或註記供捷運系統穿越使用，不在此限。

三、將送出基地依第 13 條規定贈與登記為公有。

前項審查期限扣除限期補正之期日外，不得超過 30 日。

新訂擴大變更都市計畫禁建期間特許興建或繼續施工辦法
│ 中華民國 92 年 12 月 02 日 │

重點

★★★#5　【禁建生效之日前】

在禁建生效之日前，已領得建造執照、雜項執照或依法免建築執照者，得向直轄市、縣（市）政府申請繼續施工；其申請案件位於內政部訂定之都市計畫範圍內者，向內政部申請。

前項工程，依下列規定准許繼續施工：

一、不牴觸都市計畫草案者，依原核准內容繼續施工。

二、經變更設計後，不牴觸都市計畫草案者，依變更設計內容繼續施工。

三、牴觸都市計畫草案，已完成基礎工程者，准其完成至 1 層樓為止；超出 1 層樓並已建成外牆 1 公尺以上或建柱高達 2.5 公尺以上者，准其完成至各該樓層為止。

僅豎立鋼筋者，不視為前項第三款所稱之建柱。

都市計畫公共設施用地多目標使用辦法
│ 中華民國 109年 12月 23日 │

重點

★★☆#2-1　【排水逕流量】
公共設施用地申請作多目標使用，如為新建案件者，其興建後之排水逕流量不得超出興建前之排水逕流量。

★★☆#3　【不受附表之限制】
公共設施用地多目標使用之用地類別、使用項目及准許條件，依附表之規定。
但作下列各款使用者，不受附表之限制：
一、依促進民間參與公共建設法相關規定供民間參與公共建設之附屬事業用地，其容許使用項目依都市計畫擬定、變更程序調整。
二、捷運系統及其轉乘設施、公共自行車租賃系統、公共運輸工具停靠站、節水系統、環境品質監測站、氣象觀測站、地震監測站及都市防災救災設施使用。
三、地下作自來水、再生水、下水道系統相關設施或滯洪設施使用。
四、面積在 0.05 公頃以上，兼作機車、自行車停車場使用。
五、閒置或低度利用之公共設施，經直轄市、縣（市）政府都市計畫委員會審議通過者，得作臨時使用。
六、依公有財產法令規定辦理合作開發之公共設施用地，其容許使用項目依都市計畫擬定、變更程序調整。
七、建築物設置太陽能、小型風力之發電相關設施使用及電信天線使用。
八、經中央或直轄市、縣（市）原住民族主管機關同意設置之部落聚會場所使用。

都市計畫公共設施保留地臨時建築使用辦法
│ 中華民國 100 年 11 月 16 日 │

重點

★☆☆#2　【作臨時建築】
都市計畫公共設施保留地（以下簡稱公共設施保留地）除中央、直轄市、縣（市）政府擬有開闢計畫及經費預算，並經核定發布實施者外，土地所有權人得依本辦法自行或提供他人申請作臨時建築之使用。

★☆☆#3　【臨時建築權利人】
本辦法所稱臨時建築權利人係指土地所有權人、承租人或使用人依本辦法申請為臨時建築而有使用權利之人。

★★★#4　【公共設施保留地臨時建築之建築使用】
公共設施保留地臨時建築不得妨礙既成巷路之通行，鄰近之土地使用分區及其他法令規定之禁止或限制建築事項，並以下列建築使用為限：
一、臨時建築權利人之自用住宅。
二、菇寮、花棚、養魚池及其他供農業使用之建築物。
三、小型游泳池、運動設施及其他供社區遊憩使用之建築物。
四、幼稚園、托兒所、簡易汽車駕駛訓練場。
五、臨時攤販集中場。
六、停車場、無線電基地臺及其他交通服務設施使用之建築物。
七、其他依都市計畫法第 51 條規定得使用之建築物。
前項建築使用細目、建蔽率及最大建築面積限制，由直轄市、縣（市）政府依

當地情形及公共設施興闢計畫訂定之。

★★★#5　　【公共設施保留地臨時建築限制】

公共設施保留地臨時建築之構造以木構造、磚造、鋼構造及冷軋型鋼構造等之地面上 1 層建築物為限，簷高不得超過 3.5 公尺。但前條第一項第二款、第三款及第六款之臨時建築以木構造、鋼構造及冷軋型鋼構造建造，且經直轄市、縣（市）政府依當地都市計畫發展情形及建築結構安全核可者，其簷高得為 10 公尺以下。

前條第一項第六款停車場之臨時建築以鋼構造或冷軋型鋼構造建造，經當地直轄市或縣（市）交通主管機關依其都市發展現況、鄰近地區停車需求、都市計畫、都市景觀、使用安全性及對環境影響等有關事項審查核可者，其樓層數不受前項之限制。

背誦小口訣

〈都市計畫法〉第15條『主要計畫』之內容條文：

一、當地自然、社會及經濟狀況之調查與分析。
二、行政區域及計畫地區範圍。
三、人口之成長、分布、組成、計畫年期內人口與經濟發展之推計。
四、住宅、商業、工業及其他土地使用之配置。
五、名勝、古蹟及具有紀念性或藝術價值應予保存之建築。
六、主要道路及其他公眾運輸系統。
七、主要上下水道系統。
八、學校用地、大型公園、批發市場及供作全部計畫地區範圍使用之公共設施用地。
九、實施進度及經費。
十、其他應加表明之事項。

◆輕鬆背→查範人經・土保輸水・公進經其

背誦小口訣

〈都市計畫法〉第22條『細部計畫』之內容條文：

一、計畫地區範圍。
二、居住密度及容納人口。
三、土地使用分區管制。
四、事業及財務計畫。
五、道路系統。
六、地區性之公共設施用地。
七、其他。

◆輕鬆背→範人管事・道公其

背誦小口訣
〈都市計畫法〉第57條私人或團體舉辦新市區建設之計畫書內容條文：
一、劃定範圍之土地面積
二、土地之取得及處理方法
三、土地之整理及細分
四、公共設施之興修
五、財務計畫
六、實施進度
七、其他必要事項
◆輕鬆背→圍土細‧公財進其

背誦小口訣
〈都市計畫法〉第61條私人或團體舉辦新市區之建設事業應附具下列文件條文：
一、土地面積及其權利證明文件
二、細部計畫及其圖說
三、公共設施計畫
四、建築物配置圖
五、工程進度及竣工期限
六、財務計畫
七、建設完成後土地及建築物之處理計畫
◆輕鬆背→土細公‧建進財後

背誦小口訣
〈都市計畫法〉第65條舊市區更新應以圖說表明之條文：
一、劃定地區內重建、整建及維護地段之詳細設計圖說
二、土地使用計畫
三、區內公共設施興修或改善之設計圖說
四、事業計畫
五、財務計畫
六、實施進度
◆輕鬆背→圖土公‧事財進

背誦小口訣
〈都市計劃定期通盤檢討實施辦法〉第7條主要計畫通盤檢討時之生態都市發展策略之條文：
一、自然及景觀資源之管理維護策略或計畫
二、公共施設用地及其他開放空間之水與綠網絡發展策略或計畫
三、都市發展歷史之空間紋理、名勝、古蹟及具有紀念性或藝術價值應予保存建築之風貌發展策略或計畫
四、大眾運輸導向、人本交通環境及綠色運輸之都市發展模式土地使用配置策略或計畫
五、都市水資源及其他各種資源之再利用土地使用發展策略或計畫
◆輕鬆背→自景管‧公開水‧保運綠水

〈都市計劃定期通盤檢討實施辦法〉第8條細部計畫通盤檢討生態都市規劃原則之條文：

一、 水與綠網絡系統串聯規劃設計原則

二、 雨水下滲、貯留之規劃設計原則

三、 計畫區內既有重要水資源及綠色資源管理維護原則

四、 地區風貌發展及管制原則

五、 地區人行步道及自行車道之建置原則

◆輕鬆背→水綠串・雨水資・風管二道

〈都市計畫定期通盤檢討實施辦法〉第9條都市計畫通盤檢討時，應辦理都市計畫之地區之條文：

一、 新市鎮

二、 新市區建設地區：都市中心、副都市中心、實施大規模整體開發之新市區

三、 舊市區更新地區

四、 名勝、古蹟及具有紀念性或藝術價值應予保存建築物之周圍地區

五、 位於高速鐵路、高速公路及區域計畫指定景觀道路二側1 公里範圍內之地區

六、 其他經主要計畫指定應辦理都市設計之地區

◆輕鬆背→兩新兩舊・三路一其

〈都市計劃定期通盤檢討實施辦法〉第9條都市設計之內容視實際需要，表明
下列事項之條文：

一、 公共開放空間系統配置及其綠化、保水事項

二、 人行空間、步道或自行車道系統動線配置事項

三、 交通運輸系統、汽車、機車與自行車之停車空間及出入動線配置事項

四、 建築基地細分規模及地下室開挖之限制事項

五、 建築量體配置、高度、造型、色彩、風格、綠建材及水資源回收再利用之
事項

六、 環境保護設施及資源再利用設施配置事項

七、 景觀計畫

八、 防災、救災空間及設施配置事項

九、 管理維護計畫

◆輕鬆背→開動交模・量色・保景防管

05

- 都市更新條例
- 都市更新建築容積獎勵辦法
- 都市更新權利變換實施辦法
- 都市更新條例施行細則

都市更新條例及相關法規

◆都市更新四大流程：

> 1. 劃定都市更新地區／更新單元
> （公劃更新單元或自劃更新單元）

> 2. 擬定都市更新事業概要
> （確定範圍後並決定誰當實施者：自組更新團體或委託更新機構）

> 3. 擬定都市更新事業計畫

> 4. 擬定都市更新權利變換計畫

都市更新條例

| 中華民國110年 05月 28日 |

重點 **1.** 總則

★★★#1　　【立法目的】
為促進都市土地有計畫之再開發利用，復甦都市機能，改善居住環境，增進公共利益，特制定本條例。

★★☆#2　　【主管機關】
本條例所稱主管機關：在中央為內政部；在直轄市為直轄市政府；在縣（市）為縣（市）政府。

★★★#3　　【用語定義】
本條例用詞，定義如下：
一、都市更新：指依本條例所定程序，在都市計畫範圍內，實施重建、整建或維護措施。
二、更新地區：指依本條例或都市計畫法規定程序，於都市計畫特定範圍內劃定或變更應進行都市更新之地區。
三、都市更新計畫：指依本條例規定程序，載明更新地區應遵循事項，作為擬訂都市更新事業計畫之指導。
四、都市更新事業：指依本條例規定，在更新單元內實施重建、整建或維護事業。
五、更新單元：指可單獨實施都市更新事業之範圍。
六、實施者：指依本條例規定實施都市更新事業之政府機關（構）、專責法人或機構、都市更新會、都市更新事業機構。
七、權利變換：指更新單元內重建區段之土地所有權人、合法建築物所有權人、他項權利人、實施者或與實施者協議出資之人，提供土地、建築物、他項權利或資金，參與或實施都市更新事業，於都市更新事業計畫實施完成後，按其更新前權利價值比率及提供資金額度，分配更新後土地、建築物或權利金。

★★★#4　　【都市更新處理方式】
都市更新處理方式，分為下列 3 種：
一、重建：指拆除更新地區內原有建築物，重新建築，住戶安置，改進區內公共設施，並得變更土地使用性質或使用密度。
二、整建：指改建、修建更新地區內建築物或充實其設備，並改進公共設施。
三、維護：指加強更新單元內土地使用及建築管理，改進公共設施，以保持其良好狀況。
都市更新事業得以前項 2 種以上處理方式辦理之。

重點 **2.** 更新地區之劃定

★★★#5　　【評估及調查】
直轄市、縣（市）主管機關應就都市之發展狀況、居民意願、原有社會、經濟關係、人文特色及整體景觀，進行全面調查及評估，並視實際情況劃定更新地區、訂定或變更都市更新計畫。

★★★#6　　【優先劃定】
有下列各款情形之一者，直轄市、縣（市）主管機關得優先劃定或變更為更新

地區並訂定或變更都市更新計畫：

一、建築物窳陋且非防火構造或鄰棟間隔不足，有妨害公共安全之虞。

二、建築物因年代久遠有傾頹或朽壞之虞、建築物排列不良或道路彎曲狹小，足以妨害公共交通或公共安全。

三、建築物未符合都市應有之機能。

四、建築物未能與重大建設配合。

五、具有歷史、文化、藝術、紀念價值，亟須辦理保存維護，或其周邊建築物未能與之配合者。

六、居住環境惡劣，足以妨害公共衛生或社會治安。

七、經偵檢確定遭受放射性污染之建築物。

八、特種工業設施有妨害公共安全之虞。

★★★#7 【迅行劃定】

有下列各款情形之一時，直轄市、縣（市）主管機關應視實際情況，迅行劃定或變更更新地區，並視實際需要訂定或變更都市更新計畫：

一、因戰爭、地震、火災、水災、風災或其他重大事變遭受損壞。

二、為避免重大災害之發生。

三、符合都市危險及老舊建築物加速重建條例第 3 條第一項第一款、第二款規定之建築物。

前項更新地區之劃定、變更或都市更新計畫之訂定、變更，中央主管機關得指定該管直轄市、縣（市）主管機關限期為之，必要時並得逕為辦理。

★★★#8 【劃定或變更策略性更新地區，並訂定或變更都市更新計畫之情形】

有下列各款情形之一時，各級主管機關得視實際需要，劃定或變更策略性更新地區，並訂定或變更都市更新計畫：

一、位於鐵路場站、捷運場站或航空站一定範圍內。

二、位於都會區水岸、港灣周邊適合高度再開發地區者。

三、基於都市防災必要，需整體辦理都市更新者。

四、其他配合重大發展建設需要辦理都市更新者。

★★★#9 【劃定變更是否涉及都市計畫】

更新地區之劃定或變更及都市更新計畫之訂定或變更，未涉及都市計畫之擬定或變更者，準用都市計畫法有關細部計畫規定程序辦理；其涉及都市計畫主要計畫或細部計畫之擬定或變更者，依都市計畫法規定程序辦理，主要計畫或細部計畫得一併辦理擬定或變更。

全區採整建或維護方式處理，或依第 7 條規定劃定或變更之更新地區，其更新地區之劃定或變更及都市更新計畫之訂定或變更，得逕由各級主管機關公告實施之，免依前項規定辦理。

第一項都市更新計畫應表明下列事項，作為擬訂都市更新事業計畫之指導：

一、更新地區範圍。

二、基本目標與策略。

三、實質再發展概要：

　㈠土地利用計畫構想。

　㈡公共設施改善計畫構想。

　㈢交通運輸系統構想。

　㈣防災、救災空間構想。

四、其他應表明事項。

依第 8 條劃定或變更策略性更新地區之都市更新計畫，除前項應表明事項外，

並應表明下列事項：
一、劃定之必要性與預期效益。
二、都市計畫檢討構想。
三、財務計畫概要。
四、開發實施構想。
五、計畫年期及實施進度構想。
六、相關單位配合辦理事項。

★★★#10　【提議劃定更新地區】

有第6條或第7條之情形時，土地及合法建築物所有權人得向直轄市、縣（市）主管機關提議劃定更新地區。

直轄市、縣（市）主管機關受理前項提議，應依下列情形分別處理，必要時得通知提議人陳述意見：
一、無劃定必要者，附述理由通知原提議者。
二、有劃定必要者，依第九條規定程序辦理。

第一項提議應符合要件及應檢附之文件，由當地直轄市、縣（市）主管機關定之。

重點 3. 政府主導都市更新

★★★#11　【都市更新推動小組】

各級主管機關得成立都市更新推動小組，督導、推動都市更新政策及協調政府主導都市更新業務。

★★★#12　【免擬具事業概要及實施都市更新事業】

經劃定或變更應實施更新之地區，除本條例另有規定外，直轄市、縣（市）主管機關得採下列方式之一，免擬具事業概要，並依第32條規定，實施都市更新事業：
一、自行實施或經公開評選委託都市更新事業機構為實施者實施。
二、同意其他機關（構）自行實施或經公開評選委託都市更新事業機構為實施者實施。

依第7條第一項規定劃定或變更之更新地區，得由直轄市、縣（市）主管機關合併數相鄰或不相鄰之更新單元後，依前項規定方式實施都市更新事業。

依第7條第二項或第8條規定由中央主管機關劃定或變更之更新地區，其都市更新事業之實施，中央主管機關得準用前二項規定辦理。

★★★#13　【公開評選實施】

前條所定公開評選實施者，應由各級主管機關、其他機關（構）擔任主辦機關，公告徵求都市更新事業機構申請，並組成評選會依公平、公正、公開原則審核；其公開評選之公告申請與審核程序、評選會之組織與評審及其他相關事項之辦法，由中央主管機關定之。

主辦機關依前項公告徵求都市更新事業機構申請前，應於擬實施都市更新事業之地區，舉行說明會。

★★☆#14　【免擬具事業概要及實施都市更新事業】

參與都市更新公開評選之申請人對於申請及審核程序，認有違反本條例及相關法令，致損害其權利或利益者，得於下列期限內，以書面向主辦機關提出異議：
一、對公告徵求都市更新事業機構申請文件規定提出異議者，為自公告之次日起至截止申請日之2/3；其尾數不足1日者，以1日計。但不得少於10日。
二、對申請及審核之過程、決定或結果提出異議者，為接獲主辦機關通知或公

告之次日起 30 日；其過程、決定或結果未經通知或公告者，為知悉或可得知悉之次日起 30 日。

主辦機關應自收受異議之次日起 15 日內為適當之處理，並將處理結果以書面通知異議人。異議處理結果涉及變更或補充公告徵求都市更新事業機構申請文件者，應另行公告，並視需要延長公開評選之申請期限。

申請人對於異議處理結果不服，或主辦機關逾期不為處理者，得於收受異議處理結果或期限屆滿次日起 15 日內，以書面向主管機關提出申訴，同時繕具副本連同相關文件送主辦機關。

申請與審核程序之異議及申訴處理規則，由中央主管機關定之。

都市更新事業機構以依公司法設立之股份有限公司為限。但都市新事業係以整建或維護方式處理者，不在此限。

★★☆#15　【公開評選申訴審議會】

都市更新公開評選申請及審核程序之爭議申訴，依主辦機關屬中央或地方機關（構），分別由中央或直轄市、縣（市）主管機關設都市更新公開評選申訴審議會（以下簡稱都更評選申訴會）處理。

都更評選申訴會由各級主管機關聘請具有法律或都市更新專門知識之人員擔任，並得由各級主管機關高級人員派兼之；其組成、人數、任期、酬勞、運作及其他相關事項之辦法，由中央主管機關定之。

★★☆#16　【申訴】

申訴人誤向該管都更評選申訴會以外之機關申訴者，以該機關收受日，視為提起申訴之日。

前項收受申訴書之機關應於收受日之次日起 3 日內，將申訴書移送於該管都更評選申訴會，並通知申訴人。

都更評選申訴會應於收受申訴書之次日起 2 個月內完成審議，並將判斷以書面通知申訴人及主辦機關；必要時，得延長 1 個月。

★☆☆#17　【申訴逾法定期間或不合法定程序者】

申訴逾法定期間或不合法定程序者，不予受理。但其情形得予補正者，應定期間命其補正；屆期不補正者，不予受理。

申訴提出後，申請人得於審議判斷送達前撤回之。申訴經撤回後，不得再提出同一之申訴。

★★☆#18　【申訴原則】

申訴以書面審議為原則。

都更評選申訴會得依職權或申請，通知申訴人、主辦機關到指定場所陳述意見。

都更評選申訴會於審議時，得囑託具專門知識經驗之機關、學校、團體或人員鑑定，並得通知相關人士說明或請主辦機關、申訴人提供相關文件、資料。

都更評選申訴會辦理審議，得先行向申訴人收取審議費、鑑定費及其他必要之費用；其收費標準及繳納方式，由中央主管機關定之。

★★☆#19　【申訴或異議有理由者】

申請人提出異議或申訴，主辦機關認其異議或申訴有理由者，應自行撤銷、變更原處理結果或暫停公開評選程序之進行。但為應緊急情況或公共利益之必要者，不在此限。

依申請人之申訴，而為前項之處理者，主辦機關應將其結果即時通知該管都更評選申訴會。

★☆☆#20　【判斷視同訴願】

申訴審議判斷,視同訴願決定。

審議判斷指明原公開評選程序違反法令者,主辦機關應另為適法之處置,申訴人得向主辦機關請求償付其申請、異議及申訴所支出之必要費用。

★★☆#21 【公開徵求】

都市更新事業依第 12 條規定由主管機關或經同意之其他機關(構)自行實施者,得公開徵求提供資金並協助實施都市更新事業,其公開徵求之公告申請、審核、異議、申訴程序及審議判斷,準用第 13 條至前條規定。

重點 4. 都市更新事業之實施

★★★#22 【都市更新事業實施程序】

經劃定或變更應實施更新之地區,其土地及合法建築物所有權人得就主管機關劃定之更新單元,或依所定更新單元劃定基準自行劃定更新單元,舉辦公聽會,擬具事業概要,連同公聽會紀錄,申請當地直轄市、縣(市)主管機關依第 29 條規定審議核准,自行組織都市更新會實施該地區之都市更新事業,或委託都市更新事業機構為實施者實施之;變更時,亦同。

前項之申請,應經該更新單元範圍內私有土地及私有合法建築物所有權人均超過 1/2,並其所有土地總面積及合法建築物總樓地板面積均超過 1/2 之同意;其同意比率已達第 37 條規定者,得免擬具事業概要,並依第 27 條及第 32 條規定,逕行擬訂都市更新事業計畫辦理。

任何人民或團體得於第一項審議前,以書面載明姓名或名稱及地址,向直轄市、縣(市)主管機關提出意見,由直轄市、縣(市)主管機關參考審議。

依第一項規定核准之事業概要,直轄市、縣(市)主管機關應即公告 30 日,並通知更新單元內土地、合法建築物所有權人、他項權利人、囑託限制登記機關及預告登記請求權人。

★★★#23 【自行劃定更新單元】

未經劃定或變更應實施更新之地區,有第 6 條第一款至第三款或第六款情形之一者,土地及合法建築物所有權人得按主管機關所定更新單元劃定基準,自行劃定更新單元,依前條規定,申請實施都市更新事業。

前項主管機關訂定更新單元劃定基準,應依第 6 條第一款至第三款及第六款之意旨,明訂建築物及地區環境狀況之具體認定方式。

第一項更新單元劃定基準於本條例中華民國 107 年 12 月 28 日修正之條文施行後訂定或修正者,應經該管政府都市計畫委員會審議通過後發布實施之;其於本條例中華民國 107 年 12 月 28 日修正之條文施行前訂定者,應於 3 年內修正,經該管政府都市計畫委員會審議通過後發布實施之。更新單元劃定基準訂定後,主管機關應定期檢討修正之。

★★★#24 【所有權比例不包括】

申請實施都市更新事業之人數與土地及建築物所有權比率之計算,不包括下列各款:

一、依文化資產保存法所稱之文化資產。

二、經協議保留,並經直轄市、縣(市)主管機關核准且登記有案之宗祠、寺廟、教堂。

三、經政府代管或依土地法第 73-1 條規定由地政機關列冊管理者。

四、經法院囑託查封、假扣押、假處分或破產登記者。

五、未完成申報並核發派下全員證明書之祭祀公業土地或建築物。

六、未完成申報並驗印現會員或信徒名冊、系統表及土地清冊之神明會土地或

建築物。

★☆☆#25 【信託】

都市更新事業得以信託方式實施之。其依第 22 條第二項或第 37 條第一項規定計算所有權人人數比率，以委託人人數計算。

★★☆#26 【都市更新事業機構】

都市更新事業機構以依公司法設立之股份有限公司為限。但都市更新事業係以整建或維護方式處理者，不在此限。

★★☆#27 【更新團體】

逾 7 人之土地及合法建築物所有權人依第 22 條及第 23 條規定自行實施都市更新事業時，應組織都市更新會，訂定章程載明下列事項，申請當地直轄市、縣（市）主管機關核准：

一、都市更新會之名稱及辦公地點。

二、實施地區。

三、成員資格、幹部法定人數、任期、職責及選任方式等事項。

四、有關會務運作事項。

五、有關費用分擔、公告及通知方式等事項。

六、其他必要事項。

前項都市更新會應為法人；其設立、管理及解散辦法，由中央主管機關定之。

★★☆#28 【都市更新會委任】

都市更新會得依民法委任具有都市更新專門知識、經驗之機構，統籌辦理都市更新業務。

★★★#29 【審議比例】

各級主管機關為審議事業概要、都市更新事業計畫、權利變換計畫及處理實施者與相關權利人有關爭議，應分別遴聘（派）學者、專家、社會公正人士及相關機關（構）代表，以合議制及公開方式辦理之，其中專家學者及民間團體代表不得少於 1/2，任一性別比例不得少於 1/3。

各級主管機關依前項規定辦理審議或處理爭議，必要時，並得委託專業團體或機構協助作技術性之諮商。

第一項審議會之職掌、組成、利益迴避等相關事項之辦法，由中央主管機關定之。

★☆☆#30 【專業人員】

各級主管機關應置專業人員專責辦理都市更新業務，並得設專責法人或機構，經主管機關委託或同意，協助推動都市更新業務或實施都市更新事業。

★★☆#31 【都市更新基金】

各級主管機關為推動都市更新相關業務或實施都市更新事業，得設置都市更新基金。

★★★#32 【計畫程序】

都市更新事業計畫由實施者擬訂，送由當地直轄市、縣（市）主管機關審議通過後核定發布實施；其屬中央主管機關依第 7 條第二項或第 8 條規定劃定或變更之更新地區辦理之都市更新事業，得逕送中央主管機關審議通過後核定發布實施。並即公告 30 日及通知更新單元範圍內土地、合法建築物所有權人、他項權利人、囑託限制登記機關及預告登記請求權人；變更時，亦同。

擬訂或變更都市更新事業計畫期間，應舉辦公聽會，聽取民眾意見。

都市更新事業計畫擬訂或變更後，送各級主管機關審議前，應於各該直轄市、縣（市）政府或鄉（鎮、市）公所公開展覽 30 日，並舉辦公聽會；實施者已

取得更新單元內全體私有土地及私有合法建築物所有權人同意者，公開展覽期間得縮短為 15 日。

前二項公開展覽、公聽會之日期及地點，應刊登新聞紙或新聞電子報，並於直轄市、縣（市）主管機關電腦網站刊登公告文，並通知更新單元範圍內土地、合法建築物所有權人、他項權利人、囑託限制登記機關及預告登記請求權人；任何人民或團體得於公開展覽期間內，以書面載明姓名或名稱及地址，向各級主管機關提出意見，由各級主管機關予以參考審議。經各級主管機關審議修正者，免再公開展覽。

依第 7 條規定劃定或變更之都市更新地區或採整建、維護方式辦理之更新單元，實施者已取得更新單元內全體私有土地及私有合法建築物所有權人之同意者，於擬訂或變更都市更新事業計畫時，得免舉辦公開展覽及公聽會，不受前三項規定之限制。

都市更新事業計畫擬訂或變更後，與事業概要內容不同者，免再辦理事業概要之變更。

★★☆#33　【聽證情形】

各級主管機關依前條規定核定發布實施都市更新事業計畫前，除有下列情形之一者外，應舉行聽證；各級主管機關應斟酌聽證紀錄，並說明採納或不採納之理由作成核定：

一、於計畫核定前已無爭議。

二、依第 4 條第一項第二款或第三款以整建或維護方式處理，經更新單元內全體土地及合法建築物所有權人同意。

三、符合第 34 條第二款或第三款之情形。

四、依第 43 條第一項但書後段以協議合建或其他方式實施，經更新單元內全體土地及合法建築物所有權人同意。

不服依前項經聽證作成之行政處分者，其行政救濟程序，免除訴願及其先行程序。

★★☆#34　【簡化作業程序】

都市更新事業計畫之變更，得採下列簡化作業程序辦理：

一、有下列情形之一而辦理變更者，免依第 32 條規定辦理公聽會及公開展覽：

(一)依第 4 條第一項第二款或第三款以整建或維護方式處理，經更新單元內全體私有土地及私有合法建築物所有權人同意。

(二)依第 43 條第一項本文以權利變換方式實施，無第 60 條之情形，且經更新單元內全體私有土地及私有合法建築物所有權人同意。

(三)依第 43 條第一項但書後段以協議合建或其他方式實施，經更新單元內全體土地及合法建築物所有權人同意。

二、有下列情形之一而辦理變更者，免依第 32 條規定舉辦公聽會、公開展覽及審議：

(一)第 36 條第一項第二款實施者之變更，於依第 37 條規定徵求同意，並經原實施者與新實施者辦理公證。

(二)第 36 條第一項第十二款至第十五款、第十八款、第二十款及第二十一款所定事項之變更，經更新單元內全體土地及合法建築物所有權人同意。但第十三款之變更以不減損其他受拆遷安置戶之權益為限。

三、第 36 條第一項第七款至第十款所定事項之變更，經各級主管機關認定不影響原核定之都市更新事業計畫者，或第 36 條第二項應敘明事項之變更，免依第 32 條規定舉辦公聽會、公開展覽及依第 37 條規定徵求同意。

★★☆#35　【涉及都市計畫之主要 / 細部計畫】

都市更新事業計畫之擬訂或變更，涉及都市計畫之主要計畫變更者，應於依法變更主要計畫後，依第 32 條規定辦理；其僅涉及主要計畫局部性之修正，不違背其原規劃意旨者，或僅涉及細部計畫之擬定、變更者，都市更新事業計畫得先行依第 32 條規定程序發布實施，據以推動更新工作，相關都市計畫再配合辦理擬定或變更。

榜首筆記 涉及主要計畫：先都市計畫 → 再都更
涉及細部計畫或不違背原規劃：先都更 → 再都市計畫

★★☆#36 【都市更新事業計畫應表明】

都市更新事業計畫應視其實際情形，表明下列事項：

一、計畫地區範圍。

二、實施者。

三、現況分析。

四、計畫目標。

五、與都市計畫之關係。

六、處理方式及其區段劃分。

七、區內公共設施興修或改善計畫，含配置之設計圖說。

八、整建或維護區段內建築物改建、修建、維護或充實設備之標準及設計圖說。

九、重建區段之土地使用計畫，含建築物配置及設計圖說。

十、都市設計或景觀計畫。

十一、文化資產、都市計畫表明應予保存或有保存價值建築之保存或維護計畫。

十二、實施方式及有關費用分擔。

十三、拆遷安置計畫。

十四、財務計畫。

十五、實施進度。

十六、效益評估。

十七、申請獎勵項目及額度。

十八、權利變換之分配及選配原則。其原所有權人分配之比率可確定者，其分配比率。

十九、公有財產之處理方式及更新後之分配使用原則。

二十、實施風險控管方案。

二十一、維護管理及保固事項。

二十二、相關單位配合辦理事項。

二十三、其他應加表明之事項。

實施者為都市更新事業機構，其都市更新事業計畫報核當時之資本總額或實收資本額、負責人、營業項目及實績等，應於前項第二款敘明之。

都市更新事業計畫以重建方式處理者，第一項第二十款實施風險控管方案依下列方式之一辦理：

一、不動產開發信託。

二、資金信託。

三、續建機制。

四、同業連帶擔保。

五、商業團體辦理連帶保證協定。

六、其他經主管機關同意或審議通過之方式。

★★★#37　【同意比率】
　　實施者擬訂或變更都市更新事業計畫報核時，應經一定比率之私有土地與私有合法建築物所有權人數及所有權面積之同意；其同意比率依下列規定計算。但私有土地及私有合法建築物所有權面積均超過 9/10 同意者，其所有權人數不予計算：

一、依第 12 條規定經公開評選委託都市更新事業機構辦理者：應經更新單元內私有土地及私有合法建築物所有權人均超過 1/2，且其所有土地總面積及合法建築物總樓地板面積均超過 1/2 之同意。但公有土地面積超過更新單元面積 1/2 者，免取得私有土地及私有合法建築物之同意。實施者應保障私有土地及私有合法建築物所有權人權利變換後之權利價值，不得低於都市更新相關法規之規定。

二、依第 22 條規定辦理者：

(一) 依第 7 條規定劃定或變更之更新地區，應經更新單元內私有土地及私有合法建築物所有權人均超過 1/2，且其所有土地總面積及合法建築物總樓地板面積均超過 1/2 之同意。

(二) 其餘更新地區，應經更新單元內私有土地及私有合法建築物所有權人均超過 3/4，且其所有土地總面積及合法建築物總樓地板面積均超過 3/4 之同意。

三、依第 23 條規定辦理者：應經更新單元內私有土地及私有合法建築物所有權人均超過 4/5，且其所有土地總面積及合法建築物總樓地板面積均超過 4/5 之同意。

　　前項人數與土地及建築物所有權比率之計算，準用第 24 條之規定。

　　都市更新事業以 2 種以上方式處理時，第一項人數與面積比率，應分別計算之。第 22 條第二項同意比率之計算，亦同。

　　各級主管機關對第一項同意比率之審核，除有民法第 88 條、第 89 條、第 92 條規定情事或雙方合意撤銷者外，以都市更新事業計畫公開展覽期滿時為準。所有權人對於公開展覽之計畫所載更新後分配之權利價值比率或分配比率低於出具同意書時者，得於公開展覽期滿前，撤銷其同意。

★★☆#38　【迅行劃定重建、整建及維護所有權情形】
　　依第 7 條規定劃定或變更之都市更新地區或依第 4 條第一項第二款、第三款方式處理者，其共有土地或同一建築基地上有數幢或數棟建築物，其中部分建築物辦理重建、整建或維護時，得在不變更其他幢或棟建築物區分所有權人之區分所有權及其基地所有權應有部分之情形下，以辦理重建、整建或維護之各該幢或棟建築物所有權人人數、所有權及其基地所有權應有部分為計算基礎，分別計算其同意之比率。

★★☆#39　【登記取得所有權情形】
　　依第 22 條第二項或第 37 條第一項規定計算之同意比率，除有因繼承、強制執行、徵收或法院之判決於登記前取得所有權之情形，於申請或報核時能提出證明文件者，得以該證明文件記載者為準外，應以土地登記簿、建物登記簿、合法建物證明或經直轄市、縣（市）主管機關核發之證明文件記載者為準。

　　前項登記簿登記、證明文件記載為公同共有者，或尚未辦理繼承登記，於分割遺產前為繼承人公同共有者，應以同意之公同共有人數為其同意人數，並以其占該公同共有全體人數之比率，乘以該公同共有部分面積所得之面積為其同意面積計算之。

★★☆#40　【審議及調查】
　　主管機關審議時，知悉更新單元內土地及合法建築物所有權有持分人數異常增

加之情形，應依職權調查相關事實及證據，並將結果依第二十九條辦理審議或處理爭議。

★☆☆#41　【實施調查或測量】

實施者為擬訂都市更新事業計畫，得派員進入更新地區範圍內之公私有土地或建築物實施調查或測量；其進入土地或建築物，應先通知其所有權人、管理人或使用人。

依前項辦理調查或測量時，應先報請當地直轄市、縣（市）主管機關核准。但主管機關辦理者，不在此限。

依第一項辦理調查或測量時，如必須遷移或除去該土地上之障礙物，應先通知所有權人、管理人或使用人，所有權人、管理人或使用人因而遭受之損失，應予適當之補償；補償金額由雙方協議之，協議不成時，由當地直轄市、縣（市）主管機關核定之。

★★★#42　【禁限建】

更新地區劃定或變更後，直轄市、縣（市）主管機關得視實際需要，公告禁止更新地區範圍內建築物之改建、增建或新建及採取土石或變更地形。但不影響都市更新事業之實施者，不在此限。

前項禁止期限，最長不得超過 2 年。

違反第一項規定者，當地直轄市、縣（市）主管機關得限期命令其拆除、改建、停止使用或恢復原狀。

★★★#43　【重建區段土地實施都市更新方式】

都市更新事業計畫範圍內重建區段之土地，以權利變換方式實施之。但由主管機關或其他機關辦理者，得以徵收、區段徵收或市地重劃方式實施之；其他法律另有規定或經全體土地及合法建築物所有權人同意者，得以協議合建或其他方式實施之。

以區段徵收方式實施都市更新事業時，抵價地總面積占徵收總面積之比率，由主管機關考量實際情形定之。

★★☆#44　【協議合建／協議不成】

以協議合建方式實施都市更新事業，未能依前條第一項取得全體土地及合法建築物所有權人同意者，得經更新單元範圍內私有土地總面積及私有合法建築物總樓地板面積均超過 4/5 之同意，就達成合建協議部分，以協議合建方式實施之。對於不願參與協議合建之土地及合法建築物，以權利變換方式實施之。

前項參與權利變換者，實施者應保障其權利變換後之權利價值不得低於都市更新相關法規之規定。

★☆☆#45　【應行整建或維護】

都市更新事業計畫經各級主管機關核定發布實施後，範圍內應行整建或維護之建築物，實施者應依實施進度辦理，所需費用所有權人或管理人應交予實施者。

前項費用，經實施者催告仍不繳納者，由實施者報請該管主管機關以書面行政處分命所有權人或管理人依限繳納；屆期未繳納者，由該管主管機關移送法務部行政執行署所屬行政執行分署強制執行。其執行所得之金額，由該管主管機關於實施者支付實施費用之範圍內發給之。

第一項整建或維護建築物需申請建築執照者，得以實施者名義為之，並免檢附土地權利證明文件。

★☆☆#46　【都市更新事業計畫範圍內公有土地及建築物處理方式】

公有土地及建築物，除另有合理之利用計畫，確無法併同實施都市更新事業者外，於舉辦都市更新事業時，應一律參加都市更新，並依都市更新事業計畫處

理之,不受土地法第 25 條、國有財產法第 7 條、第 28 條、第 53 條、第 66 條、預算法第 25 條、第 26 條、第 86 條及地方政府公產管理法令相關規定之限制。

公有土地及建築物為公用財產而須變更為非公用財產者,應配合當地都市更新事業計畫,由各該級政府之非公用財產管理機關逕行變更為非公用財產,統籌處理,不適用國有財產法第 33 條至第 35 條及地方政府公產管理法令之相關規定。

前二項公有財產依下列方式處理:

一、自行辦理、委託其他機關(構)、都市更新事業機構辦理或信託予信託機構辦理更新。

二、由直轄市、縣(市)政府或其他機關以徵收、區段徵收方式實施都市更新事業時,應辦理撥用或撥供使用。

三、以權利變換方式實施都市更新事業時,除按應有之權利價值選擇參與分配土地、建築物、權利金或領取補償金外,並得讓售實施者。

四、以協議合建方式實施都市更新事業時,得主張以權利變換方式參與分配或以標售、專案讓售予實施者;其採標售方式時,除原有法定優先承購者外,實施者得以同樣條件優先承購。

五、以設定地上權方式參與或實施。

六、其他法律規定之方式。

經劃定或變更應實施更新之地區於本條例中華民國 107 年 12 月 28 日修正之條文施行後擬訂報核之都市更新事業計畫,其範圍內之公有土地面積或比率達一定規模以上者,除有特殊原因者外,應依第 12 條第一項規定方式之一辦理。其一定規模及特殊原因,由各級主管機關定之。

公有財產依第三項第一款規定委託都市更新事業機構辦理更新時,除本條例另有規定外,其徵求都市更新事業機構之公告申請、審核、異議、申訴程序及審議判斷,準用第 13 條至第 20 條規定。

公有土地上之舊違章建築戶,如經協議納入都市更新事業計畫處理,並給付管理機關使用補償金等相關費用後,管理機關得與該舊違章建築戶達成訴訟上之和解。

重點 5. 權利變換

★☆☆#48　【權利變換計畫】

以權利變換方式實施都市更新時,實施者應於都市更新事業計畫核定發布實施後,擬具權利變換計畫,依第 32 條及第 33 條規定程序辦理;變更時,亦同。但必要時,權利變換計畫之擬訂報核,得與都市更新事業計畫一併辦理。

實施者為擬訂或變更權利變換計畫,須進入權利變換範圍內公、私有土地或建築物實施調查或測量時,準用第 41 條規定辦理。

權利變換計畫應表明之事項及權利變換實施辦法,由中央主管機關定之。

★☆☆#49　【得採簡化作業程序辦理】

權利變換計畫之變更,得採下列簡化作業程序辦理:

一、有下列情形之一而辦理變更者,免依第 32 條及第 33 條規定辦理公聽會、公開展覽、聽證及審議:

(一) 計畫內容有誤寫、誤算或其他類此之顯然錯誤之更正。

(二) 參與分配人或實施者,其分配單元或停車位變動,經變動雙方同意。

(三) 依第 25 條規定辦理時之信託登記。

(四) 權利變換期間辦理土地及建築物之移轉、分割、設定負擔及抵押權、典權、

限制登記之塗銷。

(五) 依地政機關地籍測量或建築物測量結果釐正圖冊。

(六) 第36條第一項第二款所定實施者之變更,經原實施者與新實施者辦理公證。

二、有下列情形之一而辦理變更者,免依第32條及第33條規定辦理公聽會、公開展覽及聽證:

(一) 原參與分配人表明不願繼續參與分配,或原不願意參與分配者表明參與分配,經各級主管機關認定不影響其他權利人之權益。

(二) 第36條第一項第七款至第十款所定事項之變更,經各級主管機關認定不影響原核定之權利變換計畫。

(三) 有第一款各目情形所定事項之變更而涉及其他計畫內容變動,經各級主管機關認定不影響原核定之權利變換計畫。

★☆☆#50　【權利價值】

權利變換前各宗土地、更新後土地、建築物及權利變換範圍內其他土地於評價基準日之權利價值,由實施者委任3家以上專業估價者查估後評定之。

前項估價者由實施者與土地所有權人共同指定;無法共同指定時,由實施者指定1家,其餘2家由實施者自各級主管機關建議名單中,以公開、隨機方式選任之。

各級主管機關審議權利變換計畫認有必要時,得就實施者所提估價報告書委任其他專業估價者或專業團體提複核意見,送各級主管機關參考審議。

第二項之名單,由各級主管機關會商相關職業團體建議之。

★★★#51　【共同負擔】

實施權利變換時,權利變換範圍內供公共使用之道路、溝渠、兒童遊樂場、鄰里公園、廣場、綠地、停車場等七項用地,除以各該原有公共設施用地、未登記地及得無償撥用取得之公有道路、溝渠、河川等公有土地抵充外,其不足土地與工程費用、權利變換費用、貸款利息、稅捐、管理費用及都市更新事業計畫載明之都市計畫變更負擔、申請各項建築容積獎勵及容積移轉所支付之費用由實施者先行墊付,於經各級主管機關核定後,由權利變換範圍內之土地所有權人按其權利價值比率、都市計畫規定與其相對投入及受益情形,計算共同負擔,並以權利變換後應分配之土地及建築物折價抵付予實施者;其應分配之土地及建築物因折價抵付致未達最小分配面積單元時,得改以現金繳納。

前項權利變換範圍內,土地所有權人應共同負擔之比率,由各級主管機關考量實際情形定之。

權利變換範圍內未列為第一項共同負擔之公共設施,於土地及建築物分配時,除原有土地所有權人提出申請分配者外,以原公有土地應分配部分,優先指配;其仍有不足時,以折價抵付共同負擔之土地及建築物指配之。

但公有土地及建築物管理機關(構)或實施者得要求該公共設施管理機構負擔所需經費。

第一項最小分配面積單元基準,由直轄市、縣(市)主管機關定之。

第一項後段後以現金繳納之金額,土地所有權人應交予實施者。經實施者催告仍不繳納者,由實施者報請該管主管機關以書面行政處分命土地所有權人依限繳納;屆期未繳納者,由該管主管機關移送法務部行政執行署所屬行政執行分署強制執行。其執行所得之金額,由該管主管機關於實施者支付共同負擔費用之範圍內發給之。

★★★#52　【土地與建物分配】

權利變換後之土地及建築物扣除前條規定折價抵付共同負擔後,其餘土地及建

築物依各宗土地權利變換前之權利價值比率，分配與原土地所有權人。但其不願參與分配或應分配之土地及建築物未達最小分配面積單元，無法分配者，得以現金補償之。

依前項規定分配結果，實際分配之土地及建築物面積多於應分配之面積者，應繳納差額價金；實際分配之土地及建築物少於應分配之面積者，應發給差額價金。

第一項規定現金補償於發放或提存後，由實施者列冊送請各級主管機關囑託該管登記機關辦理所有權移轉登記。

依第一項補償之現金及第二項規定應發給之差額價金，經各級主管機關核定後，應定期通知應受補償人領取；逾期不領取者，依法提存之。

第二項應繳納之差額價金，土地所有權人應交予實施者。經實施者催告仍不繳納者，由實施者報請該管主管機關以書面行政處分命土地所有權人依限繳納；屆期未繳納者，由該管主管機關移送法務部行政執行署所屬行政執行分署強制執行。其執行所得之金額，由該管主管機關於實施者支付差額價金之範圍內發給之。

應繳納差額價金而未繳納者，其獲配之土地及建築物不得移轉或設定負擔；違反者，其移轉或設定負擔無效。但因繼承而辦理移轉者，不在此限。

★★★#53　【異議】

權利變換計畫書核定發布實施後 2 個月內，土地所有權人對其權利價值有異議時，應以書面敘明理由，向各級主管機關提出，各級主管機關應於受理異議後 3 個月內審議核復。但因情形特殊，經各級主管機關認有委託專業團體或機構協助作技術性諮商之必要者，得延長審議核復期限 3 個月。

當事人對審議核復結果不服者，得依法提請行政救濟。

前項異議處理或行政救濟期間，實施者非經主管機關核准，不得停止都市更新事業之進行。

第一項異議處理或行政救濟結果與原評定價值有差額部分，由當事人以現金相互找補。

第一項審議核復期限，應扣除各級主管機關委託專業團體或機構協助作技術性諮商及實施者委託專業團體或機構重新查估權利價值之時間。

★★★#54　【權利變換後公告禁止】

實施權利變換地區，直轄市、縣（市）主管機關得於權利變換計畫書核定後，公告禁止下列事項。但不影響權利變換之實施者，不在此限：

一、土地及建築物之移轉、分割或設定負擔。

二、建築物之改建、增建或新建及採取土石或變更地形。

前項禁止期限，最長不得超過 2 年。

違反第一項規定者，當地直轄市、縣（市）主管機關得限期命令其拆除、改建、停止使用或恢復原狀。

★★☆#55　【申請建築執照】

依權利變換計畫申請建築執照，得以實施者名義為之，並免檢附土地、建物及他項權利證明文件。

都市更新事業依第12條規定由主管機關或經同意之其他機關（構）自行實施，並經公開徵求提供資金及協助實施都市更新事業者，且於都市更新事業計畫載明權責分工及協助實施內容，於依前項規定申請建築執照時，得以該資金提供者與實施者名義共同為之，並免檢附前項權利證明文件。

權利變換範圍內土地改良物未拆除或遷移完竣前，不得辦理更新後土地及建築物銷售。

★★☆#56　【應分配之土地及建築物視為原有】

權利變換後，原土地所有權人應分配之土地及建築物，自分配結果確定之日起，視為原有。

★★☆#57　【應行拆除遷移之土地改良物】

權利變換範圍內應行拆除或遷移之土地改良物，由實施者依主管機關公告之權利變換計畫通知其所有權人、管理人或使用人，限期 30 日內自行拆除或遷移；屆期不拆除或遷移者，依下列順序辦理：

一、由實施者予以代為之。

二、由實施者請求當地直轄市、縣（市）主管機關代為之。

實施者依前項第一款規定代為拆除或遷移前，應就拆除或遷移之期日、方式、安置或其他拆遷相關事項，本於真誠磋商精神予以協調，並訂定期限辦理拆除或遷移；協調不成者，由實施者依前項第二款規定請求直轄市、縣（市）主管機關代為之；直轄市、縣（市）主管機關受理前項第二款之請求後應再行協調，再行協調不成者，直轄市、縣（市）主管機關應訂定期限辦理拆除或遷移。但由直轄市、縣（市）主管機關自行實施者，得於協調不成時逕為訂定期限辦理拆除或遷移，不適用再行協調之規定。

第一項應拆除或遷移之土地改良物，經直轄市、縣（市）主管機關認定屬高氯離子鋼筋混凝土或耐震能力不足之建築物而有明顯危害公共安全者，得準用建築法第八十一條規定之程序辦理強制拆除，不適用第一項後段及前項規定。

第一項應拆除或遷移之土地改良物為政府代管、扣押、法院強制執行或行政執行者，實施者應於拆除或遷移前，通知代管機關、扣押機關、執行法院或行政執行機關為必要之處理。

第一項因權利變換而拆除或遷移之土地改良物，應補償其價值或建築物之殘餘價值，其補償金額由實施者委託專業估價者查估後評定之，實施者應於權利變換計畫核定發布後定期通知應受補償人領取；逾期不領取者，依法提存。應受補償人對補償金額有異議時，準用第五十三條規定辦理。

第一項因權利變換而拆除或遷移之土地改良物，除由所有權人、管理人或使用人自行拆除或遷移者外，其拆除或遷移費用在應領補償金額內扣回。

★☆☆#58　【原則終止租約，但可求償】

權利變換範圍內出租之土地及建築物，因權利變換而不能達到原租賃之目的者，租賃契約終止，承租人並得依下列規定向出租人請求補償。但契約另有約定者，從其約定：

一、出租土地係供為建築房屋者，承租人得向出租人請求相當 1 年租金之補償，所餘租期未滿 1 年者，得請求相當所餘租期租金之補償。

二、前款以外之出租土地或建築物，承租人得向出租人請求相當 2 個月租金之補償。

權利變換範圍內出租之土地訂有耕地三七五租約者，應由承租人選擇依第 60 條或耕地三七五減租條例第 17 條規定辦理，不適用前項之規定。

★☆☆#59　【強制消滅地役權，但有償者可求償】

權利變換範圍內設定不動產役權之土地或建築物，該不動產役權消滅。

前項不動產役權之設定為有償者，不動產役權人得向土地或建築物所有權人請

求相當補償；補償金額如發生爭議時，準用第 53 條規定辦理。

★☆☆#62　【舊違章建築】
權利變換範圍內占有他人土地之舊違章建築戶處理事宜，由實施者提出處理方案，納入權利變換計畫內一併報核；有異議時，準用第 53 條規定辦理。

★☆☆#63　【書面分別通知】
權利變換範圍內，經權利變換分配之土地及建築物，實施者應以書面分別通知受配人，限期辦理接管；逾期不接管者，自限期屆滿之翌日起，視為已接管。

★☆☆#64　【權利變換結果】
經權利變換之土地及建築物，實施者應依據權利變換結果，列冊送請各級主管機關囑託該管登記機關辦理權利變更或塗銷登記，換發權利書狀；未於規定期限內換領者，其原權利書狀由該管登記機關公告註銷。

前項建築物辦理所有權第一次登記公告受有都市更新異議時，登記機關於公告期滿應移送囑託機關處理，囑託機關依本條例相關規定處理後，通知登記機關依處理結果辦理登記，免再依土地法第 59 條第二項辦理。

實施權利變換時，其土地及建築物權利已辦理土地登記者，應依各該權利之登記名義人參與權利變換計畫，其獲有分配者，並以該登記名義人之名義辦理囑託登記。

重點 6. 獎助

★★★#65　【建築容積獎勵】
都市更新事業計畫範圍內之建築基地，得視都市更新事業需要，給予適度之建築容積獎勵；獎勵後之建築容積，不得超過各該建築基地 1.5 倍之基準容積或各該建築基地 0.3 倍之基準容積再加其原建築容積，且不得超過都市計畫法第 85 條所定施行細則之規定。

有下列各款情形之一者，其獎勵後之建築容積得依下列規定擇優辦理，不受前項後段規定之限制：
一、實施容積管制前已興建完成之合法建築物，其原建築容積高於基準容積：不得超過各該建築基地零點三倍之基準容積再加其原建築容積，或各該建築基地一點二倍之原建築容積。
二、前款合法建築物經直轄市、縣（市）主管機關認定屬高氯離子鋼筋混凝土或耐震能力不足而有明顯危害公共安全：不得超過各該建築基地一點三倍之原建築容積。
三、各級主管機關依第八條劃定或變更策略性更新地區，屬依第十二條第一項規定方式辦理，且更新單元面積達一萬平方公尺以上：不得超過各該建築基地二倍之基準容積或各該建築基地零點五倍之基準容積再加其原建築容積。
符合前項第二款情形之建築物，得依該款獎勵後之建築容積上限額度建築，且不得再申請第五項所定辦法、自治法規及其他法令規定之建築容積獎勵項目。
各級主管機關依第五項規定訂定辦法或自治法規有關獎勵之項目，應考量對都市環境之貢獻、公共設施服務水準之影響、文化資產保存維護之貢獻、新技術之應用及有助於都市更新事業之實施等因素。
第二項第二款及第五十七條第三項耐震能力不足建築物而有明顯危害公共安全之認定方式、程序、基準及其他相關事項之辦法，由中央主管機關定之。
(此為精簡後版本)

★★★#66　【容積移轉】
更新地區範圍內公共設施保留地、依法或都市計畫表明應予保存、直轄市、縣

（市）主管機關認定有保存價值及依第 29 條規定審議保留之建築所坐落之土地或街區，或其他為促進更有效利用之土地，其建築容積得一部或全部轉移至其他建築基地建築使用，並準用依都市計畫法第 83-1 條第二項所定辦法有關可移出容積訂定方式、可移入容積地區範圍、接受基地可移入容積上限、換算公式、移轉方式及作業方法等規定辦理。

前項建築容積經全部轉移至其他建築基地建築使用者，其原為私有之土地應登記為公有。

★★★#67　【減免稅捐】

更新單元內之土地及建築物，依下列規定減免稅捐：

一、更新期間土地無法使用者，免徵地價稅；其仍可繼續使用者，減半徵收。但未依計畫進度完成更新且可歸責於土地所有權人之情形者，依法課徵之。

二、更新後地價稅及房屋稅減半徵收 2 年。

三、重建區段範圍內更新前合法建築物所有權人取得更新後建築物，於前款房屋稅減半徵收 2 年期間內未移轉，且經直轄市、縣（市）主管機關視地區發展趨勢及財政狀況同意者，得延長其房屋稅減半徵收期間至喪失所有權止，但以 10 年為限。本條例中華民國 107 年 12 月 28 日修正之條文施行前，前款房屋稅減半徵收 2 年期間已屆滿者，不適用之。

四、依權利變換取得之土地及建築物，於更新後第 1 次移轉時，減徵土地增值稅及契稅 40%。

五、不願參加權利變換而領取現金補償者，減徵土地增值稅 40%。

六、實施權利變換應分配之土地未達最小分配面積單元，而改領現金者，免徵土地增值稅。

七、實施權利變換，以土地及建築物抵付權利變換負擔者，免徵土地增值稅及契稅。

八、原所有權人與實施者間因協議合建辦理產權移轉時，經直轄市、縣（市）主管機關視地區發展趨勢及財政狀況同意者，得減徵土地增值稅及契稅 40%。

前項第三款及第八款實施年限，自本條例中華民國 107 年 12 月 28 日修正之條文施行之日起算 5 年；其年限屆期前半年，行政院得視情況延長之，並以 1 次為限。

都市更新事業計畫於前項實施期限屆滿之日前已報核或已核定尚未完成更新，於都市更新事業計畫核定之日起 2 年內或於權利變換計畫核定之日起 1 年內申請建造執照，且依建築期限完工者，其更新單元內之土地及建築物，準用第一項第三款及第八款規定。

★☆☆#68　【信託財產】

以更新地區內之土地為信託財產，訂定以委託人為受益人之信託契約者，不課徵贈與稅。

前項信託土地，因信託關係而於委託人與受託人間移轉所有權者，不課徵土地增值稅。

★☆☆#70　【都市更新事業支出】

實施者為股份有限公司組織之都市更新事業機構，投資於經主管機關劃定或變更為應實施都市更新地區之都市更新事業支出，得於支出總額 20% 範圍內，抵減其都市更新事業計畫完成年度應納營利事業所得稅額，當年度不足抵減時，得在以後 4 年度抵減之。

都市更新事業依第 12 條規定由主管機關或經同意之其他機關（構）自行實施，經公開徵求股份有限公司提供資金並協助實施都市更新事業，於都市更新事業計畫或權利變換計畫載明權責分工及協助實施都市更新事業內容者，該公司實施都市更新事業之支出得準用前項投資抵減之規定。

前二項投資抵減，其每 1 年度得抵減總額，以不超過該公司當年度應納營利事業所得稅額 50% 為限。但最後年度抵減金額，不在此限。

第一項及第二項投資抵減之適用範圍，由財政部會商內政部定之。

★☆☆#71　【股份】

實施者為新設立公司，並以經營都市更新事業為業者，得公開招募股份；其發起人應包括不動產投資開發專業公司及都市更新事業計畫內土地、合法建築物所有權人及地上權人，且持有股份總數不得低於該新設立公司股份總數之 30%，並應報經中央主管機關核定。其屬公開招募新設立公司者，應檢具各級主管機關已核定都市更新事業計畫之證明文件，向證券管理機關申報生效後，始得為之。

前項公司之設立，應由都市更新事業計畫內土地、合法建築物之所有權人及地上權人，優先參與該公司之發起。

實施者為經營不動產投資開發之上市公司，為籌措都市更新事業計畫之財源，得發行指定用途之公司債，不受公司法第 247 條之限制。

前項經營不動產投資開發之上市公司於發行指定用途之公司債時，應檢具各級主管機關核定都市更新事業計畫之證明文件，向證券管理機關申報生效後，始得為之。

重點 7. 監督及管理

★☆☆#74　【都市更新事業計畫報核】

實施者依第 22 條或第 23 條規定實施都市更新事業，應依核准之事業概要所表明之實施進度擬訂都市更新事業計畫報核；逾期未報核者，核准之事業概要失其效力，直轄市、縣（市）主管機關應通知更新單元內土地、合法建築物所有權人、他項權利人、囑託限制登記機關及預告登記請求權人。

因故未能於前項期限內擬訂都市更新事業計畫報核者，得敘明理由申請展期；展期之期間每次不得超過 6 個月，並以 2 次為限。

★☆☆#75　【隨時或定期檢查】

都市更新事業計畫核定後，直轄市、縣（市）主管機關得視實際需要隨時或定期檢查實施者對該事業計畫之執行情形。

★★☆#76　【改善或勒令其停止營運】

前條之檢查發現有下列情形之一者，直轄市、縣（市）主管機關應限期令其改善或勒令其停止營運並限期清理；必要時，並得派員監管、代管或為其他必要之處理：

一、違反或擅自變更章程、事業計畫或權利變換計畫。

二、業務廢弛。

三、事業及財務有嚴重缺失。

實施者不遵從前項命令時，直轄市、縣（市）主管機關得撤銷其更新核准，並得強制接管；其接管辦法由中央主管機關定之。

★☆☆#77　【權利顯有不利時】

依第 12 條規定經公開評選委託之實施者，其於都市更新事業計畫核定後，如有不法情事或重大瑕疵而對所有權人或權利關係人之權利顯有不利時，所有權

人或權利關係人得向直轄市、縣（市）主管機關請求依第 75 條予以檢查，並由該管主管機關視檢查情形依第 76 條為必要之處理。

★☆☆#78　【財務報告及更新成果報告】
實施者應於都市更新事業計畫完成後 6 個月內，檢具竣工書圖、經會計師簽證之財務報告及更新成果報告，送請當地直轄市、縣（市）主管機關備查。

重點 8. 罰則

★☆☆#80　【罰鍰】
不依第 42 條第三項或第 54 條第三項規定拆除、改建、停止使用或恢復原狀者，處新臺幣 60,000 元以上 300,000 元以下罰鍰。並得停止供水、供電、封閉、強制拆除或採取恢復原狀措施，費用由土地或建築物所有權人、使用人或管理人負擔。

都市更新建築容積獎勵辦法

│ 中華民國 108 年 05 月 15 日 │

重點

★★☆#1　【依都更條例訂定】
本辦法依都市更新條例（以下簡稱本條例）第 65 條第三項前段規定訂定之。

★★☆#2　【適用規定】
都市更新事業計畫範圍內未實施容積率管制之建築基地，及整建、維護區段之建築基地，不適用本辦法規定。但依都市更新事業計畫中保存或維護計畫處理之建築基地，不在此限。

★★☆#3　【基準容積及原建築容積】
本條例第 65 條第一項、第四項與本辦法所稱基準容積及原建築容積，定義如下：
一、基準容積：指都市計畫法令規定之容積率上限乘土地面積所得之積數。
二、原建築容積：指都市更新事業計畫範圍內實施容積管制前已興建完成之合法建築物，申請建築時主管機關核准之建築總樓地板面積，扣除建築技術規則建築設計施工編第 161 條第二項規定不計入樓地板面積部分後之樓地板面積。

★☆☆#4　【獎勵重複者應予扣除】
都市更新事業計畫範圍內之建築基地，另依其他法令規定申請建築容積獎勵時，應先向各該主管機關提出申請。但獎勵重複者，應予扣除。

★★☆#5　【原建築容積高於基準容積者之容積獎勵】
實施容積管制前已興建完成之合法建築物，其原建築容積高於基準容積者，得依原建築容積建築，或依原建築基地基準容積 10％ 給予獎勵容積。

★★☆#6　【都市更新事業計畫範圍內建築物之獎勵容積】
都市更新事業計畫範圍內之建築物符合下列情形之一者，依原建築基地基準容積一定比率給予獎勵容積：
一、經建築主管機關依建築法規、災害防救法規通知限期拆除、逕予強制拆除，或評估有危險之虞應限期補強或拆除：基準容積 10％。
二、經結構安全性能評估結果未達最低等級：基準容積 8％。
前項各款獎勵容積額度不得累計申請。

★★★#7　【指定之社會福利設施或其他公益設施之獎勵容積】

都市更新事業計畫範圍內依直轄市、縣（市）主管機關公告，提供指定之社會福利設施或其他公益設施，建築物及其土地產權無償登記為公有者，除不計入容積外，依下列公式計算獎勵容積，其獎勵額度以基準容積30%為上限：

提供指定之社會福利設施或其他公益設施之獎勵容積＝社會福利設施或其他公益設施之建築總樓地板面積，扣除建築技術規則建築設計施工編第161條第二項規定不計入樓地板面積部分後之樓地板面積×　獎勵係數。

前項獎勵係數為1。但直轄市、縣（市）主管機關基於都市發展特性之需要，得提高獎勵係數。

第一項直轄市、縣（市）主管機關公告之社會福利設施或其他公益設施，直轄市、縣（市）主管機關應於本辦法中華民國108年5月15日修正施行後1年內公告所需之設施項目、最小面積、區位及其他有關事項；直轄市、縣（市）主管機關未於期限內公告者，都市更新事業計畫得逐載明提供社會福利設施，依第一項規定辦理。直轄市、縣（市）主管機關公告後，應依都市發展情形，每4年內至少檢討1次，並重行公告。

★★★#8　【都市更新事業計畫範圍內或其周邊公共設施用地之獎勵容積】

協助取得及開闢都市更新事業計畫範圍內或其周邊公共設施用地，產權登記為公有者，依下列公式計算獎勵容積，其獎勵額度以基準容積15%為上限：

協助取得及開闢都市更新事業計畫範圍內或其周邊公共設施用地之獎勵容積＝公共設施用地面積×（都市更新事業計畫報核日當期之公共設施用地公告土地現值／都市更新事業計畫報核日當期之建築基地公告土地現值）× 建築基地之容積率。

前項公共設施用地應開闢完成且將土地產權移轉登記為直轄市、縣（市）有或鄉（鎮、市）有。

第一項公共設施用地或建築基地，有2筆以上者，應按面積比率加權平均計算公告土地現值及容積率。

第一項公共設施用地，以容積移轉方式辦理者，依其規定辦理，不適用前三項規定。

★★★#9　【古蹟、歷史建築、紀念建築及聚落建築群之獎勵容積】

都市更新事業計畫範圍內之古蹟、歷史建築、紀念建築及聚落建築群，辦理整體性保存、修復、再利用及管理維護者，除不計入容積外，並得依該建築物實際面積之1.5倍，給予獎勵容積。

都市更新事業計畫範圍內依本條例第36條第一項第十一款規定保存或維護計畫辦理之都市計畫表明應予保存或有保存價值建築物，除不計入容積外，並得依該建築物之實際面積，給予獎勵容積。

前二項建築物實際面積，依文化資產或都市計畫主管機關核准之保存、修復、再利用及管理維護等計畫所載各層樓地板面積總和或都市更新事業計畫實測各層樓地板面積總和為準。

依第一項辦理古蹟、歷史建築、紀念建築及聚落建築群之整體性保存、修復、再利用及管理維護者，應於領得使用執照前完成。

申請第一項獎勵者，實施者應提出與古蹟、歷史建築、紀念建築及聚落建築群所有權人協議並載明相關內容之文件。

第一項及第二項建築物，以容積移轉方式辦理者，依其規定辦理，不適用前五項規定。

★★☆#10　【綠建築獎勵容積】

取得候選綠建築證書，依下列等級給予獎勵容積：

一、鑽石級：基準容積 10%。

二、黃金級：基準容積 8%。

三、銀級：基準容積 6%。

四、銅級：基準容積 4%。

五、合格級：基準容積 2%。

前項各款獎勵容積不得累計申請。

申請第一項第四款或第五款獎勵容積，以依本條例第 7 條第一項第三款規定實施之都市更新事業，且面積未達 500 平方公尺者為限。

第一項綠建築等級，於依都市計畫法第 85 條所定都市計畫法施行細則另有最低等級規定者，申請等級應高於該規定，始得依前三項規定給予獎勵容積。

【智慧建築獎勵容積】

★★☆#11　取得候選智慧建築證書，依下列等級給予獎勵容積：

一、鑽石級：基準容積 10%。

二、黃金級：基準容積 8%。

三、銀級：基準容積 6%。

四、銅級：基準容積 4%。

五、合格級：基準容積 2%。

前項各款獎勵容積不得累計申請。

申請第一項第四款或第五款獎勵容積，以依本條例第 7 條第一項第三款規定實施之都市更新事業，且面積未達 500 平方公尺者為限。

【無障礙獎勵容積】

★★☆#12　採無障礙環境設計者，依下列規定給予獎勵容積：

一、取得無障礙住宅建築標章：基準容積 5%。

二、依住宅性能評估實施辦法辦理新建住宅性能評估之無障礙環境：

　　（一）第一級：基準容積 4%。

　　（二）第二級：基準容積 3%。

前項各款獎勵容積額度不得累計申請。

【耐震設計獎勵容積】

★★☆#13　採建築物耐震設計者，依下列規定給予獎勵容積：

一、取得耐震設計標章：基準容積 10%。

二、依住宅性能評估實施辦法辦理新建住宅性能評估之結構安全性能：

　　（一）第一級：基準容積 6%。

　　（二）第二級：基準容積 4%。

　　（三）第三級：基準容積 2%。

前項各款獎勵容積額度不得累計申請。

【條文施行日起一定期間內之容積獎勵】

★☆☆#14　本辦法中華民國 108 年 5 月 15 日修正之條文施行日起一定期間內，實施者擬訂都市更新事業計畫報核者，依下列規定給予獎勵容積：

一、劃定應實施更新之地區：

　　（一）修正施行日起 5 年內：基準容積 10%。

　　（二）前目期間屆滿之次日起 5 年內：基準容積 5%。

二、未經劃定應實施更新之地區：

　　（一）修正施行日起 5 年內：基準容積 7%。

　　（二）前目期間屆滿之次日起 5 年內：基準容積 3.5%。

★★☆#15 　【含 1 個以上完整計畫街廓或土地面積達一定規模以上者之容積獎勵】
　　都市更新事業計畫範圍重建區段含 1 個以上完整計畫街廓或土地面積達一定規模以上者，依下列規定給予獎勵容積：
　　一、含 1 個以上完整計畫街廓：基準容積 5%。
　　二、土地面積達 3,000 平方公尺以上未滿 10,000 平方公尺：基準容積 5%；每增加 100 平方公尺，另給予基準容積 0.3%。
　　三、土地面積達 10,000 平方公尺以上：基準容積 30%。
　　前項第一款所定完整計畫街廓，由直轄市、縣（市）主管機關認定之。
　　第一項第二款及第三款獎勵容積額度不得累計申請；同時符合第一項第一款規定者，得累計申請獎勵容積額度。

★★☆#16 　【協議合建方式實施之都市更新事業之容積獎勵】
　　都市更新事業計畫範圍重建區段內，更新前門牌戶達 20 戶以上，依本條例第 43 條第一項但書後段規定，於都市更新事業計畫報核時經全體土地及合法建築物所有權人同意以協議合建方式實施之都市更新事業，給予基準容積 5% 之獎勵容積。

★★☆#17 　【舊違章建築戶之容積獎勵】
　　處理占有他人土地之舊違章建築戶，依都市更新事業計畫報核前之實測面積給予獎勵容積，且每戶不得超過最近一次行政院主計總處人口及住宅普查報告各該直轄市、縣（市）平均每戶住宅樓地板面積，其獎勵額度以基準容積 20% 為上限。
　　前項舊違章建築戶，由直轄市、縣（市）主管機關認定之。

★☆☆#18 　【申請獎勵容積規定辦理】
　　實施者申請第 10 條至第 13 條獎勵容積，應依下列規定辦理：
　　一、與直轄市、縣（市）主管機關簽訂協議書，並納入都市更新事業計畫。
　　二、於領得使用執照前向直轄市、縣（市）主管機關繳納保證金。
　　三、於領得使用執照後 2 年內，取得標章或通過評估。
　　前項第二款保證金，依下列公式計算：
　　應繳納之保證金額＝都市更新事業計畫範圍內土地按面積比率加權平均計算都市更新事業計畫報核時公告土地現值× 0.7× 申請第 10 條至第 13 條之獎勵容積樓地板面積。
　　第一項第二款保證金，應由實施者提供現金、等值之政府公債、定期存款單、銀行開立之本行支票繳納或取具在中華民國境內營業之金融機構之書面保證。但書面保證應以該金融機構營業執照登記有保證業務者為限。
　　實施者提供金融機構之書面保證或辦理質權設定之定期存款單，應加註拋棄行使抵銷權及先訴抗辯權，且保證期間或質權存續期間，不得少於第一項第三款所定期間。
　　依第一項第三款規定取得標章或通過評估者，保證金無息退還。未依第一項第三款規定取得標章或通過評估者，保證金不予退還。

都市更新權利變換實施辦法
| 中華民國 108 年 06 月 17 日 |

重點

★★☆#2 　【權利變換關係人】
　　本辦法所稱權利變換關係人，指依本條例第 60 條規定辦理權利變換之合法建

築物所有權人、地上權人、永佃權人、農育權人及耕地三七五租約承租人。

★★☆#3　【權利變換計畫應表明】

權利變換計畫應表明之事項如下：

一、實施者姓名及住所或居所；其為法人或其他機關（構）者，其名稱及事務所或營業所所在地。

二、實施權利變換地區之範圍及其總面積。

三、權利變換範圍內原有公共設施用地、未登記地及得無償撥用取得之公有道路、溝渠、河川等公有土地之面積。

四、更新前原土地所有權人及合法建築物所有權人、他項權利人、耕地375租約承租人、限制登記權利人、占有他人土地之舊違章建築戶名冊。

五、土地、建築物及權利金分配清冊。

六、第19條第一項第四款至第十款所定費用。

七、專業估價者之共同指定或選任作業方式及其結果。

八、估價條件及權利價值之評定方式。

九、依本條例第51條第一項規定各土地所有權人折價抵付共同負擔之土地及建築物或現金。

十、各項公共設施之設計施工基準及其權屬。

十一、工程施工進度與土地及建築物產權登記預定日期。

十二、不願或不能參與權利變換分配之土地所有權人名冊。

十三、依本條例第57條第四項規定土地改良物因拆除或遷移應補償之價值或建築物之殘餘價值。

十四、申請分配及公開抽籤作業方式。

十五、更新後更新範圍內土地分配圖及建築物配置圖。其比例尺不得小於1/500。

十六、更新後建築物平面圖、剖面圖、側視圖、透視圖。

十七、更新後土地及建築物分配面積及位置對照表。

十八、地籍整理計畫。

十九、依本條例第62條規定舊違章建築戶處理方案。

二十、其他經各級主管機關規定應表明之事項。

前項第五款之土地、建築物及權利金分配清冊應包括下列事項：

一、更新前各宗土地之標示。

二、依第8條第一項及本條例第50條第一項規定估定之權利變換前各宗土地及合法建築物所有權之權利價值及地上權、永佃權、農育權及耕地375租約價值。

三、依本條例第50條第一項規定估定之更新後建築物與其土地應有部分及權利變換範圍內其他土地之價值。

四、更新後得分配土地及建築物之名冊。

五、土地所有權人或權利變換關係人應分配土地與建築物標示及無法分配者應補償之金額。

六、土地所有權人、權利變換關係人與實施者達成分配權利金之約定事項。

★☆☆#6　【專業估價者】

本條例第50條第一項所稱專業估價者，指不動產估價師或其他依法律得從事不動產估價業務者所屬之事務所。

本條例第50條第二項所定專業估價者由實施者與土地所有權人共同指定，應由實施者與權利變換範圍內全體土地所有權人共同為之；變更時，亦同。

本條例第50條第二項所定建議名單，應以受理權利變換計畫之主管機關所提

名單為準。

【權利價值】

★☆☆#8

本條例第 60 條第二項規定由實施者估定合法建築物所有權之權利價值及地上權、永佃權、農育權或耕地三七五租約價值，應由實施者協調土地所有權人及權利變換關係人定之，協調不成時，準用本條例第 50 條規定估定之。

前項估定之價值，應包括本條例第 60 條第四項規定准予記存之土地增值稅。

【應分配之單元或現金補償】

★★☆#11

實施者於依本條例第 60 條第二項規定估定地上權、永佃權、農育權或耕地三七五租約價值，於土地所有權人應分配之土地及建築物權利範圍內，按地上權、永佃權、農育權或耕地三七五租約價值占原土地價值比率，分配予各該地上權人、永佃權人、農育權人或耕地三七五租約承租人時，如地上權人、永佃權人、農育權人或耕地三七五租約承租人不願參與分配或應分配之土地及建築物因未達最小分配面積單元，無法分配者，得於權利變換計畫內表明以現金補償。

前項補償金於發放或提存後，由實施者列冊送請各級主管機關囑託該管登記機關辦理地上權、永佃權、農育權或耕地三七五租約塗銷登記。地上權、永佃權、農育權經設定抵押權或辦竣限制登記者，亦同。登記機關辦理塗銷登記後，應通知權利人或囑託限制登記之法院或機關。

第一項補償金之領取及提存，準用前條第二項及第三項規定。

【協議不成或土地所有權人不願或不能參與分配】

★★☆#14

土地所有權人與權利變換關係人依本條例第 60 條第二項規定協議不成，或土地所有權人不願或不能參與分配時，土地所有權人之權利價值應扣除權利變換關係人之權利價值後予以分配或補償。

【更新後各土地所有權人應分配之權利價值】

★★☆#15

更新後各土地所有權人應分配之權利價值，應以權利變換範圍內，更新後之土地及建築物總權利價值，扣除共同負擔之餘額，按各土地所有權人更新前權利價值比率計算之。

本條例第 36 條第一項第十八款所定權利變換分配比率，應以前項更新後之土地及建築物總權利價值，扣除共同負擔之餘額，其占更新後之土地及建築物總權利價值之比率計算之。

本條例第 37 條第四項所定更新後分配之權利價值比率，應以第一項各土地所有權人應分配之權利價值，其占更新後之土地及建築物總權利價值，扣除共同負擔餘額之比率計算之。

【分期或分區實施】

★★☆#16

權利變換採分期或分區方式實施時，前條共同負擔、權利價值比率及分配比率，得按分期或分區情形分別計算之。

【不得合併分配】

★★☆#18

更新前原土地或建築物如經法院查封、假扣押、假處分或破產登記者，不得合併分配。

【負擔及費用範圍】

★☆☆#19

本條例第 51 條所定負擔及費用，範圍如下：

一、原有公共設施用地：指都市更新事業計畫核定發布實施日權利變換地區內依都市計畫劃設之道路、溝渠、兒童遊樂場、鄰里公園、廣場、綠地、停車場等七項公共設施用地，業經各直轄市、縣（市）主管機關或鄉（鎮、市）公所取得所有權或得依法辦理無償撥用者。

二、未登記地：指都市更新事業計畫核定發布實施日權利變換地區內尚未依土地法辦理總登記之土地。

三、得無償撥用取得之公有道路、溝渠、河川：指都市更新事業計畫核定發布實施日權利變換地區內實際作道路、溝渠、河川使用及原作道路、溝渠、河川使用已廢置而尚未完成廢置程序之得無償撥用取得之公有土地。

四、工程費用：包括權利變換地區內道路、溝渠、兒童遊樂場、鄰里公園、廣場、綠地、停車場等公共設施與更新後土地及建築物之規劃設計費、施工費、整地費及材料費、工程管理費、空氣污染防制費及其他必要之工程費用。

五、權利變換費用：包括實施權利變換所需之調查費、測量費、規劃費、估價費、依本條例第 57 條第四項規定應發給之補償金額、拆遷安置計畫內所定之拆遷安置費、地籍整理費及其他必要之業務費。

六、貸款利息：指為支付工程費用及權利變換費用之貸款利息。

七、管理費用：指為實施權利變換必要之人事、行政、銷售、風險、信託及其他管理費用。

八、都市計畫變更負擔：指依都市計畫相關法令變更都市計畫，應提供或捐贈之一定金額、可建築土地或樓地板面積，及辦理都市計畫變更所支付之委辦費。

九、申請各項建築容積獎勵所支付之費用：指為申請各項建築容積獎勵所需費用及委辦費，且未納入本條其餘各款之費用。

十、申請容積移轉所支付之費用：指為申請容積移轉所支付之容積購入費用及委辦費。

前項第四款至第六款及第九款所定費用，以經各級主管機關核定之權利變換計畫所載數額為準。第七款及第十款所定費用之計算基準，應於都市更新事業計畫中載明。第八款所定都市計畫變更負擔，以經各級主管機關核定之都市計畫書及協議書所載數額為準。

★☆☆#20　【分配部分優先指配順序】
依本條例第 51 條第三項規定，以原公有土地應分配部分優先指配之順序如下：

一、本鄉（鎮、市）有土地。
二、本直轄市、縣（市）有土地。
三、國有土地。
四、他直轄市有土地。
五、他縣（市）有土地。
六、他鄉（鎮、市）有土地。

★☆☆#21　【公有土地免分優先指配順序之情形】
公有土地符合下列情形之一者，免依本條例第 51 條第三項規定優先指配為同條第一項共同負擔以外之公共設施：

一、權利變換計畫核定前業經協議價購、徵收或有償撥用取得。
二、權利變換計畫核定前已有具體利用或處分計畫，且報經權責機關核定。
三、權利變換計畫核定前，住宅主管機關以住宅基金購置或已報奉核定列管作為興辦社會住宅之土地。
四、非屬都市計畫公共設施用地之學產地。

★☆☆#23　【書面通知】
實施者應於權利變換計畫核定發布實施後，將下列事項以書面通知土地所有權人、權利變換關係人及占有他人土地之舊違章建築戶：

一、更新後應分配之土地及建築物。

二、應領之補償金額。

三、舊違章建築戶處理方案。

★☆☆#27　【辦理接管】

權利變換範圍內經權利變換之土地及建築物，實施者於申領建築物使用執照，並完成自來水、電力、電訊、天然氣之配管及埋設等必要公共設施後，應以書面分別通知土地所有權人及權利變換關係人於 30 日內辦理接管。

都市更新條例施行細則
| 中華民國 108 年 05 月 15 日 |

重點

★☆☆#7　【更新單元之劃定應考量內容】

更新單元之劃定，應考量原有社會、經濟關係及人文特色之維繫、整體再發展目標之促進、公共設施負擔之公平性及土地權利整合之易行性等因素。

背誦小口訣

〈都市更新條例〉第4條都市更新處理方式之條文：

一、**重**建：指拆除更新地區內原有建築物，重新建築，住戶安置，改進區內公共設施，並得變更土地使用性質或使用密度

二、**整**建：指改建、修建更新地區內建築物或充實其設備，並改進區內公共設施

三、**維**護：指加強更新地區內土地使用及建築管理，改進區內公共設施、以保持其良好狀況

◆**輕鬆背→重整維**

背誦小口訣

〈都市更新條例〉第6條都市更新優先劃定之條文：

一、建築物**窳**陋且非防火構造或鄰**棟**間隔不足，有妨害公共安全之虞

二、建築物因年代**久**遠有傾頹或朽壞之虞、建築物排列不良或道路**彎**曲狹小，足以妨害公共交通或公共安全

三、建築物未符合都市應有之**機**能

四、建築物未能與**重**大建設配合

五、具有歷史、**文**化、**藝**術、**紀念**價值，亟須辦理保存維護，或其周邊建築物未能與之配合者

六、居住環境惡劣，足以妨害公共**衛**生或社會治**安**

七、經偵檢確定遭受**放射**性污染之建築物

八、**特**種**工**業設施有妨害公共安全之虞

◆**輕鬆背→窳棟久彎機‧重文藝紀念‧衛安放特工**

06

採購法系及相關法規

- 政府採購法
- 公共工程技術服務契約範本
- 公共工程施工品質管理作業要點
- 外國廠商參與非條約協定採購處理辦法
- 政府採購法施行細則
- 公共工程施工品質管理制度

政府採購法

| 中華民國 108 年 05 月 22 日 |

重點 **1.** 總則

★★★#1　【立法宗旨】
為建立政府採購制度，依公平、公開之採購程序，提升採購效率與功能，確保採購品質，爰制定本法。

★★★#2　【採購之定義】
本法所稱採購，指工程之定作、財物之買受、定製、承租及勞務之委任或僱傭等。

★★★#3　【適用機關之範圍】
政府機關、公立學校、公營事業（以下簡稱機關）辦理採購，依本法之規定；本法未規定者，適用其他法律之規定。

★★☆#4　【法人或團體辦理採購適用本法之規定】
法人或團體接受機關補助辦理採購，其補助金額占採購金額半數以上，且補助金額在公告金額以上者，適用本法之規定，並應受該機關之監督。
藝文採購不適用前項規定，但應受補助機關之監督；其辦理原則、適用範圍及監督管理辦法，由文化部定之。

★☆☆#5　【委託法人或團體辦理採購】
機關採購得委託法人或團體代辦。
前項採購適用本法之規定，該法人或團體並受委託機關之監督。

★☆☆#6　【辦理採購應遵循之原則】
機關辦理採購，應以維護公共利益及公平合理為原則，對廠商不得為無正當理由之差別待遇。
辦理採購人員於不違反本法規定之範圍內，得基於公共利益、採購效益或專業判斷之考量，為適當之採購決定。
司法、監察或其他機關對於採購機關或人員之調查、起訴、審判、彈劾或糾舉等，得洽請主管機關協助、鑑定或提供專業意見。

★★★#7　【工程、財物、勞務之定義】
工程：指在地面上下新建、增建、改建、修建、拆除構造物與其所屬設備及改變自然環境之行為，包括建築、土木、水利、環境、交通、機械、電氣、化工及其他經主管機關認定之工程。
財物：指各種物品（生鮮農漁產品除外）、材料、設備、機具與其他動產、不動產、權利及其他經主管機關認定之財物。
勞務：指專業服務、技術服務、資訊服務、研究發展、營運管理、維修、訓練、勞力及其他經主管機關認定之勞務。
採購兼有工程、財物、勞務 2 種以上性質，難以認定其歸屬者，按其性質所占預算金額比率最高者歸屬之。

★★★#8　【廠商之定義】
本法所稱廠商，指公司、合夥或獨資之工商行號及其他得提供各機關工程、財物、勞務之自然人、法人、機構或團體。

★★★#9　【主管機關】
本法所稱主管機關，為行政院採購暨公共工程委員會，以政務委員 1 人兼任主任委員。
本法所稱上級機關，指辦理採購機關直屬之上一級機關。其無上級機關者，由

該機關執行本法所規定上級機關之職權。

★☆☆#10　【主管機關掌理之事項】

主管機關掌理下列有關政府採購事項：

一、政府採購政策與制度之研訂及政令之宣導。

二、政府採購法令之研訂、修正及解釋。

三、標準採購契約之檢討及審定。

四、政府採購資訊之蒐集、公告及統計。

五、政府採購專業人員之訓練。

六、各機關採購之協調、督導及考核。

七、中央各機關採購申訴之處理。

八、其他關於政府採購之事項。

★★☆
#11-1　【採購工作及審查小組】

機關辦理巨額工程採購，應依採購之特性與實際需要，成立採購工作及審查小組，協助審查採購需求與經費、採購策略、招標文件等事項，及提供與採購有關事務之諮詢。

機關辦理第一項以外之採購，依採購特性及實際需要，認有成立採購工作及審查小組之必要者，準用前項規定。

前二項採購工作及審查小組之組成、任務、審查作業及其他相關事項之辦法，由主管機關定之。

【查核金額以上採購之監辦】

機關辦理查核金額以上採購之開標、比價、議價、決標及驗收時，應於規定期

★☆☆#12　限內，檢送相關文件報請上級機關派員監辦；上級機關得視事實需要訂定授權條件，由機關自行辦理。

機關辦理未達查核金額之採購，其決標金額達查核金額者，或契約變更後其金額達查核金額者，機關應補具相關文件送上級機關備查。查核金額由主管機關定之。

【公告金額以上採購之監辦】

機關辦理公告金額以上採購之開標、比價、議價、決標及驗收，除有特殊情形

★☆☆#13　者外，應由其主（會）計及有關單位會同監辦。

未達公告金額採購之監辦，依其屬中央或地方，由主管機關、直轄市或縣（市）政府另定之。未另定者，比照前項規定辦理。

公告金額應低於查核金額，由主管機關參酌國際標準定之。

第一項會同監辦採購辦法，由主管機關會同行政院主計處定之。

【分批辦理採購之限制】

機關不得意圖規避本法之適用，分批辦理公告金額以上之採購。其有分批辦理

★☆☆#14　之必要，並經上級機關核准者，應依其總金額核計採購金額，分別按公告金額或查核金額以上之規定辦理。

【採購人員應遵循之迴避原則】

機關承辦、監辦採購人員離職後 3 年內不得為本人或代理廠商向原任職機關接

★★★#15　洽處理離職前 5 年內與職務有關之事務。

機關人員對於與採購有關之事項，涉及本人、配偶、二親等以內親屬，或共同生活家屬之利益時，應行迴避。

機關首長發現前項人員有應行迴避之情事而未依規定迴避者，應令其迴避，並另行指定人員辦理。

★★☆#16　【採購請託或關說之處理】

請託或關說，宜以書面為之或作成紀錄。政風機構得調閱前項書面或紀錄。

第一項之請託或關說，不得作為評選之參考。

★★☆#17　【外國廠商參與採購】

外國廠商參與各機關採購，應依我國締結之條約或協定之規定辦理。

前項以外情形，外國廠商參與各機關採購之處理辦法，由主管機關定之。

外國法令限制或禁止我國廠商或產品服務參與採購者，主管機關得限制或禁止該國廠商或產品服務參與採購。

機關辦理涉及國家安全之採購，有對我國或外國廠商資格訂定限制條件之必要者，其限制條件及審查相關作業事項之辦法，由主管機關會商相關目的事業主管機關定之。

重點 **2.** 招標

★★★#18　【招標之方式及定義】

採購之招標方式，分為公開招標、選擇性招標及限制性招標。

公開招標，指以公告方式邀請不特定廠商投標。

選擇性招標，指以公告方式預先依一定資格條件辦理廠商資格審查後，再行邀請符合資格之廠商投標。

限制性招標，指不經公告程序，邀請 2 家以上廠商比價或僅邀請 1 家廠商議價。

★☆☆#19　【公開招標】

機關辦理公告金額以上之採購，除依第20條及第22條辦理者外，應公開招標。

★★★#20　【選擇性招標】

機關辦理公告金額以上之採購，符合下列情形之一者，得採選擇性招標：

一、經常性採購。

二、投標文件審查，須費時長久始能完成者。

三、廠商準備投標需高額費用者。

四、廠商資格條件複雜者。

五、研究發展事項。

★☆☆#21　【選擇性招標得建立合格廠商名單】

機關為辦理選擇性招標，得預先辦理資格審查，建立合格廠商名單。但仍應隨時接受廠商資格審查之請求，並定期檢討修正合格廠商名單。

未列入合格廠商名單之廠商請求參加特定招標時，機關於不妨礙招標作業，並能適時完成其資格審查者，於審查合格後，邀其投標。

經常性採購，應建立 6 家以上之合格廠商名單。

機關辦理選擇性招標，應予經資格審查合格之廠商平等受邀之機會。

★★★#22　【限制性招標】

機關辦理公告金額以上之採購，符合下列情形之一者，得採限制性招標：

一、以公開招標、選擇性招標或依第九款至第十一款公告程序辦理結果，無廠商投標或無合格標，且以原定招標內容及條件未經重大改變者。

二、屬專屬權利、獨家製造或供應、藝術品、秘密諮詢，無其他合適之替代標的者。

三、遇有不可預見之緊急事故，致無法以公開或選擇性招標程序適時辦理，且確有必要者。

四、原有採購之後續維修、零配件供應、更換或擴充，因相容或互通性之需要，必須向原供應廠商採購者。

五、屬原型或首次製造、供應之標的，以研究發展、實驗或開發性質辦理者。

六、在原招標目的範圍內，因未能預見之情形，必須追加契約以外之工程，如另行招標，確有產生重大不便及技術或經濟上困難之虞，非洽原訂約廠商

辦理，不能達契約之目的，且未逾原主契約金額 50% 者。

七、原有採購之後續擴充，且已於原招標公告及招標文件敘明擴充之期間、金額或數量者。

八、在集中交易或公開競價市場採購財物。

九、委託專業服務、技術服務、資訊服務或社會福利服務，經公開客觀評選為優勝者。

十、辦理設計競賽，經公開客觀評選為優勝者。

十一、因業務需要，指定地區採購房地產，經依所需條件公開徵求勘選認定適合需要者。

十二、購買身心障礙者、原住民或受刑人個人、身心障礙福利機構、政府立案之原住民團體、監獄工場、慈善機構所提供之非營利產品或勞務。

十三、委託在專業領域具領先地位之自然人或經公告審查優勝之學術或非營利機構進行科技、技術引進、行政或學術研究發展。

十四、邀請或委託具專業素養、特質或經公告審查優勝之文化、藝術專業人士、機構或團體表演或參與文藝活動。

十五、公營事業為商業性轉售或用於製造產品、提供服務以供轉售目的所為之採購，基於轉售對象、製程或供應源之特性或實際需要，不適宜以公開招標或選擇性招標方式辦理者。

十六、其他經主管機關認定者。前項第九款及第十款之廠商評選辦法與服務費用計算方式與第十一款、第十三款及第十四款之作業辦法，由主管機關定之。

第一項第十三款及第十四款，不適用工程採購。

★★★#24 【統包】

機關基於效率及品質之要求，得以統包辦理招標。

前項所稱統包，指將工程或財物採購中之設計與施工、供應、安裝或一定期間之維修等併於同一採購契約辦理招標。

統包實施辦法，由主管機關定之。

★★★#25 【共同投標】

機關得視個別採購之特性，於招標文件中規定允許一定家數內之廠商共同投標。

第一項所稱共同投標，指 2 家以上之廠商共同具名投標，並於得標後共同具名簽約，連帶負履行採購契約之責，以承攬工程或提供財物、勞務之行為。

共同投標以能增加廠商之競爭或無不當限制競爭者為限。

同業共同投標應符合公平交易法第 15 條第一項但書各款之規定。

共同投標廠商應於投標時檢附共同投標協議書。

共同投標辦法，由主管機關定之。

★★☆#26 【招標文件之訂定】

機關辦理公告金額以上之採購，應依功能或效益訂定招標文件。其有國際標準或國家標準者，應從其規定。

機關所擬定、採用或適用之技術規格，其所標示之擬採購產品或服務之特性，諸如品質、性能、安全、尺寸、符號、術語、包裝、標誌及標示或產程序、方法及評估之程序，在目的及效果上均不得限制競爭。

招標文件不得要求或提及特定之商標或商名、專利、設計或型式、特定來源地、生產者或供應者。但無法以精確之方式說明招標要求，而已在招標文件內註明諸如「或同等品」字樣者，不在此限。

★★☆#26-1 【促進自然資源保育與環境保護為目的，增加計畫經費或技術服務費用者，於擬定規格時併入計畫編列預算】

機關得視採購之特性及實際需要，以促進自然資源保育與環境保護為目的，依

前條規定擬定技術規格，及節省能源、節約資源、減少溫室氣體排放之相關措施。

前項增加計畫經費或技術服務費用者，於擬定規格或措施時應併入計畫報核編列預算。

★☆☆#27　【招標之公告】

機關辦理公開招標或選擇性招標，應將招標公告或辦理資格審查之公告刊登於政府採購公報並公開於資訊網路。公告之內容修正時，亦同。

前項公告內容、公告日數、公告方法及政府採購公報發行辦法，由主管機關定之。

機關辦理採購時，應估計採購案件之件數及每件之預計金額。預算及預計金額，得於招標公告中一併公開。

★☆☆#28　【標期之訂定】

機關辦理招標，其自公告日或邀標日起至截止投標或收件日止之等標期，應訂定合理期限。其期限標準，由主管機關定之。

★☆☆#29　【公開發給、發售或郵遞招標文件】

公開招標之招標文件及選擇性招標之預先辦理資格審查文件，應自公告日起至截止投標日或收件日止，公開發給、發售及郵遞方式辦理。發給、發售或郵遞時，不得登記領標廠商之名稱。

選擇性招標之文件應公開載明限制投標廠商資格之理由及其必要性。

第一項文件內容，應包括投標廠商提交投標書所需之一切必要資料。

★★☆#30　【押標金及保證金】

機關辦理招標，應於招標文件中規定投標廠商須繳納押標金；得標廠商須繳納保證金或提供或併提供其他擔保。但有下列情形之一者，不在此限：

一、勞務採購，以免收押標金、保證金為原則。

二、未達公告金額之工程、財物採購，得免收押標金、保證金。

三、以議價方式辦理之採購，得免收押標金。

四、依市場交易慣例或採購案特性，無收取押標金、保證金之必要或可能者。

★★☆#31　【押標金之發還及不予發還之情形】

機關對於廠商所繳納之押標金，應於決標後無息發還未得標之廠商。廢標時，亦同。

廠商有下列情形之一者，其所繳納之押標金，不予發還；其未依招標文件規定繳納或已發還者，並予追繳：

一、以虛偽不實之文件投標。

二、借用他人名義或證件投標，或容許他人借用本人名義或證件參加投標。

三、冒用他人名義或證件投標。

四、得標後拒不簽約。

五、得標後未於規定期限內，繳足保證金或提供擔保。

六、對採購有關人員行求、期約或交付不正利益。

七、其他經主管機關認定有影響採購公正之違反法令行為。

★☆☆#33　【投標文件之遞送】

廠商之投標文件，應以書面密封，於投標截止期限前，以郵遞或專人送達招標機關或其指定之場所。

前項投標文件，廠商得以電子資料傳輸方式遞送。但以招標文件已有訂明者為限，並應於規定期限前遞送正式文件。

機關得於招標文件中規定允許廠商於開標前補正非契約必要之點之文件。

★☆☆#34　【招標文件公告前應予保密】

機關辦理採購，其招標文件於公告前應予保密。但須公開說明或藉以公開徵求廠商提供參考資料者，不在此限。

機關辦理招標，不得於開標前洩漏底價，領標、投標廠商之名稱與家數及其他足以造成限制競爭或不公平競爭之相關資料。

底價於開標後至決標前，仍應保密，決標後除有特殊情形外，應予公開。

但機關依實際需要，得於招標文件中公告底價。

機關對於廠商投標文件，除供公務上使用或法令另有規定外，應保守秘密。

★☆☆#35 【替代方案提出之時機及條件】

機關得於招標文件中規定，允許廠商在不降低原有功能條件下，得就技術、工法、材料或設備，提出可縮減工期、減省經費或提高效率之替代方案。

其實施辦法，由主管機關定之。

★★☆#36 【投標廠商資格之規定】

機關辦理採購，得依實際需要，規定投標廠商之基本資格。

特殊或巨額之採購，須由具有相當經驗、實績、人力、財力、設備等之廠商始能擔任者，得另規定投標廠商之特定資格。

外國廠商之投標資格及應提出之資格文件，得就實際需要另行規定，附經公證或認證之中文譯本，並於招標文件中訂明。

第一項基本資格、第二項特定資格與特殊或巨額採購之範圍及認定標準，由主管機關定之。

★☆☆#37 【訂定投標廠商資格不得不當限制】

機關訂定前條投標廠商之資格，不得不當限制競爭，並以確認廠商具備履行契約所必須之能力者為限。

投標廠商未符合前條所定資格者，其投標不予受理。但廠商之財力資格，得以銀行或保險公司之履約及賠償連帶保證責任、連帶保證保險單代之。

★☆☆#38 【政黨及其關係企業不得參與投標】

政黨及與其具關係企業關係之廠商，不得參與投標。

前項具關係企業關係之廠商，準用公司法有關關係企業之規定。

★★☆#39 【委託廠商專案管理】

機關辦理採購，得依本法將其對規劃、設計、供應或履約業務之專案管理，委託廠商為之。

承辦專案管理之廠商，其負責人或合夥人不得同時為規劃、設計、施工或供應廠商之負責人或合夥人。

承辦專案管理之廠商與規劃、設計、施工或供應廠商，不得同時為關係企業或同一其他廠商之關係企業。

★☆☆#40 【代辦採購】

機關之採購，得洽由其他具有專業能力之機關代辦。

上級機關對於未具有專業採購能力之機關，得命其洽由其他具有專業能力之機關代辦採購。

★☆☆#41 【招標文件疑義之處理】

廠商對招標文件內容有疑義者，應於招標文件規定之日期前，以書面向招標機關請求釋疑。

機關對前項疑義之處理結果，應於招標文件規定之日期前，以書面答復請求釋疑之廠商，必要時得公告之；其涉及變更或補充招標文件內容者，除選擇性招標之規格標與價格標及限制性招標得以書面通知各廠商外，應另行公告，並視需要延長等標期。機關自行變更或補充招標文件內容者，亦同。

★☆☆#42 【分段開標】

機關辦理公開招標或選擇性招標，得就資格、規格與價格採取分段開標。

機關辦理分段開標，除第一階段應公告外，後續階段之邀標，得免予公告。

★☆☆#43 【採購得採行之措施】

機關辦理採購，除我國締結之條約或協定另有禁止規定者外，得採行下列措施

之一,並應載明於招標文件中:

一、要求投標廠商採購國內貨品比率、技術移轉、投資、協助外銷或其他類似條件,作為採購評選之項目,其比率不得逾 1/3。

二、外國廠商為最低標,且其標價符合第 52 條規定之決標原則者,得以該標價優先決標予國內廠商。

重點 3. 決標

★☆☆#45 【公開招標】

公開招標及選擇性招標之開標,除法令另有規定外,應依招標文件公告之時間及地點公開為之。

★★★#46 【底價之訂定及訂定時機】

機關辦理採購,除本法另有規定外,應訂定底價。底價應依圖說、規範、契約並考量成本、市場行情及政府機關決標資料逐項編列,由機關首長或其授權人員核定。

前項底價之訂定時機,依下列規定辦理:

一、公開招標應於開標前定之。

二、選擇性招標應於資格審查後之下一階段開標前定之。

三、限制性招標應於議價或比價前定之。

★★☆#47 【不訂底價之原則】

機關辦理下列採購,得不訂底價。但應於招標文件內敘明理由及決標條件與原則:

一、訂定底價確有困難之特殊或複雜案件。

二、以最有利標決標之採購。

三、小額採購。

前項第一款及第二款之採購,得規定廠商於投標文件內詳列報價內容。

小額採購之金額,在中央由主管機關定之;在地方由直轄市或縣(市)政府定之。但均不得逾公告金額 1/10。地方未定者,比照中央規定辦理。

★★☆#48 【不予開標決標之情形】

機關依本法規定辦理招標,除有下列情形之一不予開標決標外,有 3 家以上合格廠商投標,即應依招標文件所定時間開標決標:

一、變更或補充招標文件內容者。

二、發現有足以影響採購公正之違法或不當行為者。

三、依第 82 條規定暫緩開標者。

四、依第 84 條規定暫停採購程序者。

五、依第 85 條規定由招標機關另為適法之處置者。

六、因應突發事故者。

七、採購計畫變更或取銷採購者。

八、經主管機關認定之特殊情形。

第一次開標,因未滿 3 家而流標者,第二次招標之等標期間得予縮短,並得不受前項 3 家廠商之限制。

★★★#50 【不予投標廠商開標或投標之情形】

投標廠商有下列情形之一,經機關於開標前發現者,其所投之標應不予開標;於開標後發現者,應不決標予該廠商:

一、未依招標文件之規定投標。

二、投標文件內容不符合招標文件之規定。

三、借用或冒用他人名義或證件。

四、以不實之文件投標。

五、不同投標廠商間之投標文件內容有重大異常關聯者。

六、第 103 條第一項不得參加投標或作為決標對象之情形。

七、其他影響採購公正之違反法令行為。

決標或簽約後發現得標廠商於決標前有前項情形者，應撤銷決標、終止契約或解除契約，並得追償損失。但撤銷決標、終止契約或解除契約反不符公共利益，並經上級機關核准者，不在此限。

第一項不予開標或不予決標，致採購程序無法繼續進行者，機關得宣布廢標。

★☆☆#51　【審標疑義之處理及結果之通知】

機關應依招標文件規定之條件，審查廠商投標文件，對其內容有疑義時，得通知投標廠商提出說明。

★★★#52　【決標之原則】

機關辦理採購之決標，應依下列原則之一辦理，並應載明於招標文件中：

一、訂有底價之採購，以合於招標文件規定，且在底價以內之最低標為得標廠商。

二、未訂底價之採購，以合於招標文件規定，標價合理，且在預算數額以內之最低標為得標廠商。

三、以合於招標文件規定之最有利標為得標廠商。

四、採用複數決標之方式：機關得於招標文件中公告保留之採購項目或數量選擇之組合權利，但應合於最低價格或最有利標之競標精神。

機關辦理公告金額以上之專業服務、技術服務、資訊服務、社會福利服務或文化創意服務者，以不訂底價之最有利標為原則。

決標時得不通知投標廠商到場，其結果應通知各投標廠商。

★★☆#53　【超底價之決標】

合於招標文件規定之投標廠商之<u>最低標價超過底價時，得洽該最低標廠商減價一次；減價結果仍超過底價時，得由所有合於招標文件規定之投標廠商重新比減價格，比減價格不得逾三次。</u>

前項辦理結果，最低標價仍超過底價而不逾預算數額，機關確有緊急情事需決標時，應經原底價核定人或其授權人員核准，<u>且不得超過底價 8％。但查核金額以上之採購，超過底價 4％者，應先報經上級機關核准後決標。</u>

★☆☆#54　【未訂底價之決標】

決標依第 52 條第一項第二款規定辦理者，<u>合於招標文件規定之最低標價逾評審委員會建議之金額或預算金額時</u>，得洽該最低標廠商減價一次。

減價結果仍逾越上開金額時，得由所有合於招標文件規定之投標廠商重新比減價格。機關得就重新比減價格之次數予以限制，比減價格不得逾三次，辦理結果，最低標價仍逾越上開金額時，應予廢標。

★☆☆#55　【最低標決標之採購無法決標處理】

機關辦理以最低標決標之採購，經報上級機關核准，<u>並於招標公告及招標文件內預告者</u>，得於依前二條規定無法決標時，採行協商措施。

★☆☆#56　【最有利標】

決標依第 52 條第一項第三款規定辦理者，應依招標文件所規定之評審標準，

就廠商投標標的之技術、品質、功能、商業條款或價格等項目,作序位或計數之綜合評選,評定最有利標。價格或其與綜合評選項目評分之商數,得做為單獨評選之項目或決標之標準。未列入之項目,不得做為評選之參考。評選結果無法依機關首長或評選委員會過半數之決定,評定最有利標時,得採行協商措施,再作綜合評選,評定最有利標。評定應附理由。綜合評選不得逾三次。依前項辦理結果,仍無法評定最有利標時,應予廢標。

機關採最有利標決標者,應先報經上級機關核准。

最有利標之評選辦法,由主管機關定之。

★★☆#58 【標價不合理之處理】
機關辦理採購採最低標決標時,如認為最低標廠商之總標價或部分標價偏低,顯不合理,有降低品質、不能誠信履約之虞或其他特殊情形,得限期通知該廠商提出說明或擔保。廠商未於機關通知期限內提出合理之說明或擔保者,得不決標予該廠商,並以次低標廠商為最低標廠商。

★☆☆#61 【決標結果之公告】
機關辦理公告金額以上採購之招標,除有特殊情形者外,應於決標後一定期間內,將決標結果之公告刊登於政府採購公報,並以書面通知各投標廠商。無法決標者,亦同。

★☆☆#62 【決標資料之彙送】
機關辦理採購之決標資料,應定期彙送主管機關。

重點 4. 履約管理

★★☆#63 【採購契約及委託契約】
各類採購契約以採用主管機關訂定之範本為原則,其要項及內容由主管機關參考國際及國內慣例定之。
採購契約應訂明一方執行錯誤、不實或管理不善,致他方遭受損害之責任。

★☆☆#64 【採購契約之終止或解除】
採購契約得訂明因政策變更,廠商依契約繼續履行反而不符公共利益者,機關得報經上級機關核准,終止或解除部分或全部契約,並補償廠商因此所生之損失。

★★★#65 【得標廠商不得轉包工程或契約】
得標廠商應自行履行工程、勞務契約,不得轉包。
前項所稱轉包,指將原契約中應自行履行之全部或其主要部分,由其他廠商代為履行。
廠商履行財物契約,其需經一定履約過程,非以現成財物供應者,準用前二項規定。

★☆☆#66 【違反不得轉包規定之處理】
得標廠商違反前條規定轉包其他廠商時,機關得解除契約、終止契約或沒收保證金,並得要求損害賠償。
前項轉包廠商與得標廠商對機關負連帶履行及賠償責任。再轉包者,亦同。

★★★#67 【得標廠商得將採購分包】
得標廠商得將採購分包予其他廠商。稱分包者,謂非轉包而將契約之部分由其他廠商代為履行。
分包契約報備於採購機關,並經得標廠商就分包部分設定權利質權予分包廠商者,民法第 513 條之抵押權及第 816 條因添附而生之請求權,及於得標廠商對於機關之價金或報酬請求權。

前項情形，分包廠商就其分包部分，與得標廠商連帶負瑕疵擔保責任。

★☆☆#70　【工程採購應執行品質管理】

機關辦理工程採購，應明訂廠商執行品質管理、環境保護、施工安全衛生之責任，並對重點項目訂定檢查程序及檢驗標準。

機關於廠商履約過程，得辦理分段查驗，其結果並得供驗收之用。

中央及直轄市、縣（市）政府應成立工程施工查核小組，定期查核所屬（轄）機關工程品質及進度等事宜。

工程施工查核小組之組織準則，由主管機關擬訂，報請行政院核定後發布之。其作業辦法，由主管機關定之。

財物或勞務採購需經一定履約過程，而非以現成財物或勞務供應者，準用第一項及第二項之規定。

重點 5. 驗收

★★☆#71　【限期辦理驗收及驗收人員之指派】

機關辦理工程、財物採購，應限期辦理驗收，並得辦理部分驗收。

驗收時應由機關首長或其授權人員指派適當人員主驗，通知接管單位或使用單位會驗。

機關承辦採購單位之人員不得為所辦採購之主驗人或樣品及材料之檢驗人。

前三項之規定，於勞務採購準用之。

★★★#72　【驗收結果不符之處理】

機關辦理驗收時應製作紀錄，由參加人員會同簽認。驗收結果與契約、圖說、貨樣規定不符者，應通知廠商限期改善、拆除、重作、退貨或換貨。

其驗收結果不符部分非屬重要，而其他部分能先行使用，並經機關檢討認為確有先行使用之必要者，得經機關首長或其授權人員核准，就其他部分辦理驗收並支付部分價金。

驗收結果與規定不符，而不妨礙安全及使用需求，亦無減少通常效用或契約預定效用，經機關檢討不必拆換或拆換確有困難者，得於必要時減價收受。其在查核金額以上之採購，應先報經上級機關核准；未達查核金額之採購，應經機關首長或其授權人員核准。

驗收人對工程、財物隱蔽部分，於必要時得拆驗或化驗。

重點 6. 爭議處理

★★★#74　【廠商與機關間爭議之處理】

廠商與機關間關於招標、審標、決標之爭議，得依本章規定提出異議及申訴。

★★☆#75　【廠商向招標機關提出異議】

廠商對於機關辦理採購，認為違反法令或我國所締結之條約、協定（以下合稱法令），致損害其權利或利益者，得於下列期限內，以書面向招標機關提出異議：

一、對招標文件規定提出異議者，為自公告或邀標之次日起等標期之 1/4，其尾數不足 1 日者，以 1 日計。但不得少於 10 日。

二、對招標文件規定之釋疑、後續說明、變更或補充提出異議者，為接獲機關通知或機關公告之次日起 10 日。

三、對採購之過程、結果提出異議者，為接獲機關通知或機關公告之次日起 10 日。其過程或結果未經通知或公告者，為知悉或可得而知悉之次日起 10 日。但至遲不得逾決標日之次日起 15 日。

招標機關應自收受異議之次日起 15 日內為適當之處理，並將處理結果以書面通知提出異議之廠商。其處理結果涉及變更或補充招標文件內容者，除選擇性招標之規格標與價格標及限制性招標應以書面通知各廠商外，應另行公告，並視需要延長等標期。

★★★#76 【申訴】
廠商對於公告金額以上採購異議之處理結果不服，或招標機關逾前條第二項所定期限不為處理者，得於收受異議處理結果或期限屆滿之次日起 15 日內，依其屬中央機關或地方機關辦理之採購，以書面分別向主管機關、直轄市或縣（市）政府所設之採購申訴審議委員會申訴。地方政府未設採購申訴審議委員會者，得委請中央主管機關處理。

廠商誤向該管採購申訴審議委員會以外之機關申訴者，以該機關收受之日，視為提起申訴之日。

第二項收受申訴書之機關應於收受之次日起 3 日內將申訴書移送於該管採購申訴審議委員會，並通知申訴廠商。

爭議屬第 31 條規定不予發還或追繳押標金者，不受第一項公告金額以上之限制。

★☆☆#78 【申訴之審議及完成審議之期限】
廠商提出申訴，應同時繕具副本送招標機關。機關應自收受申訴書副本之次日起 10 日內，以書面向該管採購申訴審議委員會陳述意見。

採購申訴審議委員會應於收受申訴書之次日起 40 日內完成審議，並將判斷以書面通知廠商及機關。必要時得延長 40 日。

★☆☆#82 【審議判斷以書面指明有無違法並建議機關處置方式】
採購申訴審議委員會審議判斷，應以書面附事實及理由，指明招標機關原採購行為有無違反法令之處；其有違反者，並得建議招標機關處置之方式。

採購申訴審議委員會於完成審議前，必要時得通知招標機關暫停採購程序。

採購申訴審議委員會為第一項之建議或前項之通知時，應考量公共利益、相關廠商利益及其他有關情況。

★★☆#83 【審議判斷之效力】
審議判斷，視同訴願決定。

★★☆#84 【招標機關對異議或申訴得採取之措施】
廠商提出異議或申訴者，招標機關評估其事由，認其異議或申訴有理由者，應自行撤銷、變更原處理結果，或暫停採購程序之進行。但為應緊急情況或公共利益之必要，或其事由無影響採購之虞者，不在此限。

依廠商之申訴，而為前項之處理者，招標機關應將其結果即時通知該管採購申訴審議委員會。

★★★#85-1 【履約爭議未能達成協議者】
機關與廠商因履約爭議未能達成協議者，得以下列方式之一處理：
一、向採購申訴審議委員會申請調解。
二、向仲裁機構提付仲裁。
前項調解屬廠商申請者，機關不得拒絕。工程及技術服務採購之調解，採購申訴審議委員會應提出調解建議或調解方案；其因機關不同意致調解不成立者，廠商提付仲裁，機關不得拒絕。

採購申訴審議委員會辦理調解之程序及其效力，除本法有特別規定者外，準用民事訴訟法有關調解之規定。

履約爭議調解規則，由主管機關擬訂，報請行政院核定後發布之。

★★☆#85-4 【調整方案及異議之提出】
(履約爭議之調解,當事人不能合意但已甚接近者,採購申訴審議委員會應斟酌一切情形,並徵詢調解委員之意見,求兩造利益之平衡,於不違反兩造當事人之主要意思範圍內,以職權提出調解方案。

當事人或參加調解之利害關係人對於前項方案,得於送達之次日起 10 日內,向採購申訴審議委員會提出異議。

於前項期間內提出異議者,視為調解不成立;其未於前項期間內提出異議者,視為已依該方案調解成立。

機關依前項規定提出異議者,準用前條第二項之規定。

重點 7. 附則

★★★#94 【評選委員會之設置】
機關辦理評選,應成立 5 人以上之評選委員會,專家學者人數不得少於 1/3,其名單由主管機關會同教育部、考選部及其他相關機關建議之。

前項所稱專家學者,不得為政府機關之現職人員。

評選委員會組織準則及審議規則,由主管機關定之。

★★☆#101 【應通知廠商並刊登公報之廠商違法情形】
機關辦理採購,發現廠商有下列情形之一,應將其事實、理由及依第 103 條第一項所定期間通知廠商,並附記如未提出異議者,將刊登政府採購公報:
一、容許他人借用本人名義或證件參加投標者。
二、借用或冒用他人名義或證件投標者。
三、擅自減省工料,情節重大者。
四、以虛偽不實之文件投標、訂約或履約,情節重大者。
五、受停業處分期間仍參加投標者。
六、犯第 87 條至第 92 條之罪,經第一審為有罪判決者。
七、得標後無正當理由而不訂約者。
八、查驗或驗收不合格,情節重大者。
九、驗收後不履行保固責任,情節重大者。
十、因可歸責於廠商之事由,致延誤履約期限,情節重大者。
十一、違反第 65 條規定轉包者。
十二、因可歸責於廠商之事由,致解除或終止契約,情節重大者。
十三、破產程序中之廠商。
十四、歧視性別、原住民、身心障礙或弱勢團體人士,情節重大者。
十五、對採購有關人員行求、期約或交付不正利益者。
廠商之履約連帶保證廠商經機關通知履行連帶保證責任者,適用前項規定。

機關為第一項通知前,應給予廠商口頭或書面陳述意見之機會,機關並應成立採購工作及審查小組認定廠商是否該當第一項各款情形之一。

機關審酌第一項所定情節重大,應考量機關所受損害之輕重、廠商可歸責之程度、廠商之實際補救或賠償措施等情形。

★★☆#102 【廠商得對機關認為違法之情事提出異議及申訴】
廠商對於機關依前條所為之通知,認為違反本法或不實者,得於接獲通知之次日起 20 內,以書面向該機關提出異議。

廠商對前項異議之處理結果不服,或機關逾收受異議之次日起 15 日內不為處理者,無論該案件是否逾公告金額,得於收受異議處理結果或期限屆滿之次日起 15 日內,以書面向該管採購申訴審議委員會申訴。

機關依前條通知廠商後，廠商未於規定期限內提出異議或申訴，或經提出申訴結果不予受理或審議結果指明不違反本法或並無不實者，機關應即將廠商名稱及相關情形刊登政府採購公報。

第一項及第二項關於異議及申訴之處理，準用第六章之規定。

★★★#104 【軍事機關採購不適用本法之情形】

軍事機關之採購，應依本法之規定辦理。但武器、彈藥、作戰物資或與國家安全或國防目的有關之採購，而有下列情形者，不在此限。

一、因應國家面臨戰爭、戰備動員或發生戰爭者，得不適用本法之規定。

二、機密或極機密之採購，得不適用第 27 條、第 45 條及第 61 條之規定。

三、確因時效緊急，有危及重大戰備任務之虞者，得不適用第 26 條、第 28 條及第 36 條之規定。

四、以議價方式辦理之採購，得不適用第 26 條第三項本文之規定。

前項採購之適用範圍及其處理辦法，由主管機關會同國防部定之，並送立法院審議。

★★★#105 【不適用本法招標決標規定之採購】

機關辦理下列採購，得不適用本法招標、決標之規定。

一、國家遇有戰爭、天然災害、癘疫或財政經濟上有重大變故，需緊急處置之採購事項。

二、人民之生命、身體、健康、財產遭遇緊急危難，需緊急處置之採購事項。

三、公務機關間財物或勞務之取得，經雙方直屬上級機關核准者。

四、依條約或協定向國際組織、外國政府或其授權機構辦理之採購，其招標、決標另有特別規定者。

前項之採購，有另定處理辦法予以規範之必要者，其辦法由主管機關定之。

★★★#106 【駐外機構辦理採購之規定】

駐國外機構辦理或受託辦理之採購，因應駐在地國情或實地作業限制，且不違背我國締結之條約或協定者，得不適用下列各款規定。但第二款至第四款之事項，應於招標文件中明定其處理方式。

一、第 27 條刊登政府採購公報。

二、第 30 條押標金及保證金。

三、第 53 條第一項及第 54 條第一項優先減價及比減價格規定。

四、第六章異議及申訴。

前項採購屬查核金額以上者，事後應敘明原由，檢附相關文件送上級機關備查。

★☆☆#108 【採購稽核小組之設置】

中央及直轄市、縣（市）政府應成立採購稽核小組，稽核監督採購事宜。

前項稽核小組之組織準則及作業規則，由主管機關擬訂，報請行政院核定後發布之。

公共工程技術服務契約範本
| 中華民國 111年7月25日 |

重點

★★☆#8 【履約管理】

十七、其他：

(四)如係辦理公有新建建築物，其工程預算達新臺幣 5 千萬元以上者，建築工程於申報一樓樓版勘驗時，應同時檢附合格級以上候選綠建築證書；工

程契約約定由施工廠商負責取得綠建築標章者（如約定為乙方辦理者，招標時由甲方於第 2 條附件一第二款第四目第 7 子目勾選），於工程驗收合格並取得合格級以上綠建築標章後，始得發給工程結算驗收證明書。但工程驗收合格而未能取得綠建築標章，其經甲方確認非可歸責於施工廠商者，仍得發給工程結算驗收證明書；另乙方於辦理變更設計，應併同檢討與申請變更候選綠建築證書。

(五)如係辦理公有新建建築物，建築物使用類組符合內政部「公有建築物申請智慧建築標章適用範圍表」規定，且工程預算達新臺幣 2 億元以上者，除應符合前目候選綠建築證書及綠建築標章之取得要求外，建築工程於申報一樓樓版勘驗時，應同時檢附合格級以上候選智慧建築證書；工程契約約定由施工廠商負責取得智慧建築標章者（如約定為乙方辦理者，招標時由甲方於第 2 條附件一第二款第四目第 9 子目勾選），於工程驗收合格並取得合格級以上智慧建築標章後，始得發給工程結算驗收證明書。但工程驗收合格而未能取得智慧建築標章，其經甲方確認非可歸責於施工廠商者，仍得發給工程結算驗收證明書；另乙方於辦理變更設計，應併同檢討與申請變更候選智慧建築證書。如屬國家機密之建築物，得免適用本目之約定。

(六)如係辦理公有新建建築物，其工程預算未達新臺幣 5 千萬元者，應通過日常節能與水資源 2 項指標，由乙方承辦建築師以自主檢查方式辦理，甲方必要時得委請各地建築師公會、內政部指定之綠建築標章評定專業機構或其他方式，於填發工程結算驗收證明書前完成確認。但符合下列情形之一者，得免依本目約定辦理：

1. 建築技術規則建築設計施工編第 298 條第 3 款規定免檢討建築物節約能源者。
2. 建築物僅具有頂蓋、樑柱，而無外牆或外牆開口面積合計大於總立面面積 2/3 者。
3. 建築法第 7 條規定之雜項工作物。
4. 建築物總樓地板面積在 500 平方公尺以下者。
5. 屬國家機密之建築物。
6. 其他經內政部認定無須辦理評估者。

(七)工程應優先力求土石方之自我平衡，其次為甲方其他工程自行平衡土方交換或跨機關鄰近工程土方交換，最後才交由土資場處理，並依規劃之土方處理方式編列相關經費支出。工程有土石方出土達 3,000 立方公尺以上或需土達 5,000 立方公尺以上者，乙方應就圖樣及書表內有關土石方規劃設計內容及收容處理建議提出完整詳細之說明，送甲方審查（該說明書內容之提送及應用如附件）。

公共工程施工品質管理作業要點
│ 中華民國 111 年 12 月 12 日 │

重點

★★☆#3　　【整體品質計畫之內容】

三、機關辦理新臺幣 1 百萬元以上工程，應於招標文件內訂定廠商應提報品質計畫。

品質計畫得視工程規模及性質，分整體品質計畫與分項品質計畫 2 種。整體品質計畫應依契約規定提報，分項品質計畫得於各分項工程施工前提

報。未達新臺幣 1 千萬元之工程僅需提送整體品質計畫。

整體品質計畫之內容，除機關及監造單位另有規定外，應包括：

(一) 新臺幣 5 千萬元以上工程：計畫範圍、管理權責及分工、施工要領、品質管理標準、材料及施工檢驗程序、自主檢查表、不合格品之管制、矯正與預防措施、內部品質稽核及文件紀錄管理系統等。

(二) 新臺幣 1 千萬元以上未達 5 千萬元之工程：計畫範圍、管理權責及分工、品質管理標準、材料及施工檢驗程序、自主檢查表及文件紀錄管理系統等。

(三) 新臺幣 1 百萬元以上未達 1 千萬元之工程：管理權責及分工、材料及施工檢驗程序及自主檢查表等。

工程具機電設備者，並應增訂設備功能運轉檢測程序及標準。

分項品質計畫之內容，除機關及監造單位另有規定外，應包括施工要領、品質管理標準、材料及施工檢驗程序、自主檢查表等項目。

品質計畫內容之製作綱要，由工程會另定之。

★☆☆#4　【招標文件訂定事項】

四、機關辦理新臺幣 2 千萬元以上之工程，應於工程招標文件內依工程規模及性質，訂定下列事項。但性質特殊之工程，得報經工程會同意後不適用之：

(一) 品質管理人員（以下簡稱品管人員）之資格、人數及其更換規定；每一標案最低品管人員人數規定如下：

1. 新臺幣 2 千萬元以上未達 2 億元之工程，至少 1 人。

2. 新臺幣 2 億元以上之工程，至少 2 人。

(二) 新臺幣 5 千萬元以上之工程，品管人員應專職，不得跨越其他標案，且契約施工期間應在工地執行職務；新臺幣 2 千萬元以上未達 5 千萬元之工程，品管人員得同時擔任其他法規允許之職務，但不得跨越其他標案，且契約施工期間應在工地執行職務。

(三) 廠商應於開工前，將品管人員之登錄表（如附表一）報監造單位審查，並 於經機關核定後，由機關填報於工程會資訊網路系統備查；品管人員異動或工程竣工時，亦同。

機關辦理未達新臺幣 2 千萬元之工程，得比照前項規定辦理。

★★☆#8　【監造單位提供之監造計畫內容】

八、機關應視工程需要，指派具工程相關學經歷之適當人員或委託適當機構負責監造。

新臺幣 1 百萬元以上工程，監造單位應提報監造計畫。

監造計畫之內容除機關另有規定外，應包括：

(一) 新臺幣 5 千萬元以上工程：監造範圍、監造組織及權責分工、品質計畫審查作業程序、施工計畫審查作業程序、材料與設備抽驗程序及標準、施工抽查程序及標準、品質稽核、文件紀錄管理系統等。

(二) 新臺幣 1 千萬元以上未達 5 千萬元之工程：監造範圍、監造組織及權責分工、品質計畫審查作業程序、施工計畫審查作業程序、材料與設備抽驗程序及標準、施工抽查程序及標準、文件紀錄管理系統等。

(三) 新臺幣 1 百萬元以上未達 1 千萬元之工程：監造組織及權責分工、品質計畫審查作業程序、施工計畫審查作業程序、材料與設備抽驗程序及標準、施工抽查程序及標準等。

工程具機電設備者，並應增訂設備功能運轉測試等抽驗程序及標準。

監造計畫內容之製作綱要，由工程會另定之。

外國廠商參與非條約協定採購處理辦法

| 中華民國 101 年 08 月 14 日 |

重點

★★☆#5　【外國廠商】

本辦法所稱外國廠商，指未取得我國國籍之自然人或非依我國法律設立登記之法人、機構或團體。

★★☆#7-1　【大陸廠商】

大陸地區廠商參與各機關採購，準用外國廠商之規定。

榜首提點　依本辦法第 3 條規定：「本辦法所稱外國廠商，指未取得我國國籍之自然人 或非依我國法設登記之法人、機構或團體。」依臺灣地區與大陸地區人民關係條（以下簡稱岸條）第二條第二款規定：「大陸地區：指臺灣地區以外之中華民國土。」「大陸地區廠商」宜逕適用「外國廠商」之規定；且大陸地區廠商與各機關採購，涉及岸人民及經貿往相關事務，須符合岸條之規定，爰增訂之

政府採購法施行細則

| 中華民國 110年 07月 14日 |

重點

★★☆#5-1　【主管機關之解釋與執行】

主管機關得視需要將本法第 10 條第二款之政府採購法令之解釋、第三款至第八款事項，委託其他機關辦理。

★☆☆#7　【上級機關監督之詳細規定】

機關辦理查核金額以上採購之招標，應於等標期或截止收件日 5 日前檢送採購預算資料、招標文件及相關文件，報請上級機關派員監辦。

前項報請上級機關派員監辦之期限，於流標、廢標或取消招標重行招標時，得予縮短；其依前項規定應檢送之文件，得免重複檢送。

★☆☆#11　【監辦】

本法第 12 條第一項所稱監辦，指監辦人員實地監視或書面審核機關辦理開標、比價、議價、決標及驗收是否符合本法規定之程序。監辦人員採書面審核監辦者，應經機關首長或其授權人員核准。

前項監辦，不包括涉及廠商資格、規格、商業條款、底價訂定、決標條件及驗收方法等實質或技術事項之審查。監辦人員發現該等事項有違反法令情形者，仍得提出意見。

監辦人員對採購不符合本法規定程序而提出意見，辦理採購之主持人或主驗人如不接受，應納入紀錄，報機關首長或其授權人員決定之。但不接受上級機關監辦人員意見者，應報上級機關核准。

★☆☆#18　【通知】

本法第 45 條所稱開標，指依招標文件標示之時間及地點開啟廠商投標文件之標封，宣布投標廠商之名稱或代號、家數及其他招標文件規定之事項。有標價者，並宣布之。

前項開標，應允許投標廠商之負責人或其代理人或授權代表出席。但機關得限

制出席人數。

限制性招標之開標,準用前二項規定。

★☆☆#79 【總標價偏低】

本法第 58 條所稱總標價偏低,指下列情形之一:

一、訂有底價之採購,廠商之總標價低於底價 80％者。

二、未訂底價之採購,廠商之總標價經評審或評選委員會認為偏低者。

三、未訂底價且未設置評審委員會或評選委員會之採購,廠商之總標價低於預算金額或預估需用金額之 70％者。預算案尚未經立法程序者,以預估需用金額計算之。

★☆☆#80 【部分標價偏低】

本法第 58 條所稱部分標價偏低,指下列情形之一:

一、該部分標價有對應之底價項目可供比較,該部分標價低於相同部分項目底價之 70％者。

二、廠商之部分標價經評審或評選委員會認為偏低者。

三、廠商之部分標價低於其他機關最近辦理相同採購決標價之 70％者。

四、廠商之部分標價低於可供參考之一般價格之 70％者。

★☆☆#87 【主要部分】

本法第 65 條第二項所稱主要部分,指下列情形之一:

一、招標文件標示為主要部分者。

二、招標文件標示或依其他法規規定應由得標廠商自行履行之部分。

★☆☆#91 【機關辦理驗收人員】

機關辦理驗收人員之分工如下:

一、主驗人員:主持驗收程序,抽查驗核廠商履約結果有無與契約、圖說或貨樣規定不符,並決定不符時之處置。

二、會驗人員:會同抽查驗核廠商履約結果有無與契約、圖說或貨樣規定不符,並會同決定不符時之處置。但採購事項單純者得免之。

三、協驗人員:協助辦理驗收有關作業。但採購事項單純者得免之。

會驗人員,為接管或使用機關(單位)人員。

協驗人員,為設計、監造、承辦採購單位人員或機關委託之專業人員或機構人員。

法令或契約載有驗收時應辦理丈量、檢驗或試驗之方法、程序或標準者,應依其規定辦理。

有監驗人員者,其工作事項為監視驗收程序。

公共工程施工品質管理制度

│ 中華民國 82 年 10 月 07 日 │

重點

★★☆#1 【公共工程施工品管架構圖】

加強公共工程品質之管理,提升工程建設之品質、建立有效之品質管理系統,實為當前之要務。為期使參與實際工程施工任務之所有成員,均能體認工程品質之重要性,在施工過程中,即當以系統化之管理,有效之管制步驟,注意施工品質,使完成之工程建設品質完善,達到規範標準與要求。

經整合國內外重大工程品管作業方式,針對國內工程品管過程之缺失,訂定 3 個層次之工程施工品質管理制度,其架構如圖一:

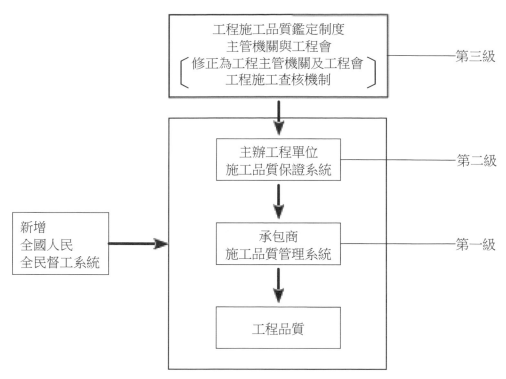

工程施工品質評鑑制度主管機關及工程會→主辦工程單位施工品質保證系統
→承包商施工品質管制系統→工程品質

★★☆#2 　　【施工承包商負責之品質管制系統】
　　　　為達成工程品質目標，<u>應由承包商建立施工品質管制系統</u>。於<u>工程開工前</u>承包
　　　商應依工程之特性與合約要求擬定施工計畫，製作施工圖，訂定施工作業要
　　　領，提出品管計畫，設立品管組織，訂定各項工程品質管理標準、材料及施工
　　　檢驗程序、自主檢查表，以及建立文件紀錄管理系統等，俾便各級施工人員熟
　　　習圖說規範與各項品管作業規定，以落實品質管制。
　　　一、　成立品管組織
　　　二、　訂定施工要領
　　　三、　訂定施工品質管理標準
　　　四、　訂定檢驗程序
　　　五、　訂定自主施工檢查表
　　　六、　建立文件、紀錄管理系統

★★☆#3 　　【主辦工程單位之施工品質保證系統】
　　　　為確保工程的施工成果能符合設計及規範之品質目標，主辦工程單位應建立施
　　　工品質保證系統，成立品質管理組織，訂定品質管理計畫，執行監督施工及材
　　　料設備之檢驗作業，並對檢驗結果留存紀錄，檢討成效與缺失，經由不斷的修
　　　正改善，達成全面提昇工程品質之目標。
　　　一、　建立品管組織
　　　二、　訂定品質管理計畫
　　　三、　查證材料設備

四、 查核施工作業

★☆☆#4 【工程主管機關之施工品質評鑑】

為確認工程品質管理工作執行之成效，工程主管機關可採行工程施工品質評鑑，以客觀超然的方式，依適當之品質評鑑標準，評定品質優劣等級。評鑑結果可供作為主辦工程單位考評之依據，並可作為改進承包商品管作業及評選優良廠商之參考，藉以督促主辦工程單位及承包商落實品質管理，達成提升工程品質的目標。

施工品質評鑑之作業方式重點說明如下：

一、辦理公共工程品質評鑑，宜以任務編組方式設立評鑑小組，選擇適當之評鑑對象，依訂定之評鑑參考標準與作業程序實施評鑑。

二、施工品質評鑑之內容以主體工程之品質為主，並包含安全衛生及環境之管理績效。由評鑑人員依據評鑑參考標準，以客觀之方式對工程品質與管理績效予以評分。

三、評鑑作業係由評鑑人員自公共工程中選擇適當工程項目進行評鑑，並以隨機抽樣方式選取檢查點，以目視檢查或簡易工具量測方式進行評鑑，並查核品管紀錄資料，藉資評定工程品質之優劣及品管作業之嚴謹性。

四、依據施工品質評鑑成果，對負責承辦之工程單位及承包商予以適當獎懲，以督促主辦工程單位及承包商加強施工品質管理，落實品管作業。

背誦小口訣 〈政府採購法〉第 1 條立法目的之條文：

為建立政府採購制度，依公平、公開之採購程序，提升採購效率與功能，確保採購品質，爰制定本法。

◆輕鬆背→制公公程・效功品

07

建築法系相關法規

- 建築法
- 建築物室內裝修管理辦法
- 實施區域計畫地區建築管理辦法
- 建築基地法定空地分割辦法
- 建造執照及雜項執照規定項目審查及簽證項目抽查作業要點用 建築物部分使用執照核發辦法
- 建築物使用類組及變更使用辦法
- 建築物公共安全檢查簽證及申報辦法
- 違章建築處理辦法
- 內政部審議行政院交議特種建築物申請案處理原則
- 實施都市計畫以外地區建築物管理辦法
- 文化資產保存法

建築法

| 中華民國 111年 05月 11日 |

重點 **1.** 總則

★★★#1 【立法目的】
為實施建築管理，以維護公共安全、公共交通、公共衛生及增進市容觀瞻，特制定本法；本法未規定者，適用其他法律之規定。

★★☆#2 【主管機關】
主管建築機關，在中央為內政部；在直轄市為直轄市政府；在縣（市）為縣（市）政府。
在第3條規定之地區，如以特設之管理機關為主管建築機關者，應經內政部之核定。

★★★#3 【適用地區】
本法適用地區如左：
一、實施都市計畫地區。
二、實施區域計畫地區。
三、經內政部指定地區。
前項地區外供公眾使用及公有建築物，本法亦適用之。
第一項第二款之適用範圍、申請建築之審查許可、施工管理及使用管理等事項之辦法，由中央主管建築機關定之。

★★★#4 【建築物】
本法所稱建築物，為定著於土地上或地面下具有頂蓋、樑柱或牆壁，供個人或公眾使用之構造物或雜項工作物。

★★★#5 【供公眾使用之建築】
本法所稱供公眾使用之建築物，為供公眾工作、營業、居住、遊覽、娛樂及其他供公眾使用之建築物。

> **榜首提點**
> 建築法第5條所稱供公眾使用之建築物，為供公眾工作、營業、居住、遊覽、娛樂、及其他供公眾使用之建築物，其範圍如下；同一建築物供2種以上不同之用途使用時，應依各該使用之樓地板面積按本範圍認定之：
> 一、戲院、電影院、演藝場。
> 二、舞廳（場）、歌廳、夜總會、俱樂部、加以區隔或包廂式觀光（視聽）理髮（理容）場所。
> 三、酒家、酒吧、酒店、酒館。
> 四、保齡球館、遊藝場、室內兒童樂園、室內溜冰場、室內遊泳場、室內撞球場、體育館、說書場、育樂中心、視聽伴唱遊藝場所、錄影節目帶播映場所、健身中心、技擊館、總樓地板面積2百平方公尺以上之資訊休閒服務場所。
> 五、旅館類、總樓地板面積在5百平方公尺以上之寄宿舍。
> 六、總樓地板面積在5百平方公尺以上之市場、百貨商場、超級市場、休閒農場遊客休憩分區內之農產品與農村文物展示（售）及教育解說中心。
> 七、總樓地板面積在3百平方公尺以上之餐廳、咖啡廳、茶室、食堂。
> 八、公共浴室、三溫暖場所。
> 九、博物館、美術館、資料館、圖書館、陳列館、水族館、集會堂（場）。
> 十、寺廟、教堂（會）、宗祠（祠堂）。

十一、電影（電視）攝影廠（棚）。

十二、醫院、療養院、兒童及少年安置教養機構、老人福利機構之長期照護機構、安養機構（設於地面一層面積超過5百平方公尺或設於2層至5層之任一層面積超過3百平方公尺或設於6層以上之樓層者）、身心障礙福利機構、護理機構、住宿型精神復健機構。

十三、銀行、合作社、郵局、電信局營業所、電力公司營業所、自來水營業所、瓦斯公司營業所、證券交易場所。

十四、總樓地板面積在5百平方公尺以上之一般行政機關及公私團體辦公廳、農漁會營業所。

十五、總樓地板面積在3百平方公尺以上之倉庫、汽車庫、修車場。

十六、托兒所、幼稚園、小學、中學、大專院校、補習學校、供學童使用之補習班、課後托育中心、總樓地板面積在2百平方公尺以上之補習班及訓練班。

十七、都市計畫內使用電力（包括電熱）在37.5千瓦以上或其作業廠房之樓地板面積合計在2百平方公尺以上之工廠及休閒農場遊客休憩分區內總樓地板面積在2百平方公尺以上之自產農產品加工（釀造）廠、都市計畫外使用電力（包括電熱）在75千瓦以上或其作業廠房之樓地板面積合計在5百平方公尺以上之工廠及休閒農場遊客休憩分區內總樓地板面積在5百平方公尺以上之自產農產品加工（釀造）廠。

十八、車站、航空站、加油（氣）站。

十九、殯儀館、納骨堂（塔）。

二十、六層以上之集合住宅（公寓）。

二十一、總樓地板面積在3百平方公尺以上之屠宰場。

二十二、其他經中央主管建築機關指定者。

★★★#6 【公有建築物】
本法所稱公有建築物，為政府機關、公營事業機構、自治團體及具有紀念性之建築物。

★★☆#7 【雜項工作物】
本法所稱雜項工作物，為營業爐竈、水塔、瞭望臺、招牌廣告、樹立廣告、散裝倉、廣播塔、煙囪、圍牆、機械遊樂設施、游泳池、地下儲藏庫、建築所需駁崁、挖填土石方等工程及建築物興建完成後增設之中央系統空氣調節設備、昇降設備、機械停車設備、防空避難設備、污物處理設施等。

★★☆#8 【主要構造】
本法所稱建築物之主要構造，為基礎、主要樑柱、承重牆壁、樓地板及屋頂之構造。

★★★#9 【建造行為】
本法所稱建造，係指左列行為：
一、新建：為新建造之建築物或將原建築物全部拆除而重行建築者。
二、增建：於原建築物增加其面積或高度者。但以過廊與原建築物連接者，應視為新建。
三、改建：將建築物之一部份拆除，於原建築基地範圍內改造，而不增高或擴大面積者。
四、修建：建築物之基礎、樑柱、承重牆壁、樓地板、屋架或屋頂、其中任何1種有過半之修理或變更者。

★★★#10 【建築物設備】

本法所稱建築物設備，為敷設於建築物之電力、電信、煤氣、給水、污水、排水、空氣調節、昇降、消防、消雷、防空避難、污物處理及保護民眾隱私權等設備。

★★★#11　【建築基地】

本法所稱建築基地，為供建築物本身所占之地面及其所應留設之法定空地。建築基地原為數宗者，於申請建築前應合併為一宗。

前項法定空地之留設，應包括建築物與其前後左右之道路或其他建築物間之距離，其寬度於建築管理規則中定之。

應留設之法定空地，非依規定不得分割、移轉，並不得重複使用；其分割要件及申請核發程序等事項之辦法，由中央主管建築機關定之。

> **榜首提點**　《建築基地法定空地分割辦法》第3條:
> 建築基地之法定空地併同建築物之分割，非於分割後合於左列各款規定者不得為之。
>
> 一、每一建築基地之法定空地與建築物所占地面應相連接，連接部分寬度不得小於2公尺。
> 二、每一建築基地之建蔽率應合於規定。但本辦法發布前已領建造執照，或已提出申請而於本辦法發布後方領得建造執照者，不在此限。
> 三、每一建築基地均應連接建築線並得以單獨申請建築。
> 四、每一建築基地之建築物應具獨立之出入口。

★★☆#12　【起造人】

本法所稱建築物之起造人，為建造該建築物之申請人，其為未成年或受監護宣告之人，由其法定代理人代為申請；本法規定之義務與責任，亦由法定代理人負之。起造人為政府機關公營事業機構、團體或法人者，由其負責人申請之，並由負責人負本法規定之義務與責任。

★★★#13　【設計人及監造人】

本法所稱建築物設計人及監造人為建築師，以依法登記開業之建築師為限。但有關建築物結構與設備等專業工程部分，除5層以下非供公眾使用之建築物外，應由承辦建築師交由依法登記開業之專業工業技師負責辦理，建築師並負連帶責任。

公有建築物之設計人及監造人，得由起造之政府機關、公營事業機構或自治團體內，依法取得建築師或專業工業技師證書者任之。

開業建築師及專業工業技師不能適應各該地方之需要時，縣（市）政府得報經內政部核准，不受前二項之限制。

★★☆#14　【承造人】

本法所稱建築物之承造人為營造業，以依法登記開業之營造廠商為限。

★★☆#15　【專任工程人員及外國營造業之設立】

營造業應設置專任工程人員，負承攬工程之施工責任。營造業之管理規則，由內政部定之。

外國營造業設立，應經中央主管建築機關之許可，依公司法申請認許或依商業登記法辦理登記，並應依前項管理規則之規定領得營造業登記證書及承攬工程手冊，始得營業。

★★☆#16　【一定金額或規模或標準以下】

建築物及雜項工作物造價在一定金額以下或規模在一定標準以下者，得免由建築師設計，或監造或營造業承造。

前項造價金額或規模標準，由直轄市、縣（市）政府於建築管理規則中定之。

★★☆#19 【標準建築圖及說明書】

內政部、直轄市、縣（市）政府得制訂各種標準建築圖樣及說明書，以供人民選用；人民選用標準圖樣申請建築時，<u>得免由建築師設計及簽章</u>。

★★★#20 【中央主管機關指導之責】

中央主管建築機關對於直轄市、縣（市）建築管理業務，應負指導、考核之責。

重點 2. 建築許可

★★☆#24 【公有建築請領建築執照】

公有建築應由起造機關將核定或決定之建築計畫、工程圖樣及說明書，向直轄市、縣（市）（局）主管建築機關請領建築執照。

★★☆#25 【禁止擅自建造或使用拆除之規定】

建築物非經申請直轄市、縣（市）（局）主管建築機關之審查許可並發給執照，不得擅自建造或使用或拆除。但合於<u>第 78 條及第 98 條</u>規定者，不在此限。

直轄市、縣（市）（局）主管建築機關為處理擅自建造或使用或拆除之建築物，得派員攜帶證明文件，進入公私有土地或建築物內勘查。

★☆☆#26 【各行為人責任歸屬】

直轄市、縣（市）（局）主管建築機關依本法規定核發之執照，僅為對申請建造、使用或拆除之許可。

建築物起造人、或設計人、或監造人、或承造人，如有侵害他人財產，或肇致危險或傷害他人時，應視其情形，分別依法負其責任。

★★★#28 【建築執照】

建築執照分左列 4 種：

一、建造執照：建築物之新建、增建、改建及修建，應請領建造執照。

二、雜項執照：雜項工作物之建築，應請領雜項執照。

三、使用執照：建築物建造完成後之使用或變更使用，應請領使用執照。

四、拆除執照：建築物之拆除，應請領拆除執照。

★★★#29 【執照之規費或工本費】

直轄市、縣（市）（局）主管建築機關核發執照時，應依左列規定，向建築物之起造人或所有人收取規費或工本費：

一、建造執照及雜項執照：按建築物造價或雜項工作物造價收取 1‰ 以下之規費，如有變更設計時，應按變更部分收取 1‰ 以下之規費。

二、使用執照：收取執照工本費。

三、拆除執照：免費發給。

★★★#30 【申請建造執照／雜項執照應備具】

起造人申請建造執照或雜項執照時，應備具申請書、土地權利證明文件、工程圖樣及說明書。

★★☆#31 【建造執照／雜項執照之申請書內容】

建造執照或雜項執照申請書，應載明左列事項：

一、起造人之姓名、年齡、住址。起造人為法人者，其名稱及事務所。

二、設計人之姓名、住址、所領證書字號及簽章。

三、建築地址。

四、基地面積、建築面積、基地面積與建築面積之百分比。

五、建築物用途。

六、工程概算。

七、建築期限。

★★☆#32　【工程圖樣及說明書應包括】

工程圖樣及說明書應包括左列各款：

一、基地位置圖。

二、地盤圖，其比例尺不得小於 1/1200。

三、建築物之平面、立面、剖面圖，其比例尺不得小於 1/200。

四、建築物各部之尺寸構造及材料，其比例尺不得小於 1/30。

五、直轄市、縣（市）主管建築機關規定之必要結構計算書。

六、直轄市、縣（市）主管建築機關規定之必要建築物設備圖說及設備計算書。

七、新舊溝渠與出水方向。

八、施工說明書。

★★☆#33　【建造執照或雜項執照之期限】

直轄市、縣（市）（局）主管建築機關收到起造人申請建造執照或雜項執照書件之日起，應於 10 日內審查完竣，合格者即發給執照。但供公眾使用或構造複雜者，得視需要予以延長，最長不得超過 30 日。

★★☆#34　【主管機關審查執照之規定】

直轄市、縣（市）（局）主管建築機關審查或鑑定建築物工程圖樣及說明書，應就規定項目為之，其餘項目由建築師或建築師及專業工業技師依本法規定簽證負責。對於特殊結構或設備之建築物並得委託或指定具有該項學識及經驗之專家或機關、團體為之；其委託或指定之審查或鑑定費用由起造人負擔。

前項規定項目之審查或鑑定人員以大、專有關系、科畢業或高等考試或相當於高等考試以上之特種考試相關類科考試及格，經依法任用，並具有 3 年以上工程經驗者為限。

第一項之規定項目及收費標準，由內政部定之。

★★★#34-1　【建築執照預審規定】

起造人於申請建造執照前，得先列舉建築有關事項，並檢附圖樣，繳納費用，申請直轄市、縣（市）主管建築機關預為審查。審查時應特重建築結構之安全。

前項列舉事項經審定合格者，起造人自審定合格之日起 6 個月內，依審定結果申請建造執照，直轄市、縣（市）主管建築機關就其審定事項應予認可。

第一項預審之項目與其申請、審查程序及收費基準等事項之辦法，由中央主管建築機關定之。

★☆☆#35　【申請執照之通知改正】

直轄市、縣（市）（局）主管建築機關，對於申請建造執照或雜項執照案件，認為不合本法規定或基於本法所發布之命令或妨礙當地都市計畫或區域計畫有關規定者，應將其不合條款之處，詳為列舉，依第 33 條所規定之期限，一次通知起造人，令其改正。

★★☆#36　【申請執照之改正期限規定】

起造人應於接獲第一次通知改正之日起 6 個月內，依照通知改正事項改正完竣送請復審；屆期未送請復審或復審仍不合規定者，主管建築機關得將該申請案件予以駁回。

★★★#39　【按圖施工及一次報驗】

起造人應依照核定工程圖樣及說明書施工；如於興工前或施工中變更設計時，仍應依照本法申請辦理。但不變更主要構造或位置，不增加高度或面積，不變更建築物設備內容或位置者，得於竣工後，備具竣工平面、立面圖，一次報驗。

★★☆#40　【建築執照遺失及補發】

起造人領得建築執照後，如有遺失，<u>應刊登新聞紙或新聞電子報作廢</u>，申請補發。 原發照機關，應於收到前項申請之日起，<u>5 日內補發</u>，並另收取執照工本費。

★★☆#41　【未領執照之廢止期限】

起造人自接獲通知領取建造執照或雜項執照之日起，逾 3 個月未領取者，主管建築機關得將該執照予以廢止。

重點 3. 建築基地

★★★#42　【基地應連接建築線之規定】

建築基地與建築線應相連接，其接連部分之最小寬度，由直轄市、縣（市）主管建築機關統一規定。但因該建築物周圍有廣場或永久性之空地等情形，經直轄市、縣（市）主管建築機關認為安全上無礙者，其寬度得不受限制。

★★☆#43　【基地與騎樓之規定】

建築物基地地面，應高出所臨接道路邊界處之路面；建築物底層地板面，應高出基地地面，但對於基地內排水無礙，或因建築物用途上之需要，另有適當之防水及排水設備者，不在此限。

建築物設有騎樓者，其地平面不得與鄰接之騎樓地平面高低不平。但因地勢關係，經直轄市、縣（市）（局）主管機關核准者，不在此限。

★★★#44　【基地為畸零地】

直轄市、縣（市）（局）政府應視當地實際情形，規定建築基地最小面積之寬度及深度；建築基地面積畸零狹小不合規定者，非與鄰接土地協議調整地形或合併使用，達到規定最小面積之寬度及深度，不得建築。

> **榜首提點**　*畸零地：係指建築基地面積狹小或地界曲折之基地，其最小面積之寬度及深度不合規定無法單獨申請建築者。為能否核准建築執照要件之一。*

★★★#45　【基地為畸零地調處之規定】

前條基地所有權人與鄰接土地所有權人於不能達成協議時，得申請調處，直轄市、縣（市）（局）政府應於收到申請之日起 1 個月內予以調處，調處不成時，基地所有權人或鄰接土地所有權人得就規定最小面積寬度及深度範圍內之土地按徵收補償金額預繳承買價款申請該管地方政府徵收後辦理出售。

徵收之補償，土地以市價為準，建築物以重建價格為準，所有權人如有爭議，由標準地價評議委員會評定之。

徵收土地之出售，不受土地法第 25 條程序限制。辦理出售時應予公告 30 日，並通知申請人，經公告期滿無其他利害關係人聲明異議者，即出售予申請人，發給權利移轉證明書；如有異議，公開標售之。但原申請人有優先承購權。標售所得超過徵收補償者，其超過部分發給被徵收之原土地所有權人。

第一項範圍內之土地，屬於公有者，准照該宗土地或相鄰土地當期土地公告現值讓售鄰接土地所有權人。

★☆☆#46　【授權各主管建築機關訂定畸零地使用規則之規定】

直轄市、縣（市）主管建築機關應依照前 2 條規定，並視當地實際情形，訂定畸零地使用規則，報經內政部核定後發布實施。

★★★#47　【授權劃定禁建地區之規定】

易受海潮、海嘯侵襲、洪水氾濫及土地崩塌之地區，如無確保安全之防護設施者，直轄市、縣（市）（局）主管建築機關應商同有關機關劃定範圍予以發布，並豎立標誌，禁止在該地區範圍內建築。

重點 4. 建築界限

★★☆#48 　　【指定建築線】
直轄市、縣（市）（局）主管建築機關，應指定已經公告道路之境界線為建築線。但都市細部計畫規定須退縮建築時，從其規定。
前項以外之現有巷道，直轄市、縣（市）（局）主管建築機關，認有必要時得另定建築線；其辦法於建築管理規則中定之。

榜首提點　　*《建築技術規則・建築設計施工編》第 1 條第 36 款：*
*道路 指依都市計畫法或其他法律公布之道路（得包括人行道及沿道路邊緣帶）或經**指定建築線**之現有巷道。除另有規定外，不包括私設通路及類似通路。《建築技術規則・建築設計施工編》第 2 條：*
*基地應與**建築線**相連接，其連接部份之最小長度應在 2 公尺以上。基地內私設通路之寬度不得小於左列標準。：*
一、長度未滿 10 公尺者為 2 公尺。
二、長度在 10 公尺以上未滿 20 公尺者為 3 公尺。
三、長度大於 20 公尺為 5 公尺。
四、基地內以私設通路為進出道路之建築物總樓地板面積合計在 1,000 平方公尺以上者，通路寬度為 6 公尺。
五、前款私設通路為連通建築線，得穿越同一基地建築物之地面層；穿越之深度不得超過 15 公尺；該部份淨寬並應依前四款規定，淨高至少 3 公尺，且不得小於法定騎樓之高度。
前項通路長度，自建築線起算計量至建築物最遠一處之出入口或共同入口。

★☆☆#49 　　【尚未闢築或拓寬之建築線兩旁應退讓建築線之規定】
在依法公布尚未闢築或拓寬之道路線兩旁建造建築物，應依照直轄市、縣（市）（局）主管建築機關指定之建築線退讓。

★★☆#50 　　【基於特定原因退讓】
直轄市、縣（市）主管建築機關基於維護交通安全、景致觀瞻或其他需要，對於道路交叉口及面臨河湖、廣場等地帶之申請建築，得訂定退讓辦法令其退讓。
前項退讓辦法，應報請內政部核定。

★★☆#51 　　【建築許可突出之規定】
建築物不得突出於建築線之外，但紀念性建築物，以及在公益上或短期內有需要且無礙交通之建築物，經直轄市、縣（市）（局）主管建築機關許可其突出者，不在此限。

榜首提點　　*《建築技術規則・建築設計施工編》第 9 條：*
本法第 51 條但書規定可突出建築線之建築物，包括左列各項：
一、紀念性建築物：紀念碑、紀念塔、紀念銅像、紀念坊等。
二、公益上有必要之建築物：候車亭、郵筒、電話亭、警察崗亭等。
三、臨時性建築物：牌樓、牌坊、裝飾塔、施工架、棧橋等，短期內有需要而無礙交通者。
四、地面下之建築物、對公益上有必要之地下貫穿道等，但以不妨害地下公共設施之發展為限。
五、高架道路橋面下之建築物。

六、供公共通行上有必要之架空走廊，而無礙公共安全及交通者。
《建築技術規則・建築設計施工編》第 10 條：
架空走廊之構造應依左列規定：
一、應為防火構造或不燃材料所建造，但側牆不能使用玻璃等容易破損之材料裝修。
二、廊身兩側牆壁高度應在 1.5 公尺以上。
三、架空走廊如穿越道路，其廊身與路面垂直淨距離不得小於 4.6 公尺。
四、廊身支柱不得妨害車道，或影響市容觀瞻。

重點 5. 施工管理

★★☆#53 【建造執照及雜項執照之建築期限】
直轄市、縣（市）主管建築機關，於發給建造執照或雜項執照時，應依照建築期限基準之規定，核定其建築期限。
前項建築期限，以開工之日起算。承造人因故未能於建築期限內完工時，得申請展期 1 年，並以一次為限。未依規定申請展期，或已逾展期期限仍未完工者，其建造執照或雜項執照自規定得展期之期限屆滿之日起，失其效力。
第一項建築期限基準，於建築管理規則中定之。

★★☆#54 【建造執照及雜項執照之開工及展期規定】
起造人自領得建造執照或雜項執照之日起，應於 6 個月內開工；並應於開工前，會同承造人及監造人將開工日期，連同姓名或名稱、住址、證書字號及承造人施工計畫書，申請該管主管建築機關備查。
起造人因故不能於前項期限內開工時，應敘明原因，申請展期一次，期限為 3 個月。未依規定申請展期，或已逾展期期限仍未開工者，其建造執照或雜項執照自規定得展期之期限屆滿之日起，失其效力。
第一項施工計畫書應包括之內容，於建築管理規則中定之。

★★☆#55 【領照應申報備案之規定】
起造人領得建造執照或雜項執照後，如有左列各款情事之一者，應即申報該管主管建築機關備案：
一、變更起造人。
二、變更承造人。
三、變更監造人。
四、工程中止或廢止。
前項中止之工程，其可供使用部分，應由起造人依照規定辦理變更設計，申請使用；其不堪供使用部分，由起造人拆除之。

★★☆#56 【建築物施工勘驗】
建築工程中必須勘驗部分，應由直轄市、縣（市）主管建築機關於核定建築計畫時，指定由承造人會同監造人按時申報後，方得繼續施工，主管建築機關得隨時勘驗之。
前項建築工程必須勘驗部分、勘驗項目、勘驗方式、勘驗紀錄保存年限、申報規定及起造人、承造人、監造人應配合事項，於建築管理規則中定之。

★★★#58 【得強制拆除之情形】
建築物在施工中，直轄市、縣（市）（局）主管建築機關認有必要時，得隨時加以勘驗，發現左列情事之一者，應以書面通知承造人或起造人或監造人，勒令停工或修改；必要時，得強制拆除：

一、妨礙都市計畫者。

二、妨礙區域計畫者。

三、危害公共安全者。

四、妨礙公共交通者。

五、妨礙公共衛生者。

六、主要構造或位置或高度或面積與核定工程圖樣及說明書不符者。

七、違反本法其他規定或基於本法所發布之命令者。

★★☆#59 【因都市計劃或區域計畫之變更而需停工變更設計之規定】

直轄市、縣（市）（局）主管建築機關因都市計畫或區域計畫之變更，對已領有執照尚未開工或正在施工中之建築物，如有妨礙變更後之都市計畫或區域計畫者，得令其停工，另依規定，辦理變更設計。

起造人因前項規定必須拆除其建築物時，直轄市、縣（市）（局）政府應對該建築物拆除之一部或全部，按照市價補償之。

★★★#60 【施工不合規定或肇致起造人蒙受損失之賠償責任】

建築物由監造人負責監造，其施工不合規定或肇致起造人蒙受損失時，賠償責任，依左列規定：

一、監造人認為不合規定或承造人擅自施工，致必須修改、拆除、重建或予補強，經主管建築機關認定者，由承造人負賠償責任。

二、承造人未按核准圖說施工，而監造人認為合格經直轄市、縣（市）（局）主管建築機關勘驗不合規定，必須修改、拆除、重建或補強者，由承造人負賠償責任，承造人之專任工程人員及監造人負連帶責任。

★☆☆#61 【建築物施工中監造人應通知修改之規定】

建築物在施工中，如有第 58 條各款情事之一時，監造人應分別通知承造人及起造人修改；其未依照規定修改者，應即申報該管主管建築機關處理。

★☆☆#62 【主管機關派員勘驗之規定】

主管建築機關派員勘驗時，勘驗人員應出示其身分證明文件；其未出示身分證明文件者，起造人、承造人、或監造人得拒絕勘驗。

★☆☆#63 【施工場所之安全防範規定】

建築物施工場所，應有維護安全、防範危險及預防火災之適當設備或措施。

★☆☆#64 【建築物施工中物品堆放之規定】

建築物施工時，其建築材料及機具之堆放，不得妨礙交通及公共安全。

★☆☆#65 【工地使用機械施工】

凡在建築工地使用機械施工者，應遵守左列規定：

一、不得作其使用目的以外之用途，並不得超過其性能範圍。

二、應備有掣動裝置及操作上所必要之信號裝置。

三、自身不能穩定者，應扶以撐柱或拉索。

★★☆#66 【建築物施工中對於墜落物防止之規定】

2 層以上建築物施工時，其施工部分距離道路境界線或基地境界線不足 2.5 公尺者，或 5 層以上建築物施工時，應設置防止物體墜落之適當圍籬。

★☆☆#67 【建築物施工中噪音等之限制規定】

主管建築機關對於建築工程施工方法或施工設備，發生激烈震動或噪音及灰塵散播，有妨礙附近之安全或安寧者，得令其作必要之措施或限制其作業時間。

★★☆#68 【施工注意事項】

承造人在建築物施工中，不得損及道路、溝渠等公共設施；如必須損壞時，應先申報各該主管機關核准，並規定施工期間之維護標準與責任，及損壞原因消

失後之修復責任與期限，始得進行該部分工程。

前項損壞部分，應在損壞原因消失後即予修復。

★★☆#69 【鄰接建築物之防護措施】

建築物在施工中，鄰接其他建築物施行挖土工程時，對該鄰接建築物應視需要作防護其傾斜或倒壞之措施。挖土深度在 1.5 公尺以上者，其防護措施之設計圖樣及說明書，應於申請建造執照或雜項執照時一併送審。

重點 6. 使用管理

★★★#70 【建築物施工完竣辦理查驗之規定】

建築工程完竣後，應由起造人會同承造人及監造人申請使用執照。直轄市、縣（市）（局）主管建築機關應自接到申請之日起，10 日內派員查驗完竣。其主要構造、室內隔間及建築物主要設備等與設計圖樣相符者，發給使用執照，並得核發謄本；不相符者，一次通知其修改後，再報請查驗。

但供公眾使用建築物之查驗期限，得展延為 20 日。

建築物無承造人或監造人，或承造人、監造人無正當理由，經建築爭議事件評審委員會評審後而拒不會同或無法會同者，由起造人單獨申請之。

第一項主要設備之認定，於建築管理規則中定之。

★★★#70-1 【核發部分使用執照之規定】

建築工程部分完竣後可供獨立使用者，得核發部分使用執照；其效力、適用範圍、申請程序及查驗規定等事項之辦法，由中央主管建築機關定之。

> **榜首提點** 《建築物部分使用執照核發辦法》第 3 條：
>
> 本法（建築法）第 70-1 條所稱建築工程部分完竣，係指下列情形之一者：
>
> 一、二幢以上建築物，其中任一幢業經全部施工完竣。
>
> 二、連棟式建築物，其中任一棟業經施工完竣。
>
> 三、高度超過 36 公尺或 12 層樓以上，或建築面積超過 8,000 平方公尺以上之建築物，其中任一樓層至基地地面間各層業經施工完竣。
>
> 前項所稱幢、棟定義如下：
>
> 一、幢：建築物地面層以上結構體獨立不與其他建築物相連，地面層以上其使用機能可獨立分開者。
>
> 二、棟：以一單獨或共同出入口及以無開口之防火牆及防火樓板所區劃分開者。

★★☆#71 【申請使用執照應備具】

申請使用執照，應備具申請書，並檢附左列各件：

一、原領之建造執照或雜項執照。

二、建築物竣工平面圖及立面圖。

建築物與核定工程圖樣完全相符者，免附竣工平面圖及立面圖。

★★☆#72 【供公眾使用建築物申請使用執照應會同消防主管機關之規定】

供公眾使用之建築物，依第 70 條之規定申請使用執照時，直轄市、縣（市）（局）主管建築機關應會同消防主管機關檢查其消防設備，合格後方得發給使用執照。

★★★#73 【建築物申請變更使用之規定】

建築物非經領得使用執照，不准接水、接電及使用。但直轄市、縣（市）政府認有左列各款情事之一者，得另定建築物接用水、電相關規定：

一、偏遠地區且非屬都市計畫地區之建築物。

二、因興辦公共設施所需而拆遷具整建需要且無礙都市計畫發展之建築物。

三、天然災害損壞需安置及修復之建築物。

四、其他有迫切民生需要之建築物。

建築物應依核定之使用類組使用，其有變更使用類組或有第 9 條建造行為以外主要構造、防火區劃、防火避難設施、消防設備、停車空間及其他與原核定使用不合之變更者，應申請變更使用執照。但建築物在一定規模以下之使用變更，不在此限。

前項一定規模以下之免辦理變更使用執照相關規定，由直轄市、縣（市）主管建築機關定之。

第二項建築物之使用類組、變更使用之條件及程序等事項之辦法，由中央主管建築機關定之。

★★☆#74　【申請變更使用執照應備具】

申請變更使用執照，應備具申請書並檢附左列各件：

一、建築物之原使用執照或謄本。

二、變更用途之說明書。

三、變更供公眾使用者，其結構計算書與建築物室內裝修及設備圖說。

★☆☆#75　【建築物申請變更使用之檢查及發照期限】

直轄市、縣（市）（局）主管建築機關對於申請變更使用之檢查及發照期限，依第 70 條之規定辦理。

★★☆#76　【變更使用應會同消防主管機關檢查之規定】

非供公眾使用建築物變更為供公眾使用，或原供公眾使用建築物變更為他種公眾使用時，直轄市、縣（市）（局）主管建築機關應檢查其構造、設備及室內裝修。其有關消防安全設備部分應會同消防主管機關檢查。

★☆☆#77　【構造及設備之規定】

建築物所有權人、使用人應維護建築物合法使用與其構造及設備安全。

直轄市、縣（市）（局）主管建築機關對於建築物得隨時派員檢查其有關公共安全與公共衛生之構造與設備。

供公眾使用之建築物，應由建築物所有權人、使用人定期委託中央主管建築機關認可之專業機構或人員檢查簽證，其檢查簽證結果應向當地主管建築機關申報。非供公眾使用之建築物，經內政部認有必要時亦同。

前項檢查簽證結果，主管建築機關得隨時派員或定期會同各有關機關複查。

第三項之檢查簽證事項、檢查期間、申報方式及施行日期，由內政部定之。

★☆☆#77-1　【原有合法建築物之改善】

為維護公共安全，供公眾使用或經中央主管建築機關認有必要之非供公眾使用之原有合法建築物，其構造、防火避難設施及消防設備不符現行規定者，應視其實際情形，令其改善或改變其他用途；其申請改善程序、項目、內容及方式等事項之辦法，由中央主管建築機關定之。

★★★#77-2　【室內裝修應遵守之規定】

建築物室內裝修應遵守左列規定：

一、供公眾使用建築物之室內裝修應申請審查許可，非供公眾使用建築物，經內政部認有必要時，亦同。但中央主管機關得授權建築師公會或其他相關專業技術團體審查。

二、裝修材料應合於建築技術規則之規定。

三、不得妨害或破壞防火避難設施、消防設備、防火區劃及主要構造。

四、不得妨害或破壞保護民眾隱私權設施。

前項建築物室內裝修應由經內政部登記許可之室內裝修從業者辦理。

室內裝修從業者應經內政部登記許可,並依其業務範圍及責任執行業務。

前三項室內裝修申請審查許可程序、室內裝修從業者資格、申請登記許可程序、業務範圍及責任,由內政部定之。

★☆☆#77-3 【機械遊樂設施之使用規定】

機械遊樂設施應領得雜項執照,由具有設置機械遊樂設施資格之承辦廠商施工完竣,經竣工查驗合格取得合格證明書,並依第二項第二款之規定投保意外責任險後,檢同保險證明文件及合格證明書,向直轄市、縣(市)主管建築機關申領使用執照;非經領得使用執照,不得使用。

機械遊樂設施經營者,應依下列規定管理使用其機械遊樂設施:

一、應依核准使用期限使用。

二、應依中央主管建築機關指定之設施項目及最低金額常時投保意外責任保險。

三、應定期委託依法開業之相關專業技師、建築師或經中央主管建築機關指定之檢查機構、團體實施安全檢查。

四、應置專任人員負責機械遊樂設施之管理操作。

五、應置經考試及格或檢定合格之機電技術人員,負責經常性之保養、修護。

前項第三款安全檢查之次數,由該管直轄市、縣(市)主管建築機關定之,每年不得少於 2 次。必要時,並得實施全部或一部之不定期安全檢查。

第二項第三款安全檢查之結果,應申報直轄市、縣(市)主管建築機關處理;直轄市、縣(市)主管建築機關得隨時派員或定期會同各有關機關或委託相關機構、團體複查或抽查。

第一項、第二項及前項之申請雜項執照應檢附之文件、圖說、機械遊樂設施之承辦廠商資格、條件、竣工查驗方式、項目、合格證明書格式、投保意外責任險之設施項目及最低金額、安全檢查、方式、項目、受指定辦理檢查之機構、團體、資格、條件及安全檢查結果格式等事項之管理辦法,由中央主管建築機關定之。

第二項第二款之保險,其保險條款及保險費率,由金融監督管理委員會會同中央主管建築機關核定之。

重點 7. 拆除管理

★★★#78 【拆除執照之請領規定】

建築物之拆除應先請領拆除執照。但左列各款之建築物,無第 83 條規定情形者不在此限:

一、第 16 條規定之建築物及雜項工作物。

二、因實施都市計畫或拓闢道路等經主管建築機關通知限期拆除之建築物。

三、傾頹或朽壞有危險之虞必須立即拆除之建築物。

四、違反本法或基於本法所發布之命令規定,經主管建築機關通知限期拆除或由主管建築機關強制拆除之建築物。

★★☆#79 【拆除執照之申請應備具】

申請拆除執照應備具申請書,並檢附建築物之權利證明文件或其他合法證明。

★★☆#80 【拆除執照審查期限】

直轄市、縣(市)(局)主管建築機關應自收到前條書件之日起 5 日內審查完竣,合於規定者,發給拆除執照;不合者,予以駁回。

★★☆#81 【通知使用及拆除之情形】

直轄市、縣(市)(局)主管建築機關對傾頹或朽壞而有危害公共安全之建築

物，應通知所有人或占有人停止使用，並限期命所有人拆除；逾期未拆者，得強制拆除之。

前項建築物所有人住址不明無法通知者，得逕予公告強制拆除。

★★☆#82　【危險建築物之強致拆除】

因地震、水災、風災、火災或其他重大事變，致建築物發生危險不及通知其所有人或占有人予以拆除時，得由該管主管建築機關逕予強制拆除。

★★☆#83　【古蹟之管理與維護】

經指定為古蹟之古建築物、遺址及其他文化遺跡，地方政府或其所有人應予管理維護，其修復應報經古蹟主管機關許可後，始得為之。

★★☆#84　【拆除建築物應維護安全】

拆除建築物時，應有維護施工及行人安全之設施，並不得妨礙公眾交通。

重點 8. 罰則

★☆☆#85　【違法擅自設計、監造、承造之處罰】

違反第 13 條或第 14 條之規定，擅自承攬建築物之設計、監造或承造業務者，勒令其停止業務，並處以 6,000 元以上 30,000 元以下罰鍰；其不遵從而繼續營業者，處 1 年以下有期徒刑、拘役或科或併科 30,000 元以下罰金。

★★★#86　【擅自建造、使用與拆除之處罰】

違反第 25 條之規定者，依左列規定，分別處罰：

一、擅自建造者，處以建築物造價 50‰ 以下罰鍰，並勒令停工補辦手續；必要時得強制拆除其建築物。

二、擅自使用者，處以建築物造價 50‰ 以下罰鍰，並勒令停止使用補辦手續；其有第 58 條情事之一者，並得封閉其建築物，限期修改或強制拆除之。

三、擅自拆除者，處 10,000 元以下罰鍰，並勒令停止拆除補辦手續。

★☆☆#92　【強制執行之規定】

本法所定罰鍰由該管主管建築機關處罰之，並得於行政執行無效時，移送法院強制執行。

重點 9. 附則

★☆☆#96　【本法施行前核發使用執照之規定】

本法施行前，供公眾使用之建築物而未領有使用執照者，其所有權人應申請核發使用執照。但都市計畫範圍內非供公眾使用者，其所有權人得申請核發使用執照。

前項建築物使用執照之核發及安全處理，由直轄市、縣（市）政府於建築管理規則中定之。

★☆☆#96-1　【強拆之建物不予補償】

依本法規定強制拆除之建築物均不予補償，其拆除費用由建築物所有人負擔。

前項建築物內存放之物品，主管機關應公告或以書面通知所有人、使用人或管理人自行遷移，逾期不遷移者，視同廢棄物處理。

★★☆#97　【建築技術規則之授權】

有關建築規劃、設計、施工、構造、設備之建築技術規則，由中央主管建築機關定之，並應落實建構兩性平權環境之政策。

★☆☆#97-1　【山坡地建築管理辦法之授權】

山坡地建築之審查許可、施工管理及使用管理等事項之辦法，由中央主管建築機關定之。

★☆☆#97-2　【違反本法之處理辦法授權規定】

違反本法或基於本法所發布命令規定之建築物，其處理辦法，由內政部定之。

★☆☆#97-3　【一定規模以下之招牌廣告及樹立廣告申請設置之規定】

一定規模以下之招牌廣告及樹立廣告，得免申請雜項執照。其管理並得簡化，不適用本法全部或一部之規定。

招牌廣告及樹立廣告之設置，應向直轄市、縣（市）主管建築機關申請審查許可，直轄市、縣（市）主管建築機關得委託相關專業團體審查，其審查費用由申請人負擔。

前二項招牌廣告及樹立廣告之一定規模、申請審查許可程序、施工及使用等事項之管理辦法，由中央主管建築機關定之。

第二項受委託辦理審查之專業團體之資格條件、執行審查之工作內容、收費基準與應負之責任及義務等事項，由該管直轄市、縣（市）主管建築機關定之。

★★★#98　【特種建築物之規定】

特種建築物得經行政院之許可，不適用本法全部或一部之規定。

榜首提點　*特種建築物：*
一、涉及國家機密之建築物。
二、因用途特殊，適用建築法確有困難之建築物。
三、因構造特殊，適用建築法確有困難之建築物。
四、因應重大災難後復建需要，具急迫性之建築物。
五、其他適用建築法確有困難之建築物。

★★★#99　【不適用本法之規定】

左列各款經直轄市、縣（市）主管建築機關許可者，得不適用本法全部或一部之規定：

一、紀念性之建築物。

二、地面下之建築物。

三、臨時性之建築物。

四、海港、碼頭、鐵路車站、航空站等範圍內之雜項工作物。

五、興闢公共設施，在拆除剩餘建築基地內依規定期限改建或增建之建築物。

六、其他類似前五款之建築物或雜項工作物。

前項建築物之許可程序、施工及使用等事項之管理，得於建築管理規則中定之。

★★★#99-1　【管理簡化不適用本法之規定】

實施都市計畫以外地區或偏遠地區建築物之管理得予簡化，不適用本法全部或一部之規定；其建築管理辦法，得由縣政府擬訂，報請內政部核定之。

★☆☆#100　【適用地區外之建築管理授權】

第3條所定適用地區以外之建築物，得由內政部另定辦法管理之。

★☆☆#101　【建築管理規則授權】

直轄市、縣（市）政府得依據地方情形，分別訂定建築管理規則，報經內政部核定後實施。

★★★#102　【風景區、古蹟保存區、特定區、防火區】

直轄市、縣（市）政府對左列各款建築物，應分別規定其建築限制：

一、風景區、古蹟保存區及特定區內之建築物。

二、防火區內之建築物。

★★☆#102-1　【防空避難設備或停車空間之繳納代金之規定】

建築物依規定應附建防空避難設備或停車空間；其防空避難設備因特殊情形施工確有困難或停車空間在一定標準以下及建築物位於都市計畫停車場公共設施用地一定距離範圍內者，得由起造人繳納代金，由直轄市、縣（市）主管建築機關代為集中興建。

前項標準、範圍、繳納代金及管理使用辦法，由直轄市、縣（市）政府擬訂，報請內政部核定之。

★☆☆#103 【建築爭議事件評審委員會】

直轄市、縣（市）（局）主管建築機關為處理有關建築爭議事件，得聘請資深之營建專家及建築師，並指定都市計劃及建築管理主管人員，組設建築爭議事件評審委員會。

前項評審委員會之組織，由內政部定之。

★☆☆#104 【防火及防空避難設備設計與構造之規定】

直轄市、縣（市）（局）政府對於建築物有關防火及防空避難設備之設計與構造，得會同有關機關為必要之規定。

建築物室內裝修管理辦法

| 中華民國 111 年 06 月 09 日 |

重點

★☆☆#1 【立法依據】

本辦法依建築法（以下簡稱本法）第 77-2 條第四項規定訂定之。

★★☆#2 【依本辦法辦理之建築物】

供公眾使用建築物及經內政部認定有必要之非供公眾使用建築物，其室內裝修應依本辦法之規定辦理。

★★★#3 【室內裝修】

本辦法所稱室內裝修，指除壁紙、壁布、窗簾、家具、活動隔屏、地氈等之黏貼及擺設外之下列行為：

一、固著於建築物構造體之天花板裝修。

二、內部牆面裝修。

三、高度超過地板面以上 1.2 公尺固定之隔屏或兼作櫥櫃使用之隔屏裝修。

四、分間牆變更。

★★★#4 【室內裝修從業者】

本辦法所稱室內裝修從業者，指開業建築師、營造業及室內裝修業。

★★★#5 【室內裝修從業者業務範圍】

室內裝修從業者業務範圍如下：

一、依法登記開業之建築師得從事室內裝修設計業務。

二、依法登記開業之營造業得從事室內裝修施工業務。

三、室內裝修業得從事室內裝修設計或施工之業務。

★☆☆#6 【審查機構】

本辦法所稱之審查機構，指經內政部指定置有審查人員執行室內裝修審核及查驗業務之直轄市建築師公會、縣（市）建築師公會辦事處或專業技術團體。

★★☆#7 【審查內容】

審查機構執行室內裝修審核及查驗業務，應擬訂作業事項並載明工作內容、收費基準與應負之責任及義務，報請直轄市、縣（市）主管建築機關核備。

前項作業事項由直轄市、縣（市）主管建築機關訂定規範。

★★☆#8　【審查人員】
本辦法所稱審查人員，指下列辦理審核圖說及竣工查驗之人員：
一、經內政部指定之專業工業技師。
二、直轄市、縣（市）主管建築機關指派之人員。
三、審查機構指派所屬具建築師、專業技術人員資格之人員。
前項人員應先參加內政部主辦之審查人員講習合格，並領有結業證書者，始得
擔任。但於主管建築機關從事建築管理工作 2 年以上並領有建築師證書者，得
免參加講習。

★★★#9　【專任專業技術人員】
室內裝修業應依下列規定置專任專業技術人員：
一、從事室內裝修設計業務者：專業設計技術人員 1 人以上。
二、從事室內裝修施工業務者：專業施工技術人員 1 人以上。
三、從事室內裝修設計及施工業務者：專業設計及專業施工技術人員各 1 人以
　　上，或兼具專業設計及專業施工技術人員身分 1 人以上。
室內裝修業申請公司或商業登記時，其名稱應標示室內裝修字樣。

★★★#10　【執行室內裝修業務應辦理】
室內裝修業應於辦理公司或商業登記後，檢附下列文件，向內政部申請室內裝
修業登記許可並領得登記證，未領得登記證者，不得執行室內裝修業務：
一、申請書。
二、公司或商業登記證明文件。
三、專業技術人員登記證。
室內裝修業變更登記事項時，應申請換發登記證。

★★☆#11　【檢附下列文件向內政部申請換發登記證】
室內裝修業登記證有效期限為 5 年，逾期未換發登記證者，不得執行室內裝修
業務。但本辦法中華民國 108 年 6 月 17 日修正施行前已核發之登記證，其有
效期限適用修正前之規定。
室內裝修業申請換發登記證，應檢附下列文件：
一、申請書。
二、原登記證正本。
三、公司或商業登記證明文件。
四、專業技術人員登記證。
室內裝修業逾期未換發登記證者，得依前項規定申請換發。
已領得室內裝修業登記證且未於公司或商業登記名稱標示室內裝修字樣者，應
於換證前完成辦理變更公司或商業登記名稱，於其名稱標示室內裝修字樣。但
其公司或商業登記於中華民國 89 年 9 月 2 日前完成者，換證時得免於其名稱
標示室內裝修字樣。

★☆☆#13　【室內裝修業停業時】
室內裝修業停業時，應將其登記證送繳內政部存查，於申請復業核准後發還之。
室內裝修業歇業時，應將其登記證送繳內政部並辦理註銷登記；其未送繳者，
由內政部逕為廢止登記許可並註銷登記證。

★☆☆#14　【隨時派員查核】
直轄市、縣（市）主管建築機關得隨時派員查核所轄區域內室內裝修業之業務，
必要時並得命其提出與業務有關文件及說明。

★★☆#15　【專業技術人員】
本辦法所稱專業技術人員，指向內政部辦理登記，從事室內裝修設計或施工之

人員；依其執業範圍可分為專業設計技術人員及專業施工技術人員。

★☆☆#16　【專業設計技術人員應具資格】

專業設計技術人員，應具下列資格之一：

一、領有建築師證書者。

二、領有建築物室內設計乙級以上技術士證，並於申請日前 5 年內參加內政部主辦或委託專業機構、團體辦理之建築物室內設計訓練達 21 小時以上領有講習結業證書者。

★☆☆#17　【專業施工技術人員應具資格】

專業施工技術人員，應具下列資格之一：

一、領有建築師、土木、結構工程技師證書者。

二、領有建築物室內裝修工程管理、建築工程管理、裝潢木工或家具木工乙級以上技術士證，並於申請日前 5 年內參加內政部主辦或委託專業機構、團體辦理之建築物室內裝修工程管理訓練達 21 小時以上領有講習結業證書者。其為領得裝潢木工或家具木工技術士證者，應分別增加 40 小時及 60 小時以上，有關混凝土、金屬工程、疊砌、粉刷、防水隔熱、面材鋪貼、玻璃與壓克力按裝、油漆塗裝、水電工程及工程管理等訓練課程。

★★☆#20　【專業技術人員登記證有效期限】

專業技術人員登記證有效期限為 5 年，逾期未換發登記證者，不得從事室內裝修設計或施工業務。但本辦法中華民國 108 年 6 月 17 日修正施行前已核發之登記證，其有效期限適用修正前之規定。

專業技術人員於換發登記證前五年內參加內政部主辦或委託專業機構、團體辦理之回訓訓練達十六小時以上並取得證明文件者，由內政部換發登記證。但符合第十六條第一款或第十七條第一款資格者，免回訓訓練。

專業技術人員逾期未換發登記證者，得依前項規定申請換發。

★★☆#22　【申請審核圖說】

供公眾使用建築物或經內政部認定之非供公眾使用建築物之室內裝修，建築物起造人、所有權人或使用人應向直轄市、縣（市）主管建築機關或審查機構申請審核圖說，審核合格並領得直轄市、縣（市）主管建築機關發給之許可文件後，始得施工。

非供公眾使用建築物變更為供公眾使用或原供公眾使用建築物變更為他種供公眾使用，應辦理變更使用執照涉室內裝修者，室內裝修部分應併同變更使用執照辦理。

★★☆#23　【申請室內裝修審核應檢附】
申請室內裝修審核時，應檢附下列圖說文件：
一、申請書。
二、建築物權利證明文件。
三、前次核准使用執照平面圖、室內裝修平面圖或申請建築執照之平面圖。但經直轄市、縣（市）主管建築機關查明檔案資料確無前次核准使用執照平面圖或室內裝修平面圖屬實者，得以經開業建築師簽證符合規定之現況圖替代之。
四、室內裝修圖說。
前項第三款所稱現況圖為載明裝修樓層現況之防火避難設施、消防安全設備、防火區劃、主要構造位置之圖說，其比例尺不得小於 1/200。

★★☆#24　【室內裝修圖說包括】
室內裝修圖說包括下列各款：
一、位置圖：註明裝修地址、樓層及所在位置。
二、裝修平面圖：註明各部分之用途、尺寸及材料使用，其比例尺不得小於 1/100。但經直轄市、（縣）市主管建築機關同意者，比例尺得放寬至 1/200。
三、裝修立面圖：比例尺不得小於 1/100。
四、裝修剖面圖：註明裝修各部分高度、內部設施及各部分之材料，其比例尺不得小於 1/100。
五、裝修詳細圖：各部分之尺寸構造及材料，其比例尺不得小於 1/30。

★★☆#25　【室內裝修圖說負責】
室內裝修圖說應由開業建築師或專業設計技術人員署名負責。但建築物之分間牆位置變更、增加或減少經審查機構認定涉及公共安全時，應經開業建築師簽證負責。

★★★#26　【審核項目】
直轄市、縣（市）主管建築機關或審查機構應就下列項目加以審核：
一、申請圖說文件應齊全。
二、裝修材料及分間牆構造應符合建築技術規則之規定。
三、不得妨害或破壞防火避難設施、防火區劃及主要構造。

★★☆#27　【審核室內裝修圖說】
直轄市、縣（市）主管建築機關或審查機構受理室內裝修圖說文件之審核，應於收件之日起 7 日內指派審查人員審核完畢。審核合格者於申請圖說簽章；不合格者，應將不合規定之處詳為列舉，一次通知建築物起造人、所有權人或使用人限期改正，逾期未改正或復審仍不合規定者，得將申請案件予以駁回。

★★☆#28　【室內裝修不得妨害或破壞消防安全設備】
室內裝修不得妨害或破壞消防安全設備，其申請審核之圖說涉及消防安全設備變更者，應依消防法規規定辦理，並應於施工前取得當地消防主管機關審核合格之文件。

★★☆#29　【領得許可文件後於規定期限內施工完竣後申請竣工查驗之規定】
室內裝修圖說經審核合格，領得許可文件後，建築物起造人、所有權人或使用人應將許可文件張貼於施工地點明顯處，並於規定期限內施工完竣後申請竣工查驗；因故未能於規定期限內完工時，得申請展期，未依規定申請展期，或已逾展期期限仍未完工者，其許可文件自規定得展期之期限屆滿之日起，失其效力。
前項之施工及展期期限，由直轄市、縣（市）主管建築機關定之。

★★★#30　【施工前或施工中變更設計及可申請一次報驗之狀況】
室內裝修施工從業者應依照核定之室內裝修圖說施工；如於施工前或施工中變更設計時，仍應依本辦法申請辦理審核。<u>但不變更防火避難設施、防火區劃，不降低原使用裝修材料耐燃等級或分間牆構造之防火時效者，得於竣工後，備具第 34 條規定圖說，一次報驗。</u>

★☆☆#31　【得隨時派員查驗】
室內裝修施工中，直轄市、縣（市）主管建築機關認有必要時，得隨時派員查驗，發現與核定裝修圖說不符者，應以書面通知起造人、所有權人、使用人或室內裝修從業者停工或修改；必要時依建築法有關規定處理。
直轄市、縣（市）主管建築機關派員查驗時，所派人員應出示其身分證明文件；其未出示身分證明文件者，起造人、所有權人、使用人及室內裝修從業者得拒絕查驗。

★☆☆#32　【申請核發室內裝修合格證明】
<u>室內裝修工程完竣後，應由建築物起造人、所有權人或使用人會同室內裝修從業者向原申請審查機關或機構申請竣工查驗合格後，向直轄市、縣（市）主管建築機關申請核發室內裝修合格證明。</u>
新建建築物於領得使用執照前申請室內裝修許可者，<u>應於領得使用執照及室內裝修合格證明後，始得使用；</u>其室內裝修涉及原建造執照核定圖樣及說明書之變更者，並應依本法第 39 條規定辦理。
直轄市、縣（市）主管建築機關或審查機構受理室內裝修竣工查驗之申請，應<u>於 7 日內指派查驗人員至現場檢查。經查核與驗章圖說相符者，檢查表經查驗人員簽證後，應於 5 日內核發合格證明，對於不合格者，應通知建築物起造人、所有權人或使用人限期修改</u>，逾期未修改者，審查機構應報請當地主管建築機關查明處理。
室內裝修涉及消防安全設備者，應由消防主管機關於核發室內裝修合格證明前完成消防安全設備竣工查驗。

★★★#33　【簡易室內裝修範圍及流程】
申請室內裝修之建築物，**其申請範圍用途為住宅或申請樓層之樓地板面積符合下列規定之一，且在裝修範圍內以 1 小時以上防火時效之防火牆、防火門窗區劃分隔，其未變更防火避難設施、消防安全設備、防火區劃及主要構造者，**得檢附經依法登記開業之建築師或室內裝修業專業設計技術人員簽章負責之室內裝修圖說向當地主管建築機關或審查機構申報施工，經主管建築機關核給期限後，准予進行施工。工程完竣後，檢附申請書、建築物權利證明文件及經營造業專任工程人員或室內裝修業專業施工技術人員竣工查驗合格簽章負責之檢查表，向當地主管建築機關或審查機構申請審查許可，經審核其申請文件齊全後，發給室內裝修合格證明：
一、10 層以下樓層及地下室各層，室內裝修之樓地板面積在300平方公尺以下者。
二、11 層以上樓層，室內裝修之樓地板面積在 100 平方公尺以下者。
前項裝修範圍貫通 2 層以上者，應累加合計，且合計值不得超過任一樓層之最小允許值。
當地主管建築機關對於第一項之簽章負責項目得視實際需要抽查之。

★☆☆#34　【竣工查驗時應檢附】
申請竣工查驗時，應檢附下列圖說文件：
一、申請書。
二、原領室內裝修審核合格文件。

三、室內裝修竣工圖說。

四、其他經內政部指定之文件。

★☆☆#35　【處罰】

室內裝修從業者有下列情事之一者，當地主管建築機關應查明屬實後，報請內政部視其情節輕重，予以警告、6 個月以上 1 年以下停止室內裝修業務處分或 1 年以上 3 年以下停止換發登記證處分：

一、變更登記事項時，未依規定申請換發登記證。

二、施工材料與規定不符或未依圖說施工，經當地主管建築機關通知限期修改逾期未修改。

三、規避、妨礙或拒絕主管機關業務督導。

四、受委託設計之圖樣、說明書、竣工查驗合格簽章之檢查表或其他書件經抽查結果與相關法令規定不符。

五、由非專業技術人員從事室內裝修設計或施工業務。

六、僱用專業技術人員人數不足，未依規定補足。

★☆☆#36　【廢止室內裝修業登記許可並註銷登記證】

室內裝修業有下列情事之一者，經當地主管建築機關查明屬實後，報請內政部廢止室內裝修業登記許可並註銷登記證：

一、登記證供他人從事室內裝修業務。

二、受停業處分累計滿 3 年。

三、受停止換發登記證處分累計 3 次。

實施區域計畫地區建築管理辦法

| 中華民國 88 年 12 月 24 日 |

重點

★☆☆#1　【法條依據】

本辦法依建築法第 3 條第三項規定訂定之。

★☆☆#2　【適用地區】

本辦法之適用地區，係指區域計畫範圍內已依區域計畫法第 15 條第一項劃定使用分區並編定各種使用地之地區。

★★★#4-1　【活動斷層線通過地區】

活動斷層線通過地區，當地縣（市）政府得劃定範圍予以公告，並依左列規定管制：

一、不得興建公有建築物。

二、依非都市土地使用管制規則規定得為建築使用之土地，其建築物高度不得超過 2 層樓、簷高不得超過 7 公尺，並限作自用農舍或自用住宅使用。

三、於各種用地內申請建築自用農舍，除其建築物高度不得超過 2 層樓、簷高不得超過 7 公尺外，依第五條規定辦理。

★★★#5　【於各種用地申請自用農舍者】

於各種用地內申請建造自用農舍者，其總樓地板面積不得超過 495 平方公尺，建築面積不得超過其耕地面積 10%，建築物高度不得超過 3 層樓並不得超過 10.5 公尺，但最大基層建築面積不得超過 330 平方公尺。

前項自用農舍得免由建築師設計、監造或營造業承造。

★★☆#7　【農舍得免申請建築執照之規定】

原有農舍之修建、改建或增建面積在 45 平方公尺以下之平房得免申請建築執

照，但其建蔽率及總樓地板面積不得超過本辦法之有關規定。

★★☆#10　【得免由建築師設計、監造或營造業承之規定】
建築面積在 45 平方公尺以下，高度在 3.5 公尺以下者，得免由建築師設計、監造或營造業承造，逕向當地主管建築機關申請建築執照。

★★☆#11　【建築基地以私設通路連接道路者之相關規定】
建築基地臨接公路者，其建築物與公路間之距離，應依公路法及有關法規定辦理，並應經當地主管建築機關指定（示）建築線；臨接其他道路其寬度在 6 公尺以下者，應自道路中心線退讓 3 公尺以上建築，臨接道路寬度在 6 公尺以上者，仍應保持原有寬度，免再退讓。
建築基地以私設通路連接道路者，其通路寬度不得小於左列標準：
一、長度未滿 10 公尺者為 2 公尺。
二、長度在 10 公尺以上未滿 20 公尺者為 3 公尺。
三、長度大於 20 公尺者為 5 公尺。
四、基地內以私設通路為進出道路之建築物總樓地板面積合計在 1,000 平方公尺以上者，通路寬度為 6 公尺。

建築基地法定空地分割辦法
│ 中華民國 99 年 01 月 29 日 │

重點

★☆☆#1　【法條依據】
本辦法依建築法第 11 條第三項規定訂定之。

★★☆#3　【建築基地之法定空地併同建築物之分割規定】
建築基地之法定空地併同建築物之分割，非於分割後合於左列各款規定者不得為之。
一、每一建築基地之法定空地與建築物所占地面應相連接，連接部分寬度不得小於 2 公尺。
二、每一建築基地之建蔽率應合於規定。但本辦法發布前已領建造執照，或已提出申請而於本辦法發布後方領得建造執照者，不在此限。
三、每一建築基地均應連接建築線並得以單獨申請建築。
四、每一建築基地之建築物應具獨立之出入口。

★☆☆#3-1　【准單獨申請分割之規定】
本辦法發布前，已提出申請或已領建造執照之建築基地內依法留設之私設通路提供作為公眾通行者，得准單獨申請分割。

★★☆#4　【超過依法應保留之法定空地面積者之相關規定】
建築基地空地面積超過依法應保留之法定空地面積者，其超出部分之分割，應以分割後能單獨建築使用或已與其鄰地成立協議調整地形或合併建築使用者為限。

建造執照及雜項執照規定項目審查及簽證項目抽查作業要點
│ 中華民國 111 年 05 月 27 日 │

重點

★☆☆#5　【建造執照及雜項執照之簽證項目相關規定】
主管建築機關對於建造執照及雜項執照之簽證項目，應視實際需要按下列比例抽查：
　　　（一）5 層以下非供公眾使用之建築物每 10 件抽查 1 件以上。

(二)5 層以下供公眾使用之建築物每 10 件抽查 2 件以上。

(三)6 層以上至 10 層之建築物每 10 件抽查 2 件以上。

(四)11 層以上至 14 層之建築物每 10 件抽查 4 件以上。

(五)15 層以上建築物每 10 件抽查 5 件以上。

前項案件屬下列情形之一者,應列為必須抽查案件:

(一)山坡地範圍內之供公眾使用建築物。

(二)建築基地全部或一部位於活動斷層地質敏感區或山崩與地滑地質敏感區內,且應進行基地地下探勘者。

(三)檢具建築物防火避難性能設計計畫書或依規定應檢具建築物防火避難綜合檢討報告書,經中央主管建築機關認可之建築物。

建築物部分使用執照核發辦法

| 中華民國 1 1 1 年 03 月 02 日 |

重點

★☆☆#1　【法條依據】

本辦法依建築法（以下簡稱本法）第 70-1 條規定訂定之。

★★★#3　【建築工程部分完竣】

本法第 70-1 條所稱建築工程部分完竣,係指下列情形之一者:

一、2 幢以上建築物,其中任一幢業經全部施工完竣。

二、連棟式建築物,其中任一棟業經施工完竣。

三、高度超過 36 公尺或 12 層樓以上,或建築面積超過 8,000 平方公尺以上之建築物,其中任一樓層至基地地面間各層業經施工完竣。

前項所稱幢、棟定義如下:

一、幢:建築物地面層以上結構體獨立不與其他建築物相連,地面層以上其使用機能可獨立分開者。

二、棟:以一單獨或共同出入口及以無開口之防火牆及防火樓板所區劃分開者。

建築物使用類組及變更使用辦法

| 中華民國 102 年 06 月 27 日 |

重點

★☆☆#1　【法條依據】

本辦法依建築法（以下簡稱本法）第 73 條第四項規定訂定之。

★☆☆#3　【建築物變更使用類組之相關規定】

建築物變更使用類組時,除應符合都市計畫土地使用分區管制或非都市土地使用管制之容許使用項目規定外,並應依建築物變更使用原則表如附表三辦理。

★☆☆#5　【建築物變更使用類組得以該樓層局部範圍變更使用之相關規定】

建築物變更使用類組,應以整層為之。但不妨害或破壞其他未變更使用部分之防火避難設施且符合下列情形之一者,得以該樓層局部範圍變更使用:

一、變更範圍直接連接直通樓梯、梯廳或屋外,且以具有 1 小時以上防火時效之牆壁、樓板、防火門窗等防火構造及設備區劃分隔,其防火設備並應具有 1 小時以上之阻熱性。

二、變更範圍以符合建築技術規則建築設計施工編第 92 條規定之走廊連接直通樓梯或屋外,且開向走廊之開口以具有 1 小時以上防火時效之防火門窗

等防火設備區劃分隔，其防火設備並應具有 1 小時以上之阻熱性。

★★☆#8　【應申請變更使用執照之規定】

本法第 73 條第二項所定有本法第 9 條建造行為以外主要構造、防火區劃、防火避難設施、消防設備、停車空間及其他與原核定使用不合之變更者，應申請變更使用執照之規定如下：

一、建築物之基礎、樑柱、承重牆壁、樓地板等之變更。

二、防火區劃範圍、構造或設備之調整或變更。

三、防火避難設施：

(一) 直通樓梯、安全梯或特別安全梯之構造、數量、步行距離、總寬度、避難層出入口數量、寬度及高度、避難層以外樓層出入口之寬度、樓梯及平臺淨寬等之變更。

(二) 走廊構造及寬度之變更。

(三) 緊急進口構造、排煙設備、緊急照明設備、緊急用昇降機、屋頂避難平臺、防火間隔之變更。

四、供公眾使用建築物或經中央主管建築機關認有必要之非供公眾使用建築物之消防設備之變更。

五、建築物或法定空地停車空間之汽車或機車車位之變更。

六、建築物獎勵增設營業使用停車空間之變更。

七、建築物於原核定建築面積及各層樓地板範圍內設置或變更之昇降設備。

八、建築物之共同壁、分戶牆、外牆、防空避難設備、機械停車設備、中央系統空氣調節設備及開放空間，或其他經中央主管建築機關認定項目之變更。

建築物公共安全檢查簽證及申報辦法
│ 中華民國 107 年 02 月 21 日 │

重點

★☆☆#1　【法條依據】

本辦法依建築法（以下簡稱本法）第 77 條第五項規定訂定之。

★★☆　【附表二、建築物公共安全檢查簽證項目表】

項次	檢查項目	備註
(一)防火避難設施類	1. 防火區劃 2. 非防火區劃分間牆 3. 內部裝修材料 4. 避難層出入口 5. 避難層以外樓層出入口 6. 走廊（室內通路） 7. 直通樓梯 8. 安全梯 9. 屋頂避難平臺 10. 緊急進口	一、辦理建築物公共安全檢查之各檢查項目，應按實際現況用途檢查簽證及申報。 二、供 H-2 組別集合住宅使用之建築物，依本表規定之檢查項目為直通樓梯、安全梯、避難層出入口、昇降設備、避雷設備及緊急供電系統。
(二)設備安全類	1. 昇降設備 2. 避雷設備 3. 緊急供電系統 4. 特殊供電 5. 空調風管 6. 燃氣設備	

違章建築處理辦法
| 中華民國 101 年 04 月 02 日 |

重點

★☆☆#1 【法條依據】
本辦法依建築法第 97-2 條規定訂定之。

★★☆#2 【違章建築定義】
本辦法所稱之違章建築，為建築法適用地區內，依法應申請當地主管建築機關之審查許可並發給執照方能建築，而擅自建築之建築物。

★★☆#3 【違章建築拆除之相關規定】
違章建築之拆除，由直轄市、縣（市）主管建築機關執行之。
直轄市、縣（市）主管建築機關應視實際需要置違章建築查報人員在轄區執行違章建築查報事項。鄉（鎮、市、區）公所得指定人員辦理違章建築之查報工作。
第一項拆除工作及前項查報工作，直轄市、縣（市）主管建築機關得視實際需要委託辦理。

★★☆#5 【違章建築拆除之相關規定】
直轄市、縣（市）主管建築機關，應於接到違章建築查報人員報告之日起 5 日內實施勘查，認定必須拆除者，應即拆除之。認定尚未構成拆除要件者，通知違建人於收到通知後 30 日內，依建築法第 30 條之規定補行申請執照。違建人之申請執照不合規定或逾期未補辦申領執照手續者，直轄市、縣（市）主管建築機關應拆除之。

★☆☆#8 【違章建築拆除後之建築材料之相關規定】
違章建築拆除後之建築材料，應公告或以書面通知違章建築所有人、使用人或管理人限期自行清除，逾期不清除者，視同廢棄物，依廢棄物清理法規定處理。

★★☆#11 【舊違章建築相關規定】
舊違章建築，其妨礙都市計畫、公共交通、公共安全、公共衛生、防空疏散、軍事設施及對市容觀瞻有重大影響者，得由直轄市、縣（市）政府實地勘查、劃分左列地區分別處理：
一、必須限期拆遷地區。
二、配合實施都市計畫拆遷地區。
三、其他必須整理地區。
前項地區經勘定後，應函請上級政府備查，並以公告限定於一定期限內拆遷或整理。
新舊違章建築之劃分日期，依直轄市、縣（市）主管建築機關經以命令規定並報內政部備案之日期。

★★☆#11-1 【影響公共安全之相關規定】
既存違章建築影響公共安全者，當地主管建築機關應訂定拆除計畫限期拆除；不影響公共安全者，由當地主管建築機關分類分期予以列管拆除。
前項影響公共安全之範圍如下：
一、供營業使用之整幢違章建築。營業使用之對象由當地主管建築機關於查報及拆除計畫中定之。
二、合法建築物垂直增建違章建築，有下列情形之一者：
（一）占用建築技術規則設計施工編第 99 條規定之屋頂避難平臺。
（二）違章建築樓層達 2 層以上。
三、合法建築物水平增建違章建築，有下列情形之一者：

（一）占用防火間隔。

（二）占用防火巷。

（三）占用騎樓。

（四）占用法定空地供營業使用。營業使用之對象由當地主管建築機關於查報及拆除計畫中定之。

（五）占用開放空間。

四、其他經當地主管建築機關認有必要。

既存違章建築之劃分日期由當地主管機關視轄區實際情形分區公告之，並以一次為限。

內政部審議行政院交議特種建築物申請案處理原則

| 中華民國 98 年 09 月 28 日 |

重點

★☆☆#1　　【立法目的】

一、內政部（以下簡稱本部）為審議行政院交議之特種建築物申請案，特訂定本處理原則。

★★★#2　　【申請特種建築物相關規定】

二、本部審議行政院交議之特種建築物申請案，具有下列情形之一者，得建請行政院核定為特種建築物，免適用建築法全部或一部之規定：

（一）涉及國家機密之建築物。

（二）因用途特殊，適用建築法確有困難之建築物。

（三）因構造特殊，適用建築法確有困難之建築物。

（四）因應重大災難後復建需要，具急迫性之建築物。

（五）其他適用建築法確有困難之建築物。

實施都市計畫以外地區建築物管理辦法

| 中華民國 88 年 06 月 29 日 |

重點

★☆☆#1　　【立法目的】

為維護優良農地，確保糧食生產，特依建築法第 100 條之規定，訂定本辦法。

★★☆#4　　【申請興建自用農舍相關規定】

申請興建自用農舍之起造人，應具有自耕農身分，其建築總樓地板面積不得超過 495 平方公尺，其建築面積不得超過耕地面積 5％，建築物高度不得超過 3 層樓並不得超過 10.5 公尺。但最大基層建築面積不得超過 330 平方公尺。前項自用農舍，得免由建築師設計，監造或營造業承造。起造人逕向縣（市）主管建築機關申請建造執照時，應檢附土地登記總簿謄本、地籍圖謄本、土地權利證明文件、建築平面略圖（比例尺不得小於 1/200）、立面略圖（比例尺不得小於 1/200）、配置圖（比例尺不得小於 1/1200）及位置圖。但原有農舍之修建、改建或增建面積在 45 平方公尺以下之平房，得免申請建造執照。選用主管建築機關製訂之標準建築圖樣得免附建築物平面及立面圖。

★★☆#6　　【申請興建農舍以外之建築物之相關規定】

起造人在第 3 條規定範圍以外之土地，申請興建農舍以外之建築物者（如興建工廠須先取得工業用地證明書），應由依法登記開業之建築師設計，向縣（市）

(主管建築機關依建築法規定申請建造執照。但建築面積在 45 平方公尺以下，建築高度 3.5 公尺以下者，得免由建築師設計，逕行申請建造執照。

原有建築物之修建、改建或增建面積在 45 平方公尺以下之平房，得免申請建造執照。

文化資產保存法
| 中華民國 105 年 07 月 27 日 |

重點

★☆☆#1　【立法目的】
為保存及活用文化資產，充實國民精神生活，發揚多元文化，特制定本法。

★★★#3　【文化資產之定義】
本法所稱文化資產，指具有歷史、文化、藝術、科學等價值，並經指定或登錄之下列資產：

一、古蹟、歷史建築、聚落：指人類為生活需要所營建之具有歷史、文化價值之建造物及附屬設施群。

二、遺址：指蘊藏過去人類生活所遺留具歷史文化意義之遺物、遺跡及其所定著之空間。

三、文化景觀：指神話、傳說、事蹟、歷史事件、社群生活或儀式行為所定著之空間及相關連之環境。

四、傳統藝術：指流傳於各族群與地方之傳統技藝與藝能，包括傳統工藝美術及表演藝術。

五、民俗及有關文物：指與國民生活有關之傳統並有特殊文化意義之風俗、信仰、節慶及相關文物。

六、古物：指各時代、各族群經人為加工具有文化意義之藝術作品、生活及儀禮器物及圖書文獻等。

七、自然地景：指具保育自然價值之自然區域、地形、植物及礦物。

背誦小口訣　《建築法》第 9 條建造行為之條文：

一、新建：為新建造之建築物或將原建築物全部拆除而重行建築者。

二、增建：於原建築物增加其面積或高度者，但以過廊與原建築物連接者，應視為新建。

三、改建：將建築物之一部份拆除，於原建築基地範圍內改造，而不增高或擴大面積者。

四、修建：建築物之基礎、樑柱、承重牆壁、樓地板、屋架或屋頂，其中任何種有過半之修理或變更者。

◆輕鬆背→新增改修

08

營造業法及相關法規

- 營造業法
- 營造業法施行細則
- 營繕工程承攬契約應記載事項實施辦法
- 營造業承攬工程造價限額工程規模範圍申報淨值及一定期間承攬總額認定辦法

營造業法

| 中華民國 108 年 06 月 19 日 |

重點 1. 總則

★★★#1　**【立法目的】**
為提高營造業技術水準，確保營繕工程施工品質，促進營造業健全發展，增進公共福祉，特制定本法。
本法未規定者，適用其他法律之規定。

★★☆#2　**【主管機關】**
本法所稱主管機關：在中央為內政部；在直轄市為直轄市政府；在縣（市）為縣（市）政府。

★★★#3　**【用語定義】**
本法用語定義如下：
一、營繕工程：係指土木、建築工程及其相關業務。
二、營造業：係指經向中央或直轄市、縣（市）主管機關辦理許可、登記，承攬營繕工程之廠商。
三、綜合營造業：係指經向中央主管機關辦理許可、登記，綜理營繕工程施工及管理等整體性工作之廠商。
四、專業營造業：係指經向中央主管機關辦理許可、登記，從事專業工程之廠商。
五、土木包工業：係指經向直轄市、縣（市）主管機關辦理許可、登記，在當地或毗鄰地區承攬小型綜合營繕工程之廠商。
六、統包：係指基於工程特性，將工程規劃、設計、施工及安裝等部分或全部合併辦理招標。
七、聯合承攬：係指二家以上之綜合營造業共同承攬同一工程之契約行為。
八、負責人：在無限公司、兩合公司係指代表公司之股東；在有限公司、股份有限公司係指代表公司之董事；在獨資組織係指出資人或其法定代理人；在合夥組織係指執行業務之合夥人；公司或商號之經理人，在執行職務範圍內，亦為負責人。
九、專任工程人員：係指受聘於營造業之技師或建築師，擔任其所承攬工程之施工技術指導及施工安全之人員。其為技師者，應稱主任技師；其為建築師者，應稱主任建築師。
十、工地主任：係指受聘於營造業，擔任其所承攬工程之工地事務及施工管理之人員。
紈、技術士：係指領有建築工程管理技術士證或其他土木、建築相關技術士證人員。

★★★#4　**【營造業得營業之條件】**
營造業非經許可，領有登記證書，並加入營造業公會，不得營業。
前項入會之申請，營造業公會不得拒絕。
營造業公會無故拒絕營造業入會者，營造業經中央人民團體主管機關核准後，視同已入會。

★☆☆#5　**【中央主管機關得委託或委辦之事項】**
營造業之許可、登記、撤銷或廢止許可、撤銷或廢止登記、停業、歇業、獎懲、登記證書及承攬工程手冊費之收取、專任工程人員與工地主任懲戒事項、營造業登記證書與承攬工程手冊之核發、變更、註銷、複查及抽查，中央主管機關得委託或委辦直轄市、縣（市）主管機關辦理。

重點 2. 分類及許可

★★★#6 【營造業分類】
營造業分綜合營造業、專業營造業及土木包工業。

★★☆#7 【綜合營造業】
綜合營造業分為甲、乙、丙三等，並具下列條件：
一、置領有土木、水利、測量、環工、結構、大地或水土保持工程科技師證書
　　或建築師證書，並於考試取得技師證書前修習土木建築相關課程一定學分
　　以上，具 2 年以上土木建築工程經驗之專任工程人員 1 人以上。
二、資本額在一定金額以上。
前項第一款之專任工程人員為技師者，應加入各該營造業所在地之技師公會
後，始得受聘於綜合營造業。但專任工程人員於縣（市）依地方制度法第 7-1
條規定改制或與其他直轄市、縣（市）行政區域合併改制為直轄市前，已加入
台灣省各該科技師公會者，得繼續加入台灣省各該科技師公會，即可受聘於依
地方制度法第 7-1 條規定改制之直轄市行政區域內之綜合營造業。
第一項第一款應修習之土木建築相關課程及學分數，及第二款之一定金額，由
中央主管機關定之。
前項課程名稱及學分數修正變更時，已受聘於綜合營造業之專任工程人員，應
於修正變更後 2 年內提出回訓補修學分證明。屆期未回訓補修學分者，主管機
關應令其停止執行綜合營造業專任工程人員業務。
乙等綜合營造業必須由丙等綜合營造業有 3 年業績，5 年內其承攬工程竣工累
計達新臺幣 2 億元以上，並經評鑑 2 年列為第一級者。
甲等綜合營造業必須由乙等綜合營造業有 3 年業績，5 年內其承攬工程竣工累
計達新臺幣 3 億元以上，並經評鑑 3 年列為第一級者。

> **榜首提點**　乙等綜合營造業之條件記憶口訣：3 5 2 2 1
> 　　　　　　甲等綜合營造業之條件記憶口訣：3 5 3 3 1

★★★#8 【專業營造業登記之專業工程項目】
專業營造業登記之專業工程項目如下：
一、鋼構工程。
二、擋土支撐及土方工程。
三、基礎工程。
四、施工塔架吊裝及模版工程。
五、預拌混凝土工程。
六、營建鑽探工程。
七、地下管線工程。
八、帷幕牆工程。
九、庭園、景觀工程。
十、環境保護工程。
十一、防水工程。
十二、其他經中央主管機關會同目的事業主管機關增訂或變更，並公告之項目。

★☆☆#9 【專業營造業應具條件】
專業營造業應具下列條件：
一、置符合各專業工程項目規定之專任工程人員。

二、資本額在一定金額以上；選擇登記二項以上專業工程項目者，其資本額以金額較高者為準。

前項第一款專任工程人員之資歷、人數及第二款之一定金額，由中央主管機關分別按各專業工程項目定之。

★☆☆#10 【土木包工業應具條件】

土木包工業應具備下列條件：

一、負責人應具有 3 年以上土木建築工程施工經驗。

二、資本額在一定金額以上。

前項第二款之一定金額，由中央主管機關定之。

★☆☆#11 【土木包工業登記地區規定】

土木包工業於原登記直轄市、縣（市）地區以外，越區營業者，以其毗鄰之直轄市、縣（市）為限。

前項越區營業者，臺北市、基隆市、新竹市及嘉義市，比照其所毗鄰直轄市、縣（市）；澎湖縣、金門縣比照高雄市，連江縣比照基隆市。

★☆☆#12 【出資種類及資本額】

營造業之出資種類及其占資本額比率，由中央主管機關定之。

本法所稱資本額，於營造業以股份有限公司設立者，係指實收資本額。

★☆☆#13 【申請營造業許可應檢附文件】

營造業申請公司或商業登記前，應檢附下列文件，向中央主管機關或直轄市、縣（市）主管機關申請營造業許可：

一、申請書。

二、資本額證明文件。

三、發起人或合夥人姓名、住所或居所、履歷及認資證明文件。

四、營業計畫。

前項第一款申請書，應載明下列事項：

一、營造業名稱及營業地址。

二、負責人姓名、出生年月日、住所或居所及身分證明文件。

三、營造業類別及業務項目。

四、專任工程人員姓名、出生年月日、住所或居所及身分證明文件。

五、組織性質。

六、資本額。

土木包工業於前項申請書免記載第四款事項。

★★☆#14 【商業登記】

營造業於領得許可證件後，應於 6 個月內辦妥公司或商業登記；屆期未辦妥者，由中央主管機關或直轄市、縣（市）主管機關廢止其許可。但有正當理由者，得申請延期一次，並不得超過 3 個月。

★★☆#15 【申請營造業登記、領取營造業登記證書及承攬工程手冊】

營造業應於辦妥公司或商業登記後六個月內，檢附下列文件，向中央主管機關或直轄市、縣（市）主管機關申請營造業登記、領取營造業登記證書及承攬工程手冊，始得營業；屆期未辦妥者，由中央主管機關或直轄市、縣（市）主管機關廢止其許可：

一、申請書。

二、原許可證件。

三、公司或商業登記證明文件。

四、專任工程人員受聘同意書及其資格證明書。

前項第一款申請書，應載明下列事項：

一、營造業名稱及營業地址。

二、負責人姓名、出生年月日、住所或居所、身分證明文件及簽名、蓋章。

三、營造業類別及業務項目。

四、專任工程人員姓名、出生年月日、住所或居所、身分證明文件與其簽名及印鑑。

五、組織性質。

六、資本額。

土木包工業免檢附第一項第四款文件，其第一項第一款申請書，並免記載前項第四款事項。

營造業於申領營造業登記證書前，其第 13 條第二項所定申請書應記載事項有變更時，應辦理變更許可後，始得申請。

★☆☆#16　【變更登記】

前條第二項申請書應記載事項有變更時，應自事實發生之日起 2 個月內，檢附有關證明文件，向中央主管機關或直轄市、縣（市）主管機關申請變更登記，並換領營造業登記證書。

★★☆#17　【申請複查】

營造業自領得營造業登記證書之日起，每滿 5 年應申請複查，中央主管機關或直轄市、縣（市）主管機關並得隨時抽查之；受抽查者，不得拒絕、妨礙或規避。

前項複查之申請，應於期限屆滿 3 個月前 60 日內，檢附營造業登記證書及承攬工程手冊或相關證明文件，向中央主管機關或直轄市、縣（市）主管機關提出。

第一項複查及抽查項目，包括營造業負責人、專任工程人員之相關證明文件、財務狀況、資本額及承攬工程手冊之內容。

★☆☆#18　【補正】

營造業申請複查或中央主管機關或直轄市、縣（市）主管機關抽查，有不合規定時，中央主管機關或直轄市、縣（市）主管機關應列舉事由，通知其補正。

營造業應於接獲通知之次日起 2 個月內，依通知補正事項辦理補正。

★★☆#19　【承攬工程手冊】

承攬工程手冊之內容，應包括下列事項

一、營造業登記證書字號。

二、負責人簽名及蓋章。

三、專任工程人員簽名及加蓋印鑑。

四、獎懲事項。

五、工程記載事項。

六、異動事項。

七、其他經中央主管機關指定事項。

前項各款情形之一有變動時，應於 2 個月內檢附承攬工程手冊及有關證明文件，向中央主管機關或直轄市、縣（市）主管機關申請變更。但專業營造業及土木包工業承攬工程手冊之工程記載事項，經中央主管機關核定於一定金額或規模免予申請記載變更者，不在此限。

★★☆#20　【自行停業或受停業處分】

營造業自行停業或受停業處分時，應將其營造業登記證書及承攬工程手冊送繳中央主管機關或直轄市、縣（市）主管機關註記後發還之；復業時，亦同。

營造業歇業時，應將其營造業登記證書及承攬工程手冊，送繳中央主管機關或

直轄市、縣（市）主管機關，並辦理廢止登記。

★☆☆#21　【經撤銷登記、廢止登記或受停業之處分者】

營造業經撤銷登記、廢止登記或受停業之處分者，自處分書送達之次日起，不得再行承攬工程。但已施工而未完成之工程，得委由營造業符合原登記等級、類別者，繼續施工至竣工為止。

重點 3. 承攬契約

★★★#22　【統包】

綜合營造業應結合<u>依法具有規劃、設計資格者，始得以統包方式承攬。</u>

★★☆#23　【營造業承攬總額】

營造業承攬工程，應依其承攬造價限額及工程規模範圍辦理；其一定期間承攬總額，<u>不得超過淨值 20 倍。</u>

前項承攬造價限額之計算方式、工程規模範圍及一定期間之認定等相關事項之辦法，由中央主管機關定之。

★★★#24　【聯合承攬】

營造業聯合承攬工程時，應共同具名簽約，並檢附聯合承攬協議書，共負工程契約之責。

<u>前項聯合承攬協議書內容包括如下：</u>

一、工作範圍。

二、出資比率。

三、權利義務。

參與聯合承攬之營造業，其承攬限額之計算，應受前條之限制。

★★☆#25　【轉交之責任】

綜合營造業承攬之營繕工程或專業工程項目，除與定作人約定需自行施工者外，<u>得交由專業營造業承攬，其轉交工程之施工責任，由原承攬之綜合營造業負責，受轉交之專業營造業並就轉交部分，負連帶責任。</u>

轉交工程之契約報備於定作人且受轉交之專業營造業已申請記載於工程承攬手冊，並經綜合營造業就轉交部分設定權利質權予受轉交專業營造業者，民法第 513 條之抵押權及第 816 條因添附而生之請求權，及於綜合營造業對於定作人之價金或報酬請求權。

專業營造業除依第一項規定承攬受轉交之工程外，得依其登記之專業工程項目，向定作人承攬專業工程及該工程之必要相關營繕工程。

★★☆#26　【製作工地現場施工製造圖及施工計畫書】

營造業承攬工程，應依照工程圖樣及說明書製作工地現場施工製造圖及施工計畫書，負責施工。

★★☆#27　【承攬契約】

營繕工程之承攬契約，應記載事項如下：

一、契約之當事人。

二、工程名稱、地點及內容。

三、承攬金額、付款日期及方式。

四、工程開工日期、完工日期及工期計算方式。

五、契約變更之處理。

六、依物價指數調整工程款之規定。

七、契約爭議之處理方式。

八、驗收及保固之規定。

九、工程品管之規定。

十、違約之損害賠償。

十一、契約終止或解除之規定。

前項實施辦法，由中央主管機關另定之。

重點 4. 人員之設置

★★★#28 　【營造業負責人不得為】

營造業負責人不得為其他營造業之負責人、專任工程人員或工地主任。

★☆☆#29 　【技術士】

技術士應於工地現場依其專長技能及作業規範進行施工操作或品質控管。

★★★#30 　【置工地主任條件】

營造業承攬一定金額或一定規模以上之工程，其施工期間，應於工地置工地主任。

前項設置之工地主任於施工期間，不得同時兼任其他營造工地主任之業務。

第一項一定金額及一定規模，由中央主管機關定之。

★☆☆#31 　【始得擔任工地主任條件】

工地主任應符合下列資格之一，並另經中央主管機關評定合格或取得中央勞工行政主管機關依技能檢定法令辦理之營造工程管理甲級技術士證，由中央主管機關核發工地主任執業證者，始得擔任：

一、專科以上學校土木、建築、營建、水利、環境或相關系、科畢業，並於畢業後有 2 年以上土木或建築工程經驗者。

二、職業學校土木、建築或相關類科畢業，並於畢業後有 5 年以上土木或建築工程經驗者。

三、高級中學或職業學校以上畢業，並於畢業後有 10 年以上土木或建築工程經驗者。

四、普通考試或相當於普通考試以上之特種考試土木、建築或相關類科考試及格，並於及格後有 2 年以上土木或建築工程經驗者。

五、領有建築工程管理甲級技術士證或建築工程管理乙級技術士證，並有 3 年以上土木或建築工程經驗者。

六、專業營造業，得以領有該項專業甲級技術士證或該項專業乙級技術士證，並有 3 年以上該項專業工程經驗者為之。

本法施行前符合前項第五款資格者，得經完成中央主管機關規定時數之職業法規講習，領有結訓證書者，視同評定合格。

取得工地主任執業證者，每逾 4 年，應再取得最近 4 年內回訓證明，始得擔任營造業之工地主任。

本法施行前領有內政部與受委託學校會銜核發之工地主任訓練結業證書者，應取得前項回訓證明，由中央主管機關發給執業證後，始得擔任營造業之工地主任。

工地主任應於中央政府所在地組織全國營造業工地主任公會，辦理營造業工地主任管理輔導及訓練服務等業務；工地主任應加入全國營造業工地主任公會，全國營造業工地主任公會不得拒絕其加入。營造業聘用工地主任，不必經工地主任公會同意。

第一項工地主任之評定程序、基準及第三項回訓期程、課程、時數、實施方式、管理及相關事項之辦法，由中央主管機關定之。

★★★#32 　【工地主任應負責辦理之工作】

營造業之工地主任應負責辦理下列工作：

一、依施工計畫書執行按圖施工。

二、按日填報施工日誌。

三、工地之人員、機具及材料等管理。

四、工地勞工安全衛生事項之督導、公共環境與安全之維護及其他工地行政事務。

五、工地遇緊急異常狀況之通報。

六、其他依法令規定應辦理之事項。

營造業承攬之工程，免依第 30 條規定置工地主任者，前項工作，應由專任工程人員或指定專人為之。

★☆☆#33　【應置一定種類、比率或人數之技術士】

營造業承攬之工程，其專業工程特定施工項目，應置一定種類、比率或人數之技術士。

前項專業工程特定施工項目及應置技術士之種類、比率或人數，由中央主管機關會同中央勞工主管機關定之。

★★★#34　【專任工程人員應為】

營造業之專任工程人員，應為繼續性之從業人員，不得為定期契約勞工，並不得兼任其他綜合營造業、專業營造業之業務或職務。但本法第 66 條第四項，不在此限。

營造業負責人知其專任工程人員有違反前項規定之情事者，應通知其專任工程人員限期就兼任工作、業務辦理辭任；屆期未辭任者，應予解任。

★★★#35　【專任工程人員應負責辦理】

營造業之專任工程人員應負責辦理下列工作：

一、查核施工計畫書，並於認可後簽名或蓋章。

二、於開工、竣工報告文件及工程查報表簽名或蓋章。

三、督察按圖施工、解決施工技術問題。

四、依工地主任之通報，處理工地緊急異常狀況。

五、查驗工程時到場說明，並於工程查驗文件簽名或蓋章。

六、營繕工程必須勘驗部分赴現場履勘，並於申報勘驗文件簽名或蓋章。

七、主管機關勘驗工程時，在場說明，並於相關文件簽名或蓋章。

八、其他依法令規定應辦理之事項。

★☆☆#36　【土木包工業負責人應負責】

土木包工業負責人，應負責第 32 條所定工地主任及前條所定專任工程人員應負責辦理之工作。

★★★#37　【專任工程人員如發現其內容在施工上顯有困難或有公共危險之虞】

營造業之專任工程人員於施工前或施工中應檢視工程圖樣及施工說明書內容，如發現其內容在施工上顯有困難或有公共危險之虞時，應即時向營造業負責人報告。

營造業負責人對前項事項應即告知定作人，並依定作人提出之改善計畫為適當之處理。定作人未於前項通知後及時提出改善計畫者，如因而造成危險或損害，營造業不負損害賠償責任。

★★★#38　【負責人或專任工程人員於施工中發現顯有立即公共危險之虞】

營造業負責人或專任工程人員於施工中發現顯有立即公共危險之虞時，應即時為必要之措施，惟以避免危險所必要，且未踰越危險所能致之損害程度者為限。其必要措施之費用，如係歸責於定作人之事由者，應由定作人給付，定作

人無正當理由不得拒絕。但於承攬契約另有規定者，從其規定。

★☆☆#39 【負責人或專任工程人員違反而致生公共危險】

營造業負責人或專任工程人員違反第 37 條第一項、第二項或前條規定致生公共危險者，應視其情形分別依法負其責任。

★☆☆#40 【專任工程人員離職或因故不能執行業務】

營造業之專任工程人員離職或因故不能執行業務時，營造業應即報請中央主管機關備查，並應於 3 個月內依規定另聘之。

前項期間如有繼續施工工程，其專任工程人員之工作，應委由符合營造業原登記等級、類別且未設立事務所或未受聘於技術顧問機構或營造業之建築師或技師擔任。

前項之技師，應於加入公會後，始得為之。

重點 5. 監督及管理

★★★#41 【工程主管或主辦機關於勘驗、查驗或驗收工程時】

<u>工程主管或主辦機關於勘驗、查驗或驗收工程時，營造業之專任工程人員及工地主任應在現場說明，並由專任工程人員於勘驗、查驗或驗收文件上簽名或蓋章。</u>

未依前項規定辦理者，工程主管或主辦機關對該工程應不予勘驗、查驗或驗收。

★★☆#42 【承攬工程開工時】

營造業於承攬工程開工時，應將該工程登記於承攬工程手冊，由定作人簽章證明；並於工程竣工後，檢同工程契約、竣工證件及承攬工程手冊，送交工程所在地之直轄市或縣（市）主管機關註記後發還之。

前項竣工證件，指建築物使用執照或由定作人出具之竣工驗收證明文件。

★★★#43 【中央主管機關定期予以評鑑】

中央主管機關對綜合營造業及認有必要之專業營造業得就其工程實績、施工品質、組織規模、管理能力、專業技術研究發展及財務狀況等，定期予以評鑑，評鑑結果分為三級。

前項評鑑作業，<u>中央主管機關得收取費用，並得委託經中央主管機關認可之相關機關（構）、公會團體辦理</u>；其受委託之相關機關（構）、公會團體應具備之資格、條件、認可之申請程序、認可證書之有效期間、核（換）發、撤銷、廢止及相關管理事項之辦法；以及受理營造業申請評鑑之申請條件、程序、評鑑結果分級之認定基準及評鑑證書之有效期限、核（換）發、撤銷、廢止及相關事項之辦法，由中央主管機關定之。

★★★#44 【政府採購法辦理之營繕工程，不得交由評鑑為第三級】

營造業承攬工程，如定作人定有承攬資格者，應受其規定之限制。

依政府採購法辦理之營繕工程，不得交由評鑑為第三級之綜合營造業或專業營造業承攬。

重點 6. 公會

★☆☆#45 【營造業公會分為】

營造業公會分綜合營造業公會、專業營造業公會及土木包工業公會。

前項專業營造業公會，得依第 8 條所定專業工程項目，分別設立之。

專業營造業公會未設立前，專業營造業得暫加入綜合營造業公會。

★☆☆#48 【公會得受委託】

營造業公會得受委託，辦理對營造業之調查、分析、評選、研究及其他相關業務。

重點 7. 輔導及獎勵

★☆☆#50 【中央主管機關輔導措施】

中央主管機關為改善營造業經營能力，提升其技術水準，得協調相關主管機關就下列事項，採取輔導措施：

一、市場調查及開發。

二、改善產業環境。

三、強化技術研發及資訊整合。

四、提升產業國際競爭力。

五、健全人力培訓機制。

六、其他經中央主管機關指定之輔導事項。

★★☆#51 【獎勵】

依第 43 條規定評鑑為第一級之營造業，經主管機關或經中央主管機關認可之相關機關（構）辦理複評合格者，為優良營造業；並為促使其健全發展，以提升技術水準，加速產業升級，應依下列方式獎勵之：

一、頒發獎狀或獎牌，予以公開表揚。

二、承攬政府工程時，押標金、工程保證金或工程保留款，得降低 50% 以下；申領工程預付款，增加 10%。

前項辦理複評機關（構）之資格條件、認可程序、複評程序、複評基準及相關事項之辦法，由中央主管機關定之。

重點 8. 附則

★☆☆#67 【營造業審議委員會】

中央、直轄市或縣（市）主管機關為處理營造業之撤銷或廢止登記、獎懲事項、專任工程人員及工地主任處分案件，應設營造業審議委員會；其設置要點，由中央主管機關定之。

★★☆#67-1 【工程專業法庭】

司法院應指定法院設立工程專業法庭，由具有工程相關專業知識或審判經驗之法官，辦理工程糾紛訴訟案件。

★★★#69 【外國營造業之設立】

外國營造業之設立，應經中央主管機關許可後，依公司法申請認許或依商業登記法辦理登記，並應依本法之規定，領得營造業登記證書及承攬工程手冊，始得營業；其登記為乙等綜合營造業或甲等綜合營造業者，不受第 7 條第五項或第六項晉升等級之限制。但業績、年資及承攬工程竣工累積額，應以在本國執行之實績為計算基準，其餘不得計入。

外國營造業依第一項規定得為營業，除法令、我國締結之條約或協定另有禁止規定者外，其承攬政府公共建設工程契約金額達 10 億元以上者，應與本國綜合營造業聯合承攬該工程。

營造業法施行細則

| 中華民國 107 年 08 月 22 日 |

重點

★★★#4 【綜合營造業之資本額】

本法第 7 條第一項第二款所定綜合營造業之資本額，於甲等綜合營造業為新臺

幣 22,500,000 元以上；乙等綜合營造業為新臺幣 <u>12,000,000 元以上</u>；丙等綜合營造業為新臺幣 <u>3,600,000 元以上</u>。

★★☆#6 【土木包工業之資本額】

本法第十條第二項所定土木包工業之資本額為新臺幣 1,000,000 元以上。

★★☆#15 【承攬一定金額免予申請記載變更者】

本法第 19 條第二項但書所稱承攬一定金額免予申請記載變更者，指專業營造業承攬新臺幣 1,000,000 元以下之工程或土木包工業承攬新臺幣 100,000 元以下之工程。

★★☆#18 【應置工地主任之工程金額或規模】

本法第 30 條所定應置工地主任之工程金額或規模如下：

一、承攬金額新臺幣 5 千萬元以上之工程。

二、建築物高度 36 公尺以上之工程。

三、建築物地下室開挖 10 公尺以上之工程。

四、橋樑柱跨距 25 公尺以上之工程。

★★☆#25 【外國營造業登記為營造業應符合條件】

外國營造業於我國申請設立登記為營造業，應符合下列條件：

一、甲等綜合營造業：

　　(一)在我國設立登記之分公司，其在中華民國境內營業所用資金金額應達新臺幣 22,500,000 元以上。

　　(二)置有具本法第 7 條第一項第一款資格之專任工程人員。

　　(三)領有其本國營造業登記證書 6 年以上，並於最近 10 年內承攬工程竣工累計額達新臺幣 5 億元以上。

二、乙等綜合營造業：

　(一)在我國設立登記之分公司，其在中華民國境內營業所用資金金額應達新臺幣 12,000,000 元以上。

　(二)置有具本法第 7 條第一項第一款資格之專任工程人員。

　(三)領有其本國營造業登記證書 3 年以上，並於最近 10 年內承攬工程竣工累計額達新臺幣 2 億元以上。

三、丙等綜合營造業：

(一)在我國設立登記之分公司，其在中華民國境內營業所用資金金額應達新臺幣 3,600,000 元以上。

(二)置有具本法第 7 條第一項第一款資格之專任工程人員。

四、土木包工業：

(一)　在我國設立登記之分公司，其在中華民國境內營業所用資金金額應達新臺幣 1,000,000 元以上。

(二)　負責人應具有三年以上土木、建築工程施工經驗。

前項第一款第三目及第二款第三目之承攬工程竣工累計額認定，須經其本國營造業主管機關證明，並經我國駐外使領館、代表處、辦事處或其他經外交部授權之機構認證。

前項證明如以外文作成者，應提出中文譯本。

營繕工程承攬契約應記載事項實施辦法

| 中華民國 96 年 04 月 25 日 |

重點

★★☆#3　【付款方式】
本法第 27 條第一項第三款所定付款方式，依下列方式之一為之：
一、依契約總價給付。
二、依實際施作之項目及數量給付。
三、部分依契約標示之價金給付，部分依實際施作之項目及數量給付。

★★☆#4　【工期之計算方式】
本法第 27 條第一項第四款所定工期之計算方式，指下列方式：
一、以限期完成者，星期例假日、國定假日或其他休息日均應計入。
二、以日曆天計者，星期例假日、國定假日或其他休息日，是否計入，應於契約中明定。
三、以工作天計者，星期例假日、國定假日或其他休息日，均應不計入。
前項工期之計算，因不可抗力或有不可歸責於營造業之事由者，得延長之；其事由未達半日者，以半日計；逾半日未達 1 日者，以 1 日計。延長日數有爭議時，其處理方式應於契約中明定。

營造業承攬工程造價限額工程規模範圍申報淨值及一定期間承攬總額認定辦法
| 中華民國 109 年 07 月 07 日 |

重點

★★☆#2　【土木包工業承攬小型綜合營繕工程之規定】
土木包工業承攬小型綜合營繕工程造價限額為新臺幣 7,200,000 元，其承攬工程之橋樑柱跨距為 5 公尺以下，建築物高度、建築物地下開挖深度及鋼筋混凝土擋土牆高度之規模範圍，由直轄市、縣（市）主管機關擬訂，報請中央主管機關核定。

★★☆#3　【土木包工業承攬前條造價限額內之小型綜合營繕工程規定】
土木包工業承攬前條造價限額內之小型綜合營繕工程，含有本法第 8 條所定專業工程項目，其專業工程項目金額符合下列各款規定者，得由土木包工業自行施作：
一、含有鋼構工程、擋土支撐及土方工程、基礎工程、施工塔架吊裝及模版工程或地下管線工程單一工程項目金額在新臺幣 360 萬元以下。
二、含有預拌混凝土工程、營建鑽探工程、帷幕牆工程或環境保護工程單一工程項目金額在新臺幣 25 萬元以下。
三、含有庭園、景觀工程項目金額在新臺幣 240 萬元以下。
四、含有防水工程項目之金額在新臺幣 60 萬元以下。
土木包工業承攬前項各款專業工程項目一項以上，且各項工程金額及造價限額符合前項各款及前條規定者，土木包工業得自行施作。

★★★#4　【丙等及乙等綜合營造業承攬造價限額及工程規模之規定】
丙等綜合營造業承攬造價限額為新臺幣 27,000,000 元，其工程規模範圍應符合下列各款規定：
一、建築物高度 21 公尺以下。
二、建築物地下室開挖 6 公尺以下。
三、橋樑柱跨距 15 公尺以下。
乙等綜合營造業承攬造價限額為新臺幣 90,000,000 元，其工程規模應符合下列各款規定：

一、建築物高度 36 公尺以下。

二、建築物地下室開挖 9 公尺以下。

三、橋樑柱跨距 25 公尺以下。

甲等綜合營造業承攬造價限額為其資本額之 10 倍，其工程規模不受限制。

★★☆#5　【專業營造業承攬造價限額及工程規模之規定】

專業營造業承攬造價限額為其資本額之 10 倍，其工程規模不受限制。

背誦小口訣　〈營造業法〉第 1 條立法目的之條文：

為提高營造業技術水準，確保營繕工程施工品質，促進營造業健全發展，增進公共福祉，特制定本法。

◆輕鬆背→技水工品發福

09

公寓大廈管理條例及相關法規

- 公寓大廈管理條例
- 公寓大廈管理服務人管理辦法
- 公寓大廈規約範本

公寓大廈管理條例
| 中華民國 111 年 05 月 11 日 |

重點 1. 總則

★★★#1　【立法目的】
為加強公寓大廈之管理維護，提昇居住品質，特制定本條例。本條例未規定者，適用其他法令之規定。

★★☆#2　【主管機關】
本條例所稱主管機關：在中央為內政部，在直轄市為直轄市政府；在縣（市）為縣（市）政府。

★★★#3　【用語定義】
本條例用辭定義如下：
一、公寓大廈：指構造上或使用上或在建築執照設計圖樣標有明確界線，得區分為數部分之建築物及其基地。
二、區分所有：指數人區分一建築物而各有其專有部分，並就其共用部分按其應有部分有所有權。
三、專有部分：指公寓大廈之一部分，具有使用上之獨立性，且為區分所有之標的者。
四、共用部分：指公寓大廈專有部分以外之其他部分及不屬專有之附屬建築物，而供共同使用者。
五、約定專用部分：公寓大廈共用部分經約定供特定區分所有權人使用者。
六、約定共用部分：指公寓大廈專有部分經約定供共同使用者。
七、區分所有權人會議：指區分所有權人為共同事務及涉及權利義務之有關事項，召集全體區分所有權人所舉行之會議。
八、住戶：指公寓大廈之區分所有權人、承租人或其他經區分所有權人同意而為專有部分之使用者或業經取得停車空間建築物所有權者。
九、管理委員會：指為執行區分所有權人會議決議事項及公寓大廈管理維護工作，由區分所有權人選任住戶若干人為管理委員所設立之組織。
十、管理負責人：指未成立管理委員會，由區分所有權人推選住戶 1 人或依第 28 條第三項、第 29 條第六項規定為負責管理公寓大廈事務者。
十一、管理服務人：指由區分所有權人會議決議或管理負責人或管理委員會僱傭或委任而執行建築物管理維護事務之公寓大廈管理服務人員或管理維護公司。
十二、規約：公寓大廈區分所有權人為增進共同利益，確保良好生活環境，經區分所有權人會議決議之共同遵守事項。

重點 2. 住戶之權利義務

★★☆#4　【區分所有權人之權利】
區分所有權人除法律另有限制外，對其專有部分，得自由使用、收益、處分，並排除他人干涉。
專有部分不得與其所屬建築物共用部分之應有部分及其基地所有權或地上權之應有部分分離而為移轉或設定負擔。

★★☆#5　【區分所有權人對專有部分之利用】
區分所有權人對專有部分之利用，不得有妨害建築物之正常使用及違反區分所有權人共同利益之行為。

★★★#6　【住戶應遵守下列事項】
住戶應遵守下列事項：
一、於維護、修繕專有部分、約定專用部分或行使其權利時，不得妨害其他住戶之安寧、安全及衛生。
二、他住戶因維護、修繕專有部分、約定專用部分或設置管線，必須進入或使用其專有部分或約定專用部分時，不得拒絕。
三、管理負責人或管理委員會因維護、修繕共用部分或設置管線，必須進入或使用其專有部分或約定專用部分時，不得拒絕。
四、於維護、修繕專有部分、約定專用部分或設置管線，必須使用共用部分時，應經管理負責人或管理委員會之同意後為之。
五、其他法令或規約規定事項。
前項第二款至第四款之進入或使用，應擇其損害最少之處所及方法為之，並應修復或補償所生損害。
住戶違反第一項規定，經協調仍不履行時，住戶、管理負責人或管理委員會得按其性質請求各該主管機關或訴請法院為必要之處置。

★★★#7　【載明於規約者亦不生效力之事項】
公寓大廈共用部分不得獨立使用供做專有部分。其為下列各款者，並不得為約定專用部分：
一、公寓大廈本身所占之地面。
二、連通數個專有部分之走廊或樓梯，及其通往室外之通路或門廳；社區內各巷道、防火巷弄。
三、公寓大廈基礎、主要樑柱、承重牆壁、樓地板及屋頂之構造。
四、約定專用有違法令使用限制之規定者。
五、其他有固定使用方法，並屬區分所有權人生活利用上不可或缺之共用部分。

★★★#8　【應受該規約或區分所有權人會議決議之限制及防墜設施】
公寓大廈周圍上下、外牆面、樓頂平臺及不屬專有部分之防空避難設備，其變更構造、顏色、設置廣告物、鐵鋁窗或其他類似之行為，除應依法令規定辦理外，該公寓大廈規約另有規定或區分所有權人會議已有決議，經向直轄市、縣（市）主管機關完成報備有案者，應受該規約或區分所有權人會議決議之限制。
公寓大廈有 12 歲以下兒童或 65 歲以上老人之住戶，外牆開口部或陽臺得設置不妨礙逃生且不突出外牆面之防墜設施。防墜設施設置後，設置理由消失且不符前項限制者，區分所有權人應予改善或回復原狀。
住戶違反第一項規定，管理負責人或管理委員會應予制止，經制止而不遵從者，應報請主管機關依第 49 條第一項規定處理，該住戶並應於 1 個月內回復原狀。屆期未回復原狀者，得由管理負責人或管理委員會回復原狀，其費用由該住戶負擔。

★★★#9　【區分所有權人之權利】
各區分所有權人按其共有之應有部分比例，對建築物之共用部分及其基地有使用收益之權。但另有約定者從其約定。
住戶對共用部分之使用應依其設置目的及通常使用方法為之。但另有約定者從其約定。
前二項但書所約定事項，不得違反本條例、區域計畫法、都市計畫法及建築法令之規定。
住戶違反第二項規定，管理負責人或管理委員會應予制止，並得按其性質請求

各該主管機關或訴請法院為必要之處置。如有損害並得請求損害賠償。

★★☆#10 【專有部分、約定專用部分之修繕、管理、維護】

專有部分、約定專用部分之修繕、管理、維護,由各該區分所有權人或約定專用部分之使用人為之,並負擔其費用。

共用部分、約定共用部分之修繕、管理、維護,由管理負責人或管理委員會為之。其費用由公共基金支付或由區分所有權人按其共有之應有部分比例分擔之。但修繕費係因可歸責於區分所有權人或住戶之事由所致者,由該區分所有權人或住戶負擔。其費用若區分所有權人會議或規約另有規定者,從其規定。

前項共用部分、約定共用部分,若涉及公共環境清潔衛生之維持、公共消防滅火器材之維護、公共通道溝渠及相關設施之修繕,其費用政府得視情況予以補助,補助辦法由直轄市、縣(市)政府定之。

★★☆#11 【共用部分及其相關設施之拆除、重大修繕或改良】

共用部分及其相關設施之拆除、重大修繕或改良,應依區分所有權人會議之決議為之。

前項費用,由公共基金支付或由區分所有權人按其共有之應有部分比例分擔。

★★☆#12 【專有部分之共同壁及樓地板或其內之管線】

專有部分之共同壁及樓地板或其內之管線,其維修費用由該共同壁雙方或樓地板上下方之區分所有權人共同負擔。但修繕費係因可歸責於區分所有權人之事由所致者,由該區分所有權人負擔。

★☆☆#14 【經區分所有權人會議決議重建】

公寓大廈有前條第二款或第三款所定情形之一,經區分所有權人會議決議重建時,區分所有權人不同意決議又不出讓區分所有權或同意後不依決議履行其義務者,管理負責人或管理委員會得訴請法院命區分所有權人出讓其區分所有權及其基地所有權應有部分。

前項之受讓人視為同意重建。

重建之建造執照之申請,其名義以區分所有權人會議之決議為之。

★★☆#15 【住戶應遵守之事項】

住戶應依使用執照所載用途及規約使用專有部分、約定專用部分,不得擅自變更。

住戶違反前項規定,管理負責人或管理委員會應予制止,經制止而不遵從者,報請直轄市、縣(市)主管機關處理,並要求其回復原狀。

★☆☆#16 【公共衛生及公共安全】

住戶不得任意棄置垃圾、排放各種污染物、惡臭物質或發生喧囂、振動及其他與此相類之行為。

住戶不得於私設通路、防火間隔、防火巷弄、開放空間、退縮空地、樓梯間、共同走廊、防空避難設備等處所堆置雜物、設置柵欄、門扇或營業使用,或違規設置廣告物或私設路障及停車位侵占巷道妨礙出入。但開放空間及退縮空地,在直轄市、縣(市)政府核准範圍內,得依規約或區分所有權人會議決議供營業使用;防空避難設備,得為原核准範圍之使用;其兼作停車空間使用者,得依法供公共收費停車使用。

住戶為維護、修繕、裝修或其他類似之工作時,未經申請主管建築機關核准,不得破壞或變更建築物之主要構造。

住戶飼養動物,不得妨礙公共衛生、公共安寧及公共安全。但法令或規約另有禁止飼養之規定時,從其規定。

住戶違反前四項規定時,管理負責人或管理委員會應予制止或按規約處理,經

制止而不遵從者，得報請直轄市、縣（市）主管機關處理。

★★☆#17　【公共意外責任保險】

住戶於公寓大廈內依法經營餐飲、瓦斯、電焊或其他危險營業或存放有爆炸性或易燃性物品者，應依中央主管機關所定保險金額投保公共意外責任保險。其因此增加其他住戶投保火災保險之保險費者，並應就其差額負補償責任。其投保、補償辦法及保險費率由中央主管機關會同財政部定之。

前項投保公共意外責任保險，經催告於 7 日內仍未辦理者，管理負責人或管理委員會應代為投保；其保險費、差額補償費及其他費用，由該住戶負擔。

★☆☆#18　【公共基金】

公寓大廈應設置公共基金，其來源如下：

一、起造人就公寓大廈領得使用執照 1 年內之管理維護事項，應按工程造價一定比例或金額提列。

二、區分所有權人依區分所有權人會議決議繳納。

三、本基金之孳息。

四、其他收入。

依前項第一款規定提列之公共基金，起造人於該公寓大廈使用執照申請時，應提出繳交各直轄市、縣（市）主管機關公庫代收之證明；於公寓大廈成立管理委員會或推選管理負責人，並完成依第 57 條規定點交共用部分、約定共用部分及其附屬設施設備後向直轄市、縣（市）主管機關報備，由公庫代為撥付。同款所稱比例或金額，由中央主管機關定之。

公共基金應設專戶儲存，並由管理負責人或管理委員會負責管理；如經區分所有權人會議決議交付信託者，由管理負責人或管理委員會交付信託。其運用應依區分所有權人會議之決議為之。

第一項及第二項所規定起造人應提列之公共基金，於本條例公布施行前，起造人已取得建造執照者，不適用之。

★☆☆#19　【公共基金之權】

區分所有權人對於公共基金之權利應隨區分所有權之移轉而移轉；不得因個人事由為讓與、扣押、抵銷或設定負擔。

★☆☆#21　【積欠】

區分所有權人或住戶積欠應繳納之公共基金或應分擔或其他應負擔之費用已逾二期或達相當金額，經定相當期間催告仍不給付者，管理負責人或管理委員會得訴請法院命其給付應繳之金額及遲延利息。

★★★#23　【非經載明於規約者不生效力之事項】

有關公寓大廈、基地或附屬設施之管理使用及其他住戶間相互關係，除法令另有規定外，得以規約定之。

規約除應載明專有部分及共用部分範圍外，下列各款事項，非經載明於規約者，不生效力：

一、約定專用部分、約定共用部分之範圍及使用主體。

二、各區分所有權人對建築物共用部分及其基地之使用收益權及住戶對共用部分使用之特別約定。

三、禁止住戶飼養動物之特別約定。

四、違反義務之處理方式。

五、財務運作之監督規定。

六、區分所有權人會議決議有出席及同意之區分所有權人人數及其區分所有權比例之特別約定。

七、糾紛之協調程序。

重點 3. 管理組織

★☆☆#25 　　【區分所有權人會議組織】

區分所有權人會議，由全體區分所有權人組成，每年至少應召開定期會議一次。

有下列情形之一者，應召開臨時會議：

一、發生重大事故有及時處理之必要，經管理負責人或管理委員會請求者。

二、經區分所有權人 1/5 以上及其區分所有權比例合計 1/5 以上，以書面載明召集之目的及理由請求召集者。

區分所有權人會議除第 28 條規定外，由具區分所有權人身分之管理負責人、管理委員會主任委員或管理委員為召集人；管理負責人、管理委員會主任委員或管理委員喪失區分所有權人資格日起，視同解任。無管理負責人或管理委員會，或無區分所有權人擔任管理負責人、主任委員或管理委員時，由區分所有權人互推 1 人為召集人；召集人任期依區分所有權人會議或依規約規定，任期 1 至 2 年，連選得連任一次。但區分所有權人會議或規約未規定者，任期 1 年，連選得連任一次。

召集人無法依前項規定互推產生時，各區分所有權人得申請直轄市、縣（市）主管機關指定臨時召集人，區分所有權人不申請指定時，直轄市、縣（市）主管機關得視實際需要指定區分所有權人 1 人為臨時召集人，或依規約輪流擔任，其任期至互推召集人為止。

★★☆#27 　　【區分所有權人之會議人數】

各專有部分之區分所有權人有一表決權。數人共有一專有部分者，該表決權應推由 1 人行使。

區分所有權人會議之出席人數與表決權之計算，於任一區分所有權人之區分所有權占全部區分所有權 1/5 以上者，或任一區分所有權人所有之專有部分之個數超過全部專有部分個數總合之 1/5 以上者，其超過部分不予計算。

區分所有權人因故無法出席區分所有權人會議時，得以書面委託配偶、有行為能力之直系血親、其他區分所有權人或承租人代理出席；受託人於受託之區分所有權占全部區分所有權 1/5 以上者，或以單一區分所有權計算之人數超過區分所有權人數 1/5 者，其超過部分不予計算。

★☆☆#29 　　【成立管理委員會或推選管理負責人】

公寓大廈應成立管理委員會或推選管理負責人。

公寓大廈成立管理委員會者，應由管理委員互推 1 人為主任委員，主任委員對外代表管理委員會。主任委員、管理委員之選任、解任、權限與其委員人數、召集方式及事務執行方法與代理規定，依區分所有權人會議之決議。但規約另有規定者，從其規定。

管理委員、主任委員及管理負責人之任期，依區分所有權人會議或規約之規定，任期 1 至 2 年，主任委員、管理負責人、負責財務管理及監察業務之管理委員，連選得連任一次，其餘管理委員，連選得連任。但區分所有權人會議或規約未規定者，任期 1 年，主任委員、管理負責人、負責財務管理及監察業務之管理委員，連選得連任一次，其餘管理委員，連選得連任。

前項管理委員、主任委員及管理負責人任期屆滿未再選任或有第 20 條第二項所定之拒絕移交者，自任期屆滿日起，視同解任。

公寓大廈之住戶非該專有部分之區分所有權人者，除區分所有權人會議之決議或規約另有規定外，得被選任、推選為管理委員、主任委員或管理負責人。

公寓大廈未組成管理委員會且未推選管理負責人時，以第 25 條區分所有權人互推之召集人或申請指定之臨時召集人為管理負責人。區分所有權人無法互推召集人或申請指定臨時召集人時，區分所有權人得申請直轄市、縣（市）主管機關指定住戶一人為管理負責人，其任期至成立管理委員會、推選管理負責人或互推召集人為止。

★☆☆#31　　【區分所有權人會議之決議】

區分所有權人會議之決議，除規約另有規定外，應有區分所有權人 2/3 以上及其區分所有權比例合計 2/3 以上出席，以出席人數 3/4 以上及其區分所有權比例占出席人數區分所有權 3/4 以上之同意行之。

★★★#36　　【管理委員會之職務】

管理委員會之職務如下：

一、區分所有權人會議決議事項之執行。

二、共有及共用部分之清潔、維護、修繕及一般改良。

三、公寓大廈及其周圍之安全及環境維護事項。

四、住戶共同事務應興革事項之建議。

五、住戶違規情事之制止及相關資料之提供。

六、住戶違反第六條第一項規定之協調。

七、收益、公共基金及其他經費之收支、保管及運用。

八、規約、會議紀錄、使用執照謄本、竣工圖說、水電、消防、機械設施、管線圖說、會計憑證、會計帳簿、財務報表、公共安全檢查及消防安全設備檢修之申報文件、印鑑及有關文件之保管。

九、管理服務人之委任、僱傭及監督。

十、會計報告、結算報告及其他管理事項之提出及公告。

十一、共用部分、約定共用部分及其附屬設施設備之點收及保管。

十二、依規定應由管理委員會申報之公共安全檢查與消防安全設備檢修之申報及改善之執行。

十三、其他依本條例或規約所定事項。

★☆☆#45　　【公寓大廈管理服務人員應依下列規定執行業務】

前條以外之公寓大廈管理服務人員，應依下列規定執行業務：

一、應依核准業務類別、項目執行管理維護事務。

二、不得將管理服務人員認可證提供他人使用或使用他人之認可證執業。

三、應參加中央主管機關舉辦或委託之相關機構、團體辦理之訓練。

★★★#53　　【整體不可分性之集居地區】

多數各自獨立使用之建築物、公寓大廈，其共同設施之使用與管理具有整體不可分性之集居地區者，其管理及組織準用本條例之規定。

★★☆#56　　【申請建造執照時應檢附】

公寓大廈之起造人於申請建造執照時，應檢附專有部分、共用部分、約定專用部分、約定共用部分標示之詳細圖說及規約草約。於設計變更時亦同。

前項規約草約經承受人簽署同意後，於區分所有權人會議訂定規約前，視為規約。

公寓大廈之起造人或區分所有權人應依使用執照所記載之用途及下列測繪規定，辦理建物所有權第一次登記：

一、獨立建築物所有權之牆壁，以牆之外緣為界。

二、建築物共用之牆壁,以牆壁之中心為界。

三、附屬建物以其外緣為界辦理登記。

四、有隔牆之共用牆壁,依第二款之規定,無隔牆設置者,以使用執照竣工平面圖區分範圍為界,其面積應包括四周牆壁之厚度。

第一項共用部分之圖說,應包括設置管理維護使用空間之詳細位置圖說。

本條例中華民國92年12月9日修正施行前,領得使用執照之公寓大廈,得設置一定規模、高度之管理維護使用空間,並不計入建築面積及總樓地板面積;其免計入建築面積及總樓地板面積之一定規模、高度之管理維護使用空間及設置條件等事項之辦法,由直轄市、縣(市)主管機關定之。

★★☆#57　【移交】

起造人應將公寓大廈共用部分、約定共用部分與其附屬設施設備;設施設備使用維護手冊及廠商資料、使用執照謄本、竣工圖說、水電、機械設施、消防及管線圖說,於管理委員會成立或管理負責人推選或指定後7日內會同政府主管機關、公寓大廈管理委員會或管理負責人現場針對水電、機械設施、消防設施及各類管線進行檢測,確認其功能正常無誤後,移交之。

前項公寓大廈之水電、機械設施、消防設施及各類管線不能通過檢測,或其功能有明顯缺陷者,管理委員會或管理負責人得報請主管機關處理,其歸責起造人者,主管機關命起造人負責修復改善,並於1個月內,起造人再會同管理委員會或管理負責人辦理移交手續。

★★☆#58　【非經領得建造執照,不得辦理銷售】

公寓大廈起造人或建築業者,非經領得建造執照,不得辦理銷售。

公寓大廈之起造人或建築業者,不得將共用部分,包含法定空地、法定停車空間及法定防空避難設備,讓售於特定人或為區分所有權人以外之特定人設定專用使用權或為其他有損害區分所有權人權益之行為。

公寓大廈管理服務人管理辦法
│ 中華民國 111年 06月 09日 │

重點

★★★#2　【公寓大廈管理服務人員】

本條例所定公寓大廈管理服務人員(以下簡稱管理服務人員)之類別如下:

一、公寓大廈事務管理人員(以下簡稱事務管理人員):指領有中央主管機關核發認可證,受僱或受任執行公寓大廈一般事務管理服務事項之人員。

二、公寓大廈技術服務人員(以下簡稱技術服務人員):

(一) 公寓大廈防火避難設施管理人員(以下簡稱防火避難設施管理人員):指 領有中央主管機關核發認可證,受僱或受任執行公寓大廈防火避難設施管理維護事務之人員。

(二) 公寓大廈設備安全管理人員(以下簡稱設備安全管理人員):指領有中央 主管機關核發認可證,受僱或受任執行公寓大廈設備安全管理維護事務之人員。

公寓大廈規約範本

| 中華民國 103 年 04 月 30 日 |

重點

★★★　【非經載明於規約者不生效力之事項】【公寓大廈管理條例第 23 條第二項】
　　　灼非經載明於規約者不生效力之事項
　　　1. 約定專用部分、約定共用部分之範圍及使用主體。
　　　2. 各區分所有權人對建築物共用部分及其基地之使用收益權及住戶對共用部分使用之特別約定。
　　　3. 禁止住戶飼養動物之特別約定。
　　　4. 違反義務之處理方式。
　　　5. 財務運作之監督規定。
　　　6. 區分所有權人會議決議有出席及同意之區分所有權人人數及其區分所有權比例之特別約定。
　　　7. 糾紛之協調程序。

★★★　【載明於規約亦不生效力之事項】【公寓大廈管理條例第 7 條】
　　　1. 公寓大廈共用部分不得獨立使用供做專有部分。其為下列各款者，並不得為約定專用部分：
　　　　坽公寓大廈本身所占之地面。
　　　　夌連通數個專有部分之走廊或樓梯，及其通往室外之通路或門廳；社區內各巷道、防火巷弄。
　　　　奅公寓大廈基礎、主要樑柱、承重牆壁、樓地板及屋頂之構造。
　　　　妵約定專用有違法令使用限制之規定者。
　　　　妺其他有固定使用方法，並屬區分所有權人生活利用上不可或缺之共用部分。
　　　2. 約定事項有違反法令之規定者。

※ 以下為《公寓大廈管理條例》或《公寓大廈管理條例施行細則》已有規定，僅得於規約變更規定之事項

★★☆　【區分所有權人會議之開議及決議額數】【公寓大廈管理條例第 31 條】
　　　1. 區分所有權人會議之開議及決議額數
　　　　區分所有權人會議之決議，除規約另有規定外，應有區分所有權人 2/3 以上及其區分所有權比例合計 2/3 以上出席，以出席人數 3/4 以上及其區分所有權比例占出席人數區分所有權 3/4 以上之同意行之。

★☆☆　【區分所有權人會議重新召集之開議及決議額數】
　　　【公寓大廈管理條例第 32 條第一、二項】
　　　2. 區分所有權人會議重新召集之開議及決議額數
　　　　區分所有權人會議依公寓大廈管理條例第 31 條規定未獲致決議、出席區分所有權人之人數或其區分所有權比例合計未達前條定額者，召集人得就同一議案重新召集會議；其開議除規約另有規定出席人數外，應有區分所有權人 3 人並 1/5 以上及其區分所有權比例合計 1/5 以上出席，以出席人數過半數及其區分所有權比例占出席人數區分所有權合計過半數之同意作成決議。前項決議之會議紀錄依第 34 條第一項規定送達各區分所有權人後，各區分所有權人得於 7 日內以書面表示反對意見。書面反對意見未超過全體區分所有權人及其區分所有權比例合計半數時，該決議視為成立。

★☆☆　　　　　【召集人與管理負責人之互推方式】【公寓大廈管理條例第 7 條】
　　　　　　　3.召集人與管理負責人之互推方式
　　　　公寓大廈管理條例第 25 條第三項所定由區分所有權人互推 1 人為召集人，除
　　　規約另有規定者外，應有區分所有權人 2 人以上書面推選，經公告 10 日後生
　　　效。區分所有權人推選管理負責人時，準用前項規定。

※ 以下為《公寓大廈管理條例》或《公寓大廈管理條例施行細則》已有規定，可於規約變
　　更規定之事項
★★★　　　　　【變更構造、顏色、設置廣告物、鐵鋁窗或其他類似之行為】
　　　　　　　【公寓大廈管理條例第 8 條第一項】
　　　　　　　1.變更構造、顏色、設置廣告物、鐵鋁窗或其他類似之行為
　　　　　　　公寓大廈周圍上下、外牆面、樓頂平臺及不屬專有部分之防空避難設備，
　　　　　　其變更構造、顏色、設置廣告物、鐵鋁窗或其他類似之行為，除應依法令
　　　　　　規定辦理外，該公寓大廈規約另有規定或區分所有權人會議已有決議，經
　　　　　　向直轄市、縣（市）主管機關完成報備有案者，應受該規約或區分所有權
　　　　　　人會議決議之限制。
★★☆　　　　　【共用部分、約定共用部分之修繕、管理、維護費用之分擔標準】
　　　　　　　【公寓大廈管理條例第 10 條第二項】
　　　　　　　2.共用部分、約定共用部分之修繕、管理、維護費用之分擔標準
　　　　　　　共用部分、約定共用部分之修繕、管理、維護，由管理負責人或管理委員
　　　　　　會為之。其費用由公共基金支付或由區分所有權人按其共有之應有部分比
　　　　　　例分擔之。但修繕費係因可歸責於區分所有權人或住戶之事由所致者，由
　　　　　　該區分所有權人或住戶負擔。其費用若區分所有權人會議或規約另有規定
　　　　　　者，從其規定。
※ 以下為《公寓大廈管理條例》尚無規定，可於規約規定之事項
★★☆　　　　　【分幢或分區成立管理委員會】【公寓大廈管理條例第 26 條第一項】
　　　　　　　1.分幢或分區成立管理委員會
　　　　　　　非封閉式之公寓大廈集居社區其地面層為各自獨立之數幢建築物，且區內
　　　　　　屬住宅與辦公、商場混合使用，其辦公、商場之出入口各自獨立之公寓大
　　　　　　廈，各該幢內之辦公、商場部分，得就該幢或結合他幢內之辦公、商場部
　　　　　　分，經其區分所有權人過半數書面同意，及全體區分所有權人會議決議或
　　　　　　規約明定公寓大廈管理條例第 26 條第一項各款事項後，以該辦公、商場
　　　　　　部分召開區分所有權人會議，成立管理委員會，並向直轄市、縣（市）主
　　　　　　管機關報備。

10

建築師法

建築師法

| 中華民國 103 年 01 月 15 日 |

重點 1. 總則

★★☆#1　【得充任建築師】
中華民國人民經建築師考試及格者，得充任建築師。

★☆☆#2　【資格取得】
具有左列資格之一者，前條考試得以檢覈行之：

一、公立或立案之私立專科以上學校，或經教育部承認之國外專科以上學校，修習建築工程學系、科、所畢業，並具有建築工程經驗而成績優良者，其服務年資，研究所及大學 5 年畢業者為 3 年，大學 4 年畢業者為 4 年，專科學校畢業者為 5 年。

二、公立或立案之私立專科以上學校，或經教育部承認之國外專科以上學校，修習建築工程學系、科、所畢業，並曾任專科以上學校教授、副教授、助理教授、講師，經教育部審查合格，講授建築學科 3 年以上，有證明文件者。

三、公立或立案之私立專科以上學校，或經教育部承認之國外專科以上學校，修習土木工程、營建工程技術學系、科畢業，修滿建築設計 22 學分以上，並具有建築工程經驗而成績優良者，其服務年資，大學4 年畢業者為5 年，專科學校畢業者為 6 年。

四、公立或立案之私立專科以上學校，或經教育部承認之國外專科以上學校，修習土木工程、營建工程技術學系、科畢業，修滿建築設計 22 學分以上，並曾任專科以上學校教授、副教授、助理教授、講師、經教育部審查合格，講授建築學科 4 年以上，有證明文件者。

五、經公務人員高等考試建築工程科考試及格，且經分發任用，並具有建築工程工作經驗 3 年以上，成績優良有證明文件者。

六、在外國政府領有建築師證書，經考選部認可者。

前項檢覈辦法，由考試院會同行政院定之。

★★☆#3　【主管機關】
本法所稱主管機關：在中央為內政部；在直轄市為直轄市政府；在縣（市）為縣（市）政府。

★★★#4　【不得充任建築師】
有下列情形之一者，不得充任建築師；已充任建築師者，由中央主管機關撤銷或廢止其建築師證書：

一、受監護或輔助宣告，尚未撤銷。

二、罹患精神疾病或身心狀況違常，經中央主管機關委請 2 位以上相關專科醫師諮詢，並經中央主管機關認定不能執行業務。

三、受破產宣告，尚未復權。

四、因業務上有關之犯罪行為，受 1 年有期徒刑以上刑之判決確定，而未受緩刑之宣告。

五、受廢止開業證書之懲戒處分。

前項第一款至第三款原因消滅後，仍得依本法之規定，請領建築師證書。

★☆☆#5　【請領證書應備具】

★☆☆#6　領建築師證書，應具申請書及證明資格文件，呈請內政部核明後發給。
　　　　【開業、聯合開業】

建築師開業，應設立建築師事務所執行業務，或由 2 個以上建築師組織聯合建築師事務所共同執行業務，並向所在地直轄市、縣（市）辦理登記開業且以全國為其執行業務之區域。

重點 2. 開業

★☆☆#8 　【申請開業證書，應備具】
建築師申請發給開業證書，應備具申請書載明左列事項，並檢附建築師證書及經歷證明文件，向所在縣（市）主管機關申請審查登記後發給之；其在直轄市者，由工務局為之：
一、事務所名稱及地址。
二、建築師姓名、性別、年齡、照片、住址及證書字號。

★☆☆#9 　【未領得開業證書前不得執行業務】
建築師在未領得開業證書前，不得執行業務。

★☆☆#9-1 　【開業證書之規定】
開業證書有效期間為 6 年，領有開業證書之建築師，應於開業證書有效期間屆滿日之 3 個月前，檢具原領開業證書及內政部認可機構、團體出具之研習證明文件，向所在直轄市、縣（市）主管機關申請換發開業證書。
前項申請換發開業證書之程序、應檢附文件、收取規費及其他應遵行事項之辦法，由內政部定之。
第一項機構、團體出具研習證明文件之認可條件、程序及其他應遵行事項之辦法，由內政部定之。
前三項規定施行前，已依本法規定核發之開業證書，其有效期間自前二項辦法施行之日起算 6 年；其申請換發，依第一項規定辦理。

★☆☆#10 　【核發建築師開業證書應】
直轄市、縣（市）主管機關於核准發給建築師開業證書時，應報內政部備查，並刊登公報或公告；註銷開業證書時，亦同。

★☆☆#11 　【事務所地址變更及其從業建築師與技術人員受聘或解僱】
建築師開業後，其事務所地址變更及其從業建築師與技術人員受聘或解僱，應報直轄市、縣（市）主管機關分別登記。

★★☆#12 　【建築師事務所遷移]
建築師事務所遷移於核准登記之直轄市、縣（市）以外地區時，應向原登記之主管機關申請核轉；接受登記之主管機關應即核發開業證書，並報請中央主管機關備查。

★☆☆#13 　【自行停止執業】
建築師自行停止執業，應檢具開業證書，向原登記主管機關申請註銷開業證書。

★☆☆#15 　【開業建築師登記簿應載明】
直轄市、縣（市）主管機關應備具開業建築師登記簿，載明左列事項：
一、開業申請書所載事項。
二、開業證書號數。
三、從業建築師及技術人員姓名、受聘或解僱日期。
四、登記事項之變更。
五、獎懲種類、期限及事由。
六、停止執業日期及理由。
前項登記簿按年另繕副本，層報內政部備案。

重點 3. 開業建築師之業務及責任

★★★#16 【業務】
建築師受委託人之委託，辦理建築物及其實質環境之調查、測量、設計、監造、估價、檢查、鑑定等各項業務，並得代委託人辦理申請建築許可、招商投標、擬定施工契約及其他工程上之接洽事項。

★★★#17 【責任】
建築師受委託設計之圖樣、說明書及其他書件，應合於建築法及基於建築法所發布之建築技術規則、建築管理規則及其他有關法令之規定；其設計內容，應能使營造業及其他設備廠商，得以正確估價，按照施工。

★★★#18 【委託辦理建築物監造時應遵守】
建築師受委託辦理建築物監造時，應遵守左列各款之規定：
一、監督營造業依照前條設計之圖說施工。
二、遵守建築法令所規定監造人應辦事項。
三、查核建築材料之規格及品質。
四、其他約定之監造事項。

★★★#19-1 【工程設計責任】
建築師受委託辦理建築物之設計，應負該工程設計之責任；其受委託監造者，應負監督該工程施工之責任。但有關建築物結構與設備等專業工程部份，除 5 層以下非供公眾使用之建築物外，應由承辦建築師交由依法登記開業之專業技師負責辦理，建築師並負連帶責任。當地無專業技師者，不在此限。

★☆☆#20 【誠實信用之原則】
建築師受委託辦理各項業務，應遵守誠實信用之原則，不得有不正當行為及違反或廢弛其業務上應盡之義務。

★☆☆#21 【法律責任】
建築師對於承辦業務所為之行為，應負法律責任。

★☆☆#22 【書面契約】
建築師受委託辦理業務，其工作範圍及應收酬金，應與委託人於事前訂立書面契約，共同遵守。

★☆☆#24 【公共安全、社會福利及預防災害】
建築師對於公共安全、社會福利及預防災害等有關建築事項，經主管機關之指定，應襄助辦理。

★★★#25 【建築師不得兼任或兼營】
建築師不得兼任或兼營左列職業：
一、依公務人員任用法任用之公務人員。
二、營造業、營造業之主任技師或技師，或為營造業承攬工程之保證人。
三、建築材料商。

★☆☆#26 【不得允諾他人假借其名義執行業務】
建築師不得允諾他人假借其名義執行業務。

★☆☆#27 【不得洩漏因業務知悉他人之秘密】
築師對於因業務知悉他人之秘密，不得洩漏。

重點 4. 公會

★☆☆#28 【入會】
建築師領得開業證書後，非加入該管直轄市、縣（市）建築師公會，不得執行

業務；建築師公會對建築師之申請入會，不得拒絕。

本法中華民國 98 年 12 月 11 日修正之條文施行前已加入省公會執行業務之建築師，自該修正施行之日起 2 年內得繼續執業。期限屆滿前，應加入縣（市）公會，縣（市）公會未成立前，得加入鄰近縣（市）公會。

原省建築師公會應自期限屆滿日起 1 年內，辦理解散。

直轄市、縣（市）建築師公會應將所屬會員入會資料，轉送至全國建築師公會辦理登錄備查。

第一項開業建築師，以加入 1 個直轄市或縣（市）建築師公會為限。

★☆☆#28-1 【金門馬祖地區之建築師公會】

為促進金門馬祖地區之建築師公會發展，規定如下：

一、建築師領得開業證書後，得加入金門馬祖地區之建築師公會，不受前條第四項規定之限制；非加入該管金門馬祖地區之建築師公會，不得於金門馬祖地區執行業務。但在該管金門馬祖地區之建築師公會未成立前，不在此限。

二、領有金門馬祖地區開業證書之建築師，得加入臺灣本島之直轄市、縣（市）公會，並以 1 個為限。

原福建省建築師公會應變更組織為金門馬祖地區之建築師公會，並以會所所在地之當地政府為主管機關。

★☆☆#37 【建築師業務章則】

建築師公會應訂立建築師業務章則，載明業務內容、受取酬金標準及應盡之責任、義務等事項。

前項業務章則，應經會員大會通過，在直轄市者，報請所在地主管建築機關，核轉內政部核定；在省者，報請內政部核定。

重點 5. 獎懲

★☆☆#41 【獎勵事由】

建築師有左列情事之一者，直轄市、縣（市）主管機關得予以獎勵之；特別優異者，層報內政部獎勵之：

一、對建築法規、區域計畫或都市計畫襄助研究及建議，有重大貢獻者。

二、對公共安全、社會福利或預防災害等有關建築事項襄助辦理，成績卓越者。

三、對建築設計或學術研究有卓越表現者。

四、對協助推行建築實務著有成績者。

★☆☆#42 【獎勵】

建築師之獎勵如左：

一、嘉獎。

二、頒發獎狀。

★★★#45 【懲戒處分】

建築師之懲戒處分如下：

一、警告。

二、申誡。

三、停止執行業務 2 月以上 2 年以下。

四、撤銷或廢止開業證書。

建築師受申誡處分 3 次以上者，應另受停止執行業務時限之處分；受停止執行業務處分累計滿 5 年者，應廢止其開業證書。

★★☆#47 【建築師懲戒委員會】

直轄市、縣（市）主管機關對於建築師懲戒事項，應設置建築師懲戒委員會處理之。建築師懲戒委員會應將交付懲戒事項，通知被付懲戒之建築師，並限於20日內提出答辯或到會陳述；如不遵限提出答辯或到會陳述時，得逕行決定。

★☆☆#48　【申請覆審】
被懲戒人對於建築師懲戒委員會之決定，有不服者，得於通知送達之翌日起20日內，向內政部建築師懲戒覆審委員會申請覆審。

★☆☆#49　【組織】
建築師懲戒委員會及建築師懲戒覆審委員會之組織，由內政部訂定，報請行政院備案。

★★☆#50　【交付懲戒】
建築師有第46條各款情事之一時，利害關係人、直轄市、縣（市）主管機關或建築師公會得列舉事實，提出證據，報請或由直轄市、縣（市）主管機關交付懲戒。

★☆☆#51　【處分確定】
被懲戒人之處分確定後，直轄市、縣（市）主管機關應予執行，並刊登公報或公告。

重點 6. 附則

★☆☆#52　【例外資格取得】
本法施行前，領有建築師甲等開業證書有案者，仍得充建築師。但應依本法規定，檢具證件，申請內政部核發建築師證書。
本法施行前，領有建築科工業技師證書者，準用前項之規定。

★☆☆#52-1　【檢覈】
第2條第一項第五款建築科工業技師檢覈取得建築師證書者，限期於中華民國74年6月30日前辦理完畢，逾期不再受理。
依前條及本條前項之規定檢覈領有建築師證書者，自中華民國75年1月1日起不得同時執行建築師、土木科工業技師或建築科工業技師業務；已執行者應取消其一。第19-1條之建築師辦理建築科工業技師業務者亦同。

★☆☆#53　【例外狀況】
本法施行前，領有建築師乙等開業證書者，得於本法施行後，憑原領開業證書繼續執行業務。但其受委託設計或監造之工程造價以在一定限額以下者為限。
前項領有乙等開業證書受委託設計或監造之工程造價限額，由直轄市、縣（市）政府定之，並得視地方經濟變動情形，報經內政部核定後予以調整。

★☆☆#54　【外國人依中華民國法律應建築師考試】
外國人得依中華民國法律應建築師考試。
前項考試及格領有建築師證書之外國人，在中華民國執行建築師業務，應經內政部許可，並應遵守中華民國一切法令及建築師公會章程及章則。
外國人經許可在中華民國開業為建築師者，其有關業務上所用之文件、圖說，應以中華民國文字為主。

★☆☆#56　【施行細則】
本法施行細則，由內政部定之。

11

建築技術規則

- 總則編
- 建築設計施工編
  - ✧ 用語定義
  - ✧ 一般設計通則
  - ✧ 建築物之防火
  - ✧ 防火避難及消防設備
  - ✧ 特定建築物及其限制
  - ✧ 防空避難設備
  - ✧ 雜項工作物
  - ✧ 施工安全措施
  - ✧ 容積設計
  - ✧ 無障礙建築物
  - ✧ 地下建築物
  - ✧ 高層建築物
  - ✧ 山坡地建築
  - ✧ 工廠類建築物
  - ✧ 實施都市計劃地區建築基地綜合設計
  - ✧ 老人住宅
  - ✧ 綠建築基準

建築技術規則

| 中華民國 110年 10月 07日 |

重點 **1.** 總則編

★☆☆#1 　　【依據】
本規則依建築法（以下簡稱本法）第 97 條規定訂之。

榜首提點 《建築法》第 97 條：
有關建築規劃、設計、施工、構造、設備之建築技術規則，由中央主管建築機關定之，並應落實建構兩性平權環境之政策。

★★★#3 　　【得不適用本規則之規定】
但有關建築物之防火及避難設施，經檢具申請書、建築物防火避難性能設計計畫書及評定書向中央主管建築機關申請認可者，得不適用本規則建築設計施工編第三章、第四章一部或全部，或第五章、第十一章、第十二章有關建築物防火避難一部或全部之規定。
前項之建築物防火避難性能設計評定書，應由中央主管建築機關指定之機關（構）、學校或團體辦理。

★★★#3-2 　　【主管機關另定設計、施工、構造或設備規定】
直轄市、縣（市）主管建築機關為因應當地發展特色及地方特殊環境需求，得就下列事項另定其設計、施工、構造或設備規定，報經中央主管建築機關核定後實施：
一、私設通路及基地內通路。
二、建築物及其附置物突出部分。但都市計畫法令有規定者，從其規定。
三、有效日照、日照、通風、採光及節約能源。
四、建築物停車空間。但都市計畫法令有規定者，從其規定。
五、除建築設計施工編第 164-1 條規定外之建築物之樓層高度與其設計、施工及管理事項。

★★★#3-3 　　【建築物用途分類之組別定義／類別】
建築物用途分類之類別、組別定義，應依左表規定；其各類組之用途項目，由中央主管建築機關另定之。

類別		類別定義	組別	組別定義
A類	公共集會類	供集會、觀賞、社交、等候運輸工具，且無法防火區劃之場所。	A-1 集會表演	供集會、表演、社交，且具觀眾席及舞臺之場所。
			A-2 運輸場所	供旅客等候運輸工具之場所。
B類	商業類	供商業交易、陳列展售、娛樂、餐飲、消費之場所。	B-1 娛樂場所	供娛樂消費，且處封閉或半封閉之場所。
			B-2 商場百貨	供商品批發、展售或商業交易，且使用人替換頻率高之場所。
			B-3 餐飲場所	供不特定人餐飲，且直接使用燃具之場所。

類別		類別定義	組別	組別定義
B 類	商業類		B-4 旅館	供不特定人士休息住宿之場所。
C 類	工業、倉儲類	供儲存、包裝、製造、修理物品之場所。	C-1 特殊廠庫	供儲存、包裝、製造、修理工業物品,且具公害之場所。
			C-2 一般廠庫	供儲存、包裝、製造一般物品之場所。
D 類	休閒、文教類	供運動、休閒、參觀、閱覽、教學之場所。	D-1 健身休閒	供低密度使用人口運動休閒之場所。
			D-2 文教設施	供參觀、閱覽、會議,且無舞臺設備之場所。
			D-3 國小校舍	供國小學童教學使用之相關場所。(宿舍除外)
			D-4 校舍	供國中以上各級學校教學使用之相關場所。(宿舍除外)
			D-5 補教托育	供短期職業訓練、各類補習教育及課後輔導之場所。
E 類	宗教、殯葬類	供宗教信徒聚會殯葬之場所。	E 宗教、殯葬類	供宗教信徒聚會、殯葬之場所。
F 類	衛生、福利、更生類	供身體行動能力受到健康、年紀或其他因素影響,需特別照顧之使用場所。	F-1 醫療照護	供醫療照護之場所。
			F-2 社會福利	供身心障礙者教養、醫療、復健、重建、訓練(庇護)、輔導、服務之場所。
			F-3 兒童福利	供學齡前兒童照護之場所。
			F-4 戒護場所	供限制個人活動之戒護場所。
G 類	辦公、服務類	供商談、接洽、處理一般事務或一般門診、零售、日常服務之場所。	G-1 金融證券	供商談、接洽、處理一般事務,且使用人替換頻率高之場所。
			G-2 辦公場所	供商談、接洽、處理一般事務之場所。
			G-3 店舖診所	供一般門診、零售、日常服務之場所。
H 類	住宿類	供特定人住宿之場所。	H-1 宿舍安養	供特定人短期住宿之場所。
			H-2 住宅	供特定人長期住宿之場所。
I 類	危險物品類	供製造、分裝、販賣、儲存公共危險物品及可燃性高壓氣體之場所。	I 危險廠庫	供製造、分裝、販賣、儲存公共危險物品及可燃性高壓氣體之場所。

★★★#3-4 【檢具建築物防火避難性能設計計畫書及評定書之適用規定】

下列建築物應辦理防火避難綜合檢討評定，或檢具經中央主管建築機關認可之建築物防火避難性能設計計畫書及評定書；其檢具建築物防火避難性能設計計畫書及評定書者，並得適用本編第 3 條規定：

一、高度達 25 層或 90 公尺以上之高層建築物。但僅供建築物用途類組 H-2 組使用者，不在此限。

二、供建築物使用類組 B-2 組使用之總樓地板面積達 30,000 平方公尺以上之建築物。

三、與地下公共運輸系統相連接之地下街或地下商場。

前項之防火避難綜合檢討評定，應由中央主管建築機關指定之機關（構）、學校或團體辦理。

第一項防火避難綜合檢討報告書與評定書應記載事項及其他應遵循事項，由中央主管建築機關另定之。

第二項之機關（構）、學校或團體，應具備之條件、指定程序及其應遵循事項，由中央主管建築機關另定之。

榜首提點 《建築物防火避難性能設計計劃書申請認可要點》第三點：

三、建築物防火避難性能設計計畫書應載明下列事項

（一）建築物之概要：

1. 建築概要表。

2. 周圍現況圖。

3. 建築計畫概要。

4. 設備計畫概要。

5. 相關附圖。

　(1)相關樓層平面圖。

　(2)各向立面圖。

　(3)相關剖面圖。

　(4)其他詳圖。

（二）申請免適用之本規則規定及理由，並應以圖面清楚標示申請免適用本規則規定之位置。

（三）對應免適用條文採取之對策。

（四）性能驗證之條件、方法及結果。

（五）經營管理計畫。

1. 各設備之作動程序。

2. 維護管理體制。

3. 維護管理方法。

前項第四款之性能驗證方法，得依評定專業機構之要求採下列方式進行：

（一）數值模擬。

（二）模型試驗。

（三）全尺寸試驗。

（四）其他。

★★★#4 【建築物應用各種材料及設備規格】

建築物應用之各種材料及設備規格，除中華民國國家標準有規定者從其規定外，應依本規則規定。但因當地情形，難以應用符合本規則與中華民國國家標

(準材料及設備,經直轄市、縣(市)主管建築機關同意修改設計規定者,不在此限。

建築材料、設備與工程之查驗及試驗結果,應達本規則要求;如引用新穎之建築技術、新工法或建築設備,<u>適用本規則確有困難者</u>,或<u>尚無本規則及中華民國國家標準適用之特殊或國外進口材料及設備者</u>,應檢具申請書、試驗報告書及性能規格評定書,向中央主管建築機關申請認可後,始得運用於建築物。

中央主管建築機關得指定機關(構)、學校或團體辦理前項之試驗報告書及性能規格評定書,並得委託經指定之性能規格評定機關(構)、學校或團體辦理前項認可。

第二項申請認可之申請書、試驗報告書及性能規格評定書之格式、認可程序及其他應遵行事項,由中央主管建築機關另定之。

第三項之機關(構)、學校或團體,應具備之條件、指定程序及其應遵行事項,由中央主管建築機關另定之。

建築設計施工編
重點 1. 用語定義

★★★#1　【一宗土地】
本法第 11 條所稱一宗土地,指 1 幢或 2 幢以上有連帶使用性之建築物所使用之建築基地。但建築基地為道路、鐵路或永久性空地等分隔者,不視為同一宗土地。

★★☆#2　【建築基地面積】
建築基地(以下簡稱基地)之水平投影面積。

★★★#3　【建築面積】
建築物外牆中心線或其代替柱中心線以內之最大水平投影面積。但電業單位規定之配電設備及其防護設施、地下層突出基地地面未超過 1.2 公尺或遮陽板有 1/2 以上為透空,且其深度在 2 公尺以下者,不計入建築面積;陽臺、屋簷及建築物出入口雨遮突出建築物外牆中心線或其代替柱中心線超過 2 公尺,或雨遮、花臺突出超過 1 公尺者,應自其外緣分別扣除 2 公尺或 1 公尺作為中心線;每層陽臺面積之和,以不超過建築面積 1/8 為限,其未達 8 平方公尺者,得建築 8 平方公尺。

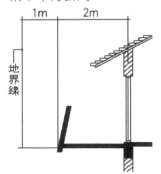

第 1 條　圖 1-3-(1)
寬度 2 公尺以內陽台免計建築面積,且不得大於 A/8,或陽台面積雖大於 A/8 但不超過 8m² 者,亦免計入建築面積。
陽台面積超過建築面積 (A) 之 1/8 時,超過部份應計入建築面積。

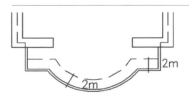

第 1 條　圖 1-3-(2)
自外緣起向外牆中心線扣除 2m 不計入建築面積。

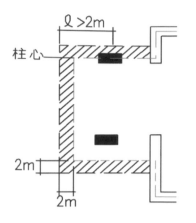

第 1 條　圖 1-3-(3)
無外牆時，以代替之柱中心線為準，陽台、屋簷等突出中心線部份超過 2m 時，應自其外緣分別扣除 2m 作為中心線。

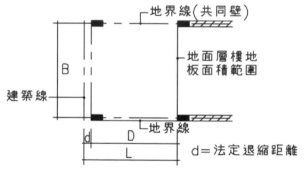

第 1 條　圖 1-3-(4)
　騎樓面積＝B × D
　其 2 樓樓地板面積計算以外牆中心線為準
　無騎樓柱時，騎樓面積仍為 B × D
　騎樓面積應計入造價
　L＝法定騎樓地深度，騎樓地面積＝B × L

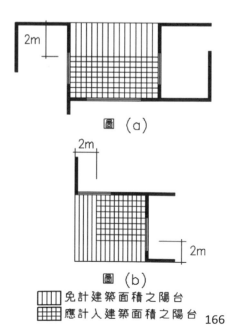

圖（a）

圖（b）

▦ 免計建築面積之陽台
▦ 應計入建築面積之陽台

第 1 條　圖 1-3-(5)
　3 面有牆之陽台（同一住宅單位或其他使用之單位），僅得向任一外牆面扣除 2m 免計建築面積如圖 (a)
　2 面有牆之陽台（陰角），其建築面積計算如圖 (b)

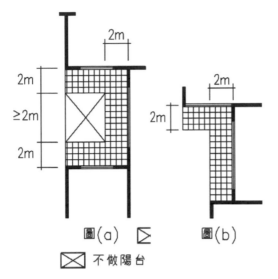

第 1 條　圖 1-3-(6)
　　同一住宅單位 (或其他使用單位)，在其外牆之陰角處設置連續之陽台時，以沿接外牆設置為原則，且對側之陽台外緣至少應相距 2m 以上

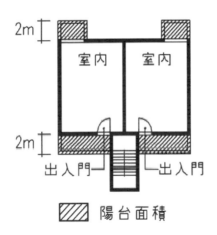

第 1 條　圖 1-3-(7)
陽台面積不超過建築設計施工編第 1 條第 3 款之規定時，得不計入建築面積

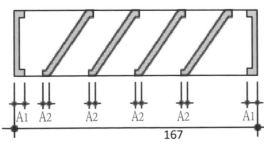

第 1 條　圖 1-3-(8) 遮陽版之透空率計算方式
圖例中之遮陽版其透空率為 $1 - (2A_1 + 4A_2)/A_0$

★★★#4　【建蔽率】
建築面積占基地面積之比率。

★★☆#5　【樓地板面積】
建築物各層樓地板或其一部分，在該區劃中心線以內之水平投影面積。但不包括第三款不計入建築面積之部分。

★☆☆#6　【觀眾席樓地板面積】
觀眾席位及縱、橫通道之樓地板面積。但不包括吸煙室、放映室、舞臺及觀眾席外面二側及後側之走廊面積。

★☆☆#7　【總樓地板面積】
建築物各層包括地下層、屋頂突出物及夾層等樓地板面積之總和。

★☆☆#8　【基地地面】
八、基地地面：基地整地完竣後，建築物外牆與地面接觸最低一側之水平面；基地地面高低相差超過 3 公尺，以每相差 3 公尺之水平面為該部分基地地面。

★★★#9　【建築物高度】
自基地地面計量至建築物最高部分之垂直高度。但屋頂突出物或非平屋頂建築物之屋頂，自其頂點往下垂直計量之高度應依下列規定，且不計入建築物高度：
(一) 第十款第一目之屋頂突出物高度在 6 公尺以內或有昇降機設備通達屋頂之屋頂突出物高度在 9 公尺以內，且屋頂突出物水平投影面積之和，除高層建築物以不超過建築面積 15％外，其餘以不超過建築面積 12.5％為限，其未達 25 平方公尺者，得建築 25 平方公尺。
(二) 水箱、水塔設於屋頂突出物上高度合計在 6 公尺以內或設於有昇降機設備通達屋頂之屋頂突出物高度在 9 公尺以內或設於屋頂面上高度在 2.5 公尺以內。
(三) 女兒牆高度在 1.5 公尺以內。
(四) 第十款第三目至第五目之屋頂突出物。
(五) 非平屋頂建築物之屋頂斜率（高度與水平距離之比）在 1/2 以下者。
(六) 非平屋頂建築物之屋頂斜率（高度與水平距離之比）超過 1/2 者，應經中央主管建築機關核可。

★★★#10　【屋頂突出物】
突出於屋面之附屬建築物及雜項工作物：
(一) 樓梯間、昇降機間、無線電塔及機械房。
(二) 水塔、水箱、女兒牆、防火牆。
(三) 雨水貯留利用系統設備、淨水設備、露天機電設備、煙囪、避雷針、風向器、旗竿、無線電桿及屋脊裝飾物。
(四) 突出屋面之管道間、採光換氣或再生能源使用等節能設施。
(五) 突出屋面之 1/3 以上透空遮牆、2/3 以上透空立體構架供景觀造型、屋頂綠化等公益及綠建築設施，其投影面積不計入第九款第一目屋頂突出物水平投影面積之和。但本目與第一目及第六目之屋頂突出物水平投影面積之和，以不超過建築面積 30％為限。
用其他經中央主管建築機關認可者。

★☆☆#11　【簷高】
自基地地面起至建築物簷口底面或平屋頂底面之高度。

★☆☆#12　【地板面高度】

自基地地面至地板面之垂直距離。

★★★#13 【樓層高度】
自室內地板面至其直上層地板面之高度;最上層之高度,為至其天花板高度。
但同一樓層之高度不同者,以其室內樓地板面積除該樓層容積之商,視為樓層
高度。

★☆☆#14 【天花板高度】
自室內地板面至天花板之高度,同一室內之天花板高度不同時,以其室內樓地
板面積除室內容積之商作天花板高度。

★☆☆#15 【建築物層數】
基地地面以上樓層數之和。但合於第九款第一目之規定者,不作為層數計算;
建築物內層數不同者,以最多之層數作為該建築物層數。

★☆☆#16 【地下層】
地板面在基地地面以下之樓層。但天花板高度有 2/3 以上在基地地面上者,視
為地面層。

★★☆#17 【閣樓】
在屋頂內之樓層,樓地板面積在該建築物建築面積1/3 以上時,視為另一樓層。

★★★#18 【夾層】
夾於樓地板與天花板間之樓層;同一樓層內夾層面積之和,超過該層樓地板面
積 1/3 或 100 平方公尺者,視為另一樓層。

★★☆#19 【居室】
供居住、工作、集會、娛樂、烹飪等使用之房間,均稱居室。門廳、走廊、樓
梯間、衣帽間、廁所盥洗室、浴室、儲藏室、機械室、車庫等不視為居室。但
旅館、住宅、集合住宅、寄宿舍等建築物其衣帽間與儲藏室面積之合計以不超
過該層樓地板面積 1/8 為原則。

★★★#20 【露臺及陽臺】
直上方無任何頂遮蓋物之平臺稱為露臺,直上方有遮蓋物者稱為陽臺。

★★★#21 【集合住宅】
具有共同基地及共同空間或設備。並有 3 個住宅單位以上之建築物。

★☆☆#22 【外牆】
建築物外圍之牆壁。

★☆☆#23 【分間牆】
分隔建築物內部空間之牆壁。

★☆☆#24 【分戶牆】
分隔住宅單位與住宅單位或住戶與住戶或不同用途區劃間之牆壁。

★★☆#25 【承重牆】
承受本身重量及本身所受地震、風力外並承載及傳導其他外壓力及載重之牆
壁。

★★★#26 【帷幕牆】
構架構造建築物之外牆,除承載本身重量及其所受之地震、風力外,不再承載
或傳導其他載重之牆壁。

★★☆#27 【耐水材料】
磚、石料、人造石、混凝土、柏油及其製品、陶瓷品、玻璃、金屬材料、塑膠
製品及其他具有類似耐水性之材料。

★★☆#28 【不燃材料】
混凝土、磚或空心磚、瓦、石料、鋼鐵、鋁、玻璃、玻璃纖維、礦棉、陶瓷

品、砂漿、石灰及其他經中央主管建築機關認定符合耐燃一級之不因火熱引起燃燒、熔化、破裂變形及產生有害氣體之材料。

★★☆#29 【耐火板】
木絲水泥板、耐燃石膏板及其他經中央主管建築機關認定符合耐燃二級之材料。

★★☆#30 【耐燃材料】
耐燃合板、耐燃纖維板、耐燃塑膠板、石膏板及其他經中央主管建築機關認定符合耐燃三級之材料。

★★☆#31 【防火時效】
建築物主要結構構件、防火設備及防火區劃構造遭受火災時可耐火之時間。

★★☆#32 【阻熱性】
在標準耐火試驗條件下，建築構造當其一面受火時，能在一定時間內，其非加熱面溫度不超過規定值之能力。

★☆☆#33 【防火構造】
具有本編第三章第三節所定防火性能與時效之構造。

★☆☆#34 【避難層】
具有出入口通達基地地面或道路之樓層。

★★★#35 【無窗戶居室】
具有下列情形之一之居室：

  (一)依本編第 42 條規定有效採光面積未達該居室樓地板面積 5%者。

  (二)可直接開向戶外或可通達戶外之有效防火避難構造開口，其高度未達 1.2公尺，寬度未達 75 公分；如為圓型時直徑未達 1 公尺者。

  (三)樓地板面積超過 50 平方公尺之居室，其天花板或天花板下方 80 公分範圍以內之有效通風面積未達樓地板面積 2%者。

★★☆#36 【道路】
指依都市計畫法或其他法律公布之道路（得包括人行道及沿道路邊綠帶）或經指定建築線之現有巷道。除另有規定外，不包括私設通路及類似通路。

★★☆#37 【類似通路】
基地內具有 2 幢以上連帶使用性之建築物（包括機關、學校、醫院及同屬一事業體之工廠或其他類似建築物），各幢建築物間及建築物至建築線間之通路；類似通路視為法定空地，其寬度不限制。

★★☆#38 【私設通路】
基地內建築物之主要出入口或共同出入口（共用樓梯出入口）至建築線間之通路；主要出入口不包括本編第 90 條規定增設之出入口；共同出入口不包括本編第 95 條規定增設之樓梯出入口。私設通路與道路之交叉口，免截角。

★★☆#39 【直通樓梯】
建築物地面以上或以下任一樓層可直接通達避難層或地面之樓梯（包括坡道）。

★★★#40 【永久性空地】
指下列依法不得建築或因實際天然地形不能建築之土地（不包括道路）：

(一)都市計畫法或其他法律劃定並已開闢之公園、廣場、體育場、兒童遊戲場、河川、綠地、綠帶及其他類似之空地。

(二)海洋、湖泊、水堰、河川等。

(三)前 2 目之河川、綠帶等除夾於道路或 2 條道路中間者外，其寬度或寬度之和應達 4m。

★☆☆#41　【退縮建築深度】
建築物外牆面自建築線退縮之深度；外牆面退縮之深度不等，以最小之深度為退縮建築深度。但第三款規定，免計入建築面積之陽臺、屋簷、雨遮及遮陽板，不在此限。

★★★#42　【幢】
建築物地面層以上結構獨立不與其他建築物相連，地面層以上其使用機能可獨立分開者。

★★★#43　【棟】
以具有單獨或共同之出入口並以無開口之防火牆及防火樓板區劃分開者。

★★☆#44　【特別安全梯】
自室內經由陽臺或排煙室始得進入之安全梯。

★★☆#45　【遮煙性能】
在常溫及中溫標準試驗條件下，建築物出入口裝設之一般門或區劃出入口裝設之防火設備，當其構造二側形成火災情境下之壓差時，具有漏煙通氣量不超過規定值之能力。

★☆☆#46　【昇降機道】
建築物供昇降機廂運行之垂直空間。

★☆☆#47　【昇降機間】
昇降機廂駐停於建築物各樓層時，供使用者進出及等待搭乘等之空間。

重點 **2.** 一般設計通則　〈第一節　建築基地〉

★★★#2　【私設通路之寬度】
基地應與建築線相連接，其連接部份之最小長度應在 2 公尺以上。基地內私設通路之寬度不得小於左列標準：
一、長度未滿 10 公尺者為 2 公尺。
二、長度在 10 公尺以上未滿 20 公尺者為 3 公尺。
三、長度大於 20 公尺為 5 公尺。
四、基地內以私設通路為進出道路之建築物總樓地板面積合計在 1,000 平方公尺以上者，通路寬度為 6 公尺。
五、前款私設通路為連通建築線，得穿越同一基地建築物之地面層；穿越之深度不得超過 15 公尺；該部份淨寬並應依前四款規定，淨高至少 3 公尺，且不得小於法定騎樓之高度。
前項通路長度，自建築線起算計量至建築物最遠一處之出入口或共同入口。

★☆☆#2-1　【私設通路面積】
私設通路長度自建築線起算未超過 35 公尺部分，得計入法定空地面積。

★☆☆#3-1　【迴車道之設置】
私設通路為單向出口，且長度超過 35 公尺者，應設置汽車迴車道；迴車道視為該通路之一部份，其設置標準依左列規定：
一、迴車道可採用圓形、方形或丁形。
二、通路與迴車道交叉口截角長度為 4 公尺，未達 4 公尺者以其最大截角長度為準。
三、截角為三角形，應為等腰三角形；截角為圓弧，其截角長度即為該弧之切線長。
前項私設通路寬度在 9 公尺以上，或通路確因地形無法供車輛通行者，得免設迴車道。

★☆☆#3-2 【綠帶邊之退縮建築】

基地臨接道路邊寬度達 3 公尺以上之綠帶,應從該綠帶之邊界線退縮 4 公尺以上建築。但道路邊之綠帶實際上已鋪設路面作人行步道使用,或在都市計畫書圖內載明係供人行步道使用者,免退縮;退縮後免設騎樓;退縮部份,計入法定空地面積。

★☆☆#4 【防洪安全條件】

建築基地之地面高度,應在當地洪水位以上,但具有適當防洪及排水設備,或其建築物有 1 層以上高於洪水位,經當地主管建築機關認為無礙安全者,不在此限。

★★★#4-1 【防水閘門】

建築物除位於山坡地基地外,應依下列規定設置防水閘門(板),並應符合直轄市、縣(市)政府之防洪及排水相關規定:

一、建築物地下層及地下層停車空間於地面層開向屋外之出入口及汽車坡道出入口,應設置高度自基地地面起算 90 公分以上之防水閘門(板)。

二、建築物地下層突出基地地面之窗戶及開口,其位於自基地地面起算 90 公分以下部分,應設置防水閘門(板)。

前項防水閘門(板)之高度,直轄市、縣(市)政府另有規定者,從其規定。

★★★#4-2 【高腳屋建築】

沿海或低窪之易淹水地區建築物得採用高腳屋建築,並應符合下列規定:

一、供居室使用之最低層樓地板及其水平支撐樑之底部,應在當地淹水高度以上,並增加一定安全高度;且最低層下部空間之最大高度,以其樓地板面不得超過 3 公尺,或以樓地板及其水平支撐樑之底部在淹水高度加上一定安全高度為限。

二、前款最低層下部空間,僅得作為樓梯間、昇降機間、梯廳、昇降機道、排煙室、坡道、停車空間或自來水蓄水池使用;其梯廳淨深度及淨寬度不得大於 2 公尺,緊急昇降機間及排煙室應依本編第 107 條第一款規定之最低標準設置。

三、前二款最低層下部空間除設置結構必要之樑柱,樓梯間、昇降機間、昇降機道、梯廳、排煙室及自來水蓄水池所需之牆壁或門窗,及樓梯或坡道構造外,不得設置其他阻礙水流之構造或設施。

四、機電設備應設置於供居室使用之最低層以上。

五、建築物不得設置地下室,並得免附建防空避難設備。

前項沿海或低窪之易淹水地區、第一款當地淹水高度及一定安全高度,由直轄市、縣(市)政府視當地環境特性指定之。

第一項樓梯間、昇降機間、梯廳、昇降機道、排煙室、坡道及最低層之下部空間,得不計入容積總樓地板面積,其下部空間並得不計入建築物之層數及高度。

基地地面設置通達最低層之戶外樓梯及戶外坡道,得不計入建築面積及容積總樓地板面積。

★★★#4-3 【雨水貯集滯洪設施】

都市計畫地區新建、增建或改建之建築物,除本編第十三章山坡地建築已依水土保持技術規範規劃設置滯洪設施、個別興建農舍、建築基地面積 300 平方公尺以下及未增加建築面積之增建或改建部分者外,應依下列規定,設置雨水貯集滯洪設施:

一、於法定空地、建築物地面層、地下層或筏基內設置水池或儲水槽,以管線

或溝渠收集屋頂、外牆面或法定空地之雨水,並連接至建築基地外雨水下水道系統。

二、採用密閉式水池或儲水槽時,應具備泥砂清除設施。

三、雨水貯集滯洪設施無法以重力式排放雨水者,應具備抽水泵浦排放,並應於地面層以上及流入水池或儲水槽前之管線或溝渠設置溢流設施。

四、雨水貯集滯洪設施得於四周或底部設計具有滲透雨水之功能,並得依本編第十七章有關建築基地保水或建築物雨水貯留利用系統之規定,合併設計。

前項設置雨水貯集滯洪設施規定,於都市計畫法令、都市計畫書或直轄市、縣(市)政府另有規定者,從其規定。

第一項設置之雨水貯集滯洪設施,其雨水貯集設計容量不得低於下列規定:

一、新建建築物且建築基地內無其他合法建築物者,以申請建築基地面積乘以 0.045(立方公尺/平方公尺)。

二、建築基地內已有合法建築物者,以新建、增建或改建部分之建築面積除以法定建蔽率後,再乘以 0.045(立方公尺/平方公尺)。

【斷崖基地】

★★☆#6 除地質上經當地主管建築機關認為無礙或設有適當之擋土設施者外,斷崖上下各 2 倍於斷崖高度之水平距離範圍內,不得建築。

重點 2. 一般設計通則 〈第二節　牆面線、建築物突出部份〉

★★★#7 【牆面線】

為景觀上或交通上需要,直轄市、縣(市)政府得依法指定牆面線令其退縮建築;退縮部分,計入法定空地面積。

★★★#9 【可突出部分】

依本法第 51 條但書規定可突出建築線之建築物,包括左列各項:

一、紀念性建築物:紀念碑、紀念塔、紀念銅像、紀念坊等。

二、公益上有必要之建築物:候車亭、郵筒、電話亭、警察崗亭等。

三、臨時性建築物:牌樓、牌坊、裝飾塔、施工架、棧橋等,短期內有需要而無礙交通者。

四、地面下之建築物、對公益上有必要之地下貫穿道等,但以不妨害地下公共設施之發展為限。

五、高架道路橋面下之建築物。

六、供公共通行上有必要之架空走廊,而無礙公共安全及交通者。

榜首提點 《建築法》第 51 條:

建築物不得突出於建築線之外,但紀念性建築物,以及在公益上或短期內有需要且無礙交通之建築物,經直轄市、縣(市)(局)主管建築機關許可其突出者,不在此限。

★★★#10 【架空走廊之構造】

架空走廊之構造應依左列規定:

一、應為防火構造或不燃材料所建造,但側牆不能使用玻璃等容易破損之材料裝修。

二、廊身兩側牆壁高度應在 1.5 公尺以上。

三、架空走廊如穿越道路,其廊身與路面垂直淨距離不得小於 4.6 公尺。

四、廊身支柱不得妨害車道，或影響市容觀瞻。

重點 2. 一般設計通則 〈第三節 建築物高度〉————————————————

★★☆#14 【面前道路寬度與建築物之高度限制】
建築物高度不得超過基地面前道路寬度之 1.5 倍加 6 公尺。面前道路寬度之計
算，依左列規定：
一、道路邊指定有牆面線者，計至牆面線。
二、基地臨接計畫圓環，以交會於圓環之最寬道路視為面前道路；基地他側同
　　時臨接道路，其高度限制並應依本編第 16 條規定。
三、基地以私設通路連接建築線，並作為主要進出道路者，以該私設通路視為
　　面前道路。但私設通路寬度大於其連接道路寬度，應以該道路寬度，視為
　　基地之面前道路。
四、臨接建築線之基地內留設有私設通路者，適用本編第 16 條第一款規定，
　　其餘部份適用本條第三款規定。
五、基地面前道路中間夾有綠帶或河川，以該綠帶或河川兩側道路寬度之和，
　　視為基地之面前道路，且以該基地直接臨接一側道路寬度之 2 倍為限。
前項基地面前道路之寬度未達 7 公尺者，以該道路中心線深進 3.5 公尺範圍內，
建築物之高度不得超過 9 公尺。
特定建築物面前道路寬度之計算，適用本條之規定。

★★☆#16 【基地臨街兩條以上道路之規定】
基地臨接兩條以上道路，其高度限制如左：
一、基地臨接最寬道路境界線深進其路寬 2 倍且未逾 30 公尺範圍內之部分，
　　以最寬道路視為面前道路。
二、前款範圍外之基地，以其他道路中心線各深進 10 公尺範圍內，自次寬道
　　路境界線深進其路寬 2 倍且未逾 30 公尺，以次寬道路視為面前道路，並
　　依此類推。
三、前二款範圍外之基地，以最寬道路視為面前道路。

★★★#23 【住宅區高度限制】
住宅區建築物之高度不得超過 21 公尺及 7 層樓。但合於左列規定之一者，不
在此限。其高度超過 36 公尺者，應依本編第 24 條規定：
一、基地面前道路之寬度，在直轄市為 30 公尺以上，在其他地區為 20 公尺
　　以上，且臨接該道路之長度各在 25 公尺以上者。
二、基地臨接或面對永久性空地，其臨接或面對永久性空地之長度在 25 公尺
　　以上，且永久性空地之平均深度與寬度各在 25 公尺以上，面積在 5,000
　　平方公尺以上者。
依本條興建隻建築物在冬至日所造成之日照陰影，應使鄰近基地有 1 小時以上
之有效日照。

重點 2. 一般設計通則 〈第四節 建蔽率〉————————————————

★★☆#28 【騎樓地相關規定】
商業區之法定騎樓或住宅區面臨 15 公尺以上道路之法定騎樓所占面積不計入
基地面積及建築面積。
建築基地退縮騎樓地未建築部分計入法定空地。

重點 2. 一般設計通則 〈第六節 地板、天花板〉————————————————

★★☆#32　　【天花板】
天花板之淨高度應依左列規定：
一、學校教室不得小於 3 公尺。
(二、其他居室及浴廁不得小於 2.1 公尺，但高低不同之天花板高度至少應有一半以上大於 2.1 公尺，其最低處不得小於 1.7 公尺。

重點 2. 一般設計通則　〈第七節　樓梯、欄杆、坡道〉

★★☆#33　　【樓梯及平台尺寸】
建築物樓梯及平臺之寬度、梯級之尺寸，應依下列規定：

用途類別	樓梯及平臺寬度	級高尺寸	級深尺寸
一、小學校舍等供兒童使用之樓梯。	1.40 公尺以上	16 公分以下	26 公分以上
二、學校校舍、醫院、戲院、電影院、歌廳、演藝場、商場（包括加工服務部等，其營業面積在 1500 百平方公尺以上者），舞廳、遊藝場、集會堂、市場等建築物之樓梯。	1.40 公尺以上	18 公分以下	26 公分以上
三、地面層以上每層之居室樓地板面積超過 200 平方公尺或地下面積超過 200 平方公尺者。	1.20 公尺以上	20 公分以下	24 公分以上
四、第 1、2、3 款以外建築物樓梯。	75 公分以上	20 公分以下	21 公分以上

說明：
一、表第一、二欄所列建築物之樓梯，不得在樓梯平臺內設置任何梯級，但旋轉梯自其級深較窄之一邊起 30 公分位置之級深，應符合各欄之規定，其內側半徑大於 30 公分者，不在此限。
二、第三、四欄樓梯平臺內設置扇形梯級時比照旋轉梯之規定設計。
三、依本編第 95 條、第 96 條規定設置戶外直通樓梯者，樓梯寬度，得減為 90 公分以上。其他戶外直通樓梯淨寬度，應為 75 公分以上。
四、各樓層進入安全梯或特別安全梯，其開向樓梯平臺門扇之迴轉半徑不得與安全或特別安全梯內樓梯寬度之迴轉半徑相交。
五、樓梯及平臺寬度二側各 10 公分範圍內，得設置扶手或高度 50 公分以下供行動不便者使用之昇降軌道；樓梯及平臺最小淨寬仍應為 75 公分以上。
六、服務專用樓梯不供其他使用者，不受本條及本編第四章之規定。

★★☆#35　　【樓梯之垂直淨空距離】
自樓梯級面最外緣量至天花板底面、梁底面或上 1 層樓梯底面之垂直淨空距離，不得小於 190 公分。

★☆☆#36　　【扶手】
樓梯內兩側均應裝設距梯級鼻端高度 75 公分以上之扶手，但第 33 條第三、四款有壁體者，可設一側扶手，並應依左列規定：

一、樓梯之寬度在 3 公尺以上者，應於中間加裝扶手，但級高在 15 公分以下，且級深在 30 公分以上者得免設置。

二、樓梯高度在 1 公尺以下者得免裝設扶手。

★☆☆#37　【樓梯數量】

樓梯數量及其應設置之相關位置依本編第四章之規定。

★★☆#38　【欄杆扶手高度】

設置於露臺、陽臺、室外走廊、室外樓梯、平屋頂及室內天井部分等之欄桿扶手高度，不得小於 1.10 公尺；10 層以上者，不得小於 1.20 公尺。

建築物使用用途為 A-1、A-2、B-2、D-2、D-3、F-3、G-2、H-2 組者，前項欄桿不得設有可供直徑 10 公分物體穿越之鏤空或可供攀爬之水平橫條。

★★☆#39　【坡道】

建築物內規定應設置之樓梯可以坡道代替之，除其淨寬應依本編第 33 條之規定外，並應依左列規定：

一、坡道之坡度，不得超過 1 比 8。

二、坡道之表面，應為粗面或用其他防滑材料處理之。

重點 2. 一般設計通則 〈第八節　日照、採光、通風、節約能源〉

★☆☆#40　【日照】

住宅至少應有一居室之窗可直接獲得日照。

★★☆#41　【採光面積】

建築物之居室應設置採光用窗或開口，其採光面積依下列規定：

一、幼兒園及學校教室不得小於樓地板面積 1/5。

二、住宅之居室，寄宿舍之臥室，醫院之病房及兒童福利設施包括保健館、育幼院、育嬰室、養老院等建築物之居室，不得小於該樓地板面積 1/8。

三、位於地板面以上 75 公分範圍內之窗或開口面積不得計入採光面積之內。

★★☆#42　【有效採光面積】

建築物外牆依前條規定留設之採光用窗或開口應在有效採光範圍內並依下式計算之：

一、設有居室建築物之外牆高度（採光用窗或開口上端有屋簷時為其頂端部分之垂直距離）（H）與自該部分至其面臨鄰地境界線或同一基地內之他幢建築物或同一幢建築物內相對部分（如天井）之水平距離（D）之比，不得大於下表規定：

	土地使用區	H／D
(1)	住宅區、行政區、文教區	4／1
(2)	商業區	5／1

二、前款外牆臨接道路或臨接深度 6 公尺以上之永久性空地者，免自境界線退縮，且開口應視為有效採光面積。

三、用天窗採光者，有效採光面積按其採光面積之 3 倍計算。

四、採光用窗或開口之外側設有寬度超過 2 公尺以上之陽臺或外廊（露臺除外），有效採光面積按其採光面積 70% 計算。

五、在第一款表所列商業區內建築物；如其水平間距已達 5 公尺以上者，得免再增加。

六、住宅區內建築物深度超過 10 公尺，各樓層背面或側面之採光用窗或開口，

應在有效採光範圍內。

【通風】

★★☆#43 居室應設置能與戶外空氣直接流通之窗戶或開口,或有效之自然通風設備,或依建築設備編規定設置之機械通風設備,並應依下列規定:

一、一般居室及浴廁之窗戶或開口之有效通風面積,不得小於該室樓地板面積 5%。但設置符合規定之自然或機械通風設備者,不在此限。

二、廚房之有效通風開口面積,不得小於該室樓地板面積 1/10,且不得小於 0.8 平方公尺。但設置符合規定之機械通風設備者,不在此限。廚房樓地板面積在 100 平方公尺以上者,應另依建築設備編規定設置排除油煙設備。

三、有效通風面積未達該室樓地板面積 1/10 之戲院、電影院、演藝場、集會堂等之觀眾席及使用爐灶等燃燒設備之鍋爐間、工作室等,應設置符合規定之機械通風設備。但所使用之燃燒器具及設備可直接自戶外導進空氣,並能將所發生之廢氣,直接排至戶外而無污染室內空氣之情形者,不在此限。前項第二款廚房設置排除油煙設備規定,於空氣污染防制法相關法令或直轄市、縣(市)政府另有規定者,從其規定。

【外牆開設之規定】

★★★#45 建築物外牆開設門窗、開口,廢氣排出口或陽臺等,依下列規定:

一、門窗之開啟均不得妨礙公共交通。

二、緊接鄰地之外牆不得向鄰地方向開設門窗、開口及設置陽臺。但外牆或陽臺外緣距離境界線之水平距離達 1 公尺以上時,或以不能透視之固定玻璃磚砌築者,不在此限。

三、同一基地內各幢建築物間或同一幢建築物內相對部份之外牆開設門窗、開口或陽臺,其相對之水平淨距離應在 2 公尺以上;僅一面開設者,其水平淨距離應在 1 公尺以上。但以不透視之固定玻璃磚砌築者,不在此限。

四、向鄰地或鄰幢建築物,或同一幢建築物內之相對部分,裝設廢氣排出口,其距離境界線或相對之水平淨距離應在 2 公尺以上。

五、建築物使用用途為 H-2、D-3、F-3 組者,外牆設置開啟式窗戶之窗臺高度不得小於 1.10 公尺;10 層以上不得小於 1.20 公尺。但其鄰接露臺、陽臺、室外走廊、室外樓梯、室內天井,或設有符合本編第 38 條規定之欄杆、依本編第 108 條規定設置之緊急進口者,不在此限。

重點 2. 一般設計通則 〈第十三節　騎樓、無遮簷人行道〉

★★☆#57 【寬度及構造】

凡經指定在道路兩旁留設之騎樓或無遮簷人行道,其寬度及構造由市、縣(市)主管建築機關參照當地情形,並依照左列標準訂定之:

一、寬度:自道路境界線至建築物地面層外牆面,不得小於 3.5 公尺,但建築物有特殊用途或接連原有騎樓或無遮簷人行道,且其建築設計,無礙於市容觀瞻者,市、縣(市)主管建築機關,得視實際需要,將寬度酌予增減並公布之。

二、騎樓地面應與人行道齊平,無人行道者,應高於道路邊界處 10 公分至 20 公分,表面鋪裝應平整,不得裝置任何台階或阻礙物,並應向道路境界線作成 1/40 瀉水坡度。

三、騎樓淨高,不得小於 3 公尺。

四、騎樓柱正面應自道路境界線退後 15 公分以上,但騎樓之淨寬不得小於 2.50 公尺。

重點 **2.** 一般設計通則 〈第十四節　停車空間〉

★☆☆#59　　【停車空間】

建築物新建、改建、變更用途或增建部分，依都市計畫法令或都市計畫書之規定，設置停車空間。其未規定者，依下表規定。

類別	建築物用途	都市計畫內區域		都市計畫外區域	
		樓地板面積	設置標準	樓地板面積	設置標準
第1類	戲院、電影院、歌廳、國際觀光旅館、演藝場、集會堂、舞廳、夜總會、視聽伴唱遊藝場、遊藝場、酒家、展覽場、辦公室、金融業、市場、商場、餐廳、飲食店、店鋪、俱樂部、撞球場、理容業、公共浴室、旅遊及運輸業、攝影棚等類似用途建築物。	300 平方公尺以下部分。	免設。	300 平方公尺以下部分。	免設。
		超過 300 平方公尺部分。	每 150 平方公尺設置1輛。	超過 300 平方公尺部分。	每 250 平方公尺設置1輛。
第2類	住宅、集合住宅等居住用途建築物。	500 平方公尺以下部分。	免設。	500 平方公尺以下部分。	免設。
		超過 500 平方公尺部分。	每 150 平方公尺設置1輛。	超過 500 平方公尺部分。	每 300 平方公尺設置1輛。
第3類	旅館、招待所、博物館、科學館、歷史文物館、資料館、美術館、圖書館、陳列館、水族館、音樂廳、文康活動中心、醫院、殯儀館、體育設施、宗教設施、福利設施等類似用途建築物。	500 平方公尺以下部分。	免設。	500 平方公尺以下部分。	免設。
		超過 500 平方公尺部分。	每 200 平方公尺設置1輛。	超過 500 平方公尺部分。	每 350 平方公尺設置1輛。
第4類	倉庫、學校、幼稚園、托兒所、車輛修配保管、補習班、屠宰場、工廠等類似用途建築物。	500 平方公尺以下部分。	免設。	500 平方公尺以下部分。	免設。
		超過 500 平方公尺部分。	每 250 平方公尺設置1輛。	超過 500 平方公尺部分。	每 350 平方公尺設置1輛。
第5類	前 4 類以外建築物，由內政部視實際情形另定之。				

說明：
(一)表列總樓地板面積之計算，不包括室內停車空間面積、法定防空避難設備面積、騎樓或門廊、外廊等無牆壁之面積，及機械房、變電室、蓄水池、屋頂突出物等類似用途部分。
(二)第二類所列停車空間之數量為最低設置標準，實施容積管制地區起造人得依實際需要增設至每一居住單元1輛。
(三)同一幢建築物內供2類以上用途使用者，其設置標準分別依表列規定計算附設之，唯其免設部分應擇一適用。其中1類未達該設置標準時，應將各類樓地板面積合併計算依較高標準附設之。
(四)國際觀光旅館應於基地地面層或法定空地上按其客房數每滿50間設置1輛大客車停車位，每設置1輛大客車停車位減設表列規定之3輛停車位。
(五)都市計畫內區域屬本表第1類或第3類用途之公有建築物，其建築基地達1,500平方公尺者，應按表列規定加倍附設停車空間。但符合下列情形之一者，得依其停車需求之分析結果附設停車空間：
　1.建築物交通影響評估報告經地方交通主管機關審查同意，且停車空間數量達表列規定以上。
　2.經各級都市計畫委員會或都市設計審議委員會審議同意。
(六)依本表計算設置停車空間數量未達整數時，其零數應設置1輛。

【停車空間之設置】
停車空間之設置，依左列規定：
★★☆#59-1
一、停車空間應設置在同一基地內。但2宗以上在同一街廓或相鄰街廓之基地同時請領建照者，得經起造人之同意，將停車空間集中留設。
二、停車空間之汽車出入口應銜接道路，地下室停車空間之汽車坡道出入口並應留設深度2公尺以上之緩衝車道。其坡道出入口鄰接騎樓（人行道）者，應留設之緩衝車道自該騎樓（人行道）內側境界線起退讓。
三、停車空間部分或全部設置於建築物各層時，於各該層應集中設置，並以分間牆區劃用途，其設置於屋頂平台者，應依本編第99條之規定。
四、停車空間設置於法定空地時，應規劃車道，使車輛能順暢進出。
五、附設停車空間超過30輛者，應依本編第136條至第139條之規定設置之。

【停車空間相關規定】
停車空間及其應留設供汽車進出用之車道，規定如下：
★★★#60
一、每輛停車位為寬2.5公尺，長5.5公尺。但停車位角度在30度以下者，停車位長度為6公尺。大客車每輛停車位為寬4公尺，長12.4公尺。
二、設置於室內之停車位，其1/5車位數，每輛停車位寬度得寬減20公分。但停車位長邊鄰接牆壁者，不得寬減，且寬度寬減之停車位不得連續設置。
三、機械停車位每輛為寬2.5公尺，長5.5公尺，淨高1.8公尺以上。但不供乘車人進出使用部分，寬得為2.2公尺，淨高為1.6公尺以上。
四、設置汽車昇降機，應留設寬3.5公尺以上、長5.7公尺以上之昇降機道。
五、基地面積在1,500百方公尺以上者，其設於地面層以外樓層之停車空間應設汽車車道（坡道）。
六、車道供雙向通行且服務車位數未達50輛者，得為單車道寬度；50輛以上者，自第50輛車位至汽車進出口及汽車進出口至道路間之通路寬度，應為雙車道寬度。但汽車進口及出口分別設置且供單向通行者，其進口及出口得為單車道寬度。

七、實施容積管制地區,每輛停車空間(不含機械式停車空間)換算容積之樓地板面積,最大不得超過 40 平方公尺。前項機械停車設備之規範,由內政部另定之。

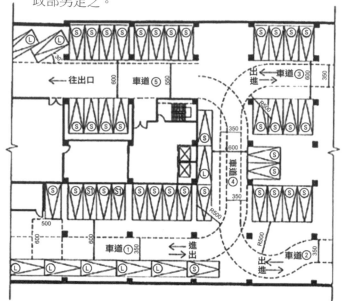

第 60 條　圖 60

1. 車道①、②、③車位數均未達 50 輛,車道得為單車道寬度。
2. 車道①、②、④合計車位數未達 50 輛,車道　得為單車道寬度。
3. 主要車道服務之車位數為車道①、②、③、④之合計達 50 輛以上,應為雙車道寬度。
4. ⑤每輛停車位為寬 2.5 公尺,長 5.5 公尺。
   ⓛ停車位角度在 30 度以下者,停車位長度為 6 公尺。
   ⑤1/5 車位數,每輛停車位寬度得寬減 20 公分。但停車位長邊鄰接牆壁者,不得寬減,且寬減之停車位不得連續設置。
5. 停車位角度超過 60 度者,其停車位前方應留設深 6 公尺,寬 5 公尺以上之空間。

★☆☆#60-1 【通道連接車道】
車空間設置於供公眾使用建築物之室內者,其鄰接居室或非居室之出入口與停車位間,應留設淨寬 75 公分以上之通道連接車道。其他法規另有規定者,並應符合其他法規之規定。

★★★#61 【停車道之寬度、坡度及曲線半徑】
車道之寬度、坡度及曲線半徑應依下列規定:
一、車道之寬度:
　(一)單車道寬度應為 3.5 公尺以上。
　(二)雙車道寬度應為 5.5 公尺以上。
　(三)停車位角度超過 60 度者,其停車位前方應留設深 6 公尺,寬 5 公尺以上之空間。
二、車道坡度不得超過 1 比 6,其表面應用粗面或其他不滑之材料。
三、車道之內側曲線半徑應為 5 公尺以上。

★★★#62 【停車場之構造】

停車空間之構造應依下列規定：

一、停車空間及出入車道應有適當之舖築。

二、停車空間設置戶外空氣之窗戶或開口，其有效通風面積不得小於該層供停車使用之樓地板面積百分之五或依規定設置機械通風設備。

三、供停車空間之樓層淨高，不得小於 2.1 公尺。

四、停車空間應依用戶用電設備裝置規則預留供電動車輛充電相關設備及裝置之裝設空間，並便利行動不便者使用。

重點 3. 建築物之防火　〈第一節　適用範圍〉

★★★#63　【防火區】

建築物之防火應符合本章之規定。本法第 102 條所稱之防火區，係指本法適用地區內，為防火安全之需要，經直轄市、縣（市）政府劃定之地區。

防火區內之建築物，除應符合本章規定外，並應依當地主管建築機關之規定辦理。

榜首提點　《建築法》第 102 條：

直轄市、縣（市）政府對左列各款建築物，應分別規定其建築限制：

一、風景區、古蹟保存區及特定區內之建築物。

二、**防火區內之建築物**。

重點 3. 建築物之防火　〈第二節　雜項工作物之防火限制〉

★★☆#68　【雜項工作物之防火限制】

高度在 3 公尺以上或裝置在屋頂上之廣告牌（塔），裝飾物（塔）及類似之工作物，其主要部分應使用不燃材料。

重點 3. 建築物之防火　〈第三節　防火構造〉

★★★#70　【防火構造之建築物防火時效規定】

防火構造之建築物，其主要構造之柱、樑、承重牆壁、樓地板及屋頂應具有左表規定之防火時效：

主要構造部份　　層數	自頂層起算不超過 4 層之各樓層	自頂層起算超過第 4 層至第 14 層之各樓層	自頂層起算第 15 層以上之各樓層
承重牆壁	1 小時	1 小時	2 小時
樑	1 小時	2 小時	3 小時
柱	1 小時	2 小時	3 小時
樓地板	1 小時	2 小時	2 小時
屋頂	0.5 小時		
（一）屋頂突出物未達計算層樓面積者，其防火時效應與頂層同。			
（二）本表所指之層數包括地下層數。			

★☆☆#71　【3 小時防火時效規定】

具有 3 小時以上防火時效之樑、柱，應依左列規定：

一、樑：

　　(一)鋼筋混凝土造或鋼骨鋼筋混凝土造。

　　(二)鋼骨造而覆以鐵絲網水泥粉刷其厚度在 8 公分以上（使用輕骨材時為 7

公分）或覆以磚、石或空心磚，其厚度在 9 公分以上者（使用輕骨材時為 8 公分）。

　　(三)其他經中央主管建築機關認可具有同等以上之防火性能者。

二、柱：短邊寬度在 40 公分以上並符合左列規定者：

　　(一)鋼筋混凝土造或鋼骨鋼筋混凝土造。

　　(二)鋼骨混凝土造之混凝土保護層厚度在 6 公分以上者。

　　(三)鋼骨造而覆以鐵絲網水泥粉刷，其厚度在 9 公分以上（使用輕骨材時為 8公分）或覆以磚、石或空心磚，其厚度在 9 公分以上者（使用輕骨材時為8 公分）。

　　(四)其他經中央主管建築機關認可具有同等以上之防火性能者。

★☆☆#72　【2 小時防火時效規定】

具有 2 小時以上防火時效之牆壁、樑、柱、樓地板，應依左列規定：

一、牆壁：

　　(一)鋼筋混凝土造或鋼骨鋼筋混凝土造厚度在 10 公分以上，且鋼骨混凝土造之混凝土保護層厚度在 3 公分以上者。

　　(二)鋼骨造而雙面覆以鐵絲網水泥粉刷，其單面厚度在 4 公分以上，或雙面覆以磚、石或空心磚，其單面厚度在 5 公分以上者。但用以保護鋼骨構造之鐵絲網水泥砂漿保護層應將非不燃材料部分之厚度扣除。

　　(三)木絲水泥板二面各粉以厚度 1 公分以上之水泥砂漿，板壁總厚度在 8 公分以上者。

　　(四)以高溫高壓蒸氣保養製造之輕質泡沫混凝土板，其厚度在 7.5 公分以上者。

　　(五)中空鋼筋混凝土版，中間填以泡沫混凝土等其總厚度在 12 公分以上，且單邊之版厚在 5 公分以上者。

　　(六)其他經中央主管建築機關認可具有同等以上之防火性能。

二、柱：短邊寬 25 公分以上，並符合左列規定者：

　　(一)灯鋼筋混凝土造或鋼骨鋼筋混凝土造。

　　(二)鋼骨混凝土造之混凝土保護層厚度在 5 公分以上者。

　　(三)經中央主管建築機關認可具有同等以上之防火性能者。

三、樑：

　　(一)鋼筋混凝土造或鋼骨鋼筋混凝土造。

　　(二)鋼筋混凝土造之混凝土保護層厚度在 5 公分以上者。

　　(三)鋼骨造覆以鐵絲網水泥粉刷其厚度在 6 公分以上（使用輕骨材時為 5 公分）以上，或覆以磚、石或空心磚，其厚度在 7 公分以上者（水泥空心磚使用輕質骨材得時為 6 公分）。

　　(四)其他經中央主管建築機關認可具有同等以上之防火性能者。

四、樓地板：

　　(一)鋼筋混凝土造或鋼骨鋼筋混凝土造厚度在 10 公分以上者。

　　(二)鋼骨造而雙面覆以鐵絲網水泥粉刷或混凝土，其單面厚度在 5 公分以上者。但用以保護鋼鐵之鐵絲網水泥砂漿保護層應將非不燃材料部分扣除。

　　(三)其他經中央主管建築機關認可具有同等以上之防火性能者。

★★☆#73　【1 小時防火時效規定】

具有 1 小時以上防火時效之牆壁、樑、柱、樓地板，應依左列規定：

一、牆壁：

　　(一)鋼筋混凝土造、鋼骨鋼筋混凝土造或鋼骨混凝土造厚度在 7 公分以上者。

　　(二)鋼骨造而雙面覆以鐵絲網水泥粉刷，其單面厚度在 3 公分以上或雙面覆以

磚、石或水泥空心磚，其單面厚度在 4 公分以上者。但用以保護鋼骨之鐵絲網水泥砂漿保護層應將非不燃材料部分扣除。

(三)磚、石造、無筋混凝土造或水泥空心磚造，其厚度在 7 公分以上者。

(四)其他經中央主管建築機關認可具有同等以上之防火性能者。

二、柱：

(一)鋼筋混凝土造、鋼骨鋼筋混凝土造或鋼骨混凝土造。

(二)鋼骨造而覆以鐵絲網水泥粉刷其厚度在 4 公分以上（使用輕骨材時得為 3 公分）或覆以磚、石或水泥空心磚，其厚度在 5 公分以上者。

(三)其他經中央主管建築機關認可具有同等以上之防火性能者。

三、樑：

(一)鋼筋混凝土造、鋼骨鋼筋混凝土造或鋼骨混凝土造。

(二)鋼骨造而覆以鐵絲網水泥粉刷其厚度在 4 公分以上（使用輕骨材時為 3 公分以上），或覆以磚、石或水泥空心磚，其厚度在 5 公分以上者（水泥空心磚使用輕骨材時得為 4 公分）。

(三)鋼骨造屋架、但自地板面至樑下端應在 4 公尺以上，而構架下面無天花板或有不燃材料造或耐燃材料造之天花板者。

(四)其他經中央主管建築機關認可具有同等以上之防火性能者。

四、樓地板：

(一)鋼筋混凝土造或鋼骨鋼筋混凝土造厚度在 7 公分以上。

(二)鋼骨造而雙面覆以鐵絲網水泥粉刷或混凝土，其單面厚度在 4 公分以上者。但用以保護鋼骨之鐵絲網水泥砂漿保護層應將非不燃材料部分扣除。

(三)其他經中央主管建築機關認可具有同等以上之防火性能者。

★★☆#74　【0.5 小時防火時效規定】

具有 0.5 小時以上防火時效之非承重外牆、屋頂及樓梯，應依左列規定：

一、非承重外牆：經中央主管建築機關認可具有 0.5 小時以上之防火時效者。

二、屋頂：

(一)鋼筋混凝土造或鋼骨鋼筋混凝土造。

(二)鐵絲網混凝土造、鐵絲網水泥砂漿造、用鋼鐵加強之玻璃磚造或鑲嵌鐵絲網玻璃造。

(三)鋼筋混凝土（預鑄）版，其厚度在 4 公分以上者。

(四)以高溫高壓蒸汽保養所製造之輕質泡沫混凝土板。

(五)其他經中央主管建築機關認可具有同等以上之防火性能者。

三、樓梯：

(一)鋼筋混凝土造或鋼骨鋼筋混凝土造。

(二)鋼造。

(三)其他經中央主管建築機關認可具有同等以上之防火性能者。

★★★#75　【防火設備種類】

防火設備種類如左：

一、防火門窗。

二、裝設於防火區劃或外牆開口處之撒水幕，經中央主管建築機關認可具有防火區劃或外牆同等以上之防火性能者。

三、其他經中央主管建築機關認可具有同等以上之防火性能者。

【防火門窗之構造規定】

★★★#76　防火門窗係指防火門及防火窗，其組件包括門窗扇、門窗樘、開關五金、嵌裝玻璃、通風百葉等配件或構材；其構造應依左列規定：

一、防火門窗周邊 15 公分範圍內之牆壁應以不燃材料建造。

二、防火門之門扇寬度應在 75 公分以上，高度應在 180 公分以上。

三、常時關閉式之防火門應依左列規定：

(一)免用鑰匙即可開啟，並應裝設經開啟後可自行關閉之裝置。

(二)單一門扇面積不得超過 3 平方公尺。

(三)不得裝設門止。

(四)門扇或門樘上應標示常時關閉式防火門等文字。

四、常時開放式之防火門應依左列規定：

(一)可隨時關閉，並應裝設利用煙感應器連動或其他方法控制之自動關閉裝置，使能於火災發生時自動關閉。

(二)關閉後免用鑰匙即可開啟，並應裝設經開啟後可自行關閉之裝置。

(三)採用防火捲門者，應附設門扇寬度在 75 公分以上，高度在 180 公分以上之防火門。

五、防火門應朝避難方向開啟。但供住宅使用及宿舍寢室、旅館客房、醫院病房等連接走廊者，不在此限。

重點 3. 建築物之防火 〈第四節　防火區劃〉

★★★#79　【面積區劃－防火構造建築物防火區劃規定】

防火構造建築物總樓地板面積在 1,500 平方公尺以上者，應按每 1,500 平方公尺，以具有 1 小時以上防火時效之牆壁、防火門窗等防火設備與該處防火構造之樓地板區劃分隔。防火設備並應具有 1 小時以上之阻熱性。

前項應予區劃範圍內，如備有效自動滅火設備者，得免計算其有效範圍樓地面板面積之 1/2。

防火區劃之牆壁，應突出建築物外牆面 50 公分以上。但與其交接處之外牆面長度有 90 公分以上，且該外牆構造具有與防火區劃之牆壁同等以上防火時效者，得免突出。

建築物外牆為帷幕牆者，其外牆面與防火區劃牆壁交接處之構造，仍應依前項之規定。

★★☆#79-1　【用途區劃－無法區劃分格之防火構造建築物規定】

防火構造建築物供左列用途使用，無法區劃分隔部分，以具有 1 小時以上防火時效之牆壁、防火門窗等防火設備與該處防火構造之樓地板自成 1 個區劃者，不受前條第一項之限制：

一、建築物使用類組為 A-1 組或 D-2 組之觀眾席部分。

二、建築物使用類組為 C 類之生產線部分、D-3 組或 D-4 組之教室、體育館、零售市場、停車空間及其他類似用途建築物。

前項之防火設備應具有 1 小時以上之阻熱性。

★★★#79-2　【豎道與挑空區劃－防火構造建築物內之挑空部分規定】

防火構造建築物內之挑空部分、電扶梯間、安全梯之樓梯間、昇降機間、垂直貫穿樓板之管道間及其他類似部分，應以具有 1 小時以上防火時效之牆壁、防火門窗等防火設備與該處防火構造之樓地板形成區劃分隔。管道間之維修門並應具有 1 小時以上之防火時效。

挑空符合左列情形之一者，得不受前項之限制：

一、避難層通達直上層或直下層之挑空、樓梯及其他類似部分，其室內牆面與天花板以耐燃一級材料裝修者。

二、連跨樓層數在 3 層以下，且樓地板面積 1,500 平方公尺以下之挑空、樓梯

及其他類似部分。

第一項應予區劃之空間範圍內，得設置公共廁所、公共電話等類似空間，其牆面及天花板裝修材料應為耐燃一級材料。

★★☆#80 【非防火構造防火區劃】

非防火構造之建築物，<u>其主要構造使用不燃材料建造者，應按其總樓地板面積每 1,000 平方公尺以具有 1 小時防火時效之牆壁及防火門窗等防火設備予以區劃分隔。</u>

前項之區劃牆壁應自地面層起，貫穿各樓層而與屋頂交接，並突出建築物外牆面 50 公分以上。但與區劃牆壁交接處之外牆有長度 90 公分以上，且具有 1 小時以上防火時效者，得免突出。

第一項之防火設備應具有 1 小時以上之阻熱性。

★★★#81 【非防火構造－木造建築物防火區劃】

<u>非防火構造之建築物，其主要構造為木造等可燃材料建造者，應按其總樓地板面積每 500 平方公尺，以具有 1 小時以上防火時效之牆壁予以區劃分隔。</u>

前項之區劃牆壁應為獨立式構造，並應自地面層起，貫穿各樓層與屋頂，除該牆突出外牆及屋面 50 公分以上者外，與該牆交接處之外牆及屋頂應有長度 3.6 公尺以上部分具有 1 小時以上防火時效且無開口，或雖有開口但裝設具有 1 小時以上防火時效之防火門窗等防火設備。區劃牆壁不得為無筋混凝土或磚石構造。

第一項之區劃牆壁上需設開口者，其寬度及高度不得大於 2.5 公尺，並應裝設具有 1 小時以上防火時效及阻熱性之防火門窗等防火設備。

★★★#82 【非防火構造建築物防火區劃例外規定】

<u>非防火構造建築物供左列用途使用時，其無法區劃分隔部分，以具有 0.5 小時以上防火時效之牆壁、樓板及防火門窗等防火設備自成 1 個區劃，其天花板及面向室內之牆壁，以使用耐燃一級材料裝修者，不受前二條規定限制。</u>

一、體育館、建築物使用類組為 C 類之生產線部分及其他供類似用途使用之建物。

二、樓梯間、昇降機間及其他類似用途使用部分。

★★★#83 【樓層區劃－建築物 11 層樓以上防火區劃】

建築物自第 11 層以上部分，除依第 79-2 條規定之垂直區劃外，應依左列規定區劃：

一、樓地板面積超過 100 平方公尺，應按每 100 平方公尺範圍內，以具有 1 小時以上防火時效之牆壁、防火門窗等防火設備與各該樓層防火構造之樓地板形成區劃分隔。但建築物使用類組 H-2 組使用者，區劃面積得增為 200 平方公尺。

二、自地板面起 1.2 公尺以上之室內牆面及天花板均使用耐燃一級材料裝修者，得按每 200 平方公尺範圍內，以具有 1 小時以上防火時效之牆壁、防火門窗等防火設備與各該樓層防火構造之樓地板區劃分隔；供建築物使用類組 H-2 組使用者，區劃面積得增為 400 平方公尺。

三、室內牆面及天花板（包括底材）均以耐燃一級材料裝修者，得按每 500 平方公尺範圍內，以具有 1 小時以上防火時效之牆壁、防火門窗等防火設備與各該樓層防火構造之樓地板區劃分隔。

四、前三款區劃範圍內，如備有效自動滅火設備者得免計算其有效範圍樓地面板面積之 1/2。

五、第一款至第三款之防火門窗等防火設備應具有 1 小時以上之阻熱性。

★★★#85　【貫穿防火區劃－風管及其他設備管線之防火區劃】
貫穿防火區劃牆壁或樓地板之風管，應在貫穿部位任一側之風管內裝設防火閘門或閘板，其與貫穿部位合成之構造，並應具有 1 小時以上之防火時效。
貫穿防火區劃牆壁或樓地板之電力管線、通訊管線及給排水管線或管線匣，與貫穿部位合成之構造，應具有 1 小時以上之防火時效。

★★★#86　【分戶牆、分間牆之防火區劃】
分戶牆及分間牆構造依左列規定：

一、連棟式或集合住宅之分戶牆，應以具有 1 小時以上防火時效之牆壁及防火門窗等防火設備與該處之樓板或屋頂形成區劃分隔。

二、建築物使用類組為 A 類、D 類、B-1 組、B-2 組、B-4 組、F-1 組、H-1 組、總樓地板面積為 300 平方公尺以上之 B-3 組及各級政府機關建築物，其各防火區劃內之分間牆應以不燃材料建造。但其分間牆上之門窗，不在此限。

三、建築物使用類組為 B-3 組之廚房，應以具有 1 小時以上防火時效之牆壁及防火門窗等防火設備與該樓層之樓地板形成區劃，其天花板及牆面之裝修材料以耐燃一級材料為限，並依建築設備編第五章第三節規定。

四、其他經中央主管建築機關指定使用用途之建築物或居室，應以具有 1 小時防火時效之牆壁及防火門窗等防火設備與該樓層之樓地板形成區劃，裝修材料並以耐燃一級材料為限。

重點 **3.** 建築物之防火　〈第五節　內部裝修限制〉───────────────────

#88　【內部裝修限制】
建築物之內部裝修材料應依下表規定。但符合下列情形之一者，不在此限：

一、除下表（十）至（十四）所列建築物，及建築使用類組為 B-1、B-2、B-3 組及 I 類者外，按其樓地板面積每 100 平方公尺範圍內以具有 1 小時以上防火時效之牆壁、防火門窗等防火設備與該層防火構造之樓地板區劃分隔者，或其設於地面層且樓地板面積在 100 平方公尺以下。

二、裝設自動滅火設備及排煙設備。

建築物類別		組別	供該用途之專用樓地板面積合計	內部裝修材料	
				居室或該使用部分	通達地面之走廊及樓梯
（一）A 類	公共集會類	全部	全部	耐燃 3 級以上	耐燃 2 級以上
（二）B 類	商業類	全部			
（三）C 類	工業、倉儲類	C-1	全部	耐燃 2 級以上	
		C-2			
（四）D 類	休閒、文教類	全部	全部	耐燃 3 級以上	耐燃 2 級以上
（五）E 類	宗教、殯葬類	E			
（六）F 類	衛生、福利、更生類	全部			
（七）G 類	辦公、服務類	全部			
（八）H 類	住宿類	H-1			
		H-2	—	—	—

建築物類別			組別	供該用途之專用樓地板面積合計	內部裝修材料	
					居室或該使用部分	通達地面之走廊及樓梯
(九)	I 類	危險物品類	I	全部	耐燃 1 級	耐燃 1 級
(十)	地下層、地下工作物供 A 類、G 類、B-1 組、B-2 組或 B-3 組使用者			全部		耐燃 1 級
(十一)	無窗戶之居室			全部	耐燃 2 級以上	
(十二)	使用燃燒設備之房間		H-2	2 層以上部分（但頂層除外）		
			其他	全部		
(十三)	11 層以上部分			每 200 平方公尺以內有防火區劃之部分		
				每 500 平方公尺以內有防火區劃之部分	耐燃 1 級	
(十四)	地下建築物			防火區劃面積按 100 平方公尺以上 200 平方公尺以下區劃者	耐燃 2 級以上	耐燃 1 級
				防火區劃面積按 201 平方公尺以上 500 平方公尺以下區劃者	耐燃 1 級	

一、應受限制之建築物其用途、層數、樓地板面積等依本表之規定。

二、本表所稱內部裝修材料係指固著於建築物構造體之天花板、內部牆面或高度超過 1.2 公尺固定於地板之隔屏或兼作櫥櫃使用之隔屏（均含固著其表面並暴露於室內之隔音或吸音材料）。

三、除本表㈨㈩㈪㈫所列各種建築物外，在其自樓地板面起高度在 1.2 公尺以下部分之牆面、窗臺及天花板周圍押條等裝修材料得不受限制。

四、本表㈩㈪所列建築物，如裝設自動滅火設備者，所列面積得加倍計算之。

榜首提點 *建築物之防火為相當重要之章節，須注意以下重點：*

★*防火構造及防火區劃的各種類：*

豎道區劃、面積區劃、異種用途區劃、高樓層區劃、樓層區劃、分戶區劃、貫穿防火區劃等。

★*防火三大目的：*

1. 使建築物難以發生火災。

2. 防止鄰棟建築物延燒。

3. 火災發生時安全逃生。

重點 **4.** 防火避難及消防設備　〈第一節　出入口、走廊、樓梯〉

★★☆#89　【出入口－適用範圍】

本節規定之適用範圍，以左列情形之建築物為限。但建築物以無開口且具有 1 小時以上防火時效之牆壁及樓地板所區劃分隔者，適用本章各節規定，視為他棟建築物：

一、建築物使用類組為 A、B、D、E、F、G 及 H 類者。

二、3 層以上之建築物。

三、總樓地板面積超過 1,000 平方公尺之建築物。

四、地下層或有本編第 1 條第三十五款第二目及第三目規定之無窗戶居室之樓層。

五、本章各節關於樓地板面積之計算，不包括法定防空避難設備面積，室內停車空間面積、騎樓及機械房、變電室、直通樓梯間、電梯間、蓄水池及屋頂突出物面積等類似用途部分。

★★★#90　【直通樓梯通達避難層出入口數量規定】

直通樓梯於避難層開向屋外之出入口，應依左列規定：

一、6 層以上，或建築物使用類組為 A、B、D、E、F、G 類及 H-1 組用途使用之樓地板面積合計超過 500 平方公尺者，除其直通樓梯於避難層之出入口直接開向道路或避難用通路者外，應在避難層之適當位置，開設 2 處以上不同方向之出入口。其中至少 1 處應直接通向道路，其他各處可開向寬 1.5 公尺以上之避難通路，通路設有頂蓋者，其淨高不得小於 3 公尺，並應接通道路。

二、直通樓梯於避難層開向屋外之出入口，寬度不得小於 1.2 公尺，高度不得小於 1.8 公尺。

★★☆#90-1　【供特定用途建築物使用之直通樓梯通達避難層出入口寬度規定】

建築物於避難層開向屋外之出入口，除依前條規定者外，應依左列規定：

一、建築物使用類組為 A-1 組者在避難層供公眾使用之出入口，應為外開門。出入口之總寬度，其為防火構造者，不得小於觀眾席樓地板面積每 10 平方公尺寬 17 公分之計算值，非防火構造者，17 公分應增為 20 公分。

二、建築物使用類組為 B-1、B-2、D-1、D-2 組者，應在避難層設出入口，其總寬度不得小於該用途樓層最大 1 層之樓地板面積每 100 平方公尺寬 36 公分之計算值；其總樓地板面積超過 1,500 平方公尺時，36 公分應增加為 60 公分。

三、前二款每處出入口之寬度不得小於 2 公尺，高度不得小於 1.8 公尺；其他建築物（住宅除外）出入口每處寬度不得小於 1.2 公尺，高度不得小於 1.8 公尺。

★★☆#92　【淨寬度】

走廊之設置應依左列規定：

一、供左表所列用途之使用者，走廊寬度依其規定：

用途　　　　　　　走廊配置	走廊 2 側有居室者	其他走廊
一、建築物使用類組為 D-3、D-4、D-5 組供教室使用部分	2.40 公尺以上	1.80 公尺以上
二、建築物使用類組為 F-1 組	1.60 公尺以上	1.20 公尺以上

三、其他建築物：	1.60 公尺以上	1.20 公尺以上
(一)同 1 樓層內之居室樓地板面積在200平方公尺以上（地下層時為100 平方公尺以上）。		
(二)同 1 樓層內之居室樓地板面積未滿 200 平方公尺（地下層時為未滿 100 平方公尺）。	1.20 公尺以上	

二、建築物使用類組為 A－1 組者，其觀眾席二側及後側應設置互相連通之走廊並連接直通樓梯。但設於避難層部分其觀眾席樓地板面積合計在 300 平方公尺以下及避難層以上樓層其觀眾席樓地板面積合計在 150 平方公尺以下，且為防火構造，不在此限。觀眾席樓地板面積 300 平方公尺以下者，走廊寬度不得小於 1.2 公尺；超過 300 平方公尺者，每增加 60 平方公尺應增加寬度 10 公分。

三、走廊之地板面有高低時，其坡度不得超過 1/10，並不得設置臺階。

四、防火構造建築物內各層連接直通樓梯之走廊牆壁及樓地板應具有 1 小時以上防火時效，並以耐燃一級材料裝修為限。

★★★#93 【直通樓梯設置規定及步行距離】

直通樓梯之設置應依左列規定：

一、任何建築物自避難層以外之各樓層均應設置 1 座以上之直通樓梯（包括坡道）通達避難層或地面，樓梯位置應設於明顯處所。

二、自樓面居室之任一點至樓梯口之步行距離（即隔間後之可行距離非直線距離）依左列規定：

　　(一)建築物用途類組為 A 類、B-1、B-2、B-3 及 D-1 組者，不得超過 30 公尺。

　　(二)建築物用途類組為 C 類者，除有現場觀眾之電視攝影場不得超過 30 公尺外，不得超過 70 公尺。

　　(三)前目規定以外用途之建築物不得超過 50 公尺。

　　(四)建築物第 15 層以上之樓層依其使用應將前二目規定為 30 公尺者減為 20公尺，50 公尺者減為 40 公尺。

　　(五)集合住宅採取複層式構造者，其自無出入口之樓層居室任一點至直通樓梯之步行距離不得超過 40 公尺。

　　(六)非防火構造或非使用不燃材料所建造之建築物，不論任何用途，應將本款所規定之步行距離減為 30 公尺以下。

前項第二款至樓梯口之步行距離，應計算至直通樓梯之第 1 階。但直通樓梯為安全梯者，得計算至進入樓梯間之防火門。

★★☆#94 【步行距離】

避難層自樓梯口至屋外出入口之步行距離不得超過前條規定。

★★★#95 【數量規定】

8 層以上之樓層及下列建築物，應自各該層設置 2 座以上之直通樓梯達避難層或地面：

一、主要構造屬防火構造或使用不燃材料所建造之建築物在避難層以外之樓層供下列使用，或地下層樓地板面積在 200 平方公尺以上者。

　　(一)建築物使用類組為 A-1 組者。

　　(二)建築物使用類組為 F-1 組樓層，其病房之樓地板面積超過 100 平方公尺者。

(三)建築物使用類組為 H-1、B-4 組及供集合住宅使用,且該樓層之樓地板面積超過 240 平方公尺者。

(四)供前三目以外用途之使用,其樓地板面積在避難層直上層超過 400 平方公尺,其他任一層超過 240 平方公尺者。

二、主要構造非屬防火構造或非使用不燃材料所建造之建築物供前款使用者,其樓地板面積 100 平方公尺者應減為 50 平方公尺;樓地板面積 240 平方公尺者應減為 100 平方公尺;樓地板面積 400 平方公尺者應減為 200 平方公尺。

前項建築物之樓面居室任一點至 2 座以上樓梯之步行路徑重複部分之長度不得大於本編第 93 條規定之最大容許步行距離 1/2。

★★★#96　【安全梯設置規定】

下列建築物依規定應設置之直通樓梯,其構造應改為室內或室外之安全梯或特別安全梯,且自樓面居室之任一點至安全梯口之步行距離應合於本編第 93 條規定:

一、通達 3 層以上,5 層以下之各樓層,直通樓梯應至少有 1 座為安全梯。

二、通達 6 層以上,14 層以下或通達地下 2 層之各樓層,應設置安全梯;通達15 層以上或地下 3 層以下之各樓層,應設置戶外安全梯或特別安全梯。但 15 層以上或地下 3 層以下各樓層之樓地板面積未超過 100 平方公尺者,戶外安全梯或特別安全梯改設為一般安全梯。

三、通達供本編第 99 條使用之樓層者,應為安全梯,其中至少 1 座應為戶外安全梯或特別安全梯。但該樓層位於 5 層以上者,通達該樓層之直通樓梯均應為戶外安全梯或特別安全梯,並均應通達屋頂避難平臺。

直通樓梯之構造應具有 0.5 小時以上防火時效。

★★☆#96-1　【安全梯例外規定】

3 層以上,5 層以下防火構造之建築物,符合下列情形之一者,得免受前條第一項第一款限制:

一、僅供建築物使用類組 D-3、D-4 組或 H-2 組之住宅、集合住宅及農舍使用。

二、1 棟 1 戶之連棟式住宅或獨棟住宅同時供其他用途使用,且屬非供公眾使用建築物。其供其他用途使用部分,為設於地面層及地上 2 層,且地上 2 層僅供 D-5、G-2 或 G-3 組使用,並以具有 1 小時以上防火時效之防火門、牆壁及樓地板與供住宅使用部分區劃分隔。

★★★#97　【安全梯構造規定】

安全梯之構造,依下列規定:

一、室內安全梯之構造:

(一)安全梯間四周牆壁除外牆依前章規定外,應具有 1 小時以上防火時效,天花板及牆面之裝修材料並以耐燃一級材料為限。

(二)進入安全梯之出入口,應裝設具有 1 小時以上防火時效及 0.5 小時以上阻熱性且具有遮煙性能之防火門,並不得設置門檻;其寬度不得小於 90 公分。

(三)安全梯間應設有緊急電源之照明設備,其開設採光用之向外窗戶或開口者,應與同幢建築物之其他窗戶或開口相距 90 公分以上。

二、戶外安全梯之構造:

(一)安全梯間四週之牆壁除外牆依前章規定外,應具有 1 小時以上之防火時效。

(二)安全梯與建築物任一開口間之距離,除至安全梯之防火門外,不得小於 2

公尺。但開口面積在 1 平方公尺以內，並裝置具有 0.5 小時以上之防火時效之防火設備者，不在此限。

(三)出入口應裝設具有 1 小時以上防火時效且具有 0.5 小時以上阻熱性之防火門，並不得設置門檻，其寬度不得小於 90 公分。但以室外走廊連接安全梯者，其出入口得免裝設防火門。

(四)對外開口面積（非屬開設窗戶部分）應在 2 平方公尺以上。

三、特別安全梯之構造：

(一)樓梯間及排煙室之四週牆壁除外牆依前章規定外，應具有 1 小時以上防火時效，其天花板及牆面之裝修，應為耐燃一級材料。管道間之維修孔，並不得開向樓梯間。

(二)樓梯間及排煙室，應設有緊急電源之照明設備。其開設採光用固定窗戶或在陽臺外牆開設之開口，除開口面積在 1 平方公尺以內並裝置具有 0.5 小時以上之防火時效之防火設備者，應與其他開口相距 90 公分以上。

(三)自室內通陽臺或進入排煙室之出入口，應裝設具有 1 小時以上防火時效及 0.5 小時以上阻熱性之防火門，自陽臺或排煙室進入樓梯間之出入口應裝設具有 0.5 小時以上防火時效之防火門。

(四)樓梯間與排煙室或陽臺之間所開設之窗戶應為固定窗。

(五)建築物達 15 層以上或地下層 3 層以下者，各樓層之特別安全梯，如供建築物使用類組 A-1、B-1、B-2、B-3、D-1 或 D-2 組使用者，其樓梯間與排煙室或樓梯間與陽臺之面積，不得小於各該層居室樓地板面積 5％；如供其他使用，不得小於各該層居室樓地板面積 3％。

安全梯之樓梯間於避難層之出入口，應裝設具 1 小時防火時效之防火門。

建築物各棟設置之安全梯，應至少有 1 座於各樓層僅設一處出入口且不得直接連接居室。

★★★#99 【屋頂避難平台】

建築物在 5 層以上之樓層供建築物使用類組 A - 1、B - 1 及 B - 2 組使用者，應依左列規定設置具有戶外安全梯或特別安全梯通達之屋頂避難平臺：

一、屋頂避難平臺應設置於 5 層以上之樓層，其面積合計不得小於該棟建築物 5 層以上最大樓地板面積 1/2。屋頂避難平臺任一邊邊長不得小於 6 公尺，分層設置時，各處面積均不得小於 200 平方公尺，且其中一處面積不得小於該棟建築物 5 層以上最大樓地板面積 1/3。

二、屋頂避難平臺面積範圍內不得建造或設置妨礙避難使用之工作物或設施，且通達特別安全梯之最小寬度不得小於 4 公尺。

三、屋頂避難平臺之樓地板至少應具有 1 小時以上之防火時效。

四、與屋頂避難平臺連接之外牆應具有 1 小時以上防火時效，開設之門窗應具有 0.5 小時以上防火時效。

★★★#99-1 【用途區劃】

供下列各款使用之樓層，除避難層外，各樓層應以具 1 小時以上防火時效之牆壁及防火設備分隔為 2 個以上之區劃，各區劃均應以走廊連接安全梯，或分別連接不同安全梯：

一、建築物使用類組 F-2 之機構、學校、中心。

二、建築物使用類組 F-1、H-1 之護理之家、產後護理機構、老人福利機構及康復之家。

前項區劃之樓地板面積不得小於同樓層另一區劃樓地板面積之 1/3。自一區劃至同樓層另一區劃所需經過之出入口，寬度應為 120 公分以上，出入口設置

之防火門，關閉後任一方向均應免用鑰匙即可開啟，並得不受同編第 76 條第五款限制。

重點 4. 防火避難及消防設備 〈第二節 排煙設備〉

★★★#100　【排煙設備】

左列建築物應設置排煙設備。但樓梯間、昇降機間及其他類似部份，不在此限：

一、供本編第 69 條第一類、第四類使用及第二類之養老院、兒童福利設施之建築物，其每層樓地板面積超過 500 平方公尺者。但每 100 平方公尺以內以分間牆或以防煙壁區劃分隔者，不在此限。

二、本編第 1 條第三十一款第三目所規定之無窗戶居室。

前項第一款之防煙壁，係指以不燃材料建造之垂壁，自天花板下垂 50 公分以上。

★★★#101　【排煙設備之構造】

排煙設備之構造，應依左列規定：

一、每層樓地板面積在 500 平方公尺以內，得以防煙壁區劃，區劃範圍內任一部份至排煙口之水平距離，不得超過 45 公尺，排煙口之開口面積，不得小於防煙區劃部份樓地板面積 2%，並應開設在天花板或天花板下 80 公分範圍內之外牆，或直接與排煙風道（管）相接。

二、排煙口在平時應保持關閉狀態，需要排煙時，以手搖式裝置，或利用煙感應器速動之自動開關裝置、或搖控式開關裝置予以開啟，其開口門扇之構造應注意不受開放排煙時所發生氣流之影響。

三、排煙口得裝置手搖式開關，開關位置應在距離樓地板面 80 公分以上 1.5 公尺以下之牆面上。其裝設於天花板者，應垂吊於高出樓地板面 1.8 公尺之位置，並應標註淺易之操作方法說明。

四、排煙口如裝設排風機，應能隨排煙口之開啟而自動操作，其排風量不得小於每分鐘 120 立方公尺，並不得小於防煙區劃部份之樓地板面積每平方公尺 1 立方公尺。

五、排煙口、排煙風道（管）及其他與火煙之接觸部份，均應以不燃材料建造，排煙風道（管）之構造，應符合本編第 52 條第三、四款之規定，其貫穿防煙壁部份之空隙，應以水泥砂漿或以不燃材料填充。

六、需要電源之排煙設備，應有緊急電源及配線之設置，並依建築設備編規定辦理。

七、建築物高度超過 30 公尺或地下層樓地板面積超過 1,000 平方公尺之排煙設備，應將控制及監視工作集中於中央管理室。

重點 4. 防火避難及消防設備 〈第四節 緊急用昇降機〉

★★★#106　【緊急昇降機之設置標準】

依本編第 55 條規定應設置之緊急用昇降機，其設置標準依左列規定：

一、建築物高度超過 10 層樓以上部分之最大 1 層樓地板面積，在 1,500 平方公尺以下者，至少應設置 1 座：超過 1,500 平方公尺時，每達 3,000 平方公尺，增設 1 座。

二、左列建築物不受前款之限制：

(一) 超過 10 層樓之部分為樓梯間、昇降機間、機械室、裝飾塔、屋頂窗及其他類似用途之建築物。

(二) 超過 10 層樓之各層樓地板面積之和未達 500 平方公尺者。

★★★#107　【緊急用昇降機之構造】

緊急用昇降機之構造除本編第二章第十二節及建築設備編對昇降機有關機廂、昇降機道、機械間安全裝置、結構計算等之規定外，並應依下列規定：

一、機間：

(一)除避難層、集合住宅採取複層式構造者其無出入口之樓層及整層非供居室使用之樓層外，應能連通每一樓層之任何部分。

(二)四周應為具有 1 小時以上防火時效之牆壁及樓板，其天花板及牆裝修，應使用耐燃一級材料。

(三)出入口應為具有 1 小時以上防火時效之防火門。除開向特別安全梯外，限設 1 處，且不得直接連接居室。

(四)應設置排煙設備。

(五)應有緊急電源之照明設備並設置消防栓、出水口、緊急電源插座等消防設備。

(六)每座昇降機間之樓地板面積不得小於 10 平方公尺。

(七)應於明顯處所標示昇降機之活載重及最大容許乘座人數、避難層之避難方向、通道等有關避難事項，並應有可照明此等標示以及緊急電源之標示燈。

二、機間在避難層之位置，自昇降機出口或昇降機間之出入口至通往戶外出入口之步行距離不得大於 30 公尺。戶外出入口並應臨接寬 4 公尺以上之道路或通道。

三、昇降機道應每二部昇降機以具有 1 小時以上防火時效之牆壁隔開。但連接機 間之出入口部分及連接機械間之鋼索、電線等周圍，不在此限。

四、應有能使設於各層機間及機廂內之昇降控制裝置暫時停止作用，並將機廂呼返避難層或其直上層、下層之特別呼返裝置，並設置於避難層或其直上層或直下層等機間內，或該大樓之集中管理室（或防災中心）內。

五、應設有連絡機廂與管理室（或防災中心）間之電話系統裝置。

六、應設有使機廂門維持開啟狀態仍能昇降之裝置。

七、整座電梯應連接至緊急電源。

八、昇降速度每分鐘不得小於 60 公尺。

重點 4. 防火避難及消防設備 〈第五節　緊急進口〉

★★★#108　【緊急進口設置標準】

建築物在 2 層以上，第 10 層以下之各樓層，應設置緊急進口。但面臨道路或寬度 4 公尺以上之通路，且各層之外牆每 10 公尺設有窗戶或其他開口者，不在此限。

前項窗戶或開口寬應在 75 公分以上及高度 1.2 公尺以上，或直徑 1 公尺以上之圓孔，開口之下緣應距樓地板 80 公分以下，且無柵欄，或其他阻礙物者。

★★★#109　【緊急進口之構造】

緊急進口之構造應依左列規定：

一、進口應設地面臨道路或寬度在 4 公尺以上通路之各層外牆面。

二、進口之間隔不得大於 40 公尺。

三、進口之寬度應在 75 公分以上，高度應在 1.2 公尺以上。其開口之下端應距離樓地板面 80 公分範圍以內。

四、進口應為可自外面開啟或輕易破壞得以進入室內之構造。

五、進口外應設置陽台，其寬度應為 1 公尺以上，長度 4 公尺以上。

六、進口位置應於其附近以紅色燈作為標幟，並使人明白其為緊急進口之標示。

重點 **4.** 防火避難及消防設備 〈第五節　防火間隔〉

★★☆#110　【防火構造建築物之防火間隔】

防火構造建築物，除基地鄰接寬度 6 公尺以上之道路或深度 6 公尺以上之永久性空地側外，依左列規定：

一、建築物自基地境界線退縮留設之防火間隔未達 1.5 公尺範圍內之外牆部分，應具有 1 小時以上防火時效，其牆上之開口應裝設具同等以上防火時效之防火門或固定式防火窗等防火設備。

二、建築物自基地境界線退縮留設之防火間隔在 1.5 公尺以上未達 3 公尺範圍內之外牆部分，應具有 0.5 小時以上防火時效，其牆上之開口應裝設具同等以上防火時效之防火門窗等防火設備。但同一居室開口面積在 3 平方公尺以下，且以具 0.5 小時防火時效之牆壁（不包括裝設於該牆壁上之門窗）與樓板區劃分隔者，其外牆之開口不在此限。

三、一基地內 2 幢建築物間之防火間隔未達 3 公尺範圍內之外牆部分，應具有 1 小時以上防火時效，其牆上之開口應裝設具同等以上防火時效之防火門或固定式防火窗等防火設備。

四、一基地內 2 幢建築物間之防火間隔在 3 公尺以上未達 6 公尺範圍內之外牆部分，應具有 0.5 小時以上防火時效，其牆上之開口應裝設具同等以上防火時效之防火門窗等防火設備。但同一居室開口面積在 3 平方公尺以下，且以具 0.5 小時防火時效之牆壁（不包括裝設於該牆壁上之門窗）與樓板區劃分隔者，其外牆之開口不在此限。

五、建築物配合本編第 90 條規定之避難層出入口，應在基地內留設淨寬 1.5 公尺之避難用通路自出入口接通至道路，避難用通路得兼作防火間隔。臨接避難用通路之建築物外牆開口應具有 1 小時以上防火時效及 0.5 小時以上之阻熱性。

六、市地重劃地區，應由直轄市、縣（市）政府規定整體性防火間隔，其淨寬應在 3 公尺以上，並應接通道路。

★★☆#110-1　【非防火構造建築物之防火間隔】

非防火構造建築物，除基地鄰接寬度 6 公尺以上道路或深度 6 公尺以上之永久性空地側外，建築物應自基地境界線（後側及兩側）退縮留設淨寬 1.5 公尺以上之防火間隔。一基地內 2 幢建築物間應留設淨寬 3 公尺以上之防火間隔。

前項建築物自基地境界線退縮留設之防火間隔超過 6 公尺之建築物外牆與屋頂部分，及一基地內 2 幢建築物間留設之防火間隔超過 12 公尺之建築物外牆與屋頂部分，得不受本編第 84-1 條應以不燃材料建造或覆蓋之限制。

榜首提點　*防火避難及消防設備為相當重要之章節，須注意以下重點：*

★防火避難設施主要項目：（共 9 項）

1. 出入口

2. 樓梯

3. 走廊

4. 屋頂平台

5. 排煙設備

6. 緊急照明設備

7. 緊急用升降機

　　　　　8. 緊急進口設備
　　　　　9. 防火間隔

重點 5. 特定建築物及其限制 〈第一節　通則〉

★★☆#117　【適用範圍】
本章之適用範圍依左列規定：
一、戲院、電影院、歌廳、演藝場、電視播送室、電影攝影場、及樓地板面積超過 <u>200 平方公尺</u>之集會堂。
二、夜總會、舞廳、室內兒童樂園、遊藝場及酒家、酒吧等，供其使用樓地板面積之和超過 <u>200 平方公尺</u>者。
三、商場（包括超級市場、店鋪）、市場、餐廳（包括飲食店、咖啡館）等，供其使用樓地板面積之和超過 <u>200 平方公尺</u>者。但在避難層之店鋪，飲食店以防火牆區劃分開，且可直接通達道路或私設通路者，其樓地板面積免合併計算。
四、旅館、設有病房之醫院、兒童福利設施、公共浴室等、供其使用樓地板面積之和超過 <u>200 平方公尺</u>者。
五、<u>學校</u>。
六、博物館、圖書館、美術館、展覽場、陳列館、體育館（附屬於學校者除外）、保齡球館、溜冰場、室內游泳池等，供其使用樓地板面積之和超過 <u>200 平方公尺</u>者。
七、工廠類，其作業廠房之<u>樓地板面積之和超過 50 平方公尺或總樓地板面積超過 70 平方公尺</u>者。
八、車庫、車輛修理場所、洗車場、汽車站房、汽車商場（限於在同一建築物內有停車場者）等。
九、倉庫、批發市場、貨物輸配所等，供其使用樓地板面積之和超過 <u>150 平方公尺</u>者。
十、汽車加油站、危險物貯藏庫及其處理場。
十一、總樓地板面積超過 <u>1,000 平方公尺</u>之政府機關及公私團體辦公廳。
十二、屠宰場、污物處理場、殯儀館等，供其使用樓地板面積之和超過 <u>200 平方公尺</u>者。

★★★#118　【基地與道路的關係】
前條建築物之面前道路寬度，除本編第 121 條及第 129 條另有規定者外，應依下列規定。<u>基地臨接 2 條以上道路，供特定建築物使用之主要出入口應臨接合於本章規定寬度之道路</u>：
一、集會堂、戲院、電影院、酒家、夜總會、歌廳、舞廳、酒吧、加油站、汽車站房、汽車商場、批發市場等建築物，應臨接寬 12 公尺以上之道路。
二、其他建築物應臨接寬 8 公尺以上之道路。但前款用途以外之建築物臨接之面前道路寬度不合本章規定者，得按規定寬度自建築線退縮後建築。退縮地不得計入法定空地面積，且不得於退縮地內建造圍牆、排水明溝及其他雜項工作物。
三、建築基地未臨接道路，且供第一款用途以外之建築物使用者，得以私設通路連接道路，該道路及私設通路寬度均合於本條之規定者，該私設通路視為該建築基地之面前道路，且私設通路所占面積不得計入法定空地面積。

前項面前道路寬度，經直轄市、縣（市）政府審查同意者，得不受前項、本編第 121 條及第 129 條之限制。

重點 **5.** 特定建築物及其限制 〈第二節 戲院、電影院、歌廳、演藝場及集會〉————

★☆☆#121 【基地與道路之關係】

本節所列建築物基地之面前道路寬度與臨接長度依左列規定：

一、觀眾席地板合計面積未達 1,000 平方公尺者，道路寬度應為 12 公尺以上。觀眾席樓地板合計面積在 1,000 平方公尺以上者，道路寬度應為 15 公尺以上。

二、基地臨接前款規定道路之長度不得小於左列規定：

（一）應為該基地周長 1/6 以上。

（二）觀眾席樓地板合計面積未達 200 平方公尺者，應為 15 公尺以上，超過 200 平方公尺未達 600 平方公尺每 10 平方公尺或其零數應增加 34 公分，超過 600 平方公尺部份每 10 平方公尺或其零數應增加 17 公分。

三、基地除臨接第一款規定之道路外，其他兩側以上臨接寬 4 公尺以上之道路或場、公園、綠地或於基地內兩側以上留設寬 4 公尺且淨高 3 公尺以上之通路，前款規定之長度按 8/10 計算。

四、建築物內有 2 種以上或 1 種而有 2 家以上之使用者，其在地面層之主要出入口應依本章第 122 條規定留設空地或門廳。

★☆☆#124 【觀眾席位間之通道】

觀眾席位間之通道，應依左列規定：

一、每排相連之席位應在每 8 位（椅背與椅背間距離在 95 公分以上時，得為 12 席）座位之兩側設置縱通道，但每排僅 4 席位相連者（椅背與椅背間距離在 95 公分 以上時得為 6 席）縱通道得僅設於一側。

二、第一款通道之寬度，不得小於 80 公分，但主要樓層之觀眾席面積超過 900 平方公尺者，應為 95 公分以上，緊靠牆壁之通道，應為 60 公分以上。

三、橫排席位至少每 15 排（椅背與椅背間在 95 分以上者得為 20 排）及觀眾席之最前面均應設置寬 1 公尺以上之橫通道。

四、第一款至第三款之通道均應直通規定之出入口。

五、除踏級式樓地板外，通道地板如有高低時，其坡度應為 1/10 以下，並不得設置踏步；通道長度在 3 公尺以下者，其坡度得為 1/8 以下。

六、踏級式樓地板之通道應依左列規定：

（一）級高應一致，並不得大於 25 公分，級寬應為 25 公分以上。

（二）高度超過 3 公尺時，應每 3 公尺以內為橫通道，走廊或連接樓梯之通道相接通。

重點 **5.** 特定建築物及其限制 〈第三節 商場、餐廳、市場〉————

★★☆#129 【建築基地與道路之關係】

供商場、餐廳、市場使用之建築物，其基地與道路之關係應依左列規定：

一、供商場、餐廳、市場使用之樓地板合計面積超過 1,500 平方公尺者，不得面向寬度 10 公尺以下之道路開設，臨接道路部份之基地長度並不得小於基地周長 1/6。

二、前款樓地板合計面積超過 3,000 平方公尺者，應面向 2 條以上之道路開設，其中 1 條之路寬不得小於 12 公尺，但臨接道路之基地長度超過其周

長 1/3 以上者，得免面向 2 條以上道路。

榜首提點 *特定建築物主要出入口「臨接道路」寬度之規定:*

出入口臨接道路寬度	特定建築物類型
> 15m	戲、電、歌、演、集、觀眾席 FA > 1000
> 12m	1. 戲、電、歌、演、集、觀眾席 FA < 1000 2. 酒、油、夜、汽車、批發市場、歌、舞、吧 3. 商、餐、市 FA > 3000
> 10m	商、餐、市 1500 < FA < 3000
> 8m	其他特定建築物 若寬度不足得退縮寬度後建築 退縮地不得計入法定空地

★☆☆#130 　【出入口留設空地或門廳之規定】
前條規定之建築物應於其地面層主要出入口前面依下列規定留設空地或門廳:
一、樓地板合計面積超過 1,500 平方公尺者，空地或門廳之寬度不得小於依本編第 90-1 條規定出入口寬度之 2 倍，深度應在 3 公尺以上。
二、樓地板合計面積超過 2,000 平方公尺者，寬度同前款之規定，深度應為 5 公尺以上。
三、第一款、第二款規定之門廳淨高應為 3 公尺以上。
前項空地不得作為停車空間。

★☆☆#131 　【商場內之室內通路】
連續式店鋪商場之室內通路寬度應依左表規定:

各層之樓地板面積	兩側均有店鋪之通路寬度	其他通路寬度
200 平方公尺以上， 1000 平方公尺以下	3 公尺以上	2 公尺以上
3000 平方公尺以下	4 公尺以上	3 公尺以上
超過 3000 平方公尺	6 公尺以上	4 公尺以上

重點 5. 特定建築物及其限制 〈第四節　學校〉

★★★#133 　【配置、方位與設備】
校舍配置，方位與設備應依左列規定:
一、臨接應留設法定騎樓之道路時，應自建築線退縮騎樓地再加 1.5 公尺以上建築。
二、臨接建築線或鄰地境界線者，應自建築線或鄰地界線退後 3 公尺以上建築。
三、教室之方位應適當，並應有適當之人工照明及遮陽設備。
四、校舍配置，應避免聲音發生互相干擾之現象。
五、建築物高度，不得大於 2 幢建築物外牆中心線水平距離 1.5 倍，但相對之外牆均無開口，或有開口但不供教學使用者，不在此限。
六、樓梯間、廁所、圍牆及單身宿舍不受第一款、第二款規定之限制。

★★★#134 　【4 層以上教室之使用限制】
國民小學，特殊教育學校或身心障礙者教養院之教室，不得設置在 4 層以上。
但國民小學而有下列各款情形並無礙於安全者不在此限:
一、 4 層以上之教室僅供高年級學童使用。

二、各層以不燃材料裝修。

三、自教室任一點至直通樓梯之步行距離在 30 公尺以下。

重點 5. 特定建築物及其限制

〈第三節　車庫、車輛修理場所、洗車站房、汽車商場（包括出租汽車）〉

★★★#135　【汽車出入口】

建築物之汽車出入口不得臨接下列道路及場所：

一、自道路交叉點或截角線，轉彎處起點，穿越斑馬線、橫越天橋或地下道上下口起 5 公尺以內。

二、坡度超過 8：1 之道路。

三、自公共汽車招呼站、鐵路平交道起 10 公尺以內。

四、自幼兒園、國民小學、特殊教育學校、身心障礙者教養院或公園等出入口起 20 公尺以內。

五、其他經主管建築機關或交通主管機關認為有礙交通所指定之道路或場所。

★☆☆#137　【建築構造】

車庫等之建築物構造除應依本編第 69 條附表第六類規定辦理外，凡有左列情形之一者，應為防火建築物：

一、車庫等設在避難層，其直上層樓地板面積超過 100 平方公尺者。但設在避難層之車庫其直上層樓地板面積在 100 平方公尺以下或其主要構造為防火構造，且與其他使用部份之間以防火樓板、防火牆以及甲種防火門區劃者不在此限。

二、設在避難層以外之樓層者。

★☆☆#138　【一般構造及設備】

供車庫等使用部份之構造及設備除依本編第 61 條、第 62 條規定外，應依左列規定：

一、樓地板應為耐水材料，並應有污水排除設備。

二、地板如在地面以下時，應有 2 面以上直通戶外之通風口，或有代替之機械通風設備。

三、利用汽車昇降機設備者，應按車庫樓地板面積每 1,200 平方公尺以內為一單位裝置昇降機 1 台。

重點 6. 防空避難設備　〈第一節　通則〉

★★★#140　【適用範圍】

凡經中央主管建築機關指定之適用地區，有新建、增建、改建或變更用途行為之建築物或供公眾使用之建築物，應依本編第 141 條附建標準之規定設置防空避難設備。但符合下列規定之一者不在此限：

一、建築物變更用途後應附建之標準與原用途相同或較寬者。

二、依本條指定為適用地區以前建造之建築物申請垂直方向增建者。

三、建築基地周圍 150 公尺範圍內之地形，有可供全體人員避難使用之處所，經當地主管建築機關會同警察機關勘察屬實者。

四、其他特殊用途之建築物經中央主管建築機關核定者。

★★★#141　【附建標準】

防空避難設備之附建標準依下列規定：

一、非供公眾使用之建築物，其層數在 6 層以上者，按建築面積全部附建。

二、供公眾使用之建築物：

(一) 供戲院、電影院、歌廳、舞廳及演藝場等使用者，按建築面積全部附建。

(二) 供學校使用之建築物，按其主管機關核定計畫容納使用人數每人 0.75 平方公尺計算，整體規劃附建防空避難設備。並應就實際情形於基地內合理配置，且校舍或居室任一點至最近之避難設備步行距離，不得超過 300公尺。

(三) 供工廠使用之建築物，其層數在 5 層以上者，按建築面積全部附建，或按目的事業主管機關所核定之投資計畫或設廠計畫書等之設廠人數每人 0.75 平方公尺計算，整體規劃附建防空避難設備。

(四) 供其他公眾使用之建築物，其層數在 5 層以上者，按建築面積全部附建。
前項建築物樓層數之計算，不包括整層依獎勵增設停車空間規定設置停車空間之樓層。

★★★#142　【特別規定】

建築物有下列情形之一，經當地主管建築機關審查或勘查屬實者，依下列規定附建建築物防空避難設備：

一、建築基地如確因地質地形無法附建地下或半地下式避難設備者，得建築地面式避難設備。

二、應按建築面積全部附建之建築物，因建築設備或結構上之原因，如昇降機機道之緩衝基坑、機械室、電氣室、機器之基礎、蓄水池、化糞池等固定設備等必須設在地面以下部份，其所佔面積准免補足；並不得超過附建避難設備面積 1/4。

三、因重機械設備或其他特殊情形附建地下室或半地下室確實有困難者，得建築地面式避難設備。

四、同時申請建照之建築物，其應附建之防空避難設備得集中附建。但建築物居室任一點至避難設備進出口之步行距離不得超過 300 公尺。

五、進出口樓梯及盥洗室、機械停車設備所占面積不視為固定設備面積。

六、供防空避難設備使用之樓層地板面積達到 200 平方公尺者，以兼作停車空間為限；未達 200 平方公尺者，得兼作他種用途使用，其使用限制由直轄市、縣（市）政府定之。

重點 **6.** 防空避難設備　〈第二節　設計及構造概要〉

★★★#144　【設計及構造準則】

防空避難設備之設計及構造準則規定如左：

一、天花板高度或地板至樑底之高度不得小於 2.1 公尺。

二、進出口之設置依左列規定：

(一) 面積未達 240 平方公尺者，應設 2 處進出口。其中一處得為通達戶外之爬梯式緊急出口。緊急出口淨寬至少為 0.6 公尺見方或直徑 0.85 公尺以上。

(二) 面積達 240 平方公尺以上者，應設 2 處階梯式（包括汽車坡道）進出口，其中一處應通達戶外。

三、開口部份直接面向戶外者（包括面向地下天井部分），其門窗構造應符合甲種防火門及防火窗規定。室內設有進出口門，應為不燃材料。

四、避難設備露出地面之外牆或進出口上下四周之露天部份或露天頂板，其構造體之鋼筋混凝土厚度不得小於 24 公分。

五、半地下式避難設備，其露出地面部份應小於天花板高度 1/2。

六、避難設備應有良好之通風設備及防水措施。

七、避難室構造應一律為鋼筋混凝土構造或鋼骨鋼筋混凝土構造。

重點 **7.** 雜項工作物

★☆☆#145 　【適用範圍】

本章適用範圍依本法第 7 條之規定，高架遊戲設施及纜車等準用本章之規定。

★★☆#146 　【煙囪之構造】

煙囪之構造除應符合本規則建築構造編、建築設備有關避雷設備及本編第 52 條、第 53 條（煙囪高度）之規定外，並應依左列規定辦理：

一、磚構造及無筋混凝土構造應補強設施，未經補強之煙囪，其高度應依本編第 52 條第一款之規定。

二、石棉管、混凝土管等煙囪，在管之搭接處應以鐵管套連接，並應加設支撐用框架或以斜拉線固定。

三、高度超過 10 公尺之煙囪應為鋼筋混凝土造或鋼鐵造。

四、鋼筋混凝土造煙囪之鋼筋保護層厚度應為五公分以上。

前項第二款之斜拉線應固定於鋼筋混凝土樁或建築物或工作物或經防腐處理之木樁。

★☆☆#147 　【廣告牌塔、裝飾塔、廣播塔或高架水塔等】

廣告牌塔、裝飾塔、廣播塔或高架水塔等之構造應依左列規定：

一、主要部份之構造不得為磚造或無筋混凝土造。

二、各部份構造應符合本規則建築構造編及建築設備編之有關規定。

三、設置於建築物外牆之廣告牌不得堵塞本規則規定設置之各種開口及妨礙消防車輛之通行。

★★☆#148 　【駁崁】

駁崁之構造除應符合本規則建築構造編之有關規定外並應依左列規定辦理：

一、應為鋼筋混凝土造、石造或其他不腐爛材料所建造之構造，並能承受土壤及其他壓力。

二、卵石造駁崁裡層及卵石間應以混凝土填充，使石子和石子之間能緊密結合成為整體。

三、駁崁應設有適當之排水管，在出水孔裡層之周圍應填以小石子層。

★☆☆#149 　【高架遊戲設施】

高架遊戲設施之構造，除應符合建築構造編之有關規定外，並應依左列規定辦理：

一、支撐或支架用於吊掛車廂、纜車或有人乘坐設施之構造，其主要部份應為鋼骨造或鋼筋混凝土造。

二、第一款之車廂、纜車或有人乘坐設施應構造堅固，並應防止人之墜落及其他構造部份撞觸時發生危害等。

三、滾動式構造接合部份均應為可防止脫落之安全構造。

四、利用滑車昇降之纜車等設備者。其鋼纜應為 2 條以上，並應為防止鋼纜與滑車脫離之安全構造。

五、乘坐設施應於明顯處標明人數限制。

六、在動力被切斷或控制裝置發生故障可能發生危險事故者，應有自動緊急停止裝置。

七、其他經中央主管建築機關認為在安全上之必要規定。

重點 **8.** 施工安全措施 〈第一節　通則〉

★☆☆#150 　【施工場所之安全預防措施】

凡從事建築物之新建、增建、改建、修建及拆除等行為時，應於其施工場所設置適當之防護圍籬、擋土設備、施工架等安全措施，以預防人命之意外傷亡、

地層下陷、建築物之倒塌等而危及公共安全。

【火災之預防】

★☆☆#151　在施工場所儘量避免有燃燒設備，如在施工時確有必要者，應在其周圍以不燃材料隔離或採取防火上必要之措施。

重點 8. 施工安全措施　〈第二節　防護範圍〉

★★☆#152　【圍籬之設置】

凡從事本編第 150 條規定之建築行為時，應於施工場所之周圍，利用鐵板木板等適當材料設置高度在 1.8 公尺以上之圍籬或有同等效力之其他防護設施，但其周圍環境無礙於公共安全及觀瞻者不在此限。

★★☆#153　【墜落物體之防護】

為防止高處墜落物體發生危害，應依左列規定設置適當防護措施：

一、自地面高度 3 公尺以上投下垃圾或其他容易飛散之物體時，應用垃圾導管或其他防止飛散之有效設施。

二、本法第 66 條所稱之適當圍籬應為設在施工架周圍以鐵絲網或帆布或其他適當材料等設置覆蓋物以防止墜落物體所造成之傷害。

重點 8. 施工安全措施　〈第三節　擋土設備安全措施〉

★★☆#154　【擋土設備】

凡進行挖土、鑽井及沉箱等工程時，應依左列規定採取必要安全措施：

一、應設法防止損壞地下埋設物如瓦斯管、電纜，自來水管及下水道管渠等。

二、應依據地層分布及地下水位等資料所計算繪製之施工圖施工。

三、靠近鄰房挖土，深度超過其基礎時，應依本規則建築構造編中有關規定辦理。

四、挖土深度在 1.5 公尺以上者，除地質良好，不致發生崩塌或其周圍狀況無安全之慮者外，應有適當之擋土設備，並符合本規則建築構造編中有關規定設置。

五、施工中應隨時檢查擋土設備，觀察周圍地盤之變化及時予以補強，並採取適當之排水方法，以保持穩定狀態。

六、拔取板樁時，應採取適當之措施以防止周圍地盤之沉陷。

重點 8. 施工安全措施　〈第四節　施工架、工作台、走道〉

★★☆#155　【施工架之設置】

建築工程之施工架應依左列規定：

一、施工架、工作台、走道、梯子等，其所用材料品質應良好，不得有裂紋，腐蝕及其他可能影響其強度之缺點。

二、施工架等之容許載重量，應按所用材料分別核算，懸吊工作架（台）所使用鋼索、鋼線之安全係數不得小於 10，其他吊鎖等附件不得小於 5。

三、施工架等不得以油漆或作其他處理，致將其缺點隱蔽。

四、不得使用鑄鐵所製鐵件及曾和酸類或其他腐蝕性物質接觸之繩索。

五、施工架之立柱應使用墊板、鐵件或採用埋設等方法予以固定，以防止滑動或下陷。

六、施工架應以斜撐加強固定，其與建築物間應各在牆面垂直方向及水平方向適當距離內妥實連結固定。

七、施工架使用鋼管時，其接合處應以零件緊結固定；接近架空電線時，應將

鋼管或電線覆以絕緣體等，並防止與架空電線接觸。

★☆☆#156　　【工作台】

工作台之設置應依左列規定：

一、凡離地面或樓地板面 2 公尺以上之工作台應舖以密接之板料：

(一)　固定式板料之寬度不得小於 40 公分，板縫不得大於 3 公分，其支撐點至少應有 2 處以上。

(二)　活動板之寬度不得小於 20 公分，厚度不得小於 3.6 公分，長度不得小於 3.5 公尺，其支撐點至少有 3 處以上，板端突出支撐點之長度不得少於 10 公分，但不得大於板長 1/18。

(三)　二重板重疊之長度不得小於 20 公分。

二、工作台至少應低於施工架立柱頂 1 公尺以上。

三、工作台上四周應設置扶手護欄，護欄下之垂直空間不得超過 90 公分，扶手如非斜放，其斷面積不得小於 30 平方公分。

★☆☆#157　　【走道及階梯】

走道及階梯之架設應依左列規定：

一、坡度應為 30 度以下，其為 15 度以上者應加釘間距小於 30 公分之止滑板條，並應裝設適當高度之扶手。

二、高度在 8 公尺以上之階梯，應每 7 公尺以下設置平台 1 處。

三、走道木板之寬度不得小於 30 公分，其兼為運送物料者，不得小於 60 公分。

重點 **8.** 施工安全措施 〈第五節　按裝及材料之堆積〉

★☆☆#158　　【按裝】

建築物各構材之按裝時應用支撐或螺栓予以固定並應考慮其承載能力。

★☆☆#159　　【材料之堆積】

工程材料之堆積不得危害行人或工作人員及不得阻塞巷道，堆積在擋土設備之周圍或支撐上者，不得超過設計荷重。

重點 **9.** 容積設計

★☆☆#160　　【適用範圍】

實施容積管制地區之建築設計，除都市計畫法令或都市計畫書圖另有規定外，依本章規定。

★★☆#161　　【容積率】

本規則所稱，指基地內建築物之容積總樓地板面積與基地面積之比。基地面積之計算包括法定騎樓面積。

前項所稱容積總樓地板面積，指建築物除依本編第 55 條、第 162 條、第 181 條、第 300 條及其他法令規定，不計入樓地板面積部分外，其餘各層樓地板面積之總和。

★★★#162　　【容積總樓地板面積】

前條依本編第 1 條第五款、第七款及下列規定計算之：

一、每層陽臺、屋簷突出建築物外牆中心線或柱中心線超過 2 公尺或雨遮、花臺突出超過 1 公尺者，應自其外緣分別扣除 2 公尺或 1 公尺作為中心線，計算該層樓地板面積。每層陽臺面積未超過該層樓地板面積之 10%部分，得不計入該層樓地板面積。每層共同使用之樓梯間、昇降機間之梯廳，其淨深度不得小於 2 公尺；其梯廳面積未超過該層樓地板面積 10 部分，得不計入該層樓地板面積。但每層陽臺面積與梯廳面積之和超過該層樓地板

面積之 15％部分者,應計入該層樓地板面積;無共同使用梯廳之住宅用途使用者,每層陽臺面積之和,在該層樓地板面積 12.5％或未超過 8 平方公尺部分,得不計入容積總樓地板面積。

二、1/2 以上透空之遮陽板,其深度在 2 公尺以下者,或露臺或法定騎樓或本編第 1 條第九款第一目屋頂突出物或依法設置之防空避難設備、裝卸、機電設備、安全梯之梯間、緊急昇降機之機道、特別安全梯與緊急昇降機之排煙室及依公寓大廈管理條例規定之管理委員會使用空間,得不計入容積總樓地板面積。但機電設備空間、安全梯之梯間、緊急昇降機之機道、特別安全梯與緊急昇降機之排煙室及管理委員會使用空間面積之和,除依規定僅須設置 1 座直通樓梯之建築物,不得超過都市計畫法規及非都市土地使用管制規則規定該基地容積之 10％外,其餘不得超過該基地容積之 15％。

三、建築物依都市計畫法令或本編第 59 條規定設置之停車空間、獎勵增設停車空間及未設置獎勵增設停車空間之自行增設停車空間,得不計入容積總樓地板面積。但面臨超過 12 公尺道路之 1 棟 1 戶連棟建築物,除汽車車道外,其設置於地面層之停車空間,應計入容積總樓地板面積。

前項第二款之機電設備空間係指電氣、電信、燃氣、給水、排水、空氣調節、消防及污物處理等設備之空間。但設於公寓大廈專有部分或約定專用部分之機電設備空間,應計入容積總樓地板面積。

榜首提點 **得不計入**總樓地板面積如下:

得不計入樓地板面積	◆陽臺、屋簷、雨遮、花臺: 1. 每層陽臺、屋簷未突出超過 2 公尺。 　(超過 1 公尺者,應自其外緣分別扣除 2 公尺計算) 2. 每層陽臺面積未超過該層樓地板面積之 10％。 3. 雨遮、花臺為突出超過 1 公尺。 　(超過 1 公尺者,應自其外緣分別扣除 2 公尺計算) ◆梯廳、樓梯間: 1. 每層共同使用之樓梯間、昇降機間之梯廳,其淨深度不得小於 2 公尺;梯廳面積未超過該層樓地板面積 10％。 2. 每層陽臺面積與梯廳面積之和超過該層樓地板面積之 15％部分者,應計入。
得不計入容積總樓地板面積	1. 無共同使用梯廳之住宅用途使用者,每層陽臺面積之和,在該層樓地板面積 12.5％或未超過 8 平方公尺部分,得不計入。 2. ½ 以上透空之遮陽板,其深度在 2 公尺以下。 3. 露臺或法定騎樓。 4. 屋頂突出物。 5. 防空避難設備、裝卸、機電設備、安全梯之梯間、緊急昇降機之機道、特別安全梯與緊急昇降機之排煙室及管理委員會使用空間。 6. 但機電設備空間、安全梯之梯間、緊急昇降機之機道、特別安全梯與緊急昇降機之排煙室及管理委員會使用空間面積之和,除依規定僅須設置一座直通樓梯之建築物,不得超過都市計畫法規及非都市土地使用管制規則規定該基地容積之 10％外,其餘不得超過該基地容積之 15％。 7. 依法設置之停車空間、獎勵增設停車空間及未設置獎勵增設停車空間之自行增設停車空間,得不計入。 　(但面臨超過 12 公尺道路之 1 棟 1 戶連棟建築物,除汽車車道外,其設置於地面層之停車空間,應計入。)

★★☆#164 【實施容積管制地區建築物高度限制】

建築物高度依下列規定：

一、建築物以 3.6 比 1 之斜率，依垂直建築線方向投影於面前道路之陰影面積，不得超過<u>基地臨接面前道路之長度與該道路寬度乘積之半</u>，<u>且其陰影最大不得超過面前道路對側境界線</u>；建築基地臨接面前道路之對側有永久性空地，其陰影面積得加倍計算。陰影及高度之計算如下：

$$As \leq \frac{L \times Sw}{2}$$

且 $H \leq 3.6\,(Sw + D)$

其中

As：建築物以 3.6 比 1 之斜率，依垂直建築線方向，投影於面前道路之陰影面積。

L：基地臨接面前道路之長度。

Sw：面前道路寬度（依本編第 14 條第一項各款之規定）。

H：建築物各部分高度。

D：建築物各部分至建築線之水平距離。

二、前款所稱之斜率，為高度與水平距離之比值。

★★★#164-1 【挑空部分之位置、面積及高度之規定】

住宅、集合住宅等類似用途建築物樓板挑空設計者，挑空部分之位置、面積及高度應符合下列規定：

一、挑空部分每住宅單位限設一處，應設於客廳或客餐廳之上方，並限於建築物面向道路、公園、綠地等深度達 6 公尺以上之法定空地或其他永久性空地之方向設置。

二、挑空部分每處面積不得小於 15 平方公尺，各處面積合計不得超過該基地內建築物允建總容積樓地板面積 1/10。

三、挑空樓層高度不得超過 6 公尺，其旁側之未挑空部分上、下樓層高度合計不得超過 6 公尺。

挑空部分計入容積率之建築物，其挑空部分之位置、面積及高度得不予限制。

第一項用途建築物設置夾層者，僅得於地面層或最上層擇一處設置；設置夾層之樓層高度不得超過 6 公尺，其未設夾層部分之空間應依第一項第一款及第二款規定辦理。

第一項用途建築物未設計挑空者，地面 1 層樓層高度不得超過 4.2 公尺，其餘各樓層之樓層高度均不得超過 3.6 公尺。但同一戶空間變化需求而採不同樓板高度之構造設計時，其樓層高度最高不得超過 4.2 公尺。

第一項挑空部分或第三項未設夾層部分之空間，其設置位置、每處最小面積、各處合計面積與第一項、第三項及前項規定之樓層高度限制，經建造執照預審小組審查同意者，得依其審定結果辦理。

★☆☆#166-1 【變更設計之規定】

實施容積管制前已申請或領有建造執照，在建造執照有效期限內，依申請變更設計時法令規定辦理時，以不增加原核准總樓地板面積及地下各層樓地板面積不移到地面以上樓層者，得依下列規定提高或增加建築物樓層高度或層數，並依本編第 164 條規定檢討建築物高度。

一、地面 1 層樓高度應不超過 4.2 公尺。

二、其餘各樓層之高度應不超過 3.6 公尺。

三、增加建築物層數者，應檢討該建築物在冬至日所造成之日照陰影，使鄰近基地有 1 小時以上之有效日照；臨接道路部分，自道路中心線起算 10 公尺範圍內，該部分建築物高度不得超過 15 公尺。

前項建築基地位於須經各該直轄市、縣（市）政府都市設計審議委員會審議者，應先報經各該審議委員會審議通過。

重點 10. 無障礙建築物

★★★#167 【適用範圍】

為便利行動不便者進出及使用建築物，新建或增建建築物，應依本章規定設置無障礙設施。但符合下列情形之一者，不在此限：

一、獨棟或連棟建築物，該棟自地面層至最上層均屬同一住宅單位且第 2 層以上僅供住宅使用。

二、供住宅使用之公寓大廈專有及約定專用部分。

三、除公共建築物外，建築基地面積未達 150 平方公尺或每棟每層樓地板面積均未達 100 平方公尺。

前項各款之建築物地面層，仍應設置無障礙通路。

前二項建築物因建築基地地形、垂直增建、構造或使用用途特殊，設置無障礙設施確有困難，經當地主管建築機關核准者，得不適用本章一部或全部之規定。

建築物無障礙設施設計規範，由中央主管建築機關定之。

★☆☆#167-1 【廁所盥洗室、浴室、昇降設備、停車空間及樓梯之規定】

居室出入口及具無障礙設施之廁所盥洗室、浴室、客房、昇降設備、停車空間及樓梯應設有無障礙通路通達。

★☆☆#167-2 【無障礙樓梯】

建築物設置之直通樓梯，至少應有 1 座為無障礙樓梯。

★★☆#167-3 【衛生設備之規定】

建築物依本規則建築設備編第 37 條應裝設衛生設備者，除使用類組為 H-2 組住宅或集合住宅外，每幢建築物無障礙廁所盥洗室數量不得少於下表規定，且服務範圍不得大於 3 樓層：

建築物規模	無障礙廁所盥洗室數量（處）	設置處所
建築物總樓層數在 3 層以下者	1	任一樓層
建築物總樓層數超過 3 層，超過部分每增加 3 層且有 1 層以上之樓地板面積超過 500 平方公尺者	加設 1 處	每增加 3 層之範圍內設置 1 處

本規則建築設備編第 37 條建築物種類第 7 類及第 8 類，其無障礙廁所盥洗室數量不得少於下表規定：

大便器數量（個）	無障礙廁所盥洗室數量（處）
19 以下	1
20 至 29	2
30 至 39	3
40 至 49	4
50 至 59	5
60 至 69	6
70 至 79	7
80 至 89	8
90 至 99	9

100 至 109	10
超過 109 個大便器者,超過部分每增加 10 個,應增加 1 處無障礙廁所盥洗室;不足 10 個,以 10 個計。	

★☆☆#167-4 【無障礙浴室】

建築物設有共用浴室者,每幢建築物至少應設置 1 處無障礙浴室。

★★☆#167-5 【輪椅觀眾席之數量規定】

建築物設有固定座椅席位者,其輪椅觀眾席位數量不得少於下表規定:

固定座椅席位數量(個)	輪椅觀眾席位數量(個)
50 以下	1
51 至 150	2
151 至 250	3
251 至 350	4
351 至 450	5
451 至 550	6
551 至 700	7
701 至 850	8
851 至 1000	9
1001 至 5000	超過 1,000 個固定座椅席位者,超過部分每增加 150 個,應增加 1 個輪椅觀眾席位;不足 150 個,以 150 個計。
超過 5,000 個固定座椅席位者,超過部分每增加 200 個,應增加 1 個輪椅觀眾席位;不足 200 個,以 200 個計。	

★★★#167-6 【無障礙停車位】

建築物依法設有停車空間者,除使用類組為 H-2 組住宅或集合住宅外,其無障礙停車位數量不得少於下表規定:

停車空間總數量(輛)	無障礙停車位數量(輛)
50 以下	1
51 至 100	2
101 至 150	3
151 至 200	4
201 至 250	5
251 至 300	6
301 至 350	7
351 至 400	8
401 至 450	9
451 至 500	10
501 至 550	11
超過 550 輛停車位者,超過部分每增加 50 輛,應增加 1 輛無障礙停車位;不足 50 輛,以 50 輛計。	

建築物使用類組為 H-2 組住宅或集合住宅,其無障礙停車位數量不得少於下表規定:

停車空間總數量（輛）	無障礙停車位數量（輛）
50 以下	1
51 至 150	2
151 至 250	3
251 至 350	4
停車空間總數量（輛）	無障礙停車位數量（輛）
351 至 450	5
451 至 550	6

超過 550 輛停車位者，超過部分每增加 100 輛，應增加 1 輛無障礙停車位；不足 100 輛，以 100 輛計。

★★☆#167-7 【無障礙客房】

建築物使用類組為 B-4 組者，其無障礙客房數量不得少於下表規定：

客房總數量（間）	無障礙客房數量（間）
16 至 100	1
101 至 200	2
201 至 300	3
301 至 400	4
401 至 500	5
501 至 600	6

超過 600 間客房者，超過部分每增加 100 間，應增加 1 間無障礙客房；不足 100 間，以 100 間計。

★☆☆#170 【種類及適用範圍】

公共建築物之適用範圍如下表：

建築物使用類組			建築物之適用範圍
A 類	公共集會類	A-1	1. 戲（劇）院、電影院、演藝場、歌廳、觀覽場。 2. 觀眾席面積在 200 平方公尺以上之下列場所：音樂廳、文康中心、社教館、集會堂（場）、社區（村里）活動中心。 3. 觀眾席面積在 200 平方公尺以上之下列場所：體育館（場）及設施。
		A-2	1. 車站（公路、鐵路、大眾捷運）。 2. 候船室、水運客站。 3. 航空站、飛機場大廈。
B 類	商業類	B-2	百貨公司（百貨商場）商場、市場（超級市場、零售市場、攤販集中場）、展覽場（館）、量販店。
		B-3	1. 小吃街等類似場所。 2. 樓地板面積在 300 平方公尺以上之下列場所：餐廳、飲食店、飲料店（無陪侍提供非酒精飲料服務之場所，包括茶藝館、咖啡店、冰果店及冷飲店等）、飲酒店（無陪侍，供應酒精飲料之餐飲服務場所，包括啤酒屋）等類似場所。
		B-4	國際觀光旅館、一般觀光旅館、一般旅館。

建築物使用類組			建築物之適用範圍
D類	休閒、文教類	D-1	室內游泳池。
		D-2	1. 會議廳、展示廳、博物館、美術館、圖書館、水族館、科學館、陳列館、資料館、歷史文物館、天文臺、藝術館。 2. 觀眾席面積未達 200 平方公尺之下列場所：音樂廳、文康中心、社教館、集會堂（場）、社區（村里）活動中心。 3. 觀眾席面積未達 200 平方公尺之下列場所：體育館（場）及設施。
		D-3	小學教室、教學大樓、相關教學場所。
D類	休閒、文教類	D-4	國中、高中（職）、專科學校、學院、大學等之教室、教學大樓、相關教學場所。
		D-5	樓地板面積在 500 平方公尺以上之下列場所：補習（訓練）班、課後托育中心。
E類	宗教、殯葬類	E	1. 樓地板面積在 500 平方公尺以上之寺（寺院）、廟（廟宇）、教堂。 2. 樓地板面積在 500 平方公尺以上之殯儀館。
F類	衛生、福利、更生類	F-1	1. 設有 10 床病床以上之下列場所：醫院、療養院。 2. 樓地板面積在 500 平方公尺以上之下列場所：護理之家、屬於老人福利機構之長期照護機構。
		F-2	1. 身心障礙者福利機構、身心障礙者教養機構（院）、身心障礙者職業訓練機構。 2. 特殊教育學校。
		F-3	1. 樓地板面積在 500 平方公尺以上之下列場所：幼兒園、兒童及少年福利機構。 2. 發展遲緩兒早期療育中心。
G類	辦公、服務類	G-1	含營業廳之下列場所：金融機構、證券交易場所、金融保險機構、合作社、銀行、郵政、電信、自來水及電力等公用事業機構之營業場所。
		G-2	1. 郵政、電信、自來水及電力等公用事業機構之辦公室。 2. 政府機關（公務機關）。 3. 身心障礙者就業服務機構。
		G-3	1. 衛生所。 2. 設置病床未達 10 床之下列場所：醫院、療養院。 公共廁所。 便利商店。
H類	住宿類	H-1	1. 樓地板面積未達 500 平方公尺之下列場所：護理之家、屬於老人福利機構之長期照護機構。 2. 老人福利機構之場所：養護機構、安養機構、文康機構、服務機構。
		H-2	1. 6 層以上之集合住宅。 2. 5 層以下且 50 戶以上之集合住宅。
I類	危險物品類	I	加油（氣）站。

重點 **11.** 地下建築物 〈第一節 一般設計通則〉

★★☆#178 【適用範圍】
公園、兒童遊樂場、廣場、綠地、道路、鐵路、體育場、停車場等公共設施用地及經內政部指定之地下建築物，應依本章規定。本章未規定者依其他各編章之規定。

★★★#179 【建築技術用語之定義】
本章建築技術用語之定義如左：

一、地下建築物：主要構造物定著於地面下之建築物，包括地下使用單元、地下通道、地下通道之直通樓梯、專用直通樓梯、地下公共設施等，及附設於地面上出入口、通風採光口、機電房等類似必要之構造物。

二、地下使用單元：地下建築物之一部分，供 1 種或在使用上具有不可區分關係之 2 種以上用途所構成之區劃單位。

三、地下通道：地下建築物之一部分，專供連接地下使用單元、地下通道直通樓梯、地下公共設施等，及行人通行使用者。

四、地下通道直通樓梯：地下建築物之一部分，專供連接地下通道，且可通達地面道路或永久性空地之直通樓梯。

五、專用直通樓梯：地下使用單元及緩衝區內，設置專供該地下使用單元及緩衝區使用，且可通達地面道路或永久性空地之直通樓梯。

六、緩衝區：設置於地下建築物或地下運輸系統與建築物地下層之連接處，具有專用直通樓梯以供緊急避難之獨立區劃空間。

★☆☆#180 【地下建築物之用途限制】
地下建築物之用途，除依照都市計畫法省、市施行細則及分區使用管制規則或公共設施多目標使用方案或大眾捷運系統土地聯合開發辦法辦理並得由該直轄市、縣（市）政府依公共安全，公共衛生及公共設施指定之目的訂定，轉報內政部核定之。

★☆☆#182 【中央管理室】
地下建築物應設置中央管理室，各管理室間應設置相互連絡之設備。
前項中央管理室，應設置專用直通樓梯，與其他部分之間並應以具有 2 小時以上防火時效之牆壁、防火門窗等防火設備及該處防火構造之樓地板區劃分隔。

★★☆#183 【地下使用單元與地下通道之關係】
地下使用單元臨接地下通道之寬度，不得小於 2 公尺。自地下使用單元內之任一點，至地下通道或專用直通樓梯出入口之步行距離不得超過 20 公尺。

★☆☆#184 【地下通道之寬度及其構造】
地下通道依左列規定：

一、地下通道之寬度不得小於 6 公尺，並不得設置有礙避難通行之設施。

二、地下通道之地板面高度不等時應以坡道連接之，不得設置台階，其坡度應小於 1 比 12，坡道表面並應作止滑處理。

三、地下通道及地下廣場之天花板淨高不得小於 3 公尺，但至天花板下之防煙壁、廣告物等類似突出部份之下端，得減為 2.5 公尺以上。

四、地下通道末端不與其他地下通道相連者，應設置出入口通達地面道路或永久性空地，其出入口寬度不得小於該通道之寬度。該末端設有 2 處以上出入口時，其寬度得合併計算。

★☆☆#185 【地下通道直通樓梯】
地下通道直通樓梯依左列規定：

一、自地下通道之任一點，至可通達地面道路或永久性空地之直通樓梯口，其步行距離不得大於 30 公尺。

二、前款直通樓梯分開設置時，其出入口之距離小於地下通道寬度者，樓梯寬度得合併計算，但每座樓梯寬度不得小於 1.5 公尺。

依前二款規定設置之直通樓梯得以坡道代替之，其坡度不得超過 1 比 8，表面應作止滑處理。

★★☆#194　【直通樓梯淨寬】

本章規定應設置之應依左列規定：

一、地下通道直通樓梯淨寬不得小於該地下通道之寬度；其臨接 2 條以上寬度不同之地下通道時，應以較寬者為準。但經由起造人檢討逃生避難計畫並經中央主管建築機關審核認可者，不在此限。

二、地下廣場之直通樓梯淨寬不得小於 2 公尺。

三、專用直通樓梯淨寬不得小於 1.5 公尺。但地下使用單元之總樓地板面積在 300 平方公尺以上時，應為 1.8 公尺以上。

前項直通樓梯級高應在 18 公分以下，級深應在 26 公分公上。樓梯高度每 3 公尺以內應設置平台，為直梯者，其深度不得小於 1.5 公尺；為轉折梯者，其深度不得小於樓梯寬度。

重點 11. 地下建築物 〈第三節　建築物之防火〉

★☆☆#201　【地下使用單元防火區劃】

地下使用單元與地下通道間，應以具有 <u>1 小時以上防火時效之牆壁、防火門窗等防火設備及該處防火構造之樓地板予以區劃分隔。</u>

設有燃氣設備及鍋爐設備之使用單元等，應儘量集中設置，且與其他使用單元之間，應以具有 1 小時以上防火時效之牆壁、防火門窗等防火設備及該處防火構造之樓地板予以區劃分隔。

★★★#202　【地下建築物之防火區劃】

地下建築物供地下使用單元使用之總樓地板面積在 1,000 平方公尺以上者，應按每 1,000 平方公尺，以具有 1 小時以上防火時效之牆壁、防火門窗等防火設備及該處防火構造之樓地板予以區劃分隔。

供地下通道使用，其總樓地板面積在 1,500 平方公尺以上者，應按每 1,500 平方公尺，以具有 1 小時以上防火時效之牆壁、防火門窗等防火設備及該處防火構造之樓地板予以區劃分隔。且每一區劃內，應設有地下通道直通樓梯。

★☆☆#203　【超過一層之地下建築物之防火區劃及遮煙性能】

超過 1 層之地下建築物之防火區劃，其樓梯、昇降機道、管道及其他類似部分，與其他部分之間，應以具有 1 小時以上防火時效之牆壁、防火門窗等防火設備予以區劃分隔。樓梯、昇降機道裝設之防火設備並應具有遮煙性能。管道間之維修門應具有 1 小時以上防火時效及遮煙性能。

前項昇降機道前設有昇降機間且併同區劃者，昇降機間出入口裝設具有遮煙性能之防火設備時，昇降機道出入口得免受應裝設具遮煙性能防火設備之限制；昇降機間出入口裝設之門非防火設備但開啟後能自動關閉且具有遮煙性能時，昇降機道出入口之防火設備得免受應具遮煙性能之限制。

★☆☆#204　【內部裝修限制】

地下使用單元之隔間、天花板、地下通道、樓梯等，其底材、表面材之裝修材料及標示設施、廣告物等均應為不燃材料製成者。

★☆☆#213　【緊急供電設備】

地下建築物內設置之左列各項設備應接至緊急電源：

一、室內消防栓：自動消防設備（自動撒水、自動泡沫滅火、水霧自動撒水、自動乾粉滅火、自動二氧化碳、自動揮發性液體等消防設備）。

二、火警自動警報設備。

三、漏電自動警報設備。

四、出口標示燈、緊急照明、避難方向指示燈、緊急排水及排煙設備。

五、瓦斯漏氣自動警報設備。

六、緊急用電源插座。

七、緊急廣播設備。

各緊急供電設備之控制及監視系統應集中於中央管理室。

★☆☆#217 　【緊急照明設備】

地下通道之緊急照明設備，應依左列規定：

一、地下通道之地板面，應具有平均 10 勒克斯以上照度。

二、照明器具（包括照明燈蓋等之附件），除絕緣材料及小零件外，應由不燃材料所製成或覆蓋。

三、光源之燈罩及其他類似部份之最下端，應在天花板面（無天花板時為版）下 50 公分內之範圍。

重點 11. 地下建築物 〈第五節　空氣調節及通風設備〉

★☆☆#219 　【機械通風系統】

地下建築物，其樓地板面積在 1,000 平方公尺以上之樓層，應設置機械送風及機械排風；其樓地板面積在 1,000 平公尺以下之樓層，得視其地下使用單元之配置狀況，擇一設置機械送風及機械排風系統、機械送風及自然排風系統、或自然送風及機械排風系統。

前項之通風系統，並應使地下使用單元及地下通道之通風量有均等之效果。

★☆☆#220 　【通風量】

依前條設置之通風系統，其通風量應依左列規定：

一、按樓地板面積每平方公尺應有每小時 30 立方公尺以上之新鮮外氣供給能力。但使用空調設備者每小時供給量得減為 15 立方公尺以上。

二、設置機械送風及機械排風者，平時之給氣量，應經常保持在排氣量之上。

三、各地下使用單元應設置進風口或排風口，平時之給氣量並應大於排氣量。

★☆☆#222 　【新鮮空氣進氣口】

新鮮空氣進氣口應有防雨、防蟲、防鼠、防塵之構造，且應設於地面上 3 公尺以上之位置。該位置附近之空氣狀況，經主管機關認定不合衛生條件者，應設置空氣過濾或洗淨設備。

設置空氣過濾或洗淨設備者，在不妨礙衛生情況下，前項之高度得不受限制。

★☆☆#224 　【通風機械室】

通風機械室之天花板高度不得小於 2 公尺，且電動機、送風機、及其他通風機械設備等，應距周圍牆壁 50 公分以上。但動力合計在 0.75 千瓦以下者，不在此限。

重點 11. 地下建築物 〈第六節　環境衛生及其它〉

★☆☆#226 　【排水設備及垃圾處理】

地下建築物，應設有排水設備及可供垃圾集中處理之處所。

排水設備之處理能力不得小於地下建築物平均日排水量除以平均日供水時間之值的 2 倍。

重點 **12.** 高層建築物 〈第一節　一般設計通則〉

★★★#227　【高層建築物定義】
本章所稱高層建築物，係指高度在 50 公尺或樓層在 16 層以上之建築物。

★★★#228　【高層建築物總樓地板面積與留設空地之比】
高層建築物之總樓地板面積與留設空地之比，不得大於左列各值：
一、商業區：30。
二、住宅區及其他使用分區：15。

★★☆#229　【高層建築物退縮距離】
高層建築物應自建築線及地界線依落物曲線距離退縮建築。但建築物高度在 50 公尺以下部分得免退縮。
落物曲線距離為建築物各該部分至基地地面高度平方根之 1/2。

★★☆#230　【高層建築物地下各層最大樓地板面積】
高層建築物之地下各層最大樓地板面積計算公式如左：
Ao ≦（1 ＋ Q）A ／ 2
Ao：地下各層最大樓地板面積。
A：建築基地面積。
Q：該基地之最大建蔽率。
高層建築物因施工安全或停車設備等特殊需要，經預審認定有增加地下各層樓地板面積必要者，得不受前項限制。

★★☆#233　【高層建築物之緊急進口】
高層建築物在 2 層以上，16 層或地板面高度在 50 公尺以下之各樓層，應設置緊急進口。但面臨道路或寬度 4 公尺以上之通路，且各層之外牆每 10 公尺設有窗戶或其他開口者，不在此限。
前項窗戶或開口應符合本編第 108 條第二項之規定。

重點 **12.** 高層建築物 〈第三節　防火避難設施〉

★★★#241　【高層建築物之特別安全梯】
高層建築物應設置 2 座以上之特別安全梯並應符合二方向避難原則。2 座特別安全梯應在不同平面位置，其排煙室並不得共用。
高層建築物連接特別安全梯間之走廊應以具有 1 小時以上防火時效之牆壁、防火門窗等防火設備及該樓層防火構造之樓地板自成 1 個獨立之防火區劃。
高層建築物通達地板面高度 50 公尺以上或 16 層以上樓層之直通樓梯，均應為特別安全梯，且通達地面以上樓層與通達地面以下樓層之梯間不得直通。

★★☆#242　【高層建築物昇降機間之規定】
高層建築物昇降機道併同昇降機間應以具有 1 小時以上防火時效之牆壁、防火門窗等防火設備及該處防火構造之樓地板自成 1 個獨立之防火區劃。
昇降機間出入口裝設之防火設備應具有遮煙性能。連接昇降機間之走廊，應以具有 1 小時以上防火時效之牆壁、防火門窗等防火設備及該層防火構造之樓地板自成 1 個獨立之防火區劃。

★★☆#243　【高層建築物之燃氣設備】
高層建築物地板面高度在 50 公尺或樓層在 16 層以上部分，除住宅、餐廳等

係建築物機能之必要時外，不得使用燃氣設備。

高層建築物設有燃氣設備時，應將燃氣設備集中設置，並設置瓦斯漏氣自動警報設備，且與其他部分應以具 1 小時以上防火時效之牆壁、防火門窗等防火設備及該層防火構造之樓地板予以區劃分隔。

【高層建築物緊急昇降機之規定】

★★☆#244　高層建築物地板面高度在 50 公尺以上或 16 層以上之樓層應設置緊急昇降機間，緊急用昇降機載重能力應達 17 人（1,150 公斤）以上，其速度不得小於每分鐘 60 公尺，且自避難層至最上層應在 1 分鐘內抵達為限。

重點 **12.** 高層建築物 〈第四節　建築設備〉

★☆☆#247　**【高層建築物之配管管材】**
高層建築物各種配管管材均應以不燃材料製成或包覆，其貫穿防火區劃之施作應符合本編第85條、第85-1規定。

★☆☆#256　**【高層建築物之升降設備決定因素】**
高層建築物之升降設備應依居住人口、集中率、動線等三者計算交通量，以決定適當之電梯數量及載容量。

★☆☆#257　**【高層建築物之火警自動警報設備及自動撒水設備】**
高層建築物每一樓層均應設置火警自動警報設備，其 11 層以上之樓層以設置偵煙型探測器為原則。
高層建築物之各層均應設置自動撒水設備。但已設有其他自動滅火設備者，其於有效防護範圍，內得免設置。

★★★#259　**【高層建築物之防災中心】**
高層建築物應依左列規定設置防災中心：
一、防災中心應設於避難層或其直上層或直下層。
二、樓地板面積不得小於 40 平方公尺。
三、防災中心應以具有 2 小時以上防火時效之牆壁、防火門窗等防火設備及該層防火構造之樓地板予以區劃分隔，室內牆面及天花板（包括底材），以耐燃一級材料為限。
四、高層建築物左列各種防災設備，其顯示裝置及控制應設於防災中心：
　　(一) 電氣、電力設備。
　　(二) 消防安全設備。
　　(三) 排煙設備及通風設備。
　　(四) 昇降及緊急昇降設備。
　　(五) 連絡通信及廣播設備。
　　(六) 燃氣設備及使用導管瓦斯者，應設置之瓦斯緊急遮斷設備。
　　(七) 其他之必要設備。
高層建築物高度達 25 層或 90 公尺以上者，除應符合前項規定外，其防災中心並應具備防災、警報、通報、滅火、消防及其他必要之監控系統設備；其應具功能如左：
一、各種設備之記錄、監視及控制功能。
二、相關設備運動功能。
三、提供動態資料功能。
四、火災處理流程指導功能。
五、逃生引導廣播功能。
六、配合系統型式提供模擬之功能。

重點 13. 山坡地建築　〈第一節　山坡地基地不得開發建築認定基準〉

★☆☆#260　【適用範圍】
　　本章所稱山坡地，指依山坡地保育利用條例第 3 條之規定劃定，報請行政院核定公告之公、私有土地。

★★☆#261　【用語定義】
　　本章建築技術用語定義如左：
一、平均坡度：係指在比例尺不小於 1/1200 實測地形圖上依左列平均坡度計算法得出之坡度值：
　　（一）在地形圖上區劃正方格坵塊，其每邊長不大於 25 公尺。圖示如左：

　　（二）每格坵塊各邊及地形圖等高線相交點之點數，記於各方格邊上，再將四邊之交點總和註在方格中間。圖示如左：

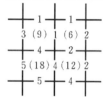

　　（三）依交點數及坵塊邊長，求得坵塊內平均坡度（S）或傾斜角（θ），計算公式如左：

$$S(\%) = \frac{n\pi h}{8L} \times 100\%$$

　　S：　平均坡度（百分比）。
　　h：　等高線首曲線間距（公尺）。
　　L：　方格（坵塊）邊長（公尺）。
　　n：　等高線及方格線交點數。
　　π：　圓周率（3.14）
　　（四）在坵塊圖上，應分別註明坡度計算之結果。圖示如左：

S_1	S_2
(θ_1)	(θ_2)
S_3	S_4
(θ_3)	(θ_4)

二、順向坡：與岩層面或其他規則而具延續性之不連續面大致同向之坡面。圖示如左：

214

三、自由端：岩層面或不連續面裸露邊坡。

四、岩石品質指標（RQD）：指一地質鑽孔中，其岩心長度超過 10 公分部分
　　者之總長度，與該次鑽孔長度之百分比。

五、活動斷層：指有活動記錄之斷層或依地面現象由學理推論認定之活動斷層
　　及其推衍地區。

六、廢土堆：人工移置或自然崩塌之土石而未經工程壓密或處理者。

七、坑道：指各種礦坑、涵洞及其他未經工程處理之地下空洞。

八、坑道覆蓋層：指地下坑道頂及地面或基礎底面間之覆蓋部分。

九、有效應力深度：指構造物基礎下 4 倍於基礎最大寬度之深度。

★★★#262　【不得開發建築】

山坡地有左列各款情形之一者，不得開發建築。但穿過性之道路、通路或公共
設施管溝，經適當邊坡穩定之處理者，不在此限：

一、坡度陡峭者：所開發地區之原始地形應依坵塊圖上之平均坡度之分布狀態，
　　區劃成若干均質區。在坵塊圖上其平均坡度超過 30％者。但區內最高點
　　及最低點間之坡度小於 15％，且區內不含顯著之獨立山頭或跨越主嶺線
　　者，不在此限。

二、地質結構不良、地層破碎或順向坡有滑動之虞者：

　(一)順向坡傾角大於 20 度，且有自由端，基地面在最低潛在滑動面外側地區。
　　　圖示如下：

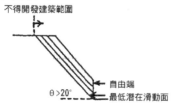

　(二)自滑動面透空處起算之平面型地滑波及範圍，且無適當擋土設施者。其
　　　公式及圖式如左：

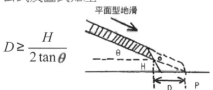

$$D \geq \frac{H}{2\tan\theta}$$

　　D：自滑動面透空處起算之波及距離（m）。

　　θ：岩層坡度。

　　H：滑動面透空處高度（m）。

　(三)在預定基礎面下，有效應力深度內，地質鑽探岩心之岩石品質指標（RQD）
　　　小於 25％，且其下坡原地形坡度超過 55％，坡長 30 公尺者，距坡緣距
　　　離等於坡長之範圍，原地形呈明顯階梯狀者，坡長自下段階地之上坡腳起
　　　算。圖示如下：

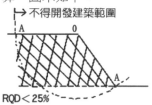

三、活動斷層：依歷史上最大地震規模（M）劃定在下表範圍內者：

歷史地震規模	不得開發建築範圍
M ≧ 7	斷層帶 2 外側邊各 100 公尺
7>M ≧ 6	斷層帶 2 外側邊各 50 公尺
M < 6 或無記錄者	斷層帶 2 外側邊各 30 公尺內

四、有危害安全之礦場或坑道：

(一) 在地下坑道頂部之地面，有與坑道關連之裂隙或沈陷現象者，其分布寬度2 側各 1 倍之範圍。

(二) 建築基礎（含樁基）面下之坑道頂覆蓋層在下表範圍者：

岩盤健全度	坑道頂至建築基礎面坑之厚度
RQD ≦ 75%	< 10× 坑道最大內徑（M）
50% ≦ RQD < 75%	< 20× 坑道最大內徑（M）
R QD < 50%	< 30× 坑道最大內徑（M）

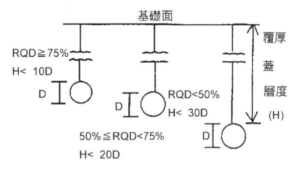

五、廢土堆：廢土堆區內不得開發為建築用地。但建築物基礎穿越廢土堆者，不在此限。

六、河岸或向源侵蝕：

(一) 自然河岸高度超過 5 公尺範圍者：

河岸邊坡之角度（θ）	地 質	不得開發建築範圍（自河岸頂緣內計之範圍）
θ ≧ 60°	砂礫層	岸高（H）× 1
	岩盤	岸高（H）× 2/3
45° ≦ θ < 60°	砂礫層	岸高（H）× 2/3
	岩盤	岸高（H）× 1/2
θ < 45°	砂礫層	岸高（H）× 1/2
	岩盤	岸高（H）× 1/3

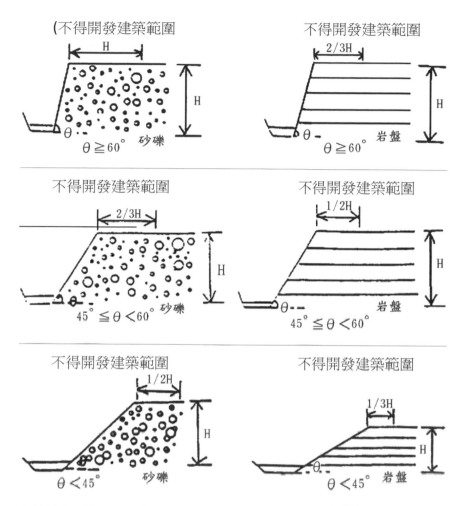

(二) 在前目表列範圍內已有平行於河岸之裂隙出現者，則自裂隙之內緣起算。

七、洪患：河床二岸低地，過去洪水災害記錄顯示其周期小於 10 年之範圍。但已有妥善之防洪工程設施並經當地主管建築機關認為無礙安全者，不在此限。

八、斷崖：斷崖上下各 2 倍於斷崖高度之水平距離範圍內。但地質上或設有適當之擋土設施並經當地主管建築機關認為安全無礙者，不在此限。

前項第 6 款河岸包括海崖、階地崖及臺地崖。

第 1 項第 1 款坵塊圖上其平均坡度超過 55％者，不得計入法定空地面積；坵塊圖上其平均坡度超過 30％且未逾 55％者，得作為法定空地或開放空間使用，不得配置建築物。但因地區之發展特性或特殊建築基地之水土保持處理與維護之需要，經直轄市、縣（市）政府另定適用規定者，不在此限。

建築基地跨越山坡地與非山坡地時，其非山坡地範圍有礦場或坑道者，適用第一項第四款規定。

重點 **13.** 山坡地建築 〈第二節　設計原則〉

★☆☆#267　　【建築基地地下各層最大樓地板面積】

建築基地地下各層最大樓地板面積計算公式如左：

$A_0 < (1 + Q) A/2$

A_0：地下各層最大樓地板面積。

A：建築基地面積。

Q：該基地之最大建蔽率。

建築物因施工安全或停車設備等特殊需要，經主管建築機關審定有增加地下各層樓地板面積必要者，得不受前項限制。

建築基地內原有樹木，其距離地面 1 公尺高之樹幹周長大於 50 公分以上經列管有案者，應予保留或移植於基地之空地內。

★★☆#268　【高度計算】

建築物高度除依都市計畫法或區域計畫法有關規定許可者，從其規定外，不得高於法定最大容積率除以法定最大建蔽率之商乘 3.6 再乘以 2，其公式如左：

$$H \leq \frac{法定最大容積率}{法定最大建蔽率} \times 3.6 \times 2$$

建築物高度因構造或用途等特殊需要，經目的事業主管機關審定有增加其建築物高度必要者，得不受前項限制。

重點 14. 工廠類建築物

★★☆#269　【適用範圍】

下列地區之工廠類建築物，除依獎勵投資條例及促進產業升級條例所興建之工廠，或各該工業訂有設廠標準或其他法令另有規定者外，其基本設施及設備應依本章規定辦理：

一、依都市計畫劃定為工業區內之工廠。

二、非都市土地丁種建築用地內之工廠。

★★☆#270　【用語定義】

本章用語定義如下：

一、作業廠房：指供直接生產、儲存或倉庫之作業空間。

二、廠房附屬空間：指輔助或便利工業生產設置，可供寄宿及工作之空間。但以供單身員工宿舍、辦公室及研究室、員工餐廳及相關勞工福利設施使用者為限。

★★☆#271　【作業廠房之面積規定】

作業廠房單層樓地板面積不得小於 150 平方公尺。其面積 150 平方公尺以下之範圍內，不得有固定隔間區劃隔離；面積超過 150 平方公尺部分，得予適當隔間。

作業廠房與其附屬空間應以具有 1 小時以上防火時效之牆壁、樓地板、防火門窗等防火設備區劃用途，並能個別通達避難層、地面或樓梯口。

前項防火設備應具有小時以上之阻熱性。

★★☆#272　【廚房附屬空間】

廠房附屬空間設置面積應符合下列規定：

一、辦公室（含守衛室、接待室及會議室）及研究室之合計面積不得超過作業廠房面積 1/5。

二、作業廠房面積在 300 平方公尺以上之工廠，得附設單身員工宿舍，其合計面積不得超過作業廠房面積 1/3。

三、員工餐廳（含廚房）及其他相關勞工福利設施之合計面積不得超過作業廠

房面積 1/4。

前項附屬空間合計樓地板面積不得超過作業廠房面積之 2/5。

【作業廠房之樓層高度】

★★☆#274　作業廠房之樓層高度扣除直上層樓板厚度及樑深後之淨高度不得小於 2.7 公尺。

【設有 2 座以上直通樓梯之規定】

★★☆#275　工廠類建築物設有 2 座以上直通樓梯者，其樓梯口相互間之直線距離不得小於建築物區劃範圍對角線長度之半。

【裝卸位】

★☆☆#278　作業廠房樓地板面積 1,500 平方公尺以上者，應設 1 處裝卸位；面積超過 1,500 平方公尺部分，每增加 4,000 平方公尺，應增設 1 處。

前項裝卸位長度不得小於 13 公尺，寬度不得小於 4 公尺，淨高不得低於 4.2 公尺。

【衛生設備】

★☆☆#280　工廠類建築物每一樓層之衛生設備應集中設置。但該層樓地板面積超過 500 平方公尺者，每超過 500 平方公尺得增設 1 處，不足 1 處者以 1 處計。

重點 15. 實施都市計劃地區建築基地綜合設計

★☆☆#281　**【不得開發建築】**

實施都市計畫地區建築基地綜合設計，除都市計畫書圖或都市計畫法規另有規定者外，依本章之規定。

★★☆#282　**【適用地區】**

建築基地為住宅區、文教區、風景區、機關用地、商業區或市場用地並符合下列規定者，得適用本章之規定：

一、基地臨接寬度在 8 公尺以上之道路，其連續臨接長度在 25 公尺以上或達周界總長度 1/6 以上。

二、基地位於商業區或市場用地面積 1,000 平方公尺以上，或位於住宅區、文教區、風景區或機關用地面積 1,500 平方公尺以上。

前項基地跨越 2 種以上使用分區或用地，各分區或用地面積與前項各該分區或用地規定最小面積之比率合計值大於或等於 1 者，得適用本章之規定。

★★★#283　**【開放空間】**

本章所稱開放空間，指建築基地內依規定留設達一定規模且連通道路開放供公眾通行或休憩之下列空間：

一、沿街步道式開放空間：指建築基地臨接道路全長所留設寬度 4 公尺以上之步行專用道空間，且其供步行之淨寬度在 1.5 公尺以上者。但沿道路已設有供步行之淨寬度在 1.5 公尺以上之人行道者，供步行之淨寬度得不予限制。

二、廣場式開放空間：指前款以外符合下列規定之開放空間：

（一）任一邊之最小淨寬度在 6 公尺以上者。

（二）留設之最小面積，於住宅區、文教區、風景區或機關用地為 200 平方公尺以上，或於商業區或市場用地為 100 平方公尺以上者。

（三）任一邊臨接道路或沿街步道式開放空間，其臨接長度 6 公尺以上者。

（四）開放空間與基地地面或臨接道路路面之高低差不得大於 7 公尺，且至少有 2 處以淨寬 2 公尺以上或 1 處淨寬 4 公尺以上之室外樓梯或坡道連接至道路或其他開放空間。

(五)前目開放空間與基地地面或道路路面之高低差 1.5 公尺以上者，其應有全
周長 1/6 以上臨接道路或沿街步道式開放空間。

(六)2 個以上廣場式開放空間相互間之最大高低差不超過 1.5 公尺，並以寬度
4 公尺以上之沿街步道式開放空間連接者，其所有相連之空間得視為一體
之廣場式開放空間。

前項開放空間得設頂蓋，其淨高不得低於 6 公尺，深度應在高度 4 倍範圍內，
且其透空淨開口面積應占該空間立面周圍面積（不含主要樑柱部分）2/3 以上。

基地內供車輛出入之車道部分，不計入開放空間。

★★☆#284 　【開放空間有效面積】

本章所稱開放空間有效面積，指開放空間之實際面積與有效係數之乘積。有效
係數規定如下：

一、沿街步道式開放空間，其有效係數為 1.5。

二、廣場式開放空間：

(一) 臨接道路或沿街步道式開放空間長度大於該開放空間全周長 1/8 者，其有效係
數為 1。

(二) 臨接道路或沿街步道式開放空間長度小於該開放空間全周長 1/8 者，其有效係
數為 0.6。

前項開放空間設有頂蓋部分，有效係數應乘以 0.8；其建築物地面層為住宅、
集合住宅者，應乘以 0。

前二項開放空間與基地地面或臨接道路路面有高低差時，有效係數應依下列規
定乘以有效值：

一、高低差 1.5 公尺以下者，有效值為 1。

二、高低差超過 1.5 公尺至 3.5 公尺以下者，有效值為 0.8。

三、高低差超過 3.5 公尺至 7 公尺以下者，有效值為 0.6。

榜首提點　　各開放空間之有效係數整理如下：

	空地		頂蓋		高低差		
			住宅	基地	$h \leq 1.5$	$1.5 < h \leq 3.5$	$3.5 < h \leq 7$
沿街步道式	x1.5		x0	x0.8	x1	x0.8	x0.6
廣場式	$l \geq 1/8$	$l < 1/8$					
	x1	x0.6					

★★☆#285 　【開放空間獎勵計算式】

留設開放空間之建築物，經直轄市、縣（市）主管建築機關審查符合本編章規
定者，得增加樓地板面積合計之最大值 $\Sigma \triangle FA$，應符合都市計畫法規或都市
計畫書圖之規定；其未規定者，應提送當地直轄市、縣（市）都市計畫委員會
審議通過後實施，並依下式計算：

$\Sigma \triangle FA = \triangle FA1 + \triangle FA2$

$\triangle FA1$：依本編第 286 條第一款規定計算增加之樓地板面積。

$\triangle FA2$：依本章留設公共服務空間而增加之樓地板面積。

★★★#286 　【開放空間獎勵計算式】

前條建築物之設計依下列規定：

一、增加之樓地板面積$\triangle FA1$，依下式計算：

$\triangle$ FA1 = S× I

S：開放空間有效面積之總和。

I：鼓勵係數。容積率乘以 2/5。但商業區或市場用地不得超過 2.5，住宅區、文教區、風景區或機關用地為 0.5 以上、1.5 以下。

二、高度依下列規定：

　(一) 應依本編第 164 條規定計算及檢討日照。

　(二) 臨接道路部分，應自道路中心線起退縮 6 公尺建築，且自道路中心線起算10 公尺範圍內，其高度不得超過 15 公尺。

三、住宅、集合住宅等居住用途建築物各樓層高度設計，應符合本編第 164-1 條規定。

四、建蔽率依本編第 25 條之規定計算。但不適用同編第 26 條至第 28 條之規定。

五、本編第 118 條第一款規定之特定建築物，得比照同條第二款之規定退縮後建築。退縮地不得計入法定空地面積，並不得於退縮地內建造圍牆、排水明溝及其他雜項工作物。

★★☆#287　【開放空間有效面積之總和】

建築物留設之開放空間有效面積之總和，不得少於法定空地面積之 6%。

★★☆#288　【建築物基地臨街道路之規定】

建築物之設計，其基地臨接道路部分，應設寬度 4 公尺以上之步行專用道或法定騎樓；步行專用道設有花臺或牆柱等設施者，其可供通行之淨寬度不得小於 1.5 公尺。但依規定應設置騎樓者，其淨寬從其規定。

建築物地面層為住宅或集合住宅者，非屬開放空間之建築基地部分，得於臨接開放空間設置圍牆、欄杆、灌木綠籬或其他區隔設施。

★☆☆#289　【開放空間之規定】

開放空間除應予綠化外，不得設置圍牆、欄杆、灌木綠籬、棚架、建築物及其他妨礙公眾通行之設施或為其他使用。但基於公眾使用安全需要，且不妨礙公眾通行或休憩者，經直轄市、縣（市）主管建築機關之建造執照預審小組審查同意，得設置高度 1.2 公尺以下之透空欄杆扶手或灌木綠籬，且其透空面積應達 2/3 以上。

前項綠化之規定應依本編第十七章綠建築基準及直轄市、縣（市）主管建築機關依當地環境氣候、都市景觀等需要所定之植栽綠化執行相關規定辦理。

第二項綠化工程應納入建築設計圖說，於請領建造執照時一併核定之，並於工程完成經勘驗合格後，始得核發使用執照。

第一項開放空間於核發使用執照後，主管建築機關應予登記列管，每年並應作定期或不定期檢查。

★☆☆#291　【本規則施行前之規定】

本規則中華民國 92 年 3 月 20 日修正施行前，都市計畫書圖中規定依未實施容積管制地區綜合設計鼓勵辦法或實施都市計畫地區建築基地綜合設計鼓勵辦法辦理者，於本規則修正施行後，依本章之規定辦理。

★☆☆#292　【本規則施行前後之規定】

本規則中華民國 92 年 3 月 20 日修正施行前，依未實施容積管制地區綜合設計鼓勵辦法或實施都市計畫地區建築基地綜合設計鼓勵辦法規定已申請建造執照，或領有建造執照且在建造執照有效期間內者，申請變更設計時，得適用該辦法之規定。

重點 **16.** 老人住宅

★★☆#293 　【老人住宅】

本章所稱老人住宅之適用範圍如左：

一、依老人福利法或其他法令規定興建，專供老人居住使用之建築物；其基本設施及設備應依本章規定。

二、建築物之一部分專供作老人居住使用者，其臥室及服務空間應依本章規定。該建築物不同用途之部分以無開口之防火牆、防火樓板區劃分隔且有獨立出入口者，不適用本章規定。

老人住宅基本設施及設備規劃設計規範（以下簡稱設計規範），由中央主管建築機關定之。

★★☆#294 　【老人住宅之臥室】

老人住宅之臥室，居住人數不得超過 2 人，其樓地板面積應為 9 平方公尺以上。

★★★#295 　【老人住宅之服務空間】

老人住宅之服務空間，包括左列空間：

一、居室服務空間：居住單元之浴室、廁所、廚房之空間。

二、共用服務空間：建築物門廳、走廊、樓梯間、昇降機間、梯廳、共用浴室、廁所及廚房之空間。

三、公共服務空間：公共餐廳、公共廚房、交誼室、服務管理室之空間。

前項服務空間之設置面積規定如左：

一、浴室含廁所者，每一處之樓地板面積應為 4 平方公尺以上。

二、公共服務空間合計樓地板面積應達居住人數每人 2 平方公尺以上。

三、居住單元超過 20 戶或受服務之老人超過 20 人者，應至少提供 1 處交誼室，其中 1 處交誼室之樓地板面積不得小於 40 平方公尺，並應附設廁所。

★☆☆#296 　【老人住宅各層得增加之樓地板面積】

老人住宅應依設計規範設計，其各層得增加之樓地板面積合計之最大值依左列公式計算：

$$\Sigma \triangle FA = \triangle FA1 + \triangle FA2 + \triangle FA3 \leqq 0.2FA$$

FA：基準樓地板面積，實施容積管制地區為該基地面積與容積率之乘積；未實施容積管制地區為該基地依本編規定核計之地面上各層樓地板面積之和。建築物之一部分作為老人住宅者，為該老人住宅部分及其服務空間樓地板面積之和。

$\Sigma \triangle FA$：得增加之樓地板面積合計值。

$\triangle FA1$：得增加之居室服務空間樓地板面積。但不得超過基準樓地板面積之 5％。

$\triangle FA2$：得增加之共用服務空間樓地板面積。但不得超過基準樓地板面積之 5％，且不包括未計入該層樓地板面積之共同使用梯廳。

$\triangle FA3$：得增加之公共服務空間樓地板面積。但不得超過基準樓地板面積之 10％。

★☆☆#297 　【老人住宅服務空間之規定】

老人住宅服務空間應符合左列規定：

一、2 層以上之樓層或地下層應設專供行動不便者使用之昇降設備或其他設施通達地面層。該昇降設備其出入口淨寬度及出入口前方供輪椅迴轉空間應依本編第 174 條規定。

二、老人住宅之坡道及扶手、避難層出入口、室內出入口、室內通路走廊、樓梯、共用浴室、共用廁所應依本編第 171 條至第 173 條及第 175 條規定。

前項昇降機間及直通樓梯之梯間，應為獨立之防火區劃並設有避難空間，其面

積及配置於設計規範定之。

重點 **17.** 綠建築基準 〈第一節 一般設計通則〉

★★★#298 【適用範圍】
本章規定之適用範圍如下：
一、建築基地綠化：指促進植栽綠化品質之設計，其適用範圍為新建建築物。但個別興建農舍及基地面積 300 平方公尺以下者，不在此限。
二、建築基地保水：指促進建築基地涵養、貯留、滲透雨水功能之設計，其適用範圍為新建建築物。但本編第十三章山坡地建築、地下水位小於 1 公尺之建築基地、個別興建農舍及基地面積 300 平方公尺以下者，不在此限。
三、建築物節約能源：指以建築物外殼設計達成節約能源目的之方法，其適用範圍為學校類、大型空間類、住宿類建築物，及同一幢或連棟建築物之新建或增建部分之地面層以上樓層（不含屋頂突出物）之樓地板面積合計超過 1,000 平方公尺之其他各類建築物。但符合下列情形之一者，不在此限：
（一）機房、作業廠房、非營業用倉庫。
（二）地面層以上樓層（不含屋頂突出物）之樓地板面積在 500 平方公尺以下之農舍。
（三）經地方主管建築機關認可之農業或研究用溫室、園藝設施、構造特殊之建築物。
四、建築物雨水或生活雜排水回收再利用：指將雨水或生活雜排水貯集、過濾、再利用之設計，其適用範圍為總樓地板面積達 10,000 平方公尺以上之新建建築物。但衛生醫療類（F-1 組）或經中央主管建築機關認可之建築物，不在此限。
五、綠建材：指第 299 條第十二款之建材；其適用範圍為供公眾使用建築物及經內政部認定有必要之非供公眾使用建築物。

★★★#299 【用詞定義】
本章用詞，定義如下：
一、綠化總固碳當量：指基地綠化栽植之各類植物固碳當量與其栽植面積乘積之總和。
二、最小綠化面積：指基地面積扣除執行綠化有困難之面積後與基地內應保留法定空地比率之乘積。
三、基地保水指標：指建築後之土地保水量與建築前自然土地之保水量之相對比值。
四、建築物外殼耗能量：指為維持室內熱環境之舒適性，建築物外周區之空調單位樓地板面積之全年冷房顯熱熱負荷。
五、外周區：指空間之熱負荷受到建築外殼熱流進出影響之空間區域，以外牆中心線 5 公尺深度內之空間為計算標準。
六、外殼等價開窗率：指建築物各方位外殼透光部位，經標準化之日射、遮陽及通風修正計算後之開窗面積，對建築外殼總面積之比值。
七、平均熱傳透率：指當室內外溫差在絕對溫度一度時，建築物外殼單位面積在單位時間內之平均傳透熱量。
八、窗面平均日射取得量：指除屋頂外之建築物所有開窗面之平均日射取得量。
九、平均立面開窗率：指除屋頂以外所有建築外殼之平均透光開口比率。
十、雨水貯留利用率：指在建築基地內所設置之雨水貯留設施之雨水利用量與

建築物總用水量之比例。

十一、生活雜排水回收再利用率：指在建築基地內所設置之生活雜排水回收再利用設施之雜排水回收再利用量與建築物總生活雜排水量之比例。

十二、綠建材：指經中央主管建築機關認可符合生態性、再生性、環保性、健康性及高性能之建材。

十三、耗能特性分區：指建築物室內發熱量、營業時程較相近且由同一空調時程控制系統所控制之空間分區。

前項第二款執行綠化有困難之面積，包括消防車輛救災活動空間、戶外預鑄式建築物污水處理設施、戶外教育運動設施、工業區之戶外消防水池及戶外裝卸貨空間、住宅區及商業區依規定應留設之騎樓、迴廊、私設通路、基地內通路、現有巷道或既成道路。

★★☆#300　【容積總樓地板面積、機電設備面積、屋突之規定】

適用本章之建築物，其容積樓地板面積、機電設備面積、屋頂突出物之計算，得依下列規定辦理：

一、建築基地因設置雨水貯留利用系統及生活雜排水回收再利用系統，所增加之設備空間，於樓地板面積容積 5‰ 以內者，得不計入容積樓地板面積及不計入機電設備面積。

二、建築物設置雨水貯留利用系統及生活雜排水回收再利用系統者，其屋頂突出物之高度得不受本編第 1 條第九款第一目之限制。但不超過 9 公尺。

★★☆#301　【鼓勵採用綠建築綜合設計】

為積極維護生態環境，落實建築物節約能源，中央主管建築機關得以增加容積或其他獎勵方式，鼓勵建築物採用綠建築綜合設計。

重點 **17.** 綠建築基準　〈第二節　建築基地綠化〉─────────────

★★★#302　【綠化總固碳當量】

建築基地之綠化，其綠化總固碳當量應大於 1/2 最小綠化面積與下表固碳當量基準值之乘積：

使用分區或用地二氧化碳	固定量基準值（公斤／平方公尺）
學校用地、公園用地	0.83
商業區、工業區 （不含科學園區）	0.50
前 2 類以外之建築基地	0.66

★☆☆#303　【綠化檢討】

建築基地之綠化檢討以一宗基地為原則；如單一宗基地內之局部新建執照者，得以整宗基地綜合檢討或依基地內合理分割範圍單獨檢討。

重點 **17.** 綠建築基準　〈第三節　建築基地保水〉─────────────

★★★#305　【基地保水指標】

建築基地應具備原裸露基地涵養或貯留滲透雨水之能力，其建築基地保水指標應大於 0.5 與基地內應保留法定空地比率之乘積。

★☆☆#306　【保水檢討】

建築基地之保水設計檢討以一宗基地為原則；如單一宗基地內之局部新建執照者，得以整宗基地綜合檢討或依基地內合理分割範圍單獨檢討。

重點 **17.** 綠建築基準　〈第四節　建築物節約能源〉

★☆☆#308　【氣候分區】

建築物建築外殼節約能源之設計，應依據下表氣候分區辦理：

氣候分區	行政區域
北部氣候區	臺北市、新北市、宜蘭縣、基隆市、桃園縣、新竹縣、新竹市、苗栗縣、福建省連江縣、金門縣
中部氣候區	臺中市、彰化縣、南投縣、雲林縣、花蓮縣
南部氣候區	嘉義縣、嘉義市、臺南市、澎湖縣、高雄市、屏東縣、臺東縣

★★★#308-1　【節能基準】

建築物受建築節約能源管制者，其受管制部分之屋頂平均熱傳透率應低於 0.8 瓦／（平方公尺·度），且當設有水平仰角小於 80 度之透光天窗之水平投影面積 HWa 大於 1.0 平方公尺時，其透光天窗日射透過率 HWs 應低於下表之基準值 HWsc：

水平投影面積 HWa 條件	透光天窗日射透過率基準值 HWsc
$HWa < 30m^2$	$HWsc = 0.35$
$HWa \geq 30m^2$ 且 $HWa < 230m^2$	$HWsc = 0.35 - 0.001 \times (HWa - 30.0)$
$HWa \geq 230m^2$	$HWsc = 0.15$
計算單位 HWa：m^2；HWsc：無單位	

建築物外牆、窗戶與屋頂所設之玻璃對戶外之可見光反射率不得大於 0.25。

★☆☆#309　【外殼耗能量基準值】

A 類第二組、B 類、D 類第二組、D 類第五組、E 類、F 類第一組、F 類第三組、F 類第四組及 G 類空調型建築物，及 C 類之非倉儲製程部分等空調型建築物，為維持室內熱環境之舒適性，應依其耗能特性分區計算各分區之外殼耗能量，且各分區外殼耗能量對各分區樓地板面積之加權值，應低於下表外殼耗能基準對各分區樓地板面積之加權平均值。但符合本編第 308-2 條規定者，不在此限：

耗能特性分區	氣候分區	外殼耗能基準（千瓦·小時／（平方公尺·年））
辦公、文教、宗教、照護分區	北部氣候區	150
	中部氣候區	170
	南部氣候區	180
商場餐飲娛樂分區	北部氣候區	245
	中部氣候區	265
	南部氣候區	275
醫院診療分區	北部氣候區	185
	中部氣候區	205
	南部氣候區	215

耗能特性分區	氣候分區	外殼耗能基準 （千瓦・小時／（平方公尺・年））
醫院病房分區	北部氣候區	175
	中部氣候區	195
	南部氣候區	200
旅館、 招待所客房區	北部氣候區	110
	中部氣候區	130
	南部氣候區	135
交通運輸 旅客大廳分區	北部氣候區	290
	中部氣候區	315
	南部氣候區	325

★★☆#310 【外殼等價開窗率基準值】
住宿類建築物外殼不透光之外牆部分之平均熱傳透率應低於 3.5 瓦／（平方公尺・度），且其建築物外殼等價開窗率之計算值應低於下表之基準值。但符合本編第 308-2 條規定者，不在此限：

住宿類： H類第 1 組 H類第 2 組	氣候分區	建築物外殼等價開窗率基準值
	北部氣候區	13%
	中部氣候區	15%
	南部氣候區	18%

★☆☆#311 【窗面平均日射取得量基準】
學校類建築物之行政辦公、教室等居室空間之窗面平均日射取得量應分別低於下表之基準值。但符合本編第 308-2 條規定者，不在此限：

學校類建築物： D類第 3 組 D類第 4 組 F類第 2 組	氣候分區	窗面平均日射取得量 單位：千瓦・小時／（平方公尺・年）
	北部氣候區	160
	中部氣候區	200
	南部氣候區	230

重點 **17.** 綠建築基準　〈第五節　建築物雨水及生活雜排水回收再利用〉

★★★#316 【雨水貯留利用率及生活雜排水回收利用率】
建築物應就設置雨水貯留利用系統或生活雜排水回收再利用系統，擇一設置。設置雨水貯留利用系統者，其雨水貯留利用率應大於 4%；設置生活雜排水回收利用系統者，其生活雜排水回收再利用率應大於 30%。

★★☆#318 【雨水貯留利用及生活雜排水回收再利用貯之規定】
建築物設置雨水貯留利用或生活雜排水回收再利用設施者，應符合左列規定：
一、輸水管線之坡度及管徑設計，應符合建築設備編第二章給水排水系統及衛生設備之相關規定。
二、雨水供水管路之外觀應為淺綠色，且每隔 5 公尺標記雨水字樣；生活雜排水回收再利用水供水管之外觀應為深綠色，且每隔 4 公尺標記生活雜排水回收再利用水字樣。

三、所有儲水槽之設計均須覆蓋以防止灰塵、昆蟲等雜物進入；地面開挖貯水槽時，必須具備預防砂土流入及防止人畜掉入之安全設計。

四、雨水貯留利用設施或生活雜排水回收再利用設施，應於明顯處標示雨水貯留利用設施或生活雜排水回收再利用設施之名稱、用途或其他說明標示，其專用水栓或器材均應有防止誤用之注意標示。

重點 17. 綠建築基準 〈第六節　綠建材〉

★★★#321　【綠建材之規定】

建築物應使用綠建材，並符合下列規定：

一、建築物室內裝修材料、樓地板面材料及窗，其綠建材使用率應達總面積60％以上。但窗未使用綠建材者，得不計入總面積檢討。

二、建築物戶外地面扣除車道、汽車出入緩衝空間、消防車輛救災活動空間、依其他法令規定不得鋪設地面材料之範圍及地面結構上無須再鋪設地面材料之範圍，其餘地面部分之綠建材使用率應達 20％以上。

★★★#322　【綠建材材料之構成】

綠建材材料之構成，應符合左列規定之一：

一、塑橡膠類再生品：塑橡膠再生品的原料須全部為國內回收塑橡膠，回收塑橡膠不得含有行政院環境保護署公告之毒性化學物質。

二、建築用隔熱材料：建築用的隔熱材料其產品及製程中不得使用蒙特婁議定書之管制物質且不得含有環保署公告之毒性化學物質。

三、水性塗料：不得含有甲醛、鹵性溶劑、汞、鉛、鎘、六價鉻、砷及銻等重金屬，且不得使用三酚基錫（TPT）與三丁基錫（TBT）。

四、回收木材再生品：產品須為回收木材加工再生之產物。

五、資源化磚類建材：資源化磚類建材包括陶、瓷、磚、瓦等需經窯燒之建材。其廢料混合攙配之總和使用比率須等於或超過單一廢料攙配比率。

六、資源回收再利用建材：資源回收再利用建材係指不經窯燒而回收料摻配比率超過一定比率製成之產品。

七、其他經中央主管建築機關認可之建材。

12

建築物無障礙設施設計規範

- 無障礙通路
- 樓梯
- 昇降設備
- 廁所盥洗室
- 浴室
- 停車空間

建築物無障礙設施設計規範
| 中華民國 109 年 05 月 11 日 |

重點 **1.** 第二章 無障礙通路 〈**202** 通則〉

★★★202.2 【高差】

高差：高差在 0.5 公分至 3 公分者，應作 1/2 之斜角處理；高差超過 3 公分者，應設置符合本規範之坡道、昇降設備、升降平台。但高差未達 0.5 公分者，得不受限制（如圖 202.2）。

圖 202.2

重點 **1.** 第二章 無障礙通路 〈**203** 室外通路〉

★☆☆203.2.1 【室外通路引導標誌】

室外無障礙通路與建築物室外主要通路不同時，必須於室外主要通路入口處標示無障礙通路之方向。

★★☆203.2.2 【室外通路坡度】

地面坡度不得大於 1/15；但適用本規範 202.4 者，其地面坡度不得大於 1/10，超過者應依本規範 206 節規定設置坡道，且兩不同方向之坡道交會處應設置平台，該平台之坡度不得大於 1/50。

★★★203.2.3 【室外通路寬度】

室外通路寬度不得小於 130 公分；但適用本規範 202.4 者，其通路寬度不得小於 90 公分。

★★☆203.2.5 【室外通路開口】

室外通路寬度 130 公分範圍內，儘量不設置水溝格柵或其他開口，如需設置，水溝格柵或其他開口應至少有一方向開口不得大於 1.3 公分（如圖 203.2.5）。

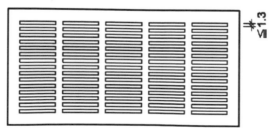

圖 203.2.5

重點 **1.** 第二章　無障礙通路　〈**204** 室內通路走廊〉

★☆☆204.2.1 【室內通路走廊坡度】
地面坡度不得大於 1/50，超過者應依本規範 206 節規定設置坡道。

★★★204.2.2 【室內通路走廊寬度】
(室內通路走廊寬度不得小於 120 公分，走廊中如有開門，則扣除門扇開啟之空間後，其寬度不得小於 120 公分（如圖 204.2.2）。

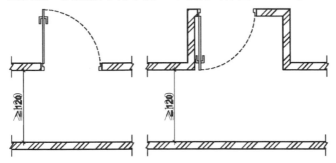

圖 204.2.2

★☆☆204.2.3 【室內通路走廊突出物限制】
室內通路走廊淨高度不得小於 190 公分；兩側之牆壁，於距地板面 60 公分至 190 公分範圍內，不得有 10 公分以上之懸空突出物，如為必要設置之突出物，應設置防護設施（可使用格柵、花台或任何可提醒視覺障礙者之設施）（如圖 204.2.3 ）。

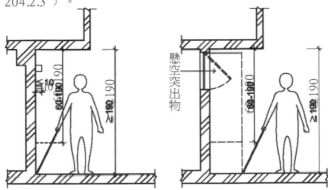

圖 204.2.3

★☆☆204.2.4 【室內通路走廊迴轉空間】
寬度小於 150 公分之走廊，每隔 10 公尺、通路走廊盡頭或距盡頭 350 公分以內，應設置直徑 150 公分以上之迴轉空間。

重點 **1.** 第二章　無障礙通路　〈**205** 出入口〉

★☆☆205.2.1 【通則】
出入口兩側之地面 120 公分之範圍內應平整、防滑、易於通行，不得有高差，且坡度不得大於 1/50。

★★★205.2.3 【室內出入口】
門扇打開時，地面應平順不得設置門檻，且門框間之距離不得小於 90 公分（如圖 205.2.3）；另橫向拉門、折疊門開啟後之淨寬度不得小於 80 公分。

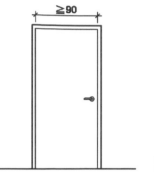

圖 205.2.3

★☆☆205.4.1 【開門方式】

不得使用旋轉門、彈簧門。如設有自動開關裝置時,其裝置之中心點應距地板面 85 公分至 90 公分,且距柱、牆角 30 公分以上。使用自動門者,應設有當門受到物體或人之阻礙時,可自動停止並重新開啟之裝置。

★☆☆205.4.2 【門扇】

門扇得設於牆之內、外側。若門扇或牆版為整片透明玻璃,應於距地板面 110 公分至 150 公分範圍內設置告知標誌(如圖 205.4.2)。

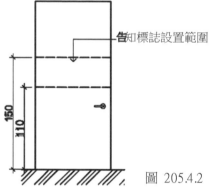

圖 205.4.2

★☆☆205.4.3 【門把】

門把應採用容易操作之型式,不得使用凹入式或扭轉型式,中心點應設置於距地板面 75 公分至 85 公分、門邊 4 公分至 6 公分之範圍。使用橫向拉門者,門把應留設 4 公分至 6 公分之防夾手空間(如圖 205.4.3.1、圖 205.4.3.2)。

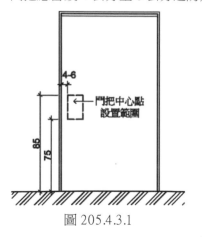

圖 205.4.3.1

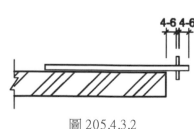

圖 205.4.3.2

重點 1. 第二章 無障礙通路 〈**206** 坡道〉

★☆☆206.1 【適用範圍】

適用範圍：在無障礙通路上，上下平台高差超過3公分，或坡度超過1/15者，應設置符合本節規定之坡道。

★☆☆206.2.1 【坡道引導標誌】

坡道儘量設置於建築物主要入口處；如未設置於主要入口處者，應於入口處及沿路轉彎處設置引導標誌。

★☆☆206.2.2 【坡道寬度】

坡道淨寬不得小於 90 公分（如圖 206.2.2）；如坡道為取代樓梯者（即未另設樓梯），則淨寬度不得小於 150 公分。

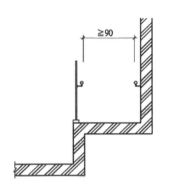

圖 206.2.2

★★★206.2.3 【坡道坡度】

坡道之坡度不得大於 1/12；高差小於 20 公分者，其坡度得酌予放寬，惟不得超過表 206.2.3 規定。

表 206.2.3

高差	超過 5 公分未達 20 公分者	超過 3 公分未達 5 公分者
坡度	1/10	1/5

★☆☆206.2.4 【坡道地面】

坡道地面應平整、防滑且易於通行。

★☆☆206.3.1 【端點平台】

坡道起點及終點，應設置長、寬各 150 公分以上，且坡度不得大於 1/50 之平台（如圖 206.3.1）。但端點平台於騎樓者不得大於 1/40。

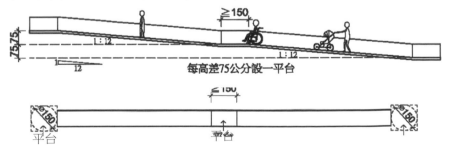

圖 206.3.1

★☆☆**206.3.2【中間平台】**

坡道每高差 75 公分，應設置長度 150 公分以上且坡度不得大於 1/50 之平台（如圖 206.3.1）。點及終點，應設置長、寬各 150 公分以上，且坡度不得大於 1/50 之平台（如圖 206.3.1 ）。但端點平台於騎樓者不得大於 1/40。

★☆☆**206.3.3【轉彎平台】**

坡道轉彎角度大於 45 度處，應設置直徑 150 公分以上且坡度不得大於 1/50 之平台。（如圖 206.3.3.1、圖 206.3.3.2、圖 206.3.3.3）

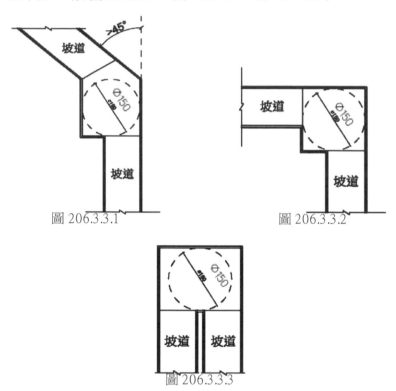

圖 206.3.3.1　　　　　　　　　圖 206.3.3.2

圖 206.3.3.3

★☆☆**206.4.1【坡道邊緣防護】**

坡道與鄰近地面高差超過 20 公分者，未鄰牆壁側應設置高度 5 公分以上之邊緣防護（如圖 206.4.1）。

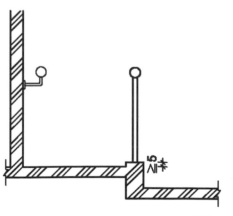

圖 206.4.1

★☆☆206.4.2 【坡道防護設施】

(坡道與鄰近地面高差超過 75 公分時，未鄰牆壁側應設置高度 110 公分以上之防護設施；坡道位於地面層 10 層以上者，防護設施高度不得小於 120 公分（如圖 206.4.2）。

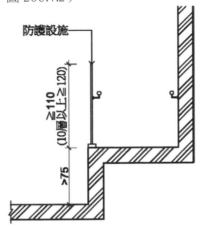

圖 206.4.2

重點 **1.** 第二章 無障礙通路 〈**207** 扶手〉

★☆☆207.2.2 【表面】

扶手表面及靠近之牆壁應平整，不得有突出或勾狀物。

★☆☆207.3.1 【堅固】

扶手應設置堅固，除廁所特別設計之可動扶手外，扶手皆需穩固不得搖晃，且扶手接頭處應平整，不可有銳利之突出物。表面及靠近之牆壁應平整，不得有突出或勾狀物。

★★★207.3.4 【端部處理】

扶手端部應作防勾撞處理（如圖 207.3.4），並視需要設置可供視覺障礙者辨識之資訊或點字。

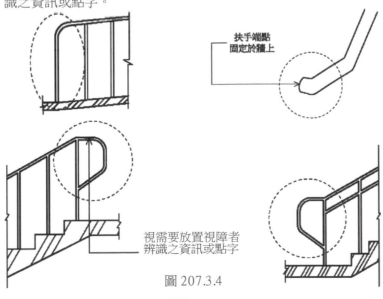

圖 207.3.4

重點 **2.** 第三章 樓梯 〈**302** 通則〉

★☆☆302.1 【樓梯形式】
不得設置梯級間無垂直板之露空式樓梯（如圖 302.1）。

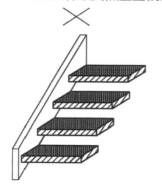

圖 302.1

★☆☆302.2 【地板表面】
樓梯平台及梯級表面應採用防滑材料。

重點 **2.** 第三章 樓梯 〈**303** 樓梯設計〉

★☆☆303.1 【樓梯底版高度】
樓梯底版距其直下方地板面淨高未達 190 公分部分應設防護設施 (可使用格柵、花台或任何可提醒視覺障礙者之設施)(如圖 303.1)。

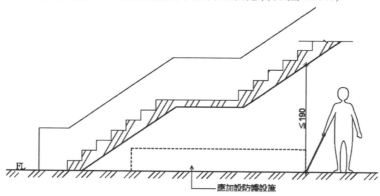

圖 303.1

★☆☆303.2 【樓梯轉折設計】
樓梯往上之梯級部分，起始之梯級應退至少一階（如圖 303.2.1、圖 303.2.2）。但扶手符合平順轉折，且平台寬、深度符合規定者，不在此限（如圖 303.2.3）。樓梯梯級鼻端至樓梯間過梁之垂直淨高應不得小於 190 公分。

★☆☆303.3 【樓梯平台】
不得有梯級或高差。

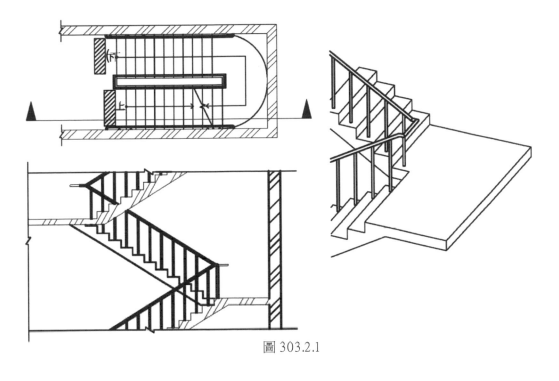

圖 303.2.1

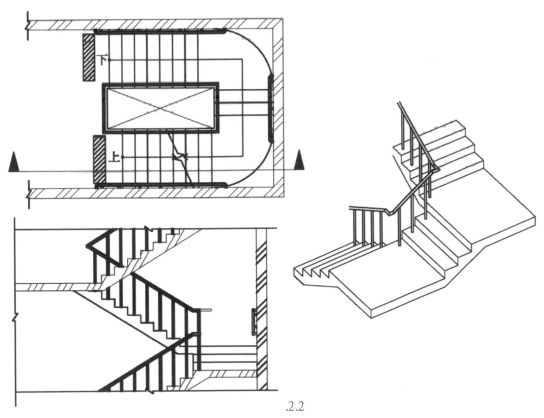

.2.2

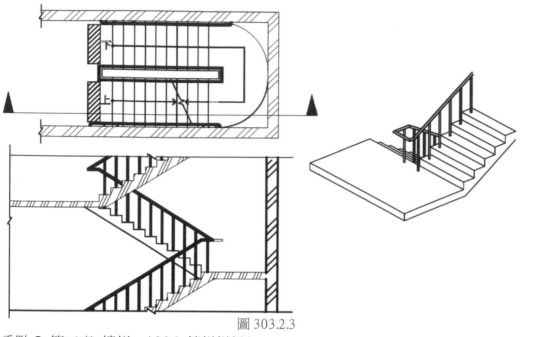

圖 303.2.3

重點 **2.** 第三章 樓梯 〈**304** 樓梯梯級〉

★★★304.1 【級高及級深】

樓梯上所有梯級之級高及級深應統一，級高（ R ）應為 16 公分以下，級深
（ T ）應為 26 公分以上（如圖 304.1 ），且 55 公分 $\leqq$ 2R ＋ T $\leqq$ 65 公分。

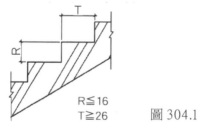

R$\leqq$16
T$\geqq$26   圖 304.1

★☆☆304.2 【梯級鼻端】

(梯級突沿之彎曲半徑不得大於 1.3 公分（如圖 304.2.1 ），且應將超出踏面之
突沿下方作成斜面，該突出之斜面不得大於 2 公分（如圖 304.2.2 ）。

圖角處理彎曲半徑$\leqq$1.3

此部分不可突出

圖 304.2.1   圖 304.2.2

★☆☆304.3 【防滑條】

梯級踏面邊緣應作防滑處理,其顏色應與踏面有明顯不同,且應順平(如圖304.3)。

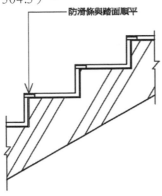

圖 304.3

重點 **2.** 第三章 樓梯 〈**305** 樓梯扶手〉

★★★305.1 【扶手設置】

高差超過 20 公分之樓梯兩側應設置符合本規範 207 節規定之扶手,高度自梯級鼻端起算(如圖 305.1)。扶手應連續不得中斷,但樓梯中間平台外側扶手得不連續。

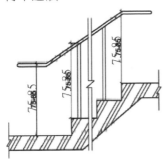

圖 305.1

★★★305.2 【水平延伸】

樓梯兩端扶手應水平延伸 30 公分以上(如圖 305.2.1),水平延伸不得突出於走廊上(如圖 305.2.2);另中間連續扶手於平台處得免設置水平延伸。

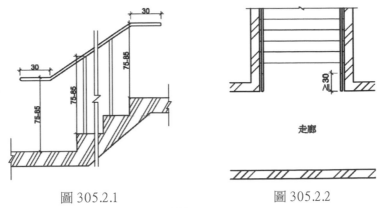

圖 305.2.1　　　　　　　　　　圖 305.2.2

重點 **2.** 第三章 樓梯 〈**306** 警示設施〉

★★★306.1 【終端警示】

距梯級終端 30 公分處，應設置深度 30 公分至 60 公分，與地板表面顏色且材質不同之警示設施（如圖 306.1）。但中間平台不在此限。

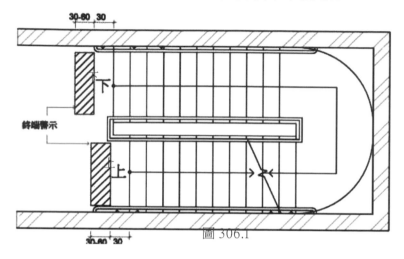

圖 306.1

重點 **2.** 第三章 樓梯 〈**307** 戶外平台階梯〉

★☆☆307 【戶外平台階梯】

戶外平台階梯之寬度在 6 公尺以上者，應於中間加裝扶手，級高之設置應符合本規範 304.1 之規定，扶手之設置應符合本規範 305 節之規定。

重點 **3.** 第四章 昇降設備 〈**403** 引導標誌〉

★☆☆403.1 【入口引導】

建築物主要入口處及沿路轉彎處應設置無障礙昇降機方向指引。

★☆☆403.2 【昇降機引導】

昇降機設有點字之呼叫鈕前方 30 公分處之地板，應作長度 60 公分、寬度 30 公分之不同材質處理，並不得妨礙輪椅使用者行進 (如圖 403.2)。

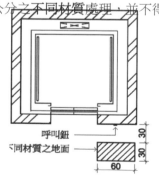

圖 403.2

重點 **3.** 第四章 昇降設備 〈**404** 昇降機進出及等待搭乘空間〉

★★☆404.1 【迴轉空間】

昇降機出入口之樓地板應無高差，並留設直徑 150 公分以上且坡度不得大於 1/50 之淨空間。

重點 3. 第四章 昇降設備 〈**405** 昇降機門〉

★☆☆405.3　【昇降機出入口】
　　　　　昇降機出入口處之地板面，應與機廂地板面保持平整，其與機廂地板面之水平
　　　　　間隙不得大於 3.2 公分。

重點 3. 第四章 昇降設備 〈**406** 昇降機廂〉

★☆☆406.1　【機廂尺寸】
　　　　　昇降機門淨寬度不得小於 90 公分，機廂之深度不得小於 135 公分（不需扣除
　　　　　扶手占用之空間）（如圖 406.1）。但建築物使用類組為 H-2 組住宅、集合住宅
　　　　　之昇降機門淨寬度不得小於 80 公分，機廂之深度不得小於 125 公分（不需扣
　　　　　除扶手占用之空間），且語音系統得增設開關。

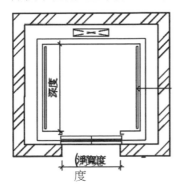

圖 406.1

★☆☆406.6　【點字標示】
　　　　(點字標示應設置於一般操作盤之上、下、開、關、樓層數、緊急鈴、緊急電話
　　　　等按鈕左側。點字標示詳如表 406.6 （其中★表示避難層）。

表 406.6

點字	昇降機符號	點字	昇降機符號	點字	昇降機符號
	B1		5		上
	B2		6		下
	B3		7		開
	B4		8		關
	1		9		🔔
	2		10		📞
	3		11		★
	4		12		

★☆☆406.7　【語音系統】
　　　　　機廂內應設置語音系統以報知樓層、行進方向及開關情形。

重點 **4.** 第五章 廁所盥洗室 〈**502** 通則〉────────────

★☆☆502.2 【地面】

無障礙廁所盥洗室之地面應堅硬、平整、防滑，尤其應注意地面潮濕及有肥皂水時之防滑。

重點 **4.** 第五章 廁所盥洗室 〈**503** 引導標誌〉────────────

★☆☆503.1 【入口引導】

無障礙廁所盥洗室與一般廁所相同，應於適當處設置廁所位置指示，如無障礙廁所盥洗室未設置於一般廁所附近，應於一般廁所處及沿路轉彎處設置方向指示。

重點 **4.** 第五章 廁所盥洗室 〈**504** 廁所盥洗室設計〉────────────

★★★504.1 【淨空間】

無障礙廁所盥洗室應設置直徑 150 公分以上之迴轉空間，其迴轉空間邊緣 20 公分範圍內，如符合膝蓋淨容納空間規定者，得納入迴轉空間計算（如圖 504.1）。

★★★504.2 【門】

應採用橫向拉門，出入口淨寬不得小於 80 公分，且符合本規範 205.4 規定（如圖 504.1）。

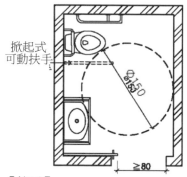

掀起式
可動扶手

Φ150

≧80

圖 504.1

★★☆504.3 【鏡子】

(鏡面底端距地板面不得大於 90 公分，鏡面高度應在 90 公分以上（如圖 504.3）。

鏡面

≧90

≦90

圖 504.3

重點 **4.** 第五章 廁所盥洗室 〈**504.4** 求助鈴〉────────────

★★☆504.4.1 【位置】

(無障礙廁所盥洗室內應設置 2 處求助鈴，1 處按鍵中心點在距離馬桶前緣往後 15 公分、馬桶座墊上 60 公分，另設置 1 處可供跌倒後使用之求助鈴，按鍵中心距地板面高 15 公分至 25 公分範圍內，且應明確標示，易於操控（如圖 504.4.1）。

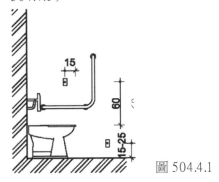

圖 504.4.1

重點 **4.** 第五章 廁所盥洗室 〈**505** 馬桶及扶手〉

★☆☆505.1　【適用範圍】

無障礙廁所盥洗室設置馬桶及扶手，應符合本節規定。

★★☆505.2　【淨空間】

馬桶至少有一側邊之淨空間不得小於 70 公分，扶手如設於側牆時，馬桶中心線距側牆之距離不得大於 60 公分，馬桶前緣淨空間不得小於 70 公分（如圖 505.2）。

★★☆505.3　【高度】

應使用一般型式之馬桶，座墊高度為 40 公分至 45 公分，馬桶不可有蓋，且應設置背靠，背靠距離馬桶前緣 42 公分至 50 公分，背靠下緣與馬桶座墊之淨距離為 20 公分（水箱作為背靠需考慮其平整及耐壓性，應距離馬桶前緣 42 公分至 50 公分）（如圖 505.3）。

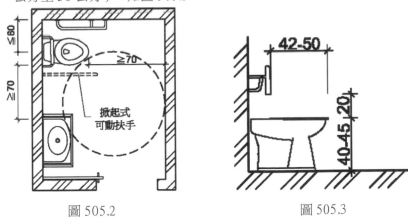

圖 505.2　　　　　　　　　　　　圖 505.3

★☆☆505.4　【沖水控制】

沖水控制可為手動或自動，手動沖水控制應設置於 L 型扶手之側牆上，中心點距馬桶前緣往前 10 公分及馬桶座墊上 40 公分處（如圖 505.4）；馬桶旁無側面牆壁，手動沖水控制應符合手可觸及範圍之規定。

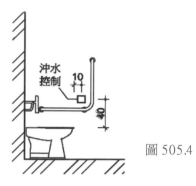

圖 505.4

★★☆505.5　【側邊 L 型扶手】

馬桶側面牆壁裝置扶手時,應設置 L 型扶手,扶手外緣與馬桶中心線之距離為 35 公分(如圖 505.5.1),扶手水平與垂直長度皆不得小於 70 公分,垂直扶手外緣與馬桶前緣之距離為 27 公分,水平扶手上緣與馬桶座墊距離為 27 公分(如圖 505.5.2)。L 型扶手中間固定點並不得設於扶手垂直部分。

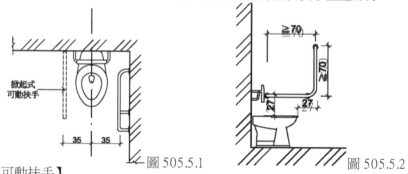

圖 505.5.1　　　　　　　　　　　圖 505.5.2

★★☆505.6　【可動扶手】

(馬桶至少有一側為可固定之掀起式扶手。使用狀態時,扶手外緣與馬桶中心線之距離為 35 公分,且兩側扶手上緣與馬桶座墊距離為 27 公分,長度不得小於馬桶前端且突出部分不得大於 15 公分(如圖 505.6)。

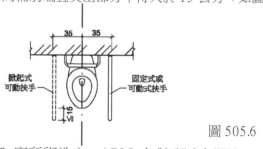

圖 505.6

重點 4. 第五章 廁所盥洗室 〈**506** 無障礙小便器〉

★☆☆506.1　【位置】

一般廁所設有小便器者,應設置至少一處無障礙小便器。無障礙小便器應設置於廁所入口便捷之處,且不得設有門檻。

　　　　　【高度】

★☆☆506.3　無障礙小便器之突出端距地板面高度不得大於 38 公分(如圖 506.3)。

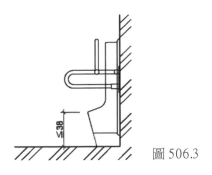

圖 506.3

重點 **4.** 第五章 廁所盥洗室 〈**507** 洗面盆〉

★☆☆507.3 【高度】

無障礙洗面盆上緣距地板面不得大於 80 公分，下緣應符合膝蓋淨容納空間規定（如圖 507.3）。

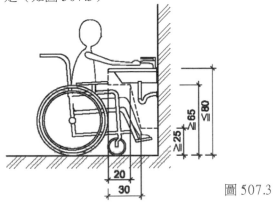

圖 507.3

重點 **5.** 第六章 浴室 〈**602** 通則〉

★☆☆602.2 【地面】

無障礙浴室之地面應堅硬、平整、防滑，尤其應注意地面潮濕及有肥皂水時之防滑。

重點 **5.** 第六章 浴室 〈**605** 浴缸〉

★☆☆605.3 【浴缸】

浴缸內側長度不得大於 135 公分 (如圖 605.2)；浴缸外側距地板面高度 40 公分至 45 公分 (如圖 605.3)；浴缸底面應設置止滑片。

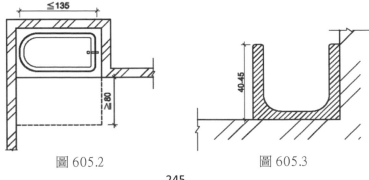

圖 605.2   圖 605.3

重點 **5.** 第六章 浴室 〈**605.5** 求助鈴〉

★☆☆605.5.1 【位置】

無障礙浴室內設置於浴缸時應設置 2 處求助鈴。1 處設置於浴缸以外之牆上，按鍵中心點距地板面 90 公分至 120 公分，並連接拉桿至距地板面 15 公分至 25 公分範圍內，可供跌倒時使用。另 1 處設置於浴缸側面牆壁，按鍵中心點距浴缸上緣 15 公分至 30 公分處，且應明確標示，易於操控（如圖605.5.1）。

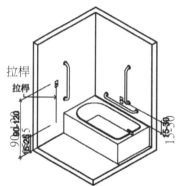

圖 605.5.1

重點 **6.** 第八章 停車空間 〈**803** 引導標誌〉

★☆☆803.1 【入口引導】

車道入口處及車道沿路轉彎處應設置明顯之指引標誌，引導無障礙停車位之方向及位置。入口引導標誌應與行進方向垂直，以利辨識。

重點 **6.** 第八章 停車空間 〈**803.2** 車位標誌〉

★☆☆803.2.1 【室外標誌】

應於停車位旁設置具夜光效果之無障礙停車位標示，標誌尺寸應為長、寬各 40 公分以上，下緣距地面 190 公分至 200 公分（如圖 803.2.1）。

圖 803.2.1

★★☆803.3 【地面標誌】

停車位地面上應設置無障礙停車位標誌，標誌圖尺寸應為長、寬各 90 公分以上，停車格線之顏色應與地面具有辨識之反差效果，下車區應以斜線及直線予以區別（如圖 803.3）。

★★☆803.4 【停車格線】

停車格線：停車格線之顏色應與地面具有辨識之反差效果，下車區應以斜線及直線予以區別（如圖 803.3 ）；下車區斜線間淨距離為 40 公分以下，標線寬度為 10 公分（如圖 803.4 ）。

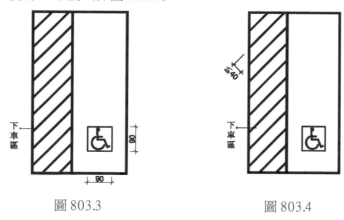

圖 803.3 圖 803.4

★☆☆803.5 【停車位地面】

地面應堅硬、平整、防滑，表面不可使用鬆散性質之砂或石礫，高低差不得大於 0.5 公分，坡度不得大於 1/50。

重點 6. 第八章 停車空間 〈**804 汽車停車位**〉

★★★804.1 【單一停車位】

汽車停車位長度不得小於 600 公分、寬度不得小於 350 公分，包括寬 150 公分之下車區（如圖 804.1 ）。

★★★804.2 【相鄰停車位】

相鄰停車位得共用下車區，長度不得小於 600 公分、寬度不得小於 550 公分，包括寬 150 公分之下車區（如圖 804.2 ）。

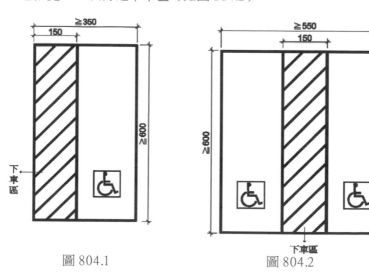

圖 804.1 圖 804.2

重點 **6.** 第八章 停車空間 〈**805** 機車停車位及出入口〉

★☆☆805.1 【停車位】

機車位長度不得小於 220 公分，寬度不得小於 225 公分，停車位地面上應設置無障礙停車位標誌，標誌圖尺寸應為長、寬各 90 公分以上（如圖 805.1）。

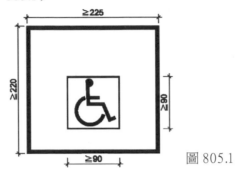

圖 805.1

綜合比較

01. 各重要法系『立法目的』
02. 『迅行變更』於區域計畫法、都市計畫法、都市更新條例之規定
03. 都市計畫法之『主要計畫』vs『細部計畫』之擬定程序
04. 『區域』與『都市』計畫之定義
05. 都市計畫法之『主要計畫』vs『細部計畫』之主要內容
06. 都市計畫法『新市區建設』vs『舊市區更新』之定義
07. 『農舍興建』於都市計畫法台灣省施行細則 vs 實施區域計畫地區建築管理辦法之規定
08. 『禁限建』於都市更新條例、都市計畫法、建築法之規定
09. 『都市更新處理方式』vs『建造行為』
10. 都市更新的『處理方式』vs『實施方式』
11. 『特定區計畫』vs『特定建築物』vs『特種建築物』
12. 『公有建築物』vs『公眾建築物』
13. 申請『建築執照＆雜項執照』vs『使用執照』vs『拆除執照』應備資料
14. 建造執照等各項執照審查期限
15. 『棟』vs『幢』於建築技術規則之定義
16. 『建築物設備』vs『雜項工作物』於建築法之定義
17. 『廠商』vs『機關』vs『營造業法負責人』之定義
18. 『公開招標』vs『選擇性招標』vs『限制性招標』於政府採購法之定義
19. 『上級機關』vs『主管機關』於政府採購法之定義
20. 『查核金額』vs『公告金額』vs『巨額採購金額』vs『小額採購金額』
21. 『專任工程人員』vs『工地主任』vs『技術士』於營造業法之定義
22. 營造業各類業種於營造業法之定義
23. 『管理委員會』vs『管理負責人』於公寓大廈管理條例之定義
24. 『區分所有』vs『專有部分』vs『共有部分』vs『約定專有部分』vs『約定共有部分』於公寓大廈管理條例之用詞定義
25. 『容積率』vs『建蔽率』
26. 『牆』之用詞定義
27. 『不燃材料』vs『耐火板』vs『耐燃材料』vs『耐水材料』之用詞定義
28. 『樓地板面積』vs『總樓地板面積』
29. 『建築物高度』vs『屋頂突出物』
30. 『建築基地面積』vs『建築面積』

綜合比較 *1* 　各重要法系『立法目的』

區域計畫法 #1	都市計畫法 #1	國土計畫法 #1	建築法 #1
為促進土地及天然資源之保育利用，人口及產業活動之合理分布，以加速並健全經濟發展，改善生活環境，增進公共福利，特制定本法	改善居民生活環境，並促進市、鎮、鄉街有計畫之均衡發展，特制定本法。	為因應氣候變遷，確保國土安全，保育自然環境與人文資產，促進資源與產業合理配置，強化國土整合管理機制，並復育環境敏感與國土破壞地區，追求國家永續發展，特制定本法。	為實施建築管理，以維護公共安全、公共交通、公共衛生及增進市容觀瞻，特制定本法。
營造業法 #1	採購法 #1	公寓大廈管理條例 #1	
營造業法 #1：為提高營造業技術水準，確保營繕工程施工品質，促進營造業健全發展，增進公共福祉，特制定本法。	為建立政府採購制度，依公平、公開之採購程序，提升採購效率與功能，確保採購品質，爰制定本法。	為加強公寓大廈之管理維護，提昇居住品質，特制定本條例。	

綜合比較 *2* 　『迅行變更』於區域計畫法、都市計畫法、都市更新條例之規定

區域計畫法 #13	都市計劃法 #27	都市更新條例 #7
擬定計畫之機關應視實際發展情況，每五年通盤檢討一次，並作必要之變更。但有左列情事之一者，得隨時檢討變更之：	都市計畫經發布實施後，遇有左列情事之一時，當地直轄市、縣（市）（局）政府或鄉、鎮、縣轄市公所，應視實際情況迅行變更：	有下列各款情形之一時，直轄市、縣（市）主管機關應視實際情況，迅行劃定更新地區；並視實際需要訂定或變更都市更新計畫：
一、發生或避免重大災害。二、興辦重大開發或建設事業。 三、區域建設推行委員會之建議。	一、因戰爭、地震、水災、風災、火災或其他重大事變遭受損壞時。 二、為避免重大災害之發生時。 三、為適應國防或經濟發展之需要時。 四、為配合中央、直轄市或縣（市）興建之重大設施時。	一、因戰爭、地震、火災、水災、風災或其他重大事變遭受損壞。 二、為避免重大災害之發生。 三、符合都市危險及老舊建築物加速重建條例第三條第一項第一款、第二款規定之建築物。

綜合比較 *3* 　都市計畫法之『主要計畫』vs『細部計畫』之擬定程序

主要計畫擬定程序 (都市計畫法 #15>#19>#18>#20>#21)	細部計畫擬定程序 (都市計畫法 #22>#19>#18>#20>#23)
<u>公開展覽與說明會相關規定 (#19)</u> (1) 主要計畫擬定後，送該管政府都市計畫委員會審議前，應於各該直轄市、縣(市)(局)政府及鄉、鎮、縣轄市公所公開展覽三十天及舉行說明會，並應將公開展 覽及說明會之日期及地點登報周知；任何公民或團體得於公開展覽期間內，以 書面載明姓名或名稱及地址，向該管政府提出意見，由該管政府都市計畫委員 會予以參考審議，連同審議結果及主要計畫一併報請內政部核定之。 (2) 前項之審議，各級都市計畫委員會應於六十天內完成。但情形特殊者，其審議 期限得予延長，延長以六十天為限。 (3) 該管政府都市計畫委員會審議修正，或經內政部指示修正者，免再公開展覽及 舉行說明會。	<u>細部計畫的核定與定樁、測繪 (#23)</u> (1) 細部計畫擬定後，除依 #14 規定由內政部訂定，及依 #16 規定與主要計畫合併擬定者，由內政部核定實施外，其餘均由該管直轄市、縣(市)政府 核定實施。 (2) 細部計畫核定之審議原則，由內政部定之。 (3) 細部計畫核定發布實施後，應於一年內豎立都市計畫樁、計算坐標及辦理地籍分割測量，並將道路及其他公共設施用地、土地使用分區之界線測繪於地籍圖上，以供公眾閱覽或申請謄本之用。
<u>該管政府審議 (#18)</u> (1) 主要計畫擬定後，應先送由該管政府或鄉、鎮、縣轄市都市計畫委員會審議。 (2) 其依第十三條、第十四條規定由內政部或縣(市)(局)政府訂定或擬定之計 畫，應先分別徵求有關縣(市)(局)政府及鄉、鎮、縣轄市公所之意見，以供參考。	(4) 都市計畫樁之測定、管理及維護等事項之辦法，由內政部定之。
<u>上級機關核定 (#20)</u> (1) 首都之主要計畫由內政部核定，**轉報行政院備案。** (2) 直轄市、省會、市之主要計畫由內政部核定。 (3) 縣政府所在地及縣轄市之主要計畫由內政部核定。 (4) 鎮及鄉街之主要計畫由內政部核定。 (5) 特定區計畫由縣(市)(局)政府擬定者，由內政部核定；直轄市政府擬定者，由內政部核定，轉報行政院備案；內政部訂定者，報行政院備案。 (6) 主要計畫在區域計畫地區範圍內者，內政部在訂定或核定前，應先徵詢各該區 域計畫機構之意見。 (7) 應報請備案之主要計畫，非經准予備案，不得發布實施。但備案機關於文到後 三十日內不為准否之指示者，視為准予備案。	(5) 細部計畫之擬定、審議、公開展覽及發布實施，應分別依第 17 條第一項、第 18 條、第 19 條及第 21 條規定辦理。
<u>發布實施 (#21)</u> (1) 主要計畫經核定或備案後，當地直轄市、縣(市)(局)政府應於接到核定或 備案公文之日起三十日內，將主要計畫書及主要計畫圖發布實施，並應將發布 地點及日期登報周知。 (2) 內政部訂定之特定區計畫，層交當地直轄市、縣(市)(局)政府依前項之規 定發布實施。 (3) 當地直轄市、縣(市)(局)政府未依第一項規定之期限發布者，內政部得代為發布之。	

綜合比較 4　『區域』與『都市』計畫之定義

區域計劃	都市計劃
指基於地理、人口、資源、經濟活動等相互依賴及共同利益關係，而制定之區域發展計畫。	指在一定地區內有關都市生活之經濟、交通、衛生、保安、國防、文教、康樂等重要設施，做有計劃隻發展，並對土地使用做合理之規劃。

綜合比較 5　都市計畫法之『主要計畫』vs『細部計畫』之主要內容

主要計畫 （都市計畫法 #15）	細部計畫 （都市計畫法 #22）
一、當地自然、社會及經濟狀況之調查與分析。 二、行政區域及計畫地區範圍。 三、人口之成長、分布、組成、計畫年期內人口與經濟發展之推計。 四、住宅、商業、工業及其他土地使用之配置。 五、名勝、古蹟及具有紀念性或藝術價值應予保存之建築。 六、主要道路及其他公眾運輸系統。 七、主要上下水道系統。 八、學校用地、大型公園、批發市場及供作全部計畫地區範圍使用之公共設施用地。 九、實施進度及經費。 十、其他應加表明之事項。	細部計畫應以細部計畫書及細部計畫圖就左列事項表明之： 一、計畫地區範圍。 二、居住密度及容納人口。 三、土地使用分區管制。 四、事業及財務計畫。 五、道路系統。 六、地區性之公共設施用地。 七、其他。

綜合比較 6　都市計畫法『新市區建設』vs『舊市區更新』之定義

新市區建設	舊市區更新
係指建築物稀少，尚未依照都市計畫實施建設發展之地區 。	係指舊有建築物密集，畸零破舊，有礙觀瞻，影響公共安全，必須拆除重建，就地整建或特別加以維護之地區。

綜合比較 **7** 『農舍興建』於都市計畫法台灣省施行細則 vs
實施區域計畫地區建築管理辦法之規定

都市計畫法台灣省施行細則 #29	實施區域計畫地區建築管理辦法 #5
1. 申請人必須具備農民身分，並應在該農業區內有農業用地或農場。 2. 農舍之高度不得超過 4 層或 14 公尺，建築面積不得超過申請興建農舍之該宗農業用地面積 10%，建築總樓地板面積不得超過 660 平方公尺，與都市計畫道路境界之距離，除合法農舍申請立體增建外，不得小於 8 公尺。	於各種用地內申請建造自用農舍者，其總樓地板面積不得超過 495 平方公尺，建築面積不得超過其耕地面積 10%，建築物高度不得超過 3 層樓並不得超 10.5 公尺，但最大基層建築面積不得超過 330 平方公尺。

綜合比較 **8** 『禁限建』於都市更新條例、都市計畫法、建築法之規定

都市更新條例 #42、#54	都市計畫法 #81	建築法 #47
<u>都市更新條例 #42：</u> 更新地區劃定或變更後，直轄市、縣（市）主管機關得視實際需要，公告禁止更新地區範圍內建築物之改建、增建或新建及採取土石或變更地形。但不影響都市更新事業之實施者，不在此限。 前項禁止期限，最長不得超過二年。 違反第一項規定者，當地直轄市、縣（市）主管機關得限期命令其拆除、改建、停止使用或恢復原狀。 <u>都市更新條例 #54：</u> 實施權利變換地區，直轄市、縣（市）主管機關得於權利變換計畫書核定後，公告禁止下列事項。但不影響權利變換之實施者，不在此限： 一、土地及建築物之移轉、分割或設定負擔。 二、建築物之改建、增建或新建及採取土石或變更地形。 前項禁止期限，最長不得超過二年。 違反第一項規定者，當地直轄市、縣（市）主管機關得限期命令其拆除、改建、停止使用或恢復原狀。	依本法新訂、擴大或變更都市計畫時，得先行劃定計畫地區範圍，經由該管都市計畫委員會通過後，得禁止該地區內一切建築物之新建、增建、改建，並禁止變更地形或大規模採取土石。但為軍事、緊急災害或公益等之需要，或施工中之建築物，得特許興建或繼續施工。 前項特許興建或繼續施工之准許條件、辦理程序、應備書件及違反准許條件之廢止等事項之辦法，由內政部定之。 第一項禁止期限，視計畫地區範圍之大小及舉辦事業之性質定之。但最長不得超過二年。 前項禁建範圍及期限，應報請行政院核定。 第一項特許興建或繼續施工之建築物，如牴觸都市計畫必須拆除時，不得請求補償。	易受海潮、海嘯侵襲、洪水氾濫及土地崩塌之地區，如無確保安全之防護設施者，直轄市、縣（市）（局）主管建築機關應商同有關機關劃定範圍予以發布，並豎立標誌，禁止在該地區範圍內建築。

綜合比較 **9** 『都市更新處理方式』vs『建造行為』

都市更新處理方式 （都市更新條例 #4）	建造行為 （建築法 #9）
一、重建：指拆除更新單元內原有建築物，重新建築，住戶安置，改進公共設施，並得變更土地使用性質或使用密度。 二、整建：指改建、修建更新單元內建築物或充實其設備，並改進公共設施。 三、維護：指加強更新單元內土地使用及建築管理，改進公共設施，以保持其良好狀況。	一、新建：為新建造之建築物或將原建築物全部拆除而重行建築者。 二、增建：於原建築物增加其面積或高度者。但以過廊與原建築物連接者，應視為新建。 三、改建：將建築物之一部分拆除，於原建築基地範圍內改造，而不增高或擴大面積者。 四、修建：建築物之基礎、樑柱、承重牆壁、樓地板、屋架及屋頂，其中任何一種有過半之修理或變更者。

綜合比較 **10** 都市更新的『處理方式』vs『實施方式』

都市更新處理方式 （都市更新條例 #4）	都市更新事業之實施方式 （都市更新條例 #43）
一、重建：指拆除更新單元內原有建築物，重新建築，住戶安置，改進公共設施，並得變更土地使用性質或使用密度。 二、整建：指改建、修建更新單元內建築物或充實其設備，並改進公共設施。 三、維護：指加強更新單元內土地使用及建築管理，改進公共設施，以保持其良好狀況。	都市更新事業計畫範圍內重建區段之土地，以權利變換方式實施之。但由主管機關或其他機關辦理者，得以徵收、區段徵收或市地重劃方式實施之；其他法律另有規定或經全體土地及合法建築物所有權人同意者，得以協議合建或其他方式實施之。 以區段徵收方式實施都市更新事業時，抵價地總面積占徵收總面積之比率，由主管機關考量實際情形定之。

綜合比較 **11** 『特定區計畫』vs『特定建築物』vs『特種建築物』

特定區計畫	特定建築物	特種建築物
都市計劃的一種,為發展工業或為保持優美風景或因其他目的而劃定之特定地區,應擬定特定區計畫。	依建築技術規則第五章規定,較多人、車、貨物於短時間同時進出或作較長時間停留之場所如電影院、保齡球館等皆屬之。	(一)涉及國家機密之建築物。 (二)因用途特殊,適用建築法確有困難之建築物。 (三)因構造特殊,適用建築法確有困難之建築物。 (四)因應重大災難後復建需要,具急迫性之建築物。 (五)其他適用建築法確有困難之建築物。

綜合比較 **12** 『公有建築物』vs『公眾建築物』

供公眾使用之建築物 （建築法 #5）	公有建築物 （建築法 #6）
供公眾工作、營業、居住、遊覽、娛樂及其他供公眾使用之建築物。	為政府機關、公營事業機構、自治團體及具有紀念性之建築物。

綜合比較 **13** 申請『建築執照＆雜項執照』vs『使用執照』 vs 『拆除執照』應備資料

申請建築執照＆雜項執照 （建築法＃30）	申請使用執照 （建築法 #71）	申請拆除執照 （建築法 #79）
起造人申請建造執照或雜項執照時,應備具申請書、土地權利證明文件、工程圖樣及說明書。	申請使用執照,應備具申請書,並檢附左列各件: 一、原領之建造執照或雜項執照。 二、建築物竣工平面圖及立面圖。 建築物與核定工程圖樣完全相符者,免附竣工平面圖及立面圖。	申請拆除執照應備具申請書,並檢附建築物之權利證明文件或其他合法證明。

綜合比較 **14** 建造執照等各項執照審查期限

執照種類	審查（查驗）期限		改正期限＆處理程序
	非供公眾使用	供公眾使用	
建造執照 雜項執照 （建築法#33、#36）	10 日	30 日	接獲第一次通過改正之日起 6 個月
使用執照 （建築法#70）	10 日	20 日	
拆除執照 （建築法#80）	5 日		
執照補發 （建築法#40）	5 日		
未領照廢止 （建築法#41）	3 個月		
變更使用 （建築法#75、建築物使用類組及變更使用辦法#9）	1. 無施工者同使用執照 2. 需施工者，得發同意變更文件，限期 6 個月施工完竣，因故未能完工竣，得於期限屆滿前申請展期 6 個月，1 次為限		接獲通知修改之日起 3 個月內再報請查驗，若未修改或不合規定，予以駁回。
室內裝修圖說審核	主管建築機關於收件之日起 7 日內審核完畢		一次通知起造人、所有權人或使用人限期改正，逾期未改正或仍不合格，予以駁回
室內裝修竣工查驗	7 日內派員檢查，經查核與驗章圖說相符者，檢查表經查驗人員簽證後，5 日內核發合格證明		不合格者，應通知起造人、所有權人或使用人限期修改，逾期未修改者，審查機關應報請當地主管建築機關查明處理

綜合比較 **15** 『棟』vs『幢』於建築技術規則之定義

幢	棟
建築物地面層以上結構獨立不與其他建築物相連，地面層以上其使用機能可獨立分開者	以具有單獨或共同之出入口並以無開口之防火牆及防火樓板區劃分開者。

綜合比較 *16* 『建築物設備』vs『雜項工作物』於建築法之定義

建築物設備	雜項工作物
本法所稱建築物設備，為敷設於建築物之電力、電信、煤氣、給水、污水、排水、空氣調節、昇降、消防、消雷、防空避難、污物處理及保護民眾隱私權等設備。	雜項工作物，為營業爐竈、水塔、瞭望臺、招牌廣告、樹立廣告、散裝倉、廣播塔、煙囪、圍牆、機械遊樂設施、游泳池、地下儲藏庫、建築所需駁崁、挖填土石方等工程及建築物興建完成後增設之中央系統空氣調節設備、昇降設備、機械停車設備、防空避難設備、污物處理設施等。

綜合比較 *17* 『廠商』vs『機關』vs『營造業法負責人』之定義

採購法之廠商	採購法之機關	營造業法之負責人
指公司、合夥或獨資之工商行號及其他得提供各機關工程、財物、勞務之自然人、法人、機構或團體。	政府機關、公立學校、公營事業（以下簡稱機關）。	在無限公司、兩合公司係指代表公司之股東；在有限公司、股份有限公司係指代表公司之董事；在獨資組織係指出資人或其法定代理人；在合夥組織係指執行業務之合夥人；公司或商號之經理人，在執行職務範圍內，亦為負責人。

綜合比較 *18* 『公開招標』vs『選擇性招標』vs『限制性招標』於政府採購法之定義

公開招標	選擇性招標	限制性招標
指以公告方式邀請不特定廠商投標。	指以公告方式預先依一定資格條件辦理廠商資格審查後，再行邀請符合資格之廠商投標。	指不經公告程序，邀請二家以上廠商比價或僅邀請一家廠商議價。

綜合比較 *19* 『上級機關』vs『主管機關』於政府採購法之定義

上級機關	主管機關
為行政院採購暨公共工程委員會，以政務委員一人兼任主任委員。	指辦理採購機關直屬之上一級機關。其無上級機關者，由該機關執行本法所規定上級機關之職權。

綜合比較 *20*　『查核金額』vs『公告金額』vs『巨額採購金額』vs『小額採購金額』

查核金額	公告金額	小額採購	巨額採購
工程：5000 萬元 財務：5000 萬元 勞務：1000 萬元	工程、財物及勞務採購均為 100 萬元	工程、財物及勞務採購均為 10 萬元以下	工程：2 億元以上 財物：1 億元以上 勞務：2000 萬元以上

綜合比較 *21*　『專任工程人員』vs『工地主任』vs『技術士』於營造業法之定義

專任工程人員	工地主任	技術士
指受聘於營造業之技師或建築師，擔任其所承攬工程之施工技術指導及施工安全之人員。	指受聘於營造業，擔任其所承攬工程之工地事務及施工管理之人員	領有建築工程管理技術士證或其他土木建築相關技術士證人員。

綜合比較 *22*　營造業各類業種於營造業法之定義

營造業	綜合營造業	專業營造業	土木包工業
指經中央或直轄市、縣市主管機關辦理許可、登記、承攬營繕工程之廠商	指經中央或直轄市、縣市主管機關辦理許可、登記、承攬營繕工程之廠商	指經中央或直轄市、縣市主管機關辦理許可、登記、從事專業工程之廠商	指經中央或直轄市、縣市主管機關辦理許可、登記、在當地或毗鄰地區承攬小型綜合營繕工程之廠商

綜合比較 *23*　『管理委員會』vs『管理負責人』於公寓大廈管理條例之定義

管理委員會	管理負責人
指為執行區分所有權人會議決議事項即公寓大廈管理維護工作，由區分所有權人選任住戶若干人為管理委員所設立之組織。	指未成立管委會，由區分所有權人推選住戶一人或依 #28 第三項、#29 第六項規定為負責管理公寓大廈事務者。

綜合比較 *24*　『區分所有』vs『專有部分』vs『共有部分』vs『約定專有部分』vs　　　『約定共有部分』於公寓大廈管理條例之用詞定義

區分所有	專有部分	共有部分
指數人區分一建築物而各有其專有部分，並就其共有部分按其應有部分有所有權	指公寓大廈之一部份，且有使用上之獨立性，且為區分所有之標的者。	指公寓大廈專有部分以外之其他部分及不屬專有之附屬建築物，而供共同使用者
約定專有部分	**約定共有部分**	
公寓大廈共有部分經約定供特定區分所有權人使用者。	指公寓大廈專有部分經約定供共同使用者。	

綜合比較 25　『容積率』vs『建蔽率』

容積率 （建築技術規則 #1）	建蔽率 （建築技術規則 #161）
容積率指基地內建築物之容積總樓地板面積與基地面積之比。基地面積之計算包括法定騎樓面積。	建築面積占基地面積之比率。

綜合比較 26　『牆』之用詞定義

帷幕牆	外牆	分間牆	分戶牆	承重牆
構架構造建築物之外牆，除承載本身重量及其所受之地震、風力外，不再承載或傳導其他載重之牆壁。	建築物外圍之牆壁。	分隔建築物內部空間之牆壁。	分隔住宅單位與住宅單位或住戶與住戶或不同用途區劃間之牆壁。	承受本身重量及本身所受地震、風力外並承載及傳導其他外壓力及載重之牆壁。

綜合比較 27　『不燃材料』vs『耐火板』vs『耐燃材料』vs『耐水材料』之用詞定義

不燃材料	耐火板	耐燃材料	耐水材料
混凝土、磚或空心磚、瓦、石料、鋼鐵、鋁、玻璃、玻璃纖維、礦棉、陶瓷品、砂漿、石灰及其他經中央主管建築機關認定符合耐燃一級之不因火熱引起燃燒、熔化、破裂變形及產生有害氣體之材料。	木絲水泥板、耐燃石膏板及其他經中央主管建築機關認定符合耐燃二級之材料。	耐燃合板、耐燃纖維板、耐燃塑膠板、石膏板及其他經中央主管建築機關認定符合耐燃三級之材料。	磚、石料、人造石、混凝土、柏油及其製品、陶瓷品、玻璃、金屬材料、塑膠製品及其他具有類似耐水性之材料。

綜合比較 28　『樓地板面積』vs『總樓地板面積』

樓地板面積	總樓地板面積
建築物各層樓地板或其一部分，在該區劃中心線以內之水平投影面積。但不包括第三款不計入建築面積之部分。	建築物各層包括地下層、屋頂突出物及夾層等樓地板面積之總和。

綜合比較 29　『建築物高度』vs『屋頂突出物』

建築物高度	屋頂突出物
自基地地面計量至建築物最高部分之垂直高度	突出於屋面之附屬建築物及雜項工作物
但屋頂突出物或非平屋頂建築物之屋頂，自其頂點往下垂直計量之高度應依下列規定，且不計入建築物高度 (一)十款第一目之屋頂突出物高度在六公尺以內或有昇降機設備通達屋頂之屋頂突出物高度在 9 公尺以內，且屋頂突出物水平投影面積之和，除高層建築物以不超過建築面積15%外，其餘以不超過建築面積12.5% 為限，其未達 25 平方公尺者，得建築 25 平方公尺。 (二)水箱、水塔設於屋頂突出物上高度合計在 6 公尺以內或設於有昇降機設備通達屋頂之屋頂突出物高度在 9 公尺以內或設於屋頂面上高度在 2.5m 以內。 (三)女兒牆高度在 1.5 公尺以內。 (四)第十款第三目至第五目之屋頂突出物。非平屋頂建築物之屋頂斜率（高度與水平距離之比）在 1/2 以下者。 (五)非平屋頂建築物之屋頂斜率（高度與水平距離之比）超過 1/2 者，應經中央主管建築機關核可。	(一)樓梯間、昇降機間、無線電塔及機械房。 (二)水塔、水箱、女兒牆、防火牆。 (三)雨水貯留利用系統設備、淨水設備、露天機電設備、煙囪、避雷針、風向器、旗竿、無線電桿及屋脊裝飾物。 (四)突出屋面之管道間、採光換氣或再生能源使用等節能設施。 (五)突出屋面之 1/3 以上透空遮牆、2/3 以上透空立體構架供景觀造型、屋頂綠化等公益及綠建築設施，其投影面積不計入第九款第一目屋頂突出物水平投影面積之和。但本目與第一目及第六目之屋頂突出物水平投影面積之和，以不超過建築面積 30% 為限。 (六)其他經中央主管建築機關認可者。

綜合比較 30　『建築基地面積』vs『建築面積』

建築基地面積	建築面積
建築基地（以下簡稱基地）之水平投影面積。	建築物外牆中心線或其代替柱中心線以內之最大水平投影面積。 1. 但電業單位規定之配電設備及其防護設施、地下層突出基地地面未超過 1.2 公尺或遮陽板有 1/2 以上為透空，且其深度在 2 公尺以下者，不計入建築面積。 2. 陽臺、屋簷及建築物出入口雨遮突出建築物外牆中心線或其代替柱中心線超過 2 公尺，雨遮、花臺突出超過 1 公尺者，應自其外緣分別扣除 2 公尺或 1 公尺作為中心線。 3. 每層陽臺面積之和，以不超過建築面積 1/8 為限，其未達 8 平方公尺者，得建築 8 平方公尺。

申論題答題訣竅 1

記得「小題大作」的原則，善用圖、表打造完成度 100% 的印象；
即使是面對答不出來的申論題，仍要將能想到的事情盡可能地寫出來！

Q 依據都市更新條例，都市更新事業哻召開公聽會有何法律上之重要意義？（15 分）又，
都市更新事業呼召開公聽會後，因故變更範圍或召開公聽會時，倘漏未通知他項權利
人，應如何補救？（15 分）

A

一、公聽會與其意義
　　『公聽會』為民意及行政機關針對各項重大議題，邀請民意代表、學者專家及一
　　般大眾進行座談，廣為蒐集各方意見的座談會。
　　公聽會的主要功能在於集思廣益、收集各方意見而促成行政議題上的角度聚合，
　　屬於一種促進方針，參加的人大多是學者與民意代表，意見上並沒有絕對性的效
　　力改變，但具有促成端正行政法令以及提供相關建議的功能。

二、公聽會疏漏通知相關權利人參加時之補救措施
　　實施者擬定都市更新事業計畫報核後，主管機關審查其申請書件時，發現實施者
　　於擬定都市更新事業計畫期間舉辦之公聽會，因產權變動，疏漏通知相關權利人
　　參加，如經實施者檢具相關計畫書圖，補請其表達意見，對所提意見作適當之處
　　理或說明，並通知其可於都市更新事業計畫於直轄市、縣（市）政府或鄉（鎮、市）
　　公所公開展覽及舉行公聽會期間表達意見後，可免重行辦理公聽會。
　　辦理公聽會之流程圖如下：

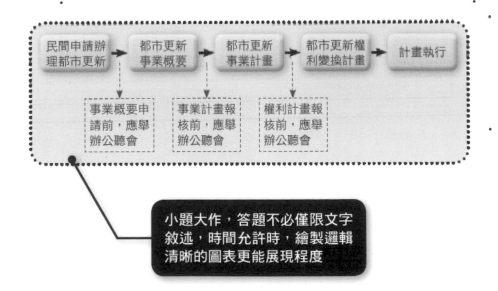

小題大作，答題不必僅限文字
敘述，時間允許時，繪製邏輯
清晰的圖表更能展現程度

申論題答題訣竅 2

考卷也要排版，條例式『依層級』有系統性地作答，使答題架構清晰一目了然。

Q 請回答都市計畫法之相關問題：

(一)依都市計畫法得以容積移轉方式辦理之事業為何？（5 分）

(二)何謂都市計畫容積移轉之「送出基地」？送出基地之限制為何？都市計畫容積移轉之接收地區範圍為何？（10 分）

(三)細部計畫書圖應表明之事項為何？又細部計畫通盤檢討時之「生態都市規劃原則」為何？試分述之。（10 分）

A

一、依都市計畫法得以容積移轉方式辦理之事業

　　公共設施保留地之取得，具有紀念性或藝術性價值之建築與歷史建築之保存維護，公共開放之提供，得以容積移轉方式辦理。

二、都市計畫容積移轉『送出基地』之定義、限制、接收地區範圍

(一)送出基地之定義：

　　『送出基地』指得將全部或部分容積移轉至其他建築土地建築使用之土地。

(二)送出基地之限制：

　　1. 都市計劃表明應予保存或直轄市縣市主管機關認定有保存價值之建築所定著之土地。

　　2. 為改善都市環境或景觀，提供作為公共開放空間使用之可建築土地。

　　3. 私有都市計劃公共設施保留地。但不包含都市計劃書規定應以區段徵收、市地重劃或其他方式整體開發取得者。

(三)容積移轉之接收地區範圍：

　　以移轉至同一主要計畫地區範圍內之其他可建築用地建築使用為限。

三、細部計畫書圖應表明之事項及通盤檢討時之生態都市規劃原則

(一)細部計劃書圖應表明事項

　　　　　1.計劃地區範圍

　　2.居住密度及容納人口

　　3.土地使用分區管制

　　4.事業及財務計劃

　　5.道路系統

　　6.地區性之公共設施用地

　　7.其他（比例尺不得小於1/1200）

(二) 水與綠網絡系統串聯規劃設計原

　　1.雨水下滲、儲留之規劃設計原則

　　2.計劃區內既有重要水資源即綠色資源管理維護原則

　　3.地區風貌發展及管制原則

　　4.地區人行步道及自行車道之建制原則

　　5.地區人行步道及自行車道之建制原則

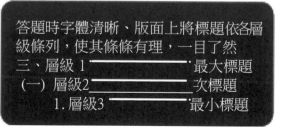

答題時字體清晰、版面上將標題依各層級條列，使其條條有理，一目了然

三、層級 1 ————————最大標題

　(一) 層級2 ————————次標題

　　　1.層級3 ————————最小標題

申論題答題訣竅 3

不僅回答問題，註明法規的正確『出處』＆『條號』＆『相關規定』，使答案更有說服力！

Q 請試述下列名詞之意涵：（每小題 5 分，共 25 分）
　(一)專業營造業
　(二)特種建築物
　(三)都市更新實施者
　(四)建築物外殼耗能量
　(五)公寓大廈共用部分

A

一、專業營造業
　【依據】「營造業法」#3：
　　『專業營造業』：係指經向中央主管機關辦理許可、登記，從事專業工程之廠商。
二、特種建築物
　【依據】「內政部審議行政院交議特種建築物申請案處理原則」：
　　本部審議行政院交議之特種建築物申請案，因用途特殊、構造特殊、涉及國家機密等
　　核定為『特種建築物』
　　(一)涉及國家機密之建築物
　　(二)因用途特殊，適用建築確有困難之建築物
　　(三)因構造特殊，適用建築法確有困難之建築物
　　(四)因應重大災難後復建需要，具急迫性之建築物
　　(五)其他適用建築法確有困難之建築物。
三、都市更新實施者
　【依據】「都市更新條例」#3：
　　『實施者』：係指依本條例規定實施都市更新事業之機關、機構或團體。
四、建築物外殼耗能量
　【依據】「建築技術規則」第 17 章 #299：
　　『建築物外殼耗能量』：指建築物室內臨接窗、牆、屋面及開口等外周區單位樓
　　地板面積之顯熱熱負荷。
五、公寓大廈共用部分
　【依據】「公寓大廈管理條例 #3」：
　　『共用部分』：指公寓大廈專有部分以外之其他部分及不屬專有之附屬建築物，
　　而供共同使用者。

> 答題時用『依據○○法第○條』的句法！交代所引用的法規出處，使答案完整！無懈可擊！

申論題答題訣竅 4

『連問型』題目需仔細看清楚，逐一條列詳答，確保不漏看漏答冤枉失分。

請依都市計畫法說明何謂通盤檢討？（5 分）主要計畫通盤檢討時，應視實際需要擬定之生態都市發展策略為何？（10 分）細部計畫通盤檢討時，應視實際需要擬定之生態都市規劃原則為何？（10 分）

> 一大題裡面連問了 3 小題，
> 回答時採『逐一分段』申論，
> 並且依序確實答題。
> 更要避免漏看題目造成失分。

111年高考三級
營建法規試題精解

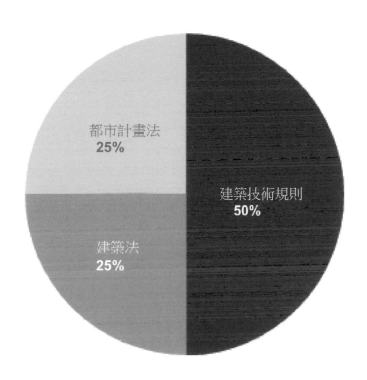

類　科：建築工程／科　目：營建法規／考試時間：2 小時

①近年來都市地區建築物多朝向高層化、複合化發展，相對建築規模亦有增加之趨勢，為增進公共安全，請依建築技術規則規定，說明那些建築物申請建造執照時，應檢具防火避難綜合檢討報告書及評定書，或建築物防火避難性能設計計畫書及評定書，並經那些程序方可取得建造執照？（25 分）

一、依照建築物技術規則總則編第3-4條：

下列建築物應辦理防火避難綜合檢討評定，或檢具經中央主管建築機關認可之建築物防火避難性能設計計畫書及評定書：

   1.高度達25層或90公尺以上之高層建築物。但僅供建築物用途類組 H-2 組使用者，不在此限。

   2.供建築物使用類組 B-2 組使用之總樓地板面積達三萬平方公尺以上之建築物。

   3.與地下公共運輸系統相連接之地下街或地下商場。

二：依照防火避難綜合檢討執行要點第七點：

自防火避難綜合檢討報告書評定通過之日起六個月內，建築物起造人應檢具防火避難綜合檢討報告書及評定書送請直轄市、縣（市）主管建築機關據以核發建造執照或同意變更使用。但經直轄市、縣（市）主管建築機關同意延至申報開工或放樣勘驗，並保留建造執照之廢止權者，得於其同意期限前補送。

②請依建築技術規則說明何謂商業類建築，並請以商業類建築說明何謂防火構造及其防火區劃有何規定？（25 分）

一、　　依照築技術規則第3-3條：商業類之建築物用途分類之類別、組別定義，應依下表規定：商業類為B類，類別定義供商業交易、陳列展售、娛樂、餐飲、消費之場所。組別定義有娛樂場所、商場百貨、餐飲場所及旅館。

二、　　依照築技術規則第69條規定：三層以上商業類，總露地板面積在300平方公尺以上，且樓層及總樓地板二層部分之面積在500平方公尺以上，須為防火構造，

三、　　依照築技術規則第79條規定：
1. 防火構造建築物總樓地板面積在1500平方公尺以上者，應按每1500平方公尺，以具有1小時以上防火時效之牆壁、防火門窗等防火設備與該處防火構造之樓地板區劃分隔。防火設備並應具有1小時以上之阻熱性。
2. 前項應予區劃範圍內，如備有效自動滅火設備者，得免計算其有效範圍樓地面板面積之二分之一。
3. 防火區劃之牆壁，應突出建築物外牆面五十公分以上。但與其交接處之外牆面長度有九十公分以上，且該外牆構造具有與防火區劃之牆壁同等以上防火時效者，得免突出。

③市鎮計畫應先擬定主要計畫，請說明主要計畫如何訂定分區發展優先次序？第一期發展地區應於何時完成公共設施建設？（25 分）

一、依照都市計畫法第17條：實施進度，應就其計畫地區範圍預計之發展趨勢及地方財力，訂定分區發展優先次序。

二、第一期發展地區應於主要計畫發布實施後，最多二年完成細部計畫；並於細部計畫發布後，最多五年完成公共設施。

三、其他地區應於第一期發展地區開始進行後，次第訂定細部計畫建設之。

④、某建設公司擬興建一16 層總樓地板面積20,000 平方公尺之商業辦公大樓，請依建築法規定說明申請建造執照時，申請書應載明之事項，並說明興建過程當中，如有侵害他人財產或肇致危險時，其責任之歸屬。（25 分）

一、建造執照或雜項執照申請書，應載明左列事項：
   1. 起造人之姓名、年齡、住址。起造人為法人者，其名稱及事務所。
   2. 設計人之姓名、住址、所領證書字號及簽章。
   3. 建築地址。
   4. 基地面積、建築面積、基地面積與建築面積之百分比。
   5. 建築物用途。
   6. 工程概算。
   7. 建築期限。
二、按建築法第26條第2項規定：「建築物起造人、或設計人、或監造人、或承造人，如有侵害他人財產，或肇致危險或傷害他人時，應視其情形，分別依法負其責任。」

110年高考三級
營建法規試題精解

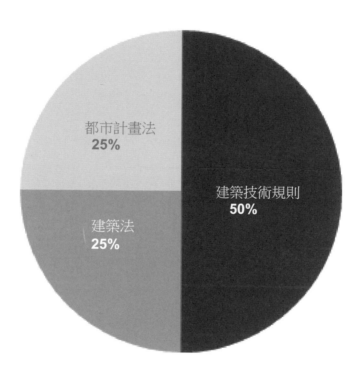

類　科：建築工程／科　目：營建法規／考試時間：2 小時

①都市計畫法第 22 條規定，細部計畫應以細部計畫書及細部計畫圖就七件事項表明，請列出其中五項。（25 分）

(一)細部計畫應以細部計畫書及細部計畫圖就左列事項表明之：

一、計畫地區範圍。

二、居住密度及容納人口。

三、土地使用分區管制。

四、事業及財務計畫。

五、道路系統。

六、地區性之公共設施用地。

七、其他。

②依建築法第 77 條之 2 規定，建築物進行室內裝修時，不得妨害或破壞防火避難設施、消防設備、防火區劃及主要構造。針對「不得妨害或破壞防火區劃」乙項，試申論依據建築技術規則相關規定，設計者在進行防火構造建築物之室內裝修設計工作時應注意事項有那些？（25 分）

一、　有關建築技術規則第88條：建築物之內部裝修材料應依下表規定。但符合下列情形之一者，不在此限：

1.除下表（十）至（十四）所列建築物，及建築使用類組為 B-1、B-2、B-3 組及 I 類者外，按其樓地板面積每一百平方公尺範圍內以具有一小時以上防火時效之牆壁、防火門窗等防火設備與該層防火構造之樓地板區劃分隔者，或其設於地面層且樓地板面積在一百平方公尺以下。

2.裝設自動滅火設備及排煙設備。

二、　有關建築物室內裝修材料之限制，除應檢討符合「建築技術規則」建築設計施工編第 88 條規定外，同編各專章條文另有規定者，尚應優先檢討符合相關規定，如「防火避難設施及消防設備」、「室內安全梯」、「排煙設備」、「緊急用昇降機之機間」、「高層建築物之走廊及防災中心」等空間。

③ 依據「建築技術規則」建築設計施工編之一般設計通則，道路兩旁留設之騎樓，其寬度及構造，由主管建築機關參照當地情形，依照那四項標準訂定？（25 分）

凡經指定在道路兩旁留設之騎樓或無遮簷人行道，其寬度及構造由市、縣（市）主管建築機關參照當地情形，並依照左列標準訂定之：
1. 寬度：自道路境界線至建築物地面層外牆面，不得小於三・五公尺，但建築物有特殊用途或接連原有騎樓或無遮簷人行道，且其建築設計，無礙於市容觀瞻者，市縣（市）主管建築機關，得視實際需要，將寬度酌予增減並公布之。
2. 騎樓地面應與人行道齊平，無人行道者，應高於道路邊界處十公分至二十公分，表面鋪裝應平整，不得裝置任何台階或阻礙物，並應向道路境界線作成四十分之一瀉水坡度。
3. 騎樓淨高，不得小於三公尺。
4. 騎樓柱正面應自道路境界線退後十五公分以上，但騎樓之淨寬不得小於二・五〇公尺。

④、於建築技術規則中綠建築的基準，建築物（建築基地內）應設置雨水貯留利用系統或生活雜排水回收再利用系統。請問，此二系統各有何指標評估成效？（6 分）如何計算？（6 分）其數值應大於多少？（6 分）系統處理後之用水，可使用於何用途？（7 分）

一、建築物應就設置雨水貯留利用系統或生活雜排水回收再利用系統，擇一設置。
二、設置雨水貯留利用系統者，其雨水貯留利用率應大於百分之四；設置生活雜排水回收利用系統者，其生活雜排水回收再利用率應大於百分之三十。
三、由雨水貯留利用系統或生活雜排水回收再利用系統處理後之用水，可使用於沖廁、景觀、澆灌、灑水、洗車、冷卻水、消防及其他不與人體直接接觸之用水。

109 年高考三級
營建法規試題精解

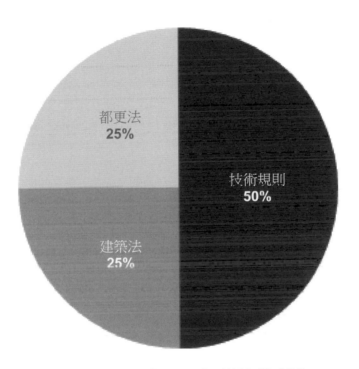

備註：5 年內該類出題占比 < 5% 者，於圖上列為「其他」

代稱	法規全名	代稱	法規全名
標準法	中央法規標準法	營造法	營造業法及相關法規
區計法	區域計畫法系及相關法規	公大條例	公寓大廈管理條例及相關法規
國計法	國土計畫法	建築師法	建築師法
都計法	都市計畫法系及相關法規	技術規則	建築技術規則
都更法	都市更新條例及相關法規	無障礙	建築物無障礙設施設計規範
採購法	採購法系及相關法規	綠&智建築	綠建築&智慧建築
建築法	建築法系相關法規	建管法	建管行政

類　科：建築工程／科　目：營建法規／考試時間：2 小時

①請回答(一)採用建築物防火避難性能設計的優點；並請依建築技術規則規定說明那幾種建築物應辦理防火避難綜合檢討評定？同時說明30 層高僅供 H-2 類住宅使用之建築物，可否排除本項規定之適用及其原因。（25 分）

一、隨著科技之進步，越來越能以科學為基礎來將防火之相關規格轉換為規範，並且也設計出創新或改良之防火材料或技術。採用防火避難性能設計的建築物能夠防止起火及火勢擴大，進而減少生命財產漬施；能夠防護建物不因火災造成嚴重損傷甚至危及鄰房安全；也可以提供搶救人員執行救災必要設施，進而確保生命安全。

二、【依據】建築技術規則 · 總則篇 # 3-4
　　下列建築物應辦理防火避難綜合檢討評定，或檢具經中央主管建築機關認可之建築物防火避難性能設計計畫書及評定書；其檢具建築物防火避難性能設計計畫書及評定書者，並得適用本編第 3 條規定：
　(一) 高度達 25 層或 90 公尺以上之高層建築物。但僅供建築物用途類組 H-2 組使用者，不在此限。
　(二) 供建築物使用類組 B-2 組使用之總樓地板面積達 3 萬平方公尺以上之建築物。
　(三) 與地下公共運輸系統相連接之地下街或地下商場。

三、因此 30 層以上之 H-2 建築可排除本項適用之規定。

②請依建築技術規則防火避難相關規定，說明安全梯構造可分成那幾種？並說明室內安全梯之構造應符合那些規定？（25 分）

一、【依據】建築技術規則 · 設計施工編 # 97
　　安全梯之構造可分為室內安全梯之構造、戶外安全梯之構造及特別安全梯之構造。

二、室內安全梯之構造應符合下列規定：
　(一) 安全梯間四周牆壁除外牆依前章規定外，應具有 1 小時以上防火時效，天花板及牆面之裝修材料並以耐燃一級材料為限。
　(二) 進入安全梯之出入口，應裝設具有 1 小時以上防火時效及 0.5 小時以上阻熱性且具有遮煙性能之防火門，並不得設置門檻；其寬度不得小於 90 公分。
　(三) 安全梯間應設有緊急電源之照明設備，其開設採光用之向外窗戶或開口者，應與同幢建築物之其他窗戶或開口相距 90 公分以上。

③ 請依建築法說明何種情況下建築物可免由建築師設計？（25 分）

【依據】建築法 #16：
建築物及雜項工作物造價在一定金額以下或規模在一定標準以下者，得免由建築師設計，或監造或營造業承造。
前項造價金額或規模標準，由直轄市、縣 (市) 政府於建築管理規則中定之。

④請依都市更新條例回答下列問題：
(一) 請說明何種情形下，主管機關得劃定策略性更新地區？（10 分）
(二) 請說明前述地區都市更新計畫除一般都市更新計畫應表明項目外，應再特別表明事項？（15 分）

一、【依據】都市更新條例 # 8
(有下列各款情形之一時，各級主管機關得視實際需要，劃定或變更策略性更新地區，並訂定或變更都市更新計畫：
(一) 位於鐵路場站、捷運場站或航空站一定範圍內。
(二) 位於都會區水岸、港灣周邊適合高度再開發地區者。
(三) 基於都市防災必要，需整體辦理都市更新者。
(四) 其他配合重大發展建設需要辦理都市更新者。

二、【依據】都市更新條例 # 9
劃定或變更策略性更新地區之都市更新計畫，除前項應表明事項外，並應表明下列事項：
(一) 劃定之必要性與預期效益。
(二) 都市計畫檢討構想。
(三) 財務計畫概要。
(四) 開發實施構想。
(五) 計畫年期及實施進度構想。
(六) 相關單位配合辦理事項。

108 年高考三級
營建法規試題精解

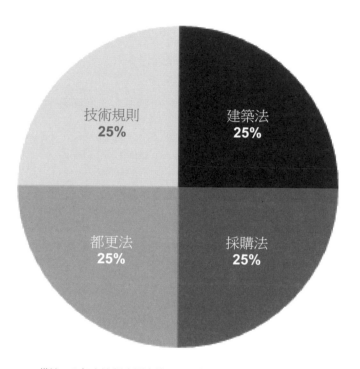

技術規則
25%

建築法
25%

都更法
25%

採購法
25%

備註：5 年內該類出題占比＜5％ 者，於圖上列為「其他」

代稱	法規全名	代稱	法規全名
標準法	中央法規標準法	營造法	營造業法及相關法規
區計法	區域計畫法系及相關法規	公大條例	公寓大廈管理條例及相關法規
國計法	國土計畫法	建築師法	建築師法
都計法	都市計畫法系及相關法規	技術規則	建築技術規則
都更法	都市更新條例及相關法規	無障礙	建築物無障礙設施設計規範
採購法	採購法系及相關法規	綠&智建築	綠建築&智慧建築
建築法	建築法系相關法規	建管法	建管行政

類　科：建築工程／科　目：營建法規／考試時間：2 小時

今年 4 月 30 日立法院三讀通過政府採購法第 70 條之 1 的修正，強化職業安全衛生管理機制，要求廠商依職業安全衛生法採取必要防範措施，降低發生職業災害的風險，並加強查核機制，避免勞工發生職業災害。請說明機關在招標文件及廠商於投標文件，應如何落實該條文的要求？（25 分）

【依據】加強公共工程職業安全衛生管理作業要點 #3：

一、機關辦理工程採購時，應專項編列安全衛生經費，並列入招標文件及契約，據以執行。

二、前項經費應依工程規模及性質，審酌工程之潛在危險，配合災害防止對策，擬訂計量、計價規定，並依據工程需求覈實編列。

三、第一項安全衛生經費之編列項目，應參照行政院公共工程委員會訂定之「公共工程安全衛生項目編列參考附表」辦理，並按工程需求，量化編列。

四、無法量化項目得採一式編列；其內容包括預防災害必要之安全衛生設施、安全衛生人員人事費、個人防護具、緊急應變演練及安全衛生教育訓練宣導等費用，並依專款專用原則辦理查驗計價。

請就建築技術規則第十章的無障礙建築物規定，說明建築物無障礙設施的定義？（25 分）

一、【依據】建築技術規則：

為便利行動不便者進出及使用建築物，新建或增建建築物，應依本章規定設置無障礙設施。

二、【依據】無障礙設施規範第一章總則之用語定義：

無障礙設施又稱為行動不便者使用設施，係指定著於建築物之建築構件，使建築物、空間為行動不便者可獨立到達、進出及使用，無障礙設施包括室外通路、避難層坡道及扶手、避難層出入口、室內出入口、室內通路走廊、樓梯、昇降設備、廁所盥洗室、浴室、輪椅觀眾席位、停車空間等。

請依據建築法第 77 條第 3 項規定，說明哖建築物公共安全檢查簽證及呀申報制度？（25 分）

一、【依據】建築法 #77，第 3 項規定：

供公眾使用之建築物，應由建築物所有權人、使用人定期委託中央主管建築機關認可之專業機構或人員檢查簽證，其檢查簽證結果應向當地主管建築機關申報。非供公眾使用之建築物，經內政部認有必要時亦同。

前項檢查簽證結果，主管建築機關得隨時派員或定期會同各有關機關複查。

第三項之檢查簽證事項、檢查期間、申報方式及施行日期，由內政部定之。

二、【依據】依建築法 #77 條，第 5 項規定訂定建築物公共安全檢查簽證及申報辦法。

建築物公共安全檢查簽證及申報辦法內有相關建築物公共安全檢查申報範圍、申報人之規定、評估檢查項目、申報期間、申報文件等相關規定。

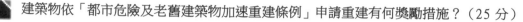

建築物依「都市危險及老舊建築物加速重建條例」申請重建有何獎勵措施？（25 分）

一、【依據】都市危險及老舊建築物加速重建條例 #6：
　　重建計畫範圍內之建築基地，得視其實際需要，給予適度之建築容積獎勵。

二、【依據】都市危險及老舊建築物加速重建條例 #7：
　　依本條例實施重建者，其建蔽率及建築物高度得酌予放寬；其標準由直轄市、縣
　　（市）主管機關定之。但建蔽率之放寬以住宅區之基地為限，且不得超過原建蔽
　　率。

三、【依據】都市危險及老舊建築物加速重建條例 #8：
　　本條例施行後五年內申請之重建計畫，重建計畫範圍內之土地及建築物，經直轄
　　市、縣（市）主管機關視地區發展趨勢及財政狀況同意者，得依下列規定減免稅
　　捐。

四、【依據】都市危險及老舊建築物加速重建條例 #9：
　　直轄市、縣（市）主管機關應輔導第三條第一項第一款之合法建築物重建，就重
　　建計畫涉及之相關法令、融資管道及工程技術事項提供協助。
　　重建計畫範圍內有居住事實且符合住宅法第四條第二項之經濟或社會弱勢者，直
　　轄市、縣（市）主管機關應依住宅法規定提供社會住宅或租金補貼等協助。

107 年高考三級
營建法規試題精解

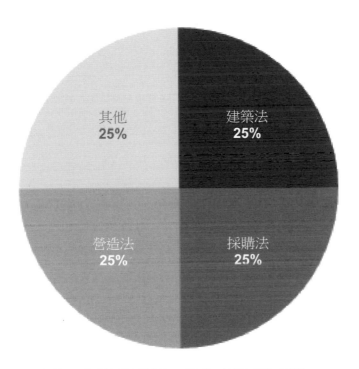

備註：5 年內該類出題占比 < 5% 者，於圖上列為「其他」

代稱	法規全名	代稱	法規全名
標準法	中央法規標準法	營造法	營造業法及相關法規
區計法	區域計畫法系及相關法規	公大條例	公寓大廈管理條例及相關法規
國計法	國土計畫法	建築師法	建築師法
都計法	都市計畫法系及相關法規	技術規則	建築技術規則
都更法	都市更新條例及相關法規	無障礙	建築物無障礙設施設計規範
採購法	採購法系及相關法規	綠&智建築	綠建築＆智慧建築
建築法	建築法系相關法規	建管法	建管行政

試說明政府採購法規定押標金不予發還之情況有那些？（25 分）

【依據】政府採購法 #31：
廠商有下列情形之一者，其所繳納之押標金，不予發還；其未依招標文件規定繳納或已發還者，並予追繳：
一、以虛偽不實之文件投標。
二、借用他人名義或證件投標，或容許他人借用本人名義或證件參加投標。
三、冒用他人名義或證件投標。
四、得標後拒不簽約。
五、得標後未於規定期限內，繳足保證金或提供擔保。
六、對採購有關人員行求、期約或交付不正利益。
七、其他經主管機關認定有影響採購公正之違反法令行為。

試說明營造業法規定營造業之專任工程人員應負責辦理之工作內容，包括那些事項？
（25 分）

【依據】依營造業法 #35：
營造業之專任工程人員應負責辦理下列工作：
一、查核施工計畫書，並於認可後簽名或蓋章。
二、於開工、竣工報告文件及工程查報表簽名或蓋章。
三、督察按圖施工、解決施工技術問題。
四、依工地主任之通報，處理工地緊急異常狀況。
五、查驗工程時到場說明，並於工程查驗文件簽名或蓋章。
六、營繕工程必須勘驗部分赴現場履勘，並於申報勘驗文件簽名或蓋章。
七、主管機關勘驗工程時，在場說明，並於相關文件簽名或蓋章。
八、其他依法令規定應辦理之事項。

 試說明建築法第 56 條對於建築物施工中勘驗之規定。（25 分）

【依據】建築法 # 56：
建築工程中必須勘驗部分，應由直轄市、縣（市）主管建築機關於核定建築計畫時，指定由承造人會同監造人按時申報後，方得繼續施工，主管建築機關得隨時勘驗之。
前項建築工程必須勘驗部分、勘驗項目、勘驗方式、勘驗紀錄保存年限、申報規定及起造人、承造人、監造人應配合事項，於建築管理規則中定之。

根據促進民間參與公共建設法第 11 條規定主辦機關與民間機構簽訂投資契約，應依個案特性，記載那些事項？（25 分）

【依據】促進民間參與公共建設法 #11：

主辦機關與民間機構簽訂投資契約，應依個案特性，記載下列事項：

一、公共建設之規劃、興建、營運及移轉。

二、土地租金、權利金及費用之負擔。

三、費率及費率變更。

四、營運期間屆滿之續約。

五、風險分擔。

六、施工或經營不善之處置及關係人介入。

七、稽核、工程控管及營運品質管理。

八、爭議處理、仲裁條款及契約變更、終止。

九、其他約定事項。

111年高考三級
建管行政試題精解

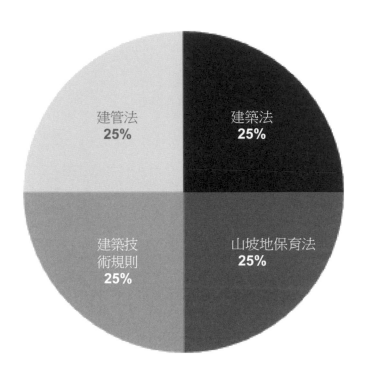

備註：5 年內該類出題占比＜5% 者，於圖上列為「其他」

①建築法規定建築師為建築物設計人，但以依法登記開業之建築師為限，建築師在符合相關建築法令下進行規劃設計後而進行申請。但經常因為對於相關法令認知的差異或疏漏，導致案件申請延誤甚至造成損失。為改善此現象，乃由內政部營建署訂定「建造執照及雜項執照簽證項目抽查作業要點」，規定主管建築機關對於建造執照及雜項執照之簽證項目，應視實際需要抽查，其比例為何？（10 分）有那些情形的建築物應列為必須抽查？（15 分）

一、主管建築機關對於建造執照及雜項執照之簽證項目,應視實際需要按下列比例抽查:

（一）五層以下非供公眾使用之建築物每十件抽查一件以上。

（二）五層以下供公眾使用之建築物每十件抽查二件以上。

（三）六層以上至十層之建築物每十件抽查二件以上。

（四）十一層以上至十四層之建築物每十件抽查四件以上。

（五）十五層以上建築物每十件抽查五件以上。

二、前項案件屬下列情形之一者,應列為必須抽查案件:

（一）　山坡地範圍內之供公眾使用建築物。

（二）　建築基地全部或一部位於活動斷層地質敏感區或山崩與地滑地質敏感區內,且應進行基地地下探勘者。

（三）　檢具建築物防火避難性能設計計畫書或依規定應檢具建築物防火避難綜合檢討報告書,經中央主管建築機關認可之建築物。

②山坡地因其自然條件特殊,不適當之開發行為易導致災害發生,甚至造成不可逆之損害。依山坡地保育利用條例第25 條規定,當山坡地被超限利用時,主管機關應如何處理？（9 分）屆期不改正者,依同條例第35 條之規定處罰,除了可依同條例第35 條之規定處罰之外,並得以如何處理？（16 分）

一、山坡地超限利用者,由直轄市或縣（市）主管機關通知土地經營人、使用人或所有人限期改正;屆期不改正者,依第35條之規定處罰,並得依下列規定處理:
　　1.放租、放領或登記耕作權之山坡地屬於公有者,終止或撤銷其承租、承領或耕作權,收回土地,另行處理;其為放領地者,已繳之地價,不予發還。
　　2.借用或撥用之山坡地屬於公有者,由原所有或管理機關收回。
　　3.山坡地為私有者,停止其使用。
二、前項各款土地之地上物,由經營人、使用人或所有人依限收割或處理;屆期不為者,主管機關得逕行清除,不予補償。

③某縣市曾發生一起火警，樓下是超商樓上有托嬰中心，所幸大火及時撲滅，沒有釀成傷亡。目前各大都市都有許多高樓，且常為複合型機能，低樓層設有商店、餐廳或公司行號，高樓層設置長照機構、托嬰中心或其他，若不小心也可能發生火災，且撲滅不易搶救困難，其傷亡必定慘重。建築技術規則對「高層建築物」有一些防火避難設施的要求，其中關於樓梯、特別安全梯、昇降機及緊急昇降機有那些規定？（25 分）

有關高樓建築物，關於樓梯、特別安全梯、昇降機及緊急昇降機之規定：
1. 樓梯：
依建築技術規則第241條，高層建築物通達地板面高度五十公尺以上或十六層以上樓層之直通樓梯，均應為特別安全梯，且通達地面以上樓層與通達地面以下樓層之梯間不得直通。
2. 安全梯：
依建築技術規則第241條，高層建築物應設置二座以上之特別安全梯並應符合二方向避難原則。二座特別安全梯應在不同平面位置，其排煙室並不得共用。
高層建築物連接特別安全梯間之走廊應以具有一小時以上防火時效之牆壁、防火門窗等防火設備及該樓層防火構造之樓地板自成一個獨立之防火區劃。
3. 升降機：
高層建築物昇降機道併同昇降機間應以具有一小時以上防火時效之牆壁、防火門窗等防火設備及該處防火構造之樓地板自成一個獨立之防火區劃。昇降機間出入口裝設之防火設備應具有遮煙性能。連接昇降機間之走廊，應以具有一小時以上防火時效之牆壁、防火門窗等防火設備及該層防火構造之樓地板自成一個獨立之防火區劃。
4. 緊急升降機：
高層建築物地板面高度在五十公尺以上或十六層以上之樓層應設置緊急昇降機間，緊急用昇降機載重能力應達十七人（一千一百五十公斤）以上，其速度不得小於每分鐘六十公尺，且自避難層至最上層應在一分鐘內抵達為限。

④建管行政法規，為行政法之一種。行政法概括而言，為國內公法，規定行政組織及其職權與作用法規之總稱，請依中央法規標準法、行政程序法及相關建築法規，請回答下述問題：
(一) 何謂建管法規？（5 分）
(二) 依法規性質可分法律及法規命令，法律的法定名稱共有四種，是那四種？（8 分）
(三) 請任選三種且各列舉一例與建管法規有關的法律。（12 分）
(一) 有關於建管法規：建築管理法令指關於建築物在建築許可、使用、管理、施作上均有詳細規定，管理的方式、審查規則、程序等皆有詳細記載，以保障建築物本身之安全、維護公共安全、公共交通、公共衛生及增進、維護都式樣貌，保持市容觀瞻，並提供良好居住品質。
(二) 法律的法定名稱共有四種：依照中央中央法規標準法第2條：法律得定名為法、律、條例或通則。
(三) 任選三種且各列舉一例與建管法規有關的法律：
1. 法：建築法、都市計畫法
2. 條例：建築管理自治條例、都市更新自治條例
3. 通則：建築技術規則

110年高考三級
建管行政試題精解

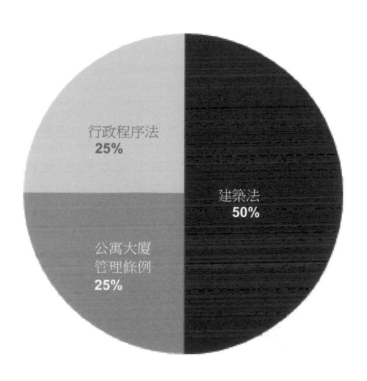

備註：5 年內該類出題占比＜5% 者，於圖上列為「其他」

類　科：建管行政／科　目：營建法規／考試時間：2 小時

①國內近兩年受到疫情傳播及缺工缺料的影響，營建市場普遍存在工程流標或施工斷續的困擾，連帶產生無法申報開工或無法如期完工的問題，對於建築工程管理體系造成衝擊。

(一)請說明現行建築法中對於開工期限及竣工期限之管理規定及立法意旨。（12 分）

(二)試申論面對建築工程無法申報開工或無法如期完工的問題，各級政府依現行建築法的規定得有如何之因應作為？（13 分）

(一)　有關建築法之管理規定及立法意旨：

　　　　5.建築法立法意旨：為實施建築管理，以維護公共安全、公共交通、公共衛生及增進市容觀瞻，特制定本法；本法未規定者，適用其他法律之規定。

　　　　6.建築法開工期限管理規定：

(1) 起造人自領得建造執照或雜項執照之日起，應於六個月內開工；並應於開工前，會同承造人及監造人將開工日期，連同姓名或名稱、住址、證書字號及承造人施工計畫書，申請該管主管建築機關備查。

(2) 起造人因故不能於前項期限內開工時，應敘明原因，申請展期一次，期限為三個月。未依規定申請展期，或已逾展期期限仍未開工者，其建造執照或雜項執照自規定得展期之期限屆滿之日起，失其效力。

　　　　7.建築法竣工期限管理規定：直轄市、縣（市）主管建築機關，於發給建造執照或雜項執照時，應依照建築期限基準之規定，核定其建築期限。前項建築期限，以開工之日起算。承造人因故未能於建築期限內完工時，得申請展期一年，並以一次為限。未依規定申請展期，或已逾展期期限仍未完工者，其建造執照或雜項執照自規定得展期之期限屆滿之日起，失其效力。

(二)　各級政府應依建築法規定辦理開工、展期及竣工等作業，並依照發給建造執照或雜項執照時之基準之規定，核定其建築期限。然若遇上不可抗力之因素，如原物料上展、營造業缺工、疫情影響等因素，因考量目前產業經濟等情況已面對營建業之衝擊及舒緩影響。

②2020 年 4 月 26 日臺北市發生錢櫃 KTV 林森店大火，2021 年 7 月 1 日彰化市發生百香果商旅防疫旅館大火，兩場災難共奪走 10 條寶貴生命，凸顯出建築物防火避難設施應隨時注意維護其使用功能以保障公共安全的重要性。請依據現行建築法相關規定，回答下列問題。

(一)何謂公共安全檢查簽證及申報制度？（12 分）(二)對於原有合法建築物的防火避難設施不符現行安全標準，各級政府應有何種作為？（13 分）

(一)　公共安全檢查簽證及申報制度：依建築法第七十七條第五項規定訂定之。所謂建築物公共安全檢查有二種實施方式，包括：1、直轄市、縣(市)地方政府主管建築機關為維護建築物之公共安全 ，所做之建築物公共檢(稽)查。2、公眾使用之建築物或經內政部指定之非供公眾使用之建築物，其建築物之所有權人、使用人應維護建築物合法使用與其構造及設備安全外，另須定期委託中央主管建築機關認可之專業機構或專業檢查人員檢查簽證，其檢查簽證結果應向當地主管建築機關申報 。

(二) 原有合法建築物防火避難設施或消防設備不符現行規定者，其建築物所有權人或使用人應依該管主管建築機關視其實際情形令其改善項目之改善期限辦理改善，於改善完竣後併同本法第七十七條第三項之規定申報。 前項建築物防火避難設施及消防設備申請改善之項目、內容及方式如附表一、附表二。

③ 近年來電動車市場在聯合國倡議節能減碳潮流下迅速崛起，除了政府部門已在公共場所積極布建電動車充電設備以滿足使用需求外，消費者更期待在自家公寓大廈停車場裡自行建置充電設備，利用下班離峰時間就能完成充電，此舉因涉及共用空間之修繕改良，現行公寓大廈管理機制如何回應處理，成為各方討論焦點。請依據現行公寓大廈管理條例相關規定，回答下列問題。
(一)面對社區公共事務的處理，全體區分所有權人會議及管理委員會的角色定位及權責分工各為何？（10 分）
(二)當部分區分所有權人提出希望於公寓大廈法定停車場裝設充電設備時，如經台電評估用電裕度無虞狀況下，全體區分所有權人會議及管理委員會應如何處理？（15 分）

(一) 全體區分所有權人會議及管理委員會的角色定位及權責分工：
　1. 區分所有權人會議：指區分所有權人為共同事務及涉及權利義務之有關事項，召集全體區分所有權人所舉行之會議。
　2.管理委員會：指為執行區分所有權人會議決議事項及公寓大廈管理維護工作，由區分所有權人選任住戶若干人為管理委員所設立之組織。
(二) 區分所有權人得召開會議，若經決議通過，可由管理委員會負責執行區分所有權人會議決議事項。

④依據行政程序法之規定，行政程序包括行政機關作成行政處分、締結行政契約、訂定法規命令與行政規則、確定行政計畫、實施行政指導及處理陳情等行為之程序，行政行為並應受法律及一般法律原則之拘束。請試寫出您所知悉的一般法律原則。（25 分）

一、 行政法之一般法律原則又稱行政法之一般原理原則，其意指貫穿行政法全部領域的普遍法理，且普遍成熟的發展為隨時補充法律或命令之法源。
二、 依法行政原則：依法行政原則乃支配法治國家立法權與行政權之基本原則，亦為一切行政行為必須遵循之首要原則。
三、 法律優越原則：為消極意義之依法行政原則。係指一切行政權之行使，不問其為權力的抑或非權力的作用，均應受現行法令之拘束，不得有違反法令之規範。
四、 法律保留原則：為積極意義之依法行政原則。

109 年高考三級
建管行政試題精解

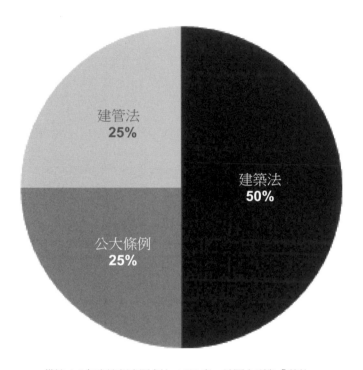

備註：5 年內該類出題占比＜5% 者，於圖上列為「其他」

代稱	法規全名	代稱	法規全名
標準法	中央法規標準法	營造法	營造業法及相關法規
區計法	區域計畫法系及相關法規	公大條例	公寓大廈管理條例及相關法規
國計法	國土計畫法	建築師法	建築師法
都計法	都市計畫法系及相關法規	技術規則	建築技術規則
都更法	都市更新條例及相關法規	無障礙	建築物無障礙設施設計規範
採購法	採購法系及相關法規	綠&智建築	綠建築&智慧建築
建築法	建築法系相關法規	建管法	建管行政

人民對於中央或地方機關之行政處分，認為違法或不當，致損害其權利或利益者，得依訴願法提起訴願。請說明何謂行政處分？並請說明原行政處分機關收到訴願人之訴願書後應如何處理？（25 分）

一、【依據】行政程序法 # 92：

本法所稱行政處分，係指行政機關就公法上具體事件所為之決定或其他公權力措施而對外直接發生法律效果之單方行政行為。

前項決定或措施之相對人雖非特定，而依一般性特徵可得確定其範圍者，為一般處分，適用本法有關行政處分之規定。有關公物之設定、變更、廢止或其一般使用者，亦同。

二、【依據】訴願法 # 58：

訴願人應繕具訴願書經由原行政處分機關向訴願管轄機關提起訴願。

原行政處分機關對於前項訴願應先行重新審查原處分是否合法妥當，其認訴願為有理由者，得自行撤銷或變更原行政處分，並陳報訴願管轄機關。

原行政處分機關不依訴願人之請求撤銷或變更原行政處分者，應盡速附具答辯書，並將必要之關係文件，送於訴願管轄機關。

原行政處分機關檢卷答辯時，應將前項答辯書抄送訴願人。

依中央法規標準法規定，各機關基於法律授權訂定之命令，應視其性質分別下達或發布，並即送立法院。各機關發布之命令，得依其性質，稱規程、規則、細則、辦法、綱要、標準或準則。請說明內政部依建築法授權訂定之命令有那些？（25 分）

命令的名稱可以稱規程、規則、細則、辦法、綱要、標準或準則。內政部依建築法授權訂定之命令有許多，舉例如下：

1.建築技術規則為依建築法第 97 條規定訂之。

2.建築物室內裝修管理辦法依建築法第 77-2 條第四項規定訂定之。

3.實施區域計畫地區建築管理辦法依建築法第 3 條第三項訂定之。

4.違章建築處理辦法依第 97-2 條規定訂定之。

另有許多相關命令，如建築物部分使用執照核發辦法、建築物公共安全檢查簽證及申報辦法等皆是依建築法訂定之命令。

依建築法規定，直轄市、縣（市）（局）主管建築機關依本法規定核發之執照，僅為對申請建造、使用或拆除之許可。建築物起造人、或設計人、或監造人、或承造人，如有侵害他人財產，或肇致危險或傷害他人時，應視其情形，分別依法負其責任。請說明建築法適用地區為何？並請分別說明呼何謂建築物、建築物之起造人及建築物之承造人？（25 分）

一、【依據】建築法＃3：
適用之地區為下列地區：
(一)實施都市計畫地區。
(二)實施區域計畫地區。
(三)經內政部指定地區。
前項地區外供公眾使用之公有建築物，本法亦適用之。

二、【依據】建築法＃4、12、14：
建築物、建築物之起造人及建築物之承造人分別為：
(一)建築物（＃4）：建築法所稱建築物，為定著於土地上或地面下具有頂蓋、樑柱或牆壁，供個人或公眾使用之構造物或雜項工作物。
(二)建築物之起造人（＃12）：建築法所稱建築物之起造人，為建造該建築物之申請人，其為未成年或禁治產者，由其法定代理人代為申請；本法規定之義務與責任，亦由法定代理人負之。起造人為政府機關、公營事業機構、團體或法人者，由其負責人申請之，並由負責人負本法規定之義務與責任。
(三)建築物之承造人（＃14）：建築法所稱建築物之承造人為營造業，以依法登記開業之營造廠商為限。

依公寓大廈管理條例規定，共用部分之修繕、管理、維護，由管理負責人或管理委員會為之。約定專用部分之修繕、管理、維護，由各該約定專用部分之使用人為之，並負擔其費用。請分別說明何謂共用部分及約定專用部分？並請說明那些共用部分不得為約定專用部分？（25分）

一、【依據】公寓大廈管理條例＃3：
(一)共用部分：指公寓大廈專有部分以外之其他部分及不屬專有之附屬建築物，而供共同使用者。
(二)約定專用部分：公寓大廈共用部分經約定供特定區分所有權人使用者。

二、【依據】公寓大廈管理條例＃7：
公寓大廈共用部分不得獨立使用供做專有部分。其為下列各款者，並不得為約定專用部分：
(一) 公寓大廈本身所占之地面。
(二) 連通數個專有部分之走廊或樓梯，及其通往室外之通路或門廳；社區內各巷道、防火巷弄。
(三) 公寓大廈基礎、主要樑柱、承重牆壁、樓地板及屋頂之構造。
(四) 約定專用有違法令使用限制之規定者。
(五) 其他有固定使用方法，並屬區分所有權人生活利用上不可或缺之共用部分。

108 年高考三級
建管行政試題精解

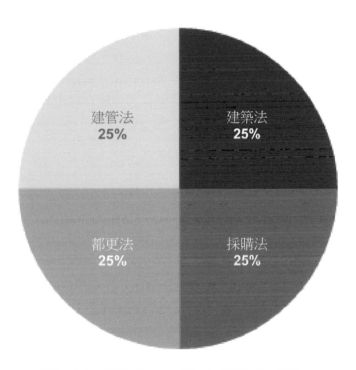

建管法 25%

建築法 25%

都更法 25%

採購法 25%

備註：5 年內該類出題占比＜5% 者，於圖上列為「其他」

代稱	法規全名	代稱	法規全名
標準法	中央法規標準法	營造法	營造業法及相關法規
區計法	區域計畫法系及相關法規	公大條例	公寓大廈管理條例及相關法規
國計法	國土計畫法	建築師法	建築師法
都計法	都市計畫法系及相關法規	技術規則	建築技術規則
都更法	都市更新條例及相關法規	無障礙	建築物無障礙設施設計規範
採購法	採購法系及相關法規	綠&智建築	綠建築&智慧建築
建築法	建築法系相關法規	建管法	建管行政

類　科：建築工程、公職建築師／科　目：建管行政／考試時間：2 小時

　請依中央法規標準法及相關營建法規，回答下列問題：

(一) 說明那些事項應以法律定之？並說明法律之定程序，及哫如何定名。（15 分）

(二) 請列舉三項與建築管理有關之法律與命令為例，說明「法律優位」原則。（10分）

一、應以法律訂定之事項及制定程序與命名

(一)【依據】中央法規標準法 #5，下列事項應以法律定之：

　　1.憲法或法律有明文規定，應以法律定之者。

　　2.關於人民之權利、義務者。

　　3.關於國家各機關之組織者。

　　4.其他重要事項之應以法律定之者。

(二)法律之制定程序為：

　　法律應經立法院通過，總統公布。

(三)法律之名稱：

　　法律得定名為法、律、條例或通則。

二、列舉三項與建築管理有關之法律與命令，說明法律優位之原則

(一)有關建築管理有關之法律與命令如下：

　　1.建築法

　　2.臺北市建築管理自治條例

　　3.建築物室內裝修管理辦法

(二)法律優位原則如下：

　　1.特別法優於普通法：

　　　法規對其他法規所規定之同一事項而為特別之規定者，應優先適用之。其他法規修正後，仍應優先適用。

　　2.法規修正後之適用或準用：

　　　法規對某一事項規定適用或準用其他法規之規定者，其他法規修正後，適用或準用修正後之法規。

　　3.從新從優原則：

　　　各機關受理人民聲請許可案件適用法規時，除依其性質應適用行為時之法規外，如在處理程序終結前，據以准許之法規有變更者，適用新法規。但舊法規有利於當事人而新法規未廢除或禁止所聲請之事項者，適用舊法規。

　請依建築法及相關規定，回答下列問題：

(一)說明建築執照審查過程中之行政與技術分立原則。（15 分）

(二)並說明建築主管機關與建築師或相關技師之權責應如何區分？（10 分）

一、建築執照審查過程中的行政與技術分立原則

　　【依據】建築法 #34 規定：

　　直轄市、縣（市）（局）主管建築機關審查或鑑定建築物工程圖樣及說明書，應就規定項目為之，其餘項目由建築師或建築師及專業工業技師依本法規定簽證負責。建築師或建築師及專業工業技師與審查人員間有彼此之權責，其 34 條規定之審查項目形成了行政技術分立原則。

二、建築主管機關與建築師或技師之權責區分
　　(一)主管機關建管人員擔任都市計畫與行政相關工作，而建築師則於建築行為擔任建築專業之重要工作(如設計、施工監造等)並負擔責任。
　　(二)如建築師負責建築許可、建築設計相關建築技術部分，建築師及專業工業技師負責簽證辦理。主管建築機關擔任相關行政工作，如查核相關法規、建蔽率、容積率等。
　　(三)【依據】建築法 #26：
　　　直轄市、縣（市）（局）主管建築機關依本法規定核發之執照，僅為對申請建造、使用或拆除之許可。　建築物起造人、或設計人、或監造人、或承造人，如有侵害他人財產，或肇致危險或傷害他人時，應視其情形，分別依法負其責任。
　　(四)【依據】建築師法 # 17：
　　　建築師受委託設計之圖樣、說明書及其他書件，應合於建築法及基於建築法所發布之建築技術規則、建築管理規則及其他有關法令之規定；其設計內容，應能使營造業及其他設備廠商，得以正確估價，按照施工。

請依都市更新條例與都市危險及老舊建築物加速重建條例及其施行細則回答下列問題：
　　(一)請說明訂定都市更新條例與都市危險及老舊建築物加速重建條例的立法意旨。（10分）
　　(二)請說明都市危險及老舊建築物建築容積獎勵辦法對採用綠建築與智慧建築設計的容積獎勵規定。（15 分）

一、訂定都市更新條例與都市危險及老舊建築物加速重建條例的立法意旨
(一)　都市更新條例立法意旨：
　　　為促進都市土地有計畫之再開發利用，復甦都市機能，改善居住環境與景觀，增進公共利益，特制定本條例。
(二)　都市危險及老舊建築物加速重建條例立法意旨：
　　　為因應潛在災害風險，加速都市計畫範圍內危險及老舊瀕危建築物之重建，改善居住環境，提升建築安全與國民生活品質，特制定本條例。
二、都市危險及老舊建築物建築容積獎勵辦法對綠建築與智慧建築設計的容積獎勵
　　(一)【依據】都市危險及老舊建築物建築容積獎勵辦法 #7：
　　　取得候選等級綠建築證書之容積獎勵額度，規定如下：
　　　1.鑽石級：基準容積 10%。
　　　2.黃金級：基準容積 8%。
　　　3.銀級：基準容積 6%。
　　　4.銅級：基準容積 4%。
　　　5.合格級：基準容積 2%。
　　　重建計畫範圍內建築基地面積達 500 平方公尺以上者，不適用前項第四款及第五款規定之獎勵額度。
　　(二)【依據】都市危險及老舊建築物建築容積獎勵辦法 #8：
　　　取得候選等級智慧建築證書之容積獎勵額度，規定如下：
　　　1.鑽石級：基準容積 10%。
　　　2.黃金級：基準容積 8%。
　　　3.銀級：基準容積 6%。
　　　4.銅級：基準容積 4%。

5. 合格級：基準容積 2%。
重建計畫範圍內建築基地面積達 500 平方公尺以上者，不適用前項第四款及第五
款規定之獎勵額度。

請依政府採購法等相關規定回答下列問題：
（一）　何種情況下公告金額以上之新建建築工程設計監造案可採用限制性招標？（5
分）採用限制性招標如何組成評選委員會？（10 分）
（二）　目前決定修法規定政府機關現職人員不得擔任採購案之評選委員，請申論本
項修法對政府採購之影響。（10 分）

一、採用限制性招標的金額條件
【依據】政府採購法 #22：
機關辦理公告金額以上之採購，符合下列情形之一者，得採限制性招標：
（一）以公開招標、選擇性招標或依第九款至第十一款公告程序辦理結果，無廠商投標或無
合格標，且以原定招標內容及條件未經重大改變者。
（二）屬專屬權利、獨家製造或供應、藝術品、秘密諮詢，無其他合適之替代標的者。遇有
不可預見之緊急事故，致無法以公開或選擇性招標程序適時辦理，且確有必要者。
（三）遇有不可預見之緊急事故，致無法以公開或選擇性招標程序適時辦理，且確有必要者。
（四）原有採購之後續維修、零配件供應、更換或擴充，因相容或互通性之需要，必須向
原供應廠商採購者。
（五）屬原型或首次製造、供應之標的，以研究發展、實驗或開發性質辦理者。
（六）在原招標目的範圍內，因未能預見之情形，必須追加契約以外之工程，如另行招標，
確有產生重大不便及技術或經濟上困難之虞，非洽原訂約廠商辦理，不能達契約之
目的，且未逾原主契約金額百分之五十者。
（七）原有採購之後續擴充，且已於原招標公告及招標文件敘明擴充之期間、金額或數量
者。
（八）在集中交易或公開競價市場採購財物。
（九）委託專業服務、技術服務、資訊服務或社會福利服務，經公開客觀評選為優勝者。
（十）辦理設計競賽，經公開客觀評選為優勝者。
（十一）因業務需要，指定地區採購房地產，經依所需條件公開徵求勘選認定適合需要者。
（十二）購買身心障礙者、原住民或受刑人個人、身心障礙福利機構或團體、政府立案之
原住民團體、監獄工場、慈善機構及庇護工場所提供之非營利產品或勞務。
（十三）委託在專業領域具領先地位之自然人或經公告審查優勝之學術或非營利機構進行
科技、技術引進、行政或學術研究發展。
（十四）邀請或委託具專業素養、特質或經公告審查優勝之文化、藝術專業人士、機構或
團體表演或參與文藝活動或提供文化創意服務。
（十五）公營事業為商業性轉售或用於製造產品、提供服務以供轉售目的所為之採購，基
於轉售對象、製程或供應源之特性或實際需要，不適宜以公開招標或選擇性招標方
式辦理者。
（十六）其他經主管機關認定者。
前項第九款專業服務、技術服務、資訊服務及第十款之廠商評選辦法與服務費用
計算方式與第十一款、第十三款及第十四款之作業辦法，由主管機關定之。
第一項第九款社會福利服務之廠商評選辦法與服務費用計算方式，由主管機關會
同中央目的事業主管機關定之。

第一項第十三款及第十四款，不適用工程採購。

二、限制性招標之組成評選委員會條件

(一) 依採購法第 22 條第 1 項第 9、10 款辦理者，應依採購法第 94 條及採購評選委員會組織準則第 2 條規定成立採購評選委員會。

(二) 本委員會應於招標前成立，並於完成評選事宜且無待處理事項後解散，其任務如下：

1. 訂定或審定招標文件之評選項目、評審標準及評定方式。

2. 辦理廠商評選。

3. 協助機關解釋與評審標準、評選過程或評選結果有關之事項。

(三) 本委員會置委員五人以上，由機關就具有與採購案相關專門知識之人員派兼或聘兼之，其中專家、學者人數不得少於三分之一。

前項專家、學者之委員，不得為政府機關之現職人員；專家、學者以外之委員，得為機關之現職人員，並得包括其他機關之現職人員。

三、申論政府機關現職人員不得擔任採購案評選委員，對政府採購法之影響

有關目前修法規定政府機關現職人員不得擔任採購案之評選委員，必須注意的是：

(一)其修法原因為，現行實務作業，機關遴聘所屬機關、平行機關或對機關具有指揮監督關係之機關現職人員，易衍生所聘專家學者得否獨立公正評選之疑慮，爰增訂遴聘專家學者之限制範圍。因此辦理修法。

(二)有關政府機關現職人員之定義應正確定義，以利提升評選作業公正專業之水準。

(三)有關此修法，期望能提升評選專業水準，營造健康公正之採購環境。

107 年高考三級
建管行政試題精解

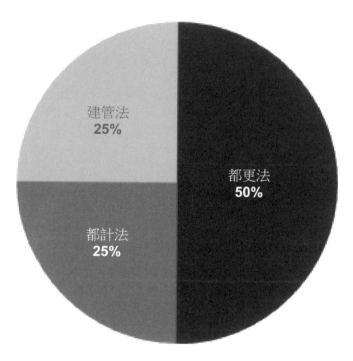

備註：5 年內該類出題占比＜5% 者，於圖上列為「其他」

代稱	法規全名	代稱	法規全名
標準法	中央法規標準法	營造法	營造業法及相關法規
區計法	區域計畫法系及相關法規	公大條例	公寓大廈管理條例及相關法規
國計法	國土計畫法	建築師法	建築師法
都計法	都市計畫法系及相關法規	技術規則	建築技術規則
都更法	都市更新條例及相關法規	無障礙	建築物無障礙設施設計規範
採購法	採購法系及相關法規	綠＆智建築	綠建築＆智慧建築
建築法	建築法系相關法規	建管法	建管行政

類　科：建築工程、公職建築師／科　目：建管行政／考試時間：2 小時

請依據行政執行法中的「即時強制」規定，說明行政機關執行之目的，並詳述其中
與建築物有關之即時強制方法、內容與限制為何？（25 分）

一、行政機關執行即時強制之目的
　　（【依據】行政執行法 #36：
　　行政機關為阻止犯罪、危害之發生或避免急迫危險，而有即時處置之必要時，得
　　為即時強制。

二、與建築物有關之即時強制方法、內容與限制
　　(一)　【依據】行政執行法 #36：
　　即時強制方法如下：
　　1.對於人之管束。
　　2.對於物之扣留、使用、處置或限制其使用。
　　3.對於住宅、建築物或其他處所之進入。
　　4.其他依法定職權所為之必要處置。
　　(二)【依據】行政執行法 #37：
　　對於人之管束，以合於下列情形之一者為限：
　　1.瘋狂或酗酒泥醉，非管束不能救護其生命、身體之危險，及預防他人生命、身
　　　體之危險者。
　　2.意圖自殺，非管束不能救護其生命者。
　　3.暴行或鬥毆，非管束不能預防其傷害者。
　　4.其他認為必須救護或有害公共安全之虞，非管束不能救護或不能預防危害者。
　　前項管束，不得逾 24 小時。
　　(三)【依據】行政執行法 #37：
　　對於物之扣留、使用、處置或限制其使用：
　　軍器、凶器及其他危險物，為預防危害之必要，得扣留之。
　　扣留之物，除依法應沒收、沒入、毀棄或應變價發還者外，其扣留期間不得逾 30
　　日。但扣留之原因未消失時，得延長之，延長期間不得逾 2 個月。
　　扣留之物無繼續扣留必要者，應即發還；於 1 年內無人領取或無法發還者，其所
　　有權歸屬國庫；其應變價發還者，亦同。
　　(四)【依據】行政執行法 #39：
　　遇有天災、事變或交通上、衛生上或公共安全上有危害情形，非使用或處置其土
　　地、住宅、建築物、物品或限制其使用，不能達防護之目的時，得使用、處置或
　　限制其使用。
　　(五)【依據】行政執行法 #40：
　　對於住宅、建築物或其他處所之進入，以人民之生命、身體、財產有迫切之危害，
　　非進入不能救護者為限。
　　(六)【依據】行政執行法 #41：
　　人民因執行機關依法實施即時強制，致其生命、身體或財產遭受特別損失時，得
　　請求補償。但因可歸責於該人民之事由者，不在此限。
　　前項損失補償，應以金錢為之，並以補償實際所受之特別損失為限。
　　對於執行機關所為損失補償之決定不服者，得依法提起訴願及行政訴訟。
　　損失補償，應於知有損失後，2 年內向執行機關請求之。但自損失發生後，經過 5
　　年者，不得為之。

臺灣因地震頻繁與伴隨房屋老舊問題，無論是公有或私有建築物的耐震評估與補強議題已不容忽視，請回答以下相關問題：

(一)目前在建築物公共安全檢查簽證及申報辦法中，已將耐震能力評估檢查納入申報範圍，請詳述那些建築物類組與要件應辦理耐震能力評估檢查？（16 分）

(二)當辦理耐震能力評估檢查之專業機構指派其所屬檢查員辦理評估檢查時，依法要求會有那三種初步判定結果與對應作為？（9 分）

一、應辦理耐震能力評估檢查之建築物類組與要件

【依據】依據建築物公共安全檢查簽證及申報辦法 #7：

下列建築物應辦理耐震能力評估檢查：

(一) 中華民國 88 年 12 月 31 日以前領得建造執照，供建築物使用類組 A-1、A-2、B-2、B-4、D-1、D-3、D-4、F-1、F-2、F-3、F-4、H-1 組使用之樓地板面積累計達 1,000 平方公尺以上之建築物，且該建築物同屬一所有權人或使用人。

(二) 經當地主管建築機關依法認定耐震能力具潛在危險疑慮之建築物。

前項第二款應辦理耐震能力評估檢查之建築物，得由當地主管建築機關依轄區實際需求訂定分類、分期、分區執行計畫及期限，並公告之。

二、耐震能力評估檢查之三種初步判定結果與對應作為

【依據】依據建築物公共安全檢查簽證及申報辦法 #10：

辦理耐震能力評估檢查之專業機構應指派其所屬檢查員辦理評估檢查。

前項評估檢查應依下列各款之一辦理，並將評估檢查簽證結果製成評估檢查報告書：

(一) 經初步評估判定結果為尚無疑慮者，得免進行詳細評估。

(二) 經初步評估判定結果為有疑慮者，應辦理詳細評估。

(三) 經初步評估判定結果為確有疑慮，且未逕行辦理補強或拆除者，應辦理詳細評估。

張爺爺住在一棟 30 年屋齡的老社區內，該社區共 42 戶且有三座電梯與地下一層供停車使用，由於老社區沒有成立管理委員會，大家平常對社區公共事務又冷漠以對，且因年久失修已逐漸面臨居住安全與品質惡化的疑慮。張爺爺於是向地方主管機關詢問該如何協助他們的社區，請以地方主管機關立場，申論如何協助張爺爺依法成立管理委員會，又如何引導或說服該社區的其他區分所有權人？（25 分）

一、如何成立管理委員會

(一)【依據】公寓大廈管理條例 #3 第九項：

管理委員會：指為執行區分所有權人會議決議事項及公寓大廈管理維護工作，由區分所有權人選任住戶若干人為管理委員所設立之組織。

(二)【依據】公寓大廈管理條例 #29：

公寓大廈應成立管理委員會或推選管理負責人。

1. 公寓大廈成立管理委員會者，應由管理委員互推 1 人為主任委員，主任委員對外代表管理委員會。主任委員、管理委員之選任、解任、權限與其委員人數、召集方式及事務執行方法與代理規定，依區分所有權人會議之決議。但規約另

有規定者，從其規定。

2. 管理委員、主任委員及管理負責人之任期，依區分所有權人會議或規約之規定，任期 1 至 2 年，主任委員、管理負責人、負責財務管理及監察業務之管理委員，連選得連任 1 次，其餘管理委員，連選得連任。但區分所有權人會議或規約未規定者，任期 1 年，主任委員、管理負責人、負責財務管理及監察業務之管理委員，連選得連任 1 次，其餘管理委員，連選得連任。

3. 管理委員、主任委員及管理負責人任期屆滿未再選任或有第 20 條第二項所定之拒絕移交者，自任期屆滿日起，視同解任。

二、區分所有權人

由於張爺爺之公寓未組成管理委員會且未推選管理負責人，可以區分所有權人互推之召集人或申請指定之臨時召集人為管理負責人。若區分所有權人無法互推召集人或申請指定臨時召集人時，區分所有權人得申請直轄市、縣（市）主管機關指定住戶 1 人為管理負責人，其任期至成立管理委員會、推選管理負責人或互推召集人為止。

政府為充分發揮公共設施之使用效益與活化彈性，依都市計畫公共設施用地多目標使用辦法規定，公共設施用地得同時作立體及平面多目標使用，請說明當用地類別為學校且僅就平面多目標使用時，除了資源回收站與社會福利設施外，呷還有那些使用項目？（10分）承上，前述在學校用地之社會福利設施項目依規定仍具有類型上之使用限制，請就自己目前所居住地之特性做探討，擇一申論最需要之社會福利設施類型與合理變動之理由為何？（15 分）

一、學校之平面多目的使用項目

(一)【依據】都市計畫公共設施用地多目標使用辦法之附表規定：

學校僅就平面多目標使用時，除了資源回收站與社會福利設施兩項外，還有下列使用項目：

1. 社會教育機構及文化機構。
2. 幼兒園。
3. 運動設施。
4. 民眾活動中心。
5. 電動汽機車充電站及電池交換站。
6. 藝文展覽表演場所。

二、居住地最需要之社會福利設施與其變動理由

(一)而學校用地之社會福利設施項目有以下之使用限制：

以托嬰中心、托育資源中心、日間照顧服務場所、老人教育訓練場所、身心障礙者服務機構(場所)、早期療育、心理輔導或家庭諮詢機構、社會住宅為限。

(二)以筆者居住地之特性作探討，筆者居住地位於新北市山區，由於居住多為高齡者，因此本社區最需要之社會福利設施類型為老人教育訓練場所及日間照顧服務場所，本社區之民眾活動設施使用者幾乎為高齡者，為妥善利用空間，建議能將民眾活動設施變動成為使老人教育訓練場所及日間照顧服務場所。

111年普通考試
營建法規概要試題精解

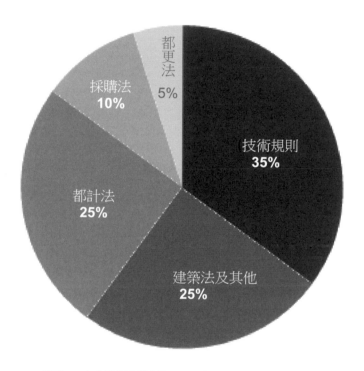

備註：5 年內該類出題占比＜5% 者，於圖上列為「其他」

一、請依中央法規標準法、行政程序法、政府採購法及綠建築標章等規定，請說明下列問題：

1.法律之廢止程序。（5 分）
2.行政機關行使裁量權之原則。（5 分）
3.政府辦理工程公開招標，得如何分段開標？（10 分）
4.列舉綠建築標章種類3 種。（5 分）

1.
依中央法規標準法第22條規定：法律之廢止，應經立法院通過，總統公布。
命令之廢止，由原發布機關為之。
依前二項程序廢止之法規，得僅公布或發布其名稱及施行日期；並自公布或發布之日起，
算至第三日起失效。
2.
依行政程序法第10條規定：行政機關行使裁量權，不得逾越法定之裁量範圍，並應符合法
規授權之目的。
3.
依政府採購法第42條規定：機關辦理公開招標或選擇性招標，得就資格、規格與價格採取
分段開標。
4.
綠建材，其認證類別可歸納為以下四方向：
健康綠建材
生態綠建材
再生綠建材
高性能綠建材

二、請依都市計畫法說明那些地方應擬訂市鎮計畫？並說明何謂主要計畫與細部計畫及其
在實施都市計畫的功能？（25 分）
　　1.　　依照都市計畫法第10條：
下列各地方應擬定市（鎮）計畫：
(1)　首都、直轄市。
(2)　省會、市。
(3)　縣政府所在地及縣轄市。
(4)　鎮。
(5)　其他經內政部或縣（市）政府指定應依本法擬定市（鎮）計畫之地區。
　　2.　　依照都市計畫法第7條：
(1)　主要計畫：係指依第十五條所定之主要計畫書及主要計畫圖，作為擬定細部計畫之準
則。
(2)　細部計畫：係指依第二十二條之規定所為之細部計畫書及細部計畫圖，作為實施都市
計畫之依據。
　　3.　　主要計畫經核定或備案後，當地直轄市、縣（市）（局）政府應於接到核定或備案公

文之日起三十日內，將主要計畫書及主要計畫圖發布實施，並應將發布地點及日期登報周知。

4. 細部計畫擬定後，除首都、直轄市應報由內政部核定實施外，其餘一律由該管省政府核定實施，並應於核定發布實施後一年內豎立樁誌計算座標，辦理地籍分割測量，並將道路及其他公共設施用地、土地使用分區之界線測繪於地籍圖上，以供公眾閱覽或申請謄本之用。

三、某建設公司擬自辦都市更新，興建一棟**15** 層之辦公大樓，請依都市更新建築容積獎勵辦法及建築法規定，說明若取得黃金級綠建築候選證書可得到之容積獎勵，並說明該公司申請建造執照及使用執照應備具之文件。（**25** 分）

1. 依照都市更新建築容積獎勵辦法第10條：取得黃金級候選綠建築證書，可給予基準容積8%之獎勵容積。

2. 依照建築法第30條：起造人申請建造執照或雜項執照時，應備具申請書、土地權利證明文件、工程圖樣及說明書。

四、請依建築技術規則規定說明訂定建築技術規則之法律授權依據，並說明建築技術規則之適用範圍。（**25** 分）

4. 建築技術規之母法為建築法：
   依照建築技術規則第1條：本規則依建築法（以下簡稱本法）第九十七條規定訂之。
   依照建築法第97條：有關建築規劃、設計、施工、構造、設備之建築技術規則，由中央主管建築機關定之，並應落實建構兩性平權環境之政策。

5. 依照建築技術規則第2條：本規則之適用範圍，依本法第三條規定。但未實施都市計畫地區之供公眾使用與公有建築物，實施區域計畫地區及本法第一百條規定之建築物，中央主管建築機關另有規定者，從其規定。

6. 依照建築技術規則第3條：建築物之設計、施工、構造及設備，依本規則各編規定。但有關建築物之防火及避難設施，經檢具申請書、建築物防火避難性能設計計畫書及評定書向中央主管建築機關申請認可者，得不適用本規則建築設計施工編第三章、第四章一部或全部，或第五章、第十一章、第十二章有關建築物防火避難一部或全部之規定。

110年普通考試
營建法規概要

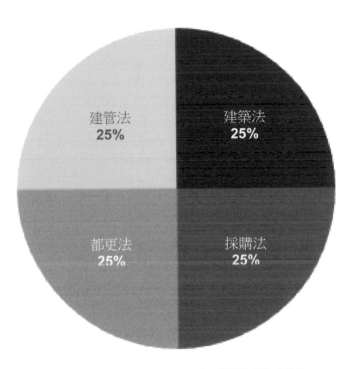

備註：5 年內該類出題占比＜5% 者，於圖上列為「其他」

一、 依營造業法第 35 條規定，專任工程人員應負責辦理八項工作，請寫出其中五項。（25 分）

營造業之專任工程人員應負責辦理下列工作：
一、查核施工計畫書，並於認可後簽名或蓋章。
二、於開工、竣工報告文件及工程查報表簽名或蓋章。
三、督察按圖施工、解決施工技術問題。
四、依工地主任之通報，處理工地緊急異常狀況。
五、查驗工程時到場說明，並於工程查驗文件簽名或蓋章。
六、營繕工程必須勘驗部分赴現場履勘，並於申報勘驗文件簽名或蓋章。
七、主管機關勘驗工程時，在場說明，並於相關文件簽名或蓋章。
八、其他依法令規定應辦理之事項。

二、 依建築法第 58 條規定，建築物在施工中，主管建築機關發現有七項情事之一者，應以書面通知承造人或起造人或監造人，勒令停工或修改；必要時，得強制拆除。請列出七項情事中的五項。（25 分）
建築物在施工中，直轄市、縣（市）（局）主管建築機關認有必要時，得隨時加以勘驗，發現左列情事之一者，應以書面通知承造人或起造人或監造人，勒令停工或修改；必要時，得強制拆除：
一、妨礙都市計畫者。
二、妨礙區域計畫者。
三、危害公共安全者。
四、妨礙公共交通者。
五、妨礙公共衛生者。
六、主要構造或位置或高度或面積與核定工程圖樣及說明書不符者。
七、違反本法其他規定或基於本法所發布之命令者。

三、 請解釋下列各綠建築名詞之意涵：（每小題 5 分，共 25 分）
1.綠化總固碳當量
2.基地保水指標
3.雨水貯留利用率
4.生活雜排水回收再利用率
5.綠建材

5. 綠化總固碳當量：指基地綠化栽植之各類植物固碳當量與其栽植面積乘積之總和。
6. 基地保水指標： 指建築後之土地保水量與建築前自然土地之保水量之相對比值。
7. 雨水貯留利用率： 指建築後之土地保水量與建築前自然土地之保水量之相對比值。
8. 生活雜排水回收再利用率：指在建築基地內所設置之生活雜排水回收再利用設施之雜排水回收再利用量與建築物總生活雜排水量之比例。
9. 綠建材：指第二百九十九條第十二款之建材；其適用範圍為供公眾使用建築物及經內政部認定有必要之非供公眾使用建築物。

四、 依政府採購法第 18 條規定，將採購的招標方式，分為公開招標、選擇性招標及限制性招標，請問此三種方法之定義為何？（**25** 分）

依政府採購法，公開招標、選擇性招標及限制性招標，此三種方法之定義：

1. 公開招標，指以公告方式邀請不特定廠商投標。

2. 選擇性招標，指以公告方式預先依一定資格條件辦理廠商資格審查後，再行邀請符合資格之廠商投標。

3. 限制性招標，指不經公告程序，邀請二家以上廠商比價或僅邀請一家廠商議價。

109 年普通考試
營建法規概要試題精解

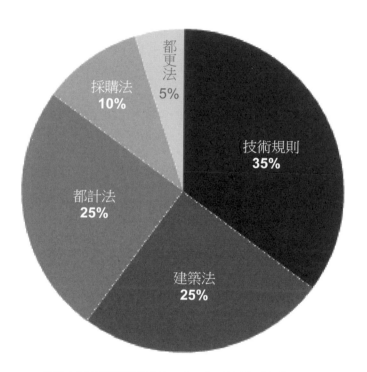

備註：5 年內該類出題占比＜5%者，於圖上列為「其他」

代稱	法規全名	代稱	法規全名
標準法	中央法規標準法	營造法	營造業法及相關法規
區計法	區域計畫法系及相關法規	公大條例	公寓大廈管理條例及相關法規
國計法	國土計畫法	建築師法	建築師法
都計法	都市計畫法系及相關法規	技術規則	建築技術規則
都更法	都市更新條例及相關法規	無障礙	建築物無障礙設施設計規範
採購法	採購法系及相關法規	綠&智建築	綠建築&智慧建築
建築法	建築法系相關法規	建管法	建管行政

類　科：建築工程／科　目：營建法規概要／考試時間：1 小時 30 分————————■

請依政府採購法、建築技術規則及都市更新條例等規定，回答下列問題：
(一) 說明制定政府採購法之目的以及其適用之對象。（10 分）
(二) 請說明「分戶牆」與「分間牆」有何異同？（10 分）
(三) 請說明何謂都市更新之「實施者」。（5 分）

一、【依據】政府採購法＃1、3：
　　(一)制定目的（＃1）：
　　　　為建立政府採購制度，依公平、公開之採購程序，提升採購效率與功能，確保採
　　　　購品質，爰制定本法。
　　(二)適用對象（＃3）：
　　　　政府機關、公立學校、公營事業（以下簡稱機關）辦理採購，依本法之規定；本
　　　　法未規定者，適用其他法律之規定。

二、【依據】建築技術規則＃1 之 23、24 項：
　　(一)分戶牆：分隔住宅單位與住宅單位或住戶與住戶或不同用途區劃間之牆壁。
　　(二)分間牆：分隔建築物內部空間之牆壁。

三、【依據】都市更新條例＃3：
　　　　實施者為本條例規定實施都市更新事業之政府機關（構）、專責法人或機構、都
　　　　市更新會、都市更新事業機構。

請說明訂定建築技術規則的依據、適用範圍，以及其內容共分成那幾編？（25 分）

一、【依據】建築技術規則＃1：
　　　　建築技術規則為依建築法第 97 條規定訂之。

二、【依據】建築技術規則＃2：
　　　　建築技術規則之適用範圍，依本法第 3 條規定。但未實施都市計畫地區之供公眾
　　　　使用與公有建築物，實施區域計畫地區及本法第 100 條規定之建築物，中央主管
　　　　建築機關另有規定者，從其規定。

三、【依據】建築技術規則＃3：
　　　　建築物之設計、施工、構造及設備，依建築技術規則各編規定。但有關建築物之
　　　　防火及避難設施，經檢具申請書、建築物防火避難性能設計計畫書及評定書向中
　　　　央主管建築機關申請認可者，得不適用本規則建築設計施工編第三章、第四章一
　　　　部或全部，或第五章、第十一章、第十二章有關建築物防火避難一部或全部之規
　　　　定。

請依都市計畫法說明細部計畫書、細部計畫圖應表明之事項，並說明土地權利關係人在何種情況下可以變更細部計畫，及其應備之計畫書與申辦機關？（25 分）

一、【依據】都市計畫法# 22：
細部計畫應以細部計畫書及細部計畫圖就左列事項表明之：
(一) 計畫地區範圍。
(二) 居住密度及容納人口。
(三) 土地使用分區管制。
(四) 事業及財務計畫。
(五) 道路系統。
(六) 地區性之公共設施用地。
(七) 其他。

二、【依據】都市計畫法# 24：
土地權利關係人為促進其土地利用，得配合當地分區發展計畫，自行擬定或變更細部計畫，並應附具事業及財務計畫，申請當地直轄市、縣（市）（局）政府或鄉、鎮、縣轄市公所依前條規定辦理。

請依建築法規定說明何謂建築物？以及供公眾使用之建築物與公有建築有何異同？（25 分）

一、【依據】建築法# 4：
建築法所稱建築物，為定著於土地上或地面下具有頂蓋、樑柱或牆壁，供個人或公眾使用之構造物或雜項工作物。

二、【依據】建築法# 5：
建築法所稱供公眾使用之建築物，為供公眾工作、營業、居住、遊覽、娛樂及其他供公眾使用之建築物。

三、【依據】建築法# 6：
建築法所稱公有建築物，為政府機關、公營事業機構、自治團體及具有紀念性之建築物。

108 年普通考試
營建法規概要試題精解

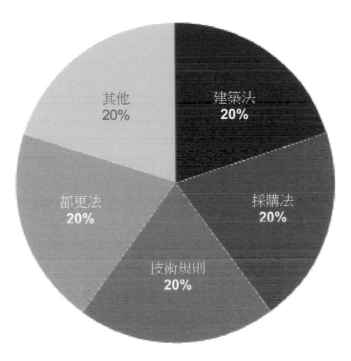

備註：5 年內該類出題占比＜5% 者，於圖上列為「其他」

代稱	法規全名	代稱	法規全名
標準法	中央法規標準法	營造法	營造業法及相關法規
區計法	區域計畫法系及相關法規	公大條例	公寓大廈管理條例及相關法規
國計法	國土計畫法	建築師法	建築師法
都計法	都市計畫法系及相關法規	技術規則	建築技術規則
都更法	都市更新條例及相關法規	無障礙	建築物無障礙設施設計規範
採購法	採購法系及相關法規	綠&智建築	綠建築&智慧建築
建築法	建築法系相關法規	建管法	建管行政

類　科：建築工程／科　目：營建法規概要／考試時間：1 小時 30 分

 請依建築技術規則規定，說明㈠「樓層高度」與㈡「天花板高度」有何異同？（20 分）

一、樓層高度

　　自室內地板面至其直上層地板面之高度；最上層之高度，為至其天花板高度。但同一樓層之高度不同者，以其室內樓地板面積除該樓層容積之商，視為樓層高度。

二、天花板高度

　　自室內地板面至天花板之高度，同一室內之天花板高度不同時，以其室內樓地板面積除室內容積之商作天花板高度。

 請說明辦理都市更新的流程？（20 分）

一、更新地區之劃定或變更及都市更新計畫之訂定或變更，未涉及都市計畫之擬定或變更者，準用都市計畫法有關細部計畫規定程序辦理；其涉及都市計畫主要計畫或細部計畫之擬定或變更者，依都市計畫法規定程序辦理，主要計畫或細部計畫得一併辦理擬定或變更。

二、都市更新主要分為「劃定更新地區或單元」、「都市更新事業概要」、「都市更新事業計畫」及「都市更新權利變換計畫」四個階段。

 今年 4 月 30 日立法院三讀通過政府採購法第 101 條文修正，請問廠商發生那些重大違約情形時，機關得刊登於政府採購公報，列為不良廠商予以停權？（20 分）

機關辦理採購，發現廠商有下列情形之一，應將其事實、理由及依第 103 條第一項所定期間通知廠商，並附記如未提出異議者，將刊登政府採購公報：

一、容許他人借用本人名義或證件參加投標者。
二、借用或冒用他人名義或證件投標者。
三、擅自減省工料，情節重大者。
四、以虛偽不實之文件投標、訂約或履約，情節重大者。
五、受停業處分期間仍參加投標者。
六、犯第 87 條至第 92 條之罪，經第一審為有罪判決者。
七、得標後無正當理由而不訂約者。
八、查驗或驗收不合格，情節重大者。
九、驗收後不履行保固責任，情節重大者。
十、因可歸責於廠商之事由，致延誤履約期限，情節重大者。
十一、違反第 65 條規定轉包者。
十二、因可歸責於廠商之事由，致解除或終止契約，情節重大者。
十三、破產程序中之廠商。
十四、歧視性別、原住民、身心障礙或弱勢團體人士，情節重大者。
十五、對採購有關人員行求、期約或交付不正利益者。

廠商之履約連帶保證廠商經機關通知履行連帶保證責任者，適用前項規定。

機關為第一項通知前，應給予廠商口頭或書面陳述意見之機會，機關並應成立採購工作及審查小組認定廠商是否該當第一項各款情形之一。

機關審酌第一項所定情節重大，應考量機關所受損害之輕重、廠商可歸責之程度、廠商之實際補救或賠償措施等情形。

■ 什麼是社會住宅包租代管？有那兩種方案？（20 分）

一、何謂社會住宅包租代管

(一) 社會住宅係指由政府興辦或獎勵民間興辦，專供出租之住宅及其必要附屬設施。包租代管：以活化及利用現有空屋，辦理民間租屋媒合，以低於市場租金包租或代管方式提供給所得較低家庭、弱勢對象及就業、就學有居住需求者之租屋協助。

二、社會住宅包租代管的 2 種方案

社會住宅包租代管有兩種方案，辦理方式說明如下：

(一) 包租：政府獎勵及補助租屋服務事業（以下簡稱業者）承租住宅，由業者與房東簽訂 3 年包租約後，於包租約期間內業者每月支付房租給該房東，再由業者以二房東的角色，將住宅轉租給房客（一定所得以下或弱勢者），並管理該住宅。

(二) 代管：業者協助房東出租住宅給房客，由房東與房客簽訂租約，業者負責管理該出租的住宅。

■ 何謂「室內裝修」？應如何呀申請及辦理「室內裝修合格證明」？（20 分）

一、何謂室內裝修

【依據】建築物室內裝修管理辦法 #3：

(本辦法所稱室內裝修，指除壁紙、壁布、窗簾、家具、活動隔屏、地氈等之黏貼及擺設外之下列行為：

(一) 固著於建築物構造體之天花板裝修。

(二) 內部牆面裝修。

(三) 高度超過地板面以上 1.2 公尺固定之隔屏或兼作櫥櫃使用之隔屏裝修。

(四) 分間牆變更。

二、申請及辦理室內裝修合格證明

申請室內裝修之建築物，其申請範圍用途為住宅或申請樓層之樓地板面積符合下列規定之一，且在裝修範圍內以 1 小時以上防火時效之防火牆、防火門窗區劃分隔，其未變更防火避難設施、消防安全設備、防火區劃及主要構造者，得檢附經依法登記開業之建築師或室內裝修業專業設計技術人員簽章負責之室內裝修圖說向當地主管建築機關或審查機構申報施工，經主管建築機關核給期限後，准予進行施工。工程完竣後，檢附申請書、建築物權利證明文件及經營造業專任工程人員或室內裝修業專業施工技術人員竣工查驗合格簽章負責之檢查表，向當地主管

建築機關或審查機構申請審查許可，經審核其申請文件齊全後，發給室內裝修合格證明：

(一) 10 層以下樓層及地下室各層，室內裝修之樓地板面積在 300 平方公尺以下者。

(二) 11 層以上樓層，室內裝修之樓地板面積在 100 平方公尺以下者。

(三) 前項裝修範圍貫通 2 層以上者，應累加合計，且合計值不得超過任一樓層之最小允許值。

當地主管建築機關對於第一項之簽章負責項目得視實際需要抽查之。

107 年普通考試
營建法規概要試題精解

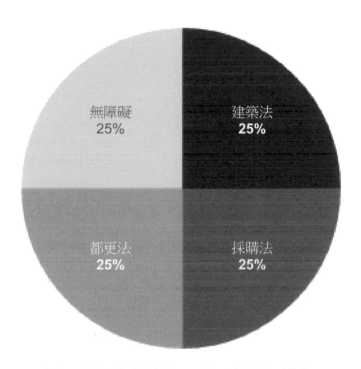

備註：5 年內該類出題占比＜ 5% 者，於圖上列為「其他」

代稱	法規全名	代稱	法規全名
標準法	中央法規標準法	營造法	營造業法及相關法規
區計法	區域計畫法系及相關法規	公大條例	公寓大廈管理條例及相關法規
國計法	國土計畫法	建築師法	建築師法
都計法	都市計畫法系及相關法規	技術規則	建築技術規則
都更法	都市更新條例及相關法規	無障礙	建築物無障礙設施設計規範
採購法	採購法系及相關法規	綠＆智建築	綠建築＆智慧建築
建築法	建築法系相關法規	建管法	建管行政

試詳述政府採購法對特殊採購之定義。（25 分）

【依據】投標廠商資格與特殊或巨額採購認定標準 #6：

工程採購有下列情形之一者，為特殊採購：

一、興建構造物，地面高度超過 50 公尺或地面樓層超過 15 層者。

二、興建構造物，單一跨徑在 50 公尺以上者。

三、開挖深度在 15 公尺以上者。

四、興建隧道，長度在 1,000 公尺以上者。

五、於地面下或水面下施工者。

六、使用特殊施工方法或技術者。

七、古蹟構造物之修建或拆遷。

八、其他經主管機關認定者。

 試述政府通過「都市更新發展計畫」之主要目的及大致內容。（25 分）

一、都市更新發展計畫之主要目標

為配合國家發展計畫（106 至 109 年），致力創造安定社會的力量，積極推動社會住宅與都市更新，主導都市更新與區域再發展，改善國人居住環境品質，營造安心家園，保障民眾居住權益。

二、都市更新發展計畫大致內容及其工作項目

本計畫研訂下列總體目標，推動永續都市更新：

（一） 持續檢討都市更新相關法令

（二） 強化政府主導都市更新機制

（三） 專責機構協助擴大都市更新量能

（四） 鼓勵民間自主實施更新

（五） 厚植都市更新產業人才

 試述目前建築物無障礙設施設計規範之嗶法令定位、適用範圍及考慮對象。（25 分）

一、建築物無障礙設施設計規範之法令定位

本規範依據建築技術規則建築設計施工編第 167 條第 4 項規定訂定之。

二、建築物無障礙設施設計規範之適用範圍

建築物無障礙設施設計依本規範規定。但經檢附申請書及評估報告或其他證明文件，向中央主管建築機關申請認可者，其設計得不適用本規範一部或全部之規定。

三、建築物無障礙設施設計規範之考慮對象

　　考慮對象為行動不便者，行動不便者：

　　個人身體因先天或後天受損、退化，如肢體障礙、視障、聽障等，導致在使用建築環境時受到限制者。另因暫時性原因導致行動受限者，如孕婦及骨折病患等，為「暫時性行動不便者」。

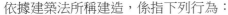

試說明建築法第 9 條所稱建造，係指那些行為？（25 分）

依據建築法所稱建造，係指下列行為：

一、新建：為新建造之建築物或將原建築物全部拆除而重行建築者。

二、增建：於原建築物增加其面積或高度者。但以過廊與原建築物連接者，應視為新建。

三、改建：將建築物之一部分拆除，於原建築基地範圍內改造，而不增高或擴大面積者。

四、修建：建築物之基礎、樑柱、承重牆壁、樓地板、屋架及屋頂，其中任何一種有過半之修理或變更者。

出題趨勢

1. 綠建築

2. 智慧建築

3. 智慧綠建築

4. 環境敏感地區

5. 都市更新困境

6. 政府採購相關 Q&A

7. 能代表採購原則及立法目的之採購法條

一、綠建築標章

　　綠建築標章制度在設計上包括了針對完工建築物頒發之「綠建築標章」、以及針對規劃設計完成以書圖評定方式通過的「候選綠建築證書」兩項，若要通過評定取得「綠建築標章」或「候選綠建築證書」，至少須取得四項指標，包括「日常節能」及「水資源」二項必要指標，及由其他七項指標任選兩項之選項指標。

大指標群	指 標 內 容	
	指標名稱	評估要項
生態	1. 生物多樣性指標	生態綠網、小生物棲地、植物多樣化、土壤生態
	2. 綠化量指標	綠化量、CO_2 固定量
	3. 基地保水指標	保水、儲留滲透、軟性防洪
節能	4. 日常節能指標（必要）	外殼、空調、照明節能
減廢	5. CO_2 減量指標	建材 CO_2 排放量
	6. 廢棄物減量指標	土方平衡、廢棄物減量
健康	7. 室內環境指標	隔音、採光、通風、建材
	8. 水資源指標（必要）	節水器具、雨水、中水再利用
	9. 污水垃圾改善指標	雨水污水分流、垃圾分類、堆肥

二、綠建築標章申請審核認可及使用作業要點
(一) 綠建築標章：指已取得使用執照之建築物、經直轄市、縣（市）政府認定之合法房屋、已完工之特種建築物或社區，經本部認可符合綠建築評估指標所取得之標章。
(二) 候選綠建築證書：指取得建造執照之建築物、尚在施工階段之特種建築物、原有合法建築物或社區，經本部認可符合綠建築評估指標所取得之證書。
(三) 申請人：指建築物起造人、所有權人、使用人、管理機關、公寓大廈管理條例規定之管理委員會或管理負責人。
(四) 綠建築評估手冊：指本部建築研究所出版供綠建築評定之手冊，包括基本型、住宿類、廠房類、舊建築改善類、社區類及後續經本部建築研究所修訂之其他類型版本。
(五) 分級評估：依綠建築評估手冊所訂定之分級評估方法，評定綠建築等級，依序為合格級、銅級、銀級、黃金級、鑽石級等五級。

一、「智慧建築」之定義

　　「智慧建築」是以融合建築設計與資通訊主動感知與主動控制技術，以達到安全、健康、便利、舒適、節能，營造人性化的生活空間為目標。

二、智慧建築八大指標
　　(一) 綜合佈線指標
　　(二) 資訊通信指標
　　(三) 系統整合指標
　　(四) 設施管理指標

(五) 安全防災指標
(六) 健康舒適指標
(七) 智慧創新指標
(八) 節能管理指標
三、如何取得「智慧建築標章」

　　若要通過評定取得「智慧建築標章」或「候選智慧建築證書」，至少須取得五項指標，包括「綜合佈線」、「資訊通信」、「系統整合」及「設施管理」四項必要指標，及由其他四項指標任選一項之選項指標。

四、智慧建築標章申請認可評定及使用作業要點
(一) 智慧建築：指藉由導入資通訊系統及設備之手法，使空間 具備主動感知之智慧化功能，以達到安全健康、便利舒適、節能永續目的之建築物。
(二) 智慧建築標章：指已取得使用執照之建築物、經主管建築機關認定為合法房屋或已完工之特種建築物，經本部認可 符合智慧建築評估指標系統所核發之標章。
(三) 候選智慧建築證書：指已取得建造執照尚未完工之新建建 築物，或施工中之特種建築物，經本部認可符合智慧建築 評估指標系統所核發之證書。
(四) 智慧建築等級：指依智慧建築解說與評估手冊所訂定之分級評估方法，劃分智慧建築等級。智慧建築等級由合格至 最優等依序為合格級、銅級、銀級、黃金級、鑽石級等五級。

出題趨勢3 智慧綠建築

一、「智慧綠建築」之定義

　　是在既有綠建築基礎上，導入資通訊應用科技，發展「智慧綠建築」產業，落實台灣建立低碳島之政策目標。具體之發展目標是運用資通訊高科技軟實力的成就與節能減碳之綠建築結合，落實推展智慧綠建築產業，以滿足安全健康、便利舒適與節能減碳之庶民生活需求，全面提昇生活環境品質，開創產業發展新利基。

二、智慧綠建築推動措施
(一) 辦理綠建築標章及智慧建築標章認證
(二) 推動新建建築物採行智慧綠建築設計
(三) 加強建築節能及綠廳舍改善及既有建築智慧化改善
(四) 建立綠色便利商店分級認證制度及獎助綠色便利商店改造
(五) 建置智慧化居住空間展示中心及辦理綠建築示範基地參訪
(六) 辦理推廣宣導與講習觀摩及進行專業人才培訓之教育訓練

出題趨勢4 環境敏感地區

一、「環境敏感地區」之定義
　　依據「區域計畫法施行細則」#5：
　　本法第七條第九款所定之土地分區使用計畫，包括土地使用基本方針、環境敏感地區、土地使用計畫、土地使用分區劃定及檢討等相關事項。
　　前項所定環境敏感地區，包括天然災害、生態、文化景觀、資源生產及其他環境敏感等地區。

一、都市更新不易推動之原因

(一) 都市成長失控，郊區大量開發。

(二) 市中心地區公有地閒置影響都市發展。

(三) 都市社區住宅品質低落。

(四) 權屬複雜。

(五) 違建問題嚴重。

(六) 都市缺乏歷史及文化特色。

(七) 公設數量不足，財源不足，公共空間品質低落。

(八) 缺乏都市防災系統 。

(九) 缺乏公私部門合作更新機制。

二、〈都市更新條例〉之立法特色／立法重點（也可反推為原狀況之缺點）

(一) 建立整體更新制度

(二) 健全更新事業主體

(三) 建立權利變換制度

(四) 縮短行政審核程序

(五) 建立強制參與更新制度

(六) 公有土地的取得與處理

(七) 建立不動產證券化制度

(八) 建立建築容積獎勵辦法

(九) 建立建築容積移轉辦法

(十) 建立監督與管理制度

(十一) 建立稅捐減免的獎勵誘因

小 口 訣　　口訣：整體換核新－地不容移－管稅

（音似 整體換核心－地不容易－管稅）

三、辦理都市更新原因／都市發展問題

(一) 都市成長失控

(二) 市中心地區公有地閒置影響都市發展

(三) 都市社區住宅品質低落

(四) 都市社區住宅全屬複雜、違建問題嚴重

(五) 都市缺乏歷史及文化特色

(六) 缺乏都市防災系統

(七) 公設數量不足

(八) 財源不足

(九) 建立公私部門合作之機制

(十) 配合大眾運輸系統提供公共空間

四、都更不易達成都市土地有計畫的開發利用

(一) 規定複雜、民眾不易了解

(二) 更新時間長

(三) 過度專業

(四) 不易簡化

(五) 對更新事業陌生

(六) 缺乏成功案例

　　五、都更權利變換之問題與對策

(一) 參與權利變換者之身分須明確及一致性。

(二) 時間成本過高，應縮短作業程序，以節省成本。

(三) 藉由地方參與及活動等舉辦，加強統合權利關係人之意見

(四) 。提升相關規則及估價技術的完備，使人們對權利價值評定結果信服。

出題趨勢 **6** 政府採購相關 **Q&A**

問題	答案
1. 機關辦理採購，招標文件明定採購標的不得為大陸地區產品，是否為不當限制競爭？	我國與大陸尚未締結相互開放政府採購市場之條約或協定,依「外國廠商參與非條約協定採購處理辦法」規定，機關辦理採購，如不允許大陸地區之廠商、財物或勞務參與，尚屬適法。
2. 適用 GPA 之採購，廠商可否以外文投標？	機關可於招標文件規定投標文件須以中文（正體字）為之，也可規定外文資格文件須附經公證或認證之中文譯本。個案是否允許以英文投標，視個案招標文件之規定而定。
3. 適用 GPA 之採購，廠商可否以外幣報價？	機關可於招標文件規定限以新臺幣報價，憑外國廠商在台營業代理人之統一發票領款。個案是否允許以外幣報價，視個案招標文件之規定而定。
4. 外國建築師或技師是否可逕至我國提供服務？	外國專業服務業者，欲於我國提供建築師、技師或律師服務，仍須取得我國執照，或經由國與國相互認許資格，並非毫無限制之開放。
5. 適用 GPA 之採購，可否不允許外國廠商單獨投標，只允許外國廠商與國內廠商共同投標？	就適用 GPA 採購案，採購機關不得要求外國廠商須與國內廠商共同投標。

出題趨勢 **7** 能代表採購原則及立法目的之採購法條

一、立法目的

　　依據「政府採購法」#1，為建立政府採購制度，依公平、公開之採購程序，提升採購效率與功能，確保採購品質，爰制定本法。

二、舉例符合『立法目的』之法條

　　(一)公平公開採購程序

　　　　1. 依據「政府採購法」#21 —機關辦理選擇性招標，應予經資格審查合格之廠商平等受邀之機會。

　　　　2. 依據「政府採購法」#26 —所標示之擬採購產品或服務之特性，諸如品質、性能、安全、尺寸、符號、術語、包裝、標誌及標示或生產程序、方法及評估之程序，在

目的及效果上均不得限制競爭。

    3. 依據「政府採購法」#27 —機關辦理公開招標或選擇性招標，應將招標公告或辦理資格審查之公告刊登於政府採購公報並公開於資訊網路。公告之內容修正時，亦同。

    4. 依據「政府採購法」#34 —機關辦理招標，不得於開標前洩漏底價，領標、投標廠商之名稱與家數及其他足以造成限制競爭或不公平競爭之相關資料。

    5. 依據「政府採購法」#37 —機關訂定前條投標廠商之資格，不得不當限制競爭，並以確認廠商具備履行契約所必須之能力者為限。

(二)提升採購效率與功能

    1. 依據「政府採購法」#26 —但無法以精確之方式說明招標要求，而已在招標文件內註明諸如「或同等品」字樣者，不在此限。

    2. 依據「政府採購法」#39 —機關辦理採購，得依本法將其對規劃、設計、供應或履約業務之專案管理，委託廠商為之。

    3. 依據「政府採購法」#40 —機關之採購，得洽由其他具有專業能力之機關代辦。

(三)確保採購品質

    1. 依據「政府採購法」#58 —機關辦理採購採最低標決標時，如認為最低標廠商之總標價或部分標價偏低，顯不合理，有降低品質、不能誠信履約之虞或其他特殊情形，得限期通知該廠商提出說明或擔保。

    2. 依據「政府採購法」#63 —採購契約範本

    3. 依據「政府採購法」#70 —機關辦理工程採購，應明訂廠商執行品質管理、環境保護、施工安全衛生之責任，並對重點項目訂定檢查程序及檢驗標準。

三、採購原則

    依據「政府採購法」#6，機關辦理採購，應以維護公共利益及公平合理為原則，對廠商不得為無正當理由之差別待遇。

四、舉例符合『採購原則』之法條

(一)公平合理及公共利益

    1. 依據「政府採購法」#15 —本項之執行反不利於公平競爭或公共利益時，得報請主管機關核定後免除之。

    2. 依據「政府採購法」#25 —同業共同投標應符合公平交易法第十四條但書各款之規定。

    3. 依據「政府採購法」#28 —機關辦理招標，其自公告日或邀標日起至截止投標或收件日止之等標期，應訂定合理期限。

    4. 依據「政府採購法」#52 —決標原則

    5. 依據「政府採購法」#58 —最低標廠商之總標價或部分標價偏低，顯不合理。

(二)不得有差別待遇

    1. 依據「政府採購法」#34 —機關辦理採購，其招標文件於公告前應予保密。

高普考建築工程類科應考須知

- 「建築工程」高考三級考試規定
- 「建築工程」普考考試規定
- 除了高普考，還可以考什麼？

「建築工程」高考三級考試規定

應考資格 (其中任一項符合即可)

a. 公立或立案之私立獨立學院以上學校或符合教育部採認規定之國外獨立學院以上學校土木工程、土木與生態工程、土木與防災工程、工業設計系建築工程組、公共工程、建築、建築工程、建築及都市計畫、建築及都市設計、都市發展與建築、建築與室內設計、空間設計、建築設計、建築與文化資產保存、建築與古蹟維護、建築與城鄉、軍事工程、造園景觀、景觀、景觀建築、景觀設計、景觀設計與管理、景觀與遊憩、景觀與遊憩管理、營建工程、營建工程與管理各院、系、組、所、學位學程畢業得有證書者。

b. 經高等考試或相當高等考試之特種考詴相當類科及格，普通考試或相當普通考試之特種考試相當類科及格滿三年者。

c. 經高等檢定考試相當類科及格者。

應考科目與題型

	考試科目	題型		考試時間
普通科目	(一)國文	申論題	作文 60%	2 小時
			公文 20%	
		單一選擇題	公文與測驗 20%	
	(二)法學知識與英文	單一選擇題	中華民國憲法 30%	1 小時
			法學緒論 30%	
			英文 40%	
專業科目	(三)建築結構系統	申論題		2 小時
	(四)營建法規	申論題		2 小時
	(五)建管行政	申論題		2 小時
	(六)建築環境控制	申論題		2 小時
	(七)建築營造與估價	申論題		2 小時
	(八)建築設計	建築計劃與設計		6 小時
成績計算	高等考試三級考試以普通科目平均成績加專業科目平均成績合併計算之；普通科目平均成績占 20%，專業科目平均成績占 80%。			

及格標準：筆試應試科目有一科成績為零分，或總成績未達 50 分，或建築設計未達 50 分，均不予錄取。缺考之科目，以 0 分計算。

「建築工程」普考最新考試規定

應考資格 (其中任一項符合即可)

a. 具有高等考試同類科應考資格第一款資格者。

b. 公立或立案之私立工業職業學校或高級中學以上學校或國外相當學制以上學校工科或其他工科同等學校相當類科畢業得有證書者。

c. 經普通考試以上考試或相當普通考試以上之特種考試相當類科及格，初等考試或相當初等考試之特種考試相當類科及格滿三年者。

d. 經高等或普通檢定考試相當類科及格者。

應考科目與題型

	考試科目		題型		考試時間
普通科目	(一)國文	申論題	作文 60%		2 小時
			公文 20%		
		單一選擇題	公文與測驗 20%		
	(二)法學知識與英文	單一選擇題	中華民國憲法 30%		1 小時
			法學緒論 30%		
			英文 40%		

專業科目	(一)施工與估價概要	申論題	1.5 小時
	(二)工程力學概要	申論題	1.5 小時
	(三)營建法規概要	申論題	1.5 小時
	(四)建築圖學概要		3 小時
成績計算	普通考試以各科目平均成績計算之。		

及格標準：筆試應試科目有一科成績為 0 分，或總成績未達 50 分，均不予錄取。缺考之科目，以 0 分計算。

除了高普考，還可以考什麼？

　　除了七月的高考及普考，也可注意有無其他考試，例如可報考鐵路特考、地方特考，或是國營事業。一方面增加就業機會、一方面也可調適自己的心情、練習考試的感覺、考試的熟練度和臨場感，不會因為太久沒考試而手忙腳亂。

相關訊息查詢參考網站

◎中華民國考選部
　http://www.moex.gov.tw/

◎桃園捷運
　https://www.tymetro.com.tw/tymetro-new/tw/_pages/news/12

◎桃園機場
　https://www.taoyuan-airport.com/main_ch/doclist.aspx?uid=150&pid=145

◎中華郵政全球資訊網
　http://www.post.gov.tw/post/internet/index.jsp

◎中華民國經濟部
　http://www.moea.gov.tw/

◎台灣金融研訓會 測驗網址
　http://service.tabf.org.tw/Exam/

◎台灣糖業公司
　http://www.taisugar.com.tw

◎台灣電力公司
　http://www .taipower.com.tw

◎台灣中油股份有限公司
　http://www.cpc.com.tw

◎台灣自來水公司
　http:// www.water.gov.tw

應考必勝心法

必勝心法一。按各法規出題比重分配讀書時間

參加高普考試前，我總共花了大概 8 個月做所有考科的準備，前 3 個月仍在就學，故是學生的身分，而後面 5 個月則是在全職考生的狀態下準備。雖然無法單獨計算營建法規這科所需花費的研讀時間，但就讀書計畫的安排來說，法規這個科目的準備仍有一些與他科不同的重點。

必勝心法二。與其讀完『所有內容』，不如熟讀『必考重點』

首先，需要先了解考試方向，並且釐清「重要」、「較不重要」、「不重要」的部份，掌握各法規出題的比重，再來做讀書時間的分配。

就準備考試而言，絕對沒有熟讀所有內容的一天。考試的題目更常常會出一題比較艱澀的、你可能不會注意到的部分。因此必須依照命題方向與比重 來安排讀書的時間，必要時犧牲不重要的部份；但重要、必考的內容則一定要讀。另外，製作自己的讀書計畫表也是非常重要的。

必勝心法三。先熟讀各法規重點，再做法規間的融會貫通

在先讀過本書的法規重點並了解營建法規的大綱意涵後，繼續熟讀的同時，可同時參考其它章節（如考古題、易混淆之題目等）來輔助，另外就比較不熟的法規，投入更多的時間來記憶。

一開始讀絕對會特別吃力、且花費的時間很長，中間更可能一度出現各法規內容混亂的撞牆期。靜下心好好釐清後，每讀一遍，會發現花費的時間越來越少，也自然而然可以融會貫通各法規、甚至各考科之間的關連性。

必勝心法四。利用考古題驗收成果並加強信心

我做考古題是在考前的 1-2 個月，當法規內容讀的比較熟，或是已經開始有厭倦感甚至開始對自己沒有信心時，可以靠著考古題來了解自己有哪裡掌握度不足，也可依據考古題自己做延伸閱讀，增加自信心與記憶力。

必勝心法五。追蹤考題變化；歸納繁瑣知識；釐清答題邏輯

　　法規會在每年變化，因此準備時可以同時追蹤當年或考試前有沒有什麼新的考試變化、或是比較引起討論的新法規、趨勢等，都有可能成為考題。另外，在準備法規的過程中，印象深刻的是剛開始接觸〈建築技術規則〉中的建築物防火 及防火避難設施部分，產生非常混淆頭痛的感受。裡面的防火時效、使用類別、面積、樓層、尺寸、防火設備等，在一開始便讓我不知所措；但是之後經由熟讀、筆記歸納及參考考古題如何問答後，得以慢慢釐清。

必勝心法六。同時間準備建築師考試

　　營建法規同為建築師考試、高普考的專業科目，相較於高普考試的申論題，建築 師考試是以選擇題為出題方式，除了重要的題目及方向外，由於建築師共有 80 題選擇題的關係，命題的內容將會較高普考考題更為詳細，相較之下高普考則著重於 重點方向的掌握。

附錄
營建法規與實務歷屆試題

等　　別：高等考試
類　　科：建築師
科　　目：營建法規與實務
考試時間：2小時　　　　　　　　　　　　　　座號：＿＿＿＿＿＿

※注意：(一)本試題為單一選擇題，請選出一個正確或最適當的答案，複選作答者，該題不予計分。
　　　　(二)本科目共80題，每題1.25分，須用2B鉛筆在試卡上依題號清楚劃記，於本試題上作答者，不予計分。
　　　　(三)禁止使用電子計算器。

1　下列何種建築物或構造不得突出於建築線之外？
　　(A)紀念性建築物　　　　　　　　　　　　(B)公益性建築物
　　(C)短期內有需要且無礙交通之建築物　　　(D)建築物雨遮

2　依據建築技術規則之規定，有關「道路」、「私設通路」及「類似通路」之敘述，下列何者錯誤？
　　(A)面前道路寬度得包含人行道及沿道路邊綠帶
　　(B)私設通路與道路之交叉口，免截角
　　(C)道路包含私設通路及類似通路
　　(D)私設通路長度自建築線起算未超過 35 公尺部分，得計入法定空地面積

3　依都市計畫法，新訂、擴大或變更都市計畫時，得先行劃定計畫地區範圍，經由該管都市計畫委員會通過後，得禁止該地區內一切建築物之新建、增建、改建。其禁建範圍及期限，應報請下列何者核定？
　　(A)行政院　　　　　　　　　　　　　　　(B)內政部
　　(C)直轄市、縣（市）政府　　　　　　　　(D)立法院

4　甲在某社區居住 20 年，每年均按月繳交管理費納入公共基金，今年甲因搬家而出售位於該社區之房地之產權給乙，試問甲對於該公共基金之權利應如何處理？
　　(A)用剩的部分返還給甲　　　　　　　　　(B)抵繳甲應負擔之搬家費用
　　(C)抵繳甲應負擔之銀行貸款　　　　　　　(D)隨著該房地之產權移轉給乙

5　依法院判決區分所有權人出讓其區分所有權及其基地所有權應有部分確定，經管理委員會聲請法院拍賣之所得除其他法律另有規定外，依公寓大廈管理條例之規定，其所積欠應分擔之費用的受償順序為何？
　　(A)與普通抵押權同等順位　　　　　　　　(B)與一般債權同等順位
　　(C)與最高限額抵押權同等順位　　　　　　(D)與第一順位抵押權同等順位

6　有關巨額採購金額之敘述，下列何者正確？①工程採購，為新臺幣 2 億元以上　②工程採購，為新臺幣 1 億元以上　③勞務採購，為新臺幣 2000 萬元以上　④勞務採購，為新臺幣 5000 萬元以上
　　(A)①③　　　　　　(B)①④　　　　　　(C)②③　　　　　　(D)②④

7　依建築技術規則建築設計施工編之規定，為便利行動不便者進出及使用建築物，新建或增建建築物，應依規定設置無障礙設施。下列敘述何者錯誤？
　　(A)獨棟或連棟建築物，該棟自地面層至最上層非屬同一住宅單位且第二層以上非供住宅使用者，不在此限
　　(B)供住宅使用之公寓大廈專有部分者，不在此限
　　(C)供住宅使用之公寓大廈約定專用部分者，不在此限
　　(D)除公共建築物外，建築基地面積未達 150 平方公尺或每棟每層樓地板面積均未達 100 平方公尺者，不在此限

8　無障礙昇降設備之昇降機廂規定，下列敘述何者錯誤？
　　(A)昇降機門的淨寬度不得小於 90 公分，機廂之深度不得小於 135 公分
　　(B)集合住宅之昇降機門的淨寬度不得小於 80 公分，機廂之深度不得小於 120 公分
　　(C)輪椅使用者操作盤應包括緊急事故通報器、各通達樓層及開、關等按鍵
　　(D)機廂內應設置語音系統以報知樓層數、行進方向及開關情形

9 有關公寓大廈之區分所有權人對專有部分利用原則之敘述，下列何者錯誤？
(A)得自由使用、收益、處分
(B)不得妨礙建築物之正常使用
(C)不得違反區分所有權人共同利益之行為
(D)不得排除他人干涉

10 有關獨棟或連棟建築物免設無障礙室外通路之規定，下列敘述何者錯誤？
(A)位於山坡地者
(B)地面層設有室內停車位者
(C)建築基地未達 15 個住宅單位者
(D)其臨接道路之淹水潛勢高度達 50 公分以上，且地面層須自基地地面提高 50 公分以上者

11 建築物室內寬度小於 150 公分之走廊，通路走廊盡頭或距盡頭 350 公分以內，應設置直徑至少幾公分以上之迴轉空間？
(A) 90　　　　　　　(B) 120　　　　　　　(C) 150　　　　　　　(D) 180

12 無障礙坡道之坡度，當高低差為 30 公分時，坡度至多不得大於下列何者？
(A) 1/12　　　　　　(B) 1/10　　　　　　(C) 1/8　　　　　　(D) 1/6

13 依都市危險及老舊建築物加速重建條例及其施行細則規定申請重建時，下列何者不是應檢附文件之一？
(A)合法建築物之證明文件或尚未完成重建之危險建築物證明文件
(B)重建計畫範圍內全體土地及合法建築物所有權人名冊及同意書
(C)重建計畫
(D)建造執照申請書

14 依建築物無障礙設施設計規範，無障礙通路之室外通路淨高度（X）及室內通路走廊淨高度（Y）應各不得小於多少公分？
(A) X＝200，Y＝190　(B) X＝200，Y＝180　(C) X＝190，Y＝200　(D) X＝190，Y＝190

15 依文化資產保存法及古蹟土地容積移轉辦法規定，下列敘述何者錯誤？
(A)實施容積率管制地區內之私有土地，經指定為古蹟，原依法可建築之基準容積受到限制部分，土地所有權人得依本辦法申請移轉至其他地區建築使用
(B)本辦法所稱基準容積，指以都市計畫、區域計畫或其相關法規規定之容積率上限乘土地面積所得之積數
(C)送出基地可移出之容積，得移轉至不同直轄市、縣（市）之其他主要計畫地區
(D)接受基地位於整體開發地區、實施都市更新地區或面臨永久性空地者，其可移入容積，得酌予增加；但不得超過該接受基地基準容積之 50%

16 依農業用地興建農舍辦法規定申請興建農舍，下列敘述何者錯誤？
(A)起造人應為該農舍坐落土地之所有權人
(B)採用農舍標準圖樣興建農舍者，應由建築師設計
(C)非離島地區申請興建農舍之用地面積不得超過該農業用地面積 10%
(D)農舍地下層每層興建面積應列入總樓地板面積計算，但依法設置之法定停車空間得免列入

17 依建築法規定，下列何者應維護建築物合法使用與其構造及設備安全？
(A)建築物所有權人、使用人
(B)建築物使用人、起造人
(C)建築物起造人、監造人
(D)建築物監造人、所有權人

18 依建築法第 13 條規定，建築師受託辦理一棟 12 層商業大樓的設計業務時，應交由專業工業技師負責辦理且建築師負連帶責任的項目，不包括下列何種項目？
(A)地質構造分析
(B)用電負載統計及電流計算
(C)給水系統設計
(D)空調風管工程計算

19 下列何者不屬於建築法立法意旨？
(A)維護公共安全
(B)維護公共衛生
(C)改善建築職業環境
(D)增進市容觀瞻

20 依建築法規定，建築物之新建、增建、改建及修建，應請領那種執照？
　(A)建造執照　　　　　(B)雜項執照　　　　　(C)使用執照　　　　　(D)拆除執照

21 建築法條文中，有諸多因考量因地制宜效果而授權地方政府自行訂定法規之制度設計。下列何者非屬前述授權內容？
　(A)商同有關機關劃定並公布易受海嘯侵襲範圍及其禁建規定
　(B)現有巷道指定建築線相關規定
　(C)建築法施行前，供公眾使用建築物未領有使用執照者之使用執照核發事宜
　(D)建築爭議事件評審委員會之組織規定

22 下列那一項文件不屬於起造人申請建造執照或雜項執照時，應具備之文件？
　(A)工程圖樣及說明書　　(B)土地權利證明文件　　(C)建物權利證明文件　　(D)申請書

23 下列那一項規模之招牌廣告免申請雜項執照？
　(A)正面式招牌廣告縱長未超過 3 公尺者　　　　　(B)側懸式招牌廣告縱長未超過 6 公尺者
　(C)設置於地面之樹立廣告高度未超過 9 公尺者　　(D)設置於屋頂之樹立廣告高度未超過 6 公尺者

24 請就原有合法建築物垂直區劃之昇降機間部分，應以具有幾小時以上防火時效之牆壁、防火設備與該處防火構造之樓板形成區劃分隔？
　(A) 0.5 小時　　　　　(B) 1 小時　　　　　(C) 1.5 小時　　　　　(D) 2 小時

25 依建築物室內裝修管理辦法之規定，下列何者非屬室內裝修從業者？
　(A)開業建築師　　　　(B)營造業　　　　　(C)室內裝修業　　　　(D)專業技師

26 依建築法之規定，建築物室內裝修材料應符合下列何項法規之規定？
　(A)建築技術規則　　　(B)營造業管理規則　　(C)建築業管理規則　　(D)建築師法

27 有關現行建築物公共安全檢查簽證及申報制度，下列敘述何者錯誤？
　(A)建築物公共安全檢查申報範圍有防火避難設施標準檢查、設備安全標準檢查及耐震能力評估檢查三大項
　(B)如已委託依法登記開業建築師、執業土木工程技師或結構工程技師辦理補強設計並檢附其簽證之補強設計圖（含補強設計之耐震能力詳細評估報告），得向當地主管建築機關申請展期二年再辦理耐震能力評估檢查申報
　(C)如已依耐震能力評估檢查結果擬訂或變更都市更新事業計畫已報核並檢附證明文件，得免辦理耐震能力評估檢查申報
　(D)如已檢附依法登記開業建築師、執業土木工程技師或結構工程技師出具之補強成果報告書，得免辦理耐震能力評估檢查申報

28 依建築法、都市計畫法及區域計畫法的規定，有關依建築法實施建築管理之敘述，下列何者錯誤？
　(A)都市計畫範圍內土地實施建築管理之法定起始日，依都市計畫法第 40 條規定，係為當地都市計畫發布實施之日期
　(B)區域計畫範圍內土地實施建築管理之法定起始日，依實施區域計畫地區建築管理辦法第 2 條規定，係為當地區域計畫發布實施之日期
　(C)不論位於實施都市計畫地區、實施區域計畫地區或經內政部指定地區，要於實施建築管理之法定起始日前已建造完成者，即為建築法所稱之合法建築物
　(D)不論是否位於實施都市計畫地區、實施區域計畫地區或經內政部指定地區，屬供公眾使用建築物或公有建築物者，均應實施建築管理

29 依建築法規定，下列那一項屬雜項工作物？
　(A)圍牆　　　　　　　(B)消雷　　　　　　　(C)污水　　　　　　　(D)電信

30 建築法所稱之建築物設備，不包含下列那一項？
　(A)消雷　　　　　　　(B)防空避難　　　　　(C)污物處理　　　　　(D)煙囪

31 直轄市、縣（市）主管建築機關，應於接到違章建築查報人員報告之日起幾日內實施勘查，認定必須拆除者，應即拆除之？
　(A) 5 日　　　　　　　(B) 7 日　　　　　　　(C) 10 日　　　　　　(D) 14 日

32 依建築法第 13 條的規定，政府機關自行起造的行政大樓，得由依法登記開業的建築師或機關內依法取得建築師證書的人員擔任設計人。兩種情形的設計人有關建築師法懲戒規定之適用，下列敘述何者正確？
(A)因同樣領有建築師證書，所以均有建築師法相關懲戒規定之適用
(B)前者有建築師法相關懲戒規定之適用；後者無建築師法相關懲戒規定之適用
(C)由起造之政府機關視個案違法情形決定是否有建築師法相關懲戒規定之適用再移送懲戒
(D)由受理移送懲戒案之建築師懲戒委員會視個案違法情形討論後再決定是否適用

33 下列何者非建築師法明定建築師受委託辦理建築物監造時，應遵守之規定？
(A)監督營造業施工安全及指導施工技術 　(B)監督營造業依照建築師設計之圖說施工
(C)查核建築材料之規格及品質 　(D)遵守建築法令所規定監造人應辦事項

34 下列何種情形非「無窗戶居室」？
(A)有效採光面積未達該居室樓地板面積 5%者
(B)可直接開向戶外或可通達戶外之有效防火避難構造開口，其高度未達 1.2 公尺，寬度未達 75 公分
(C)可直接開向戶外或可通達戶外之有效防火避難構造開口，為圓型時直徑未達 1 公尺者
(D)樓地板面積超過 50 平方公尺之居室，其天花板或天花板下方 80 公分範圍以內之有效通風面積未達樓地板面積 3%者

35 已任建築師者，遇下列何種情形，非屬中央主管機關應撤銷或廢止其建築師證書？
(A)受破產宣告，尚未復權 　(B)犯強盜案受 1 年有期徒刑以上刑之判決確定
(C)受廢止開業證書之懲戒處分 　(D)受監護或輔助宣告，尚未撤銷

36 有關建築師法對於建築師公會之相關規定，下列敘述何者錯誤？
(A)建築師公會之主管機關，在中央為經濟部，在地方為直轄市、縣（市）政府
(B)直轄市、縣（市）有登記開業之建築師達 9 人以上者，得組織建築師公會
(C)建築師公會於直轄市、縣（市）組設之，並設全國建築師公會於中央政府所在地。但報經中央主管機關核准者，得設於其他地區
(D)建築師公會設理事、監事，由會員大會選舉之；理事、監事之任期為 3 年，連選得連任一次

37 依建築技術規則規定有關住宅、集合住宅等類似用途建築物樓板挑空設計，下列敘述何者正確？
(A)挑空部分每住宅單位限設一處，且應設於客廳或客餐廳之上方，但其面向道路寬度或法定空地並無限制
(B)每處挑空面積不得小於 25 平方公尺，各處面積合計不得超過該基地內建築物允建總容積樓地板面積 1/8
(C)挑空樓層高度不得超過 6 公尺，地面層未設計挑空者高度最高為 3.6 公尺
(D)挑空設計經當地建造執照預審小組審查同意者，得依其審定結果辦理

38 依建築技術規則規定，非屬於昇降機道相鄰之分間牆其空氣音隔音構造，如使用鋼筋混凝土建造，其含粉刷層之牆厚至少需幾公分以上？
(A) 8 　(B) 10 　(C) 12 　(D) 15

39 有關建築物樓梯及平臺之寬度，下列敘述何者錯誤？
(A)小學校舍等供兒童使用之樓梯，樓梯及平臺寬度需 1.20 公尺以上
(B)地面層以上每層之居室樓地板面積超過 200 平方公尺之樓梯及平臺寬度需 1.20 公尺以上
(C)戲院樓梯及平臺寬度需 1.40 公尺以上
(D)醫院樓梯及平臺寬度需 1.40 公尺以上

40 建築技術規則對於山坡地建築的平均坡度規定，下列何者錯誤？
(A)指在比例尺不小於 1/1200 實測地形圖上得出之坡度值
(B)平均坡度的計算法在地形圖上區劃正方格坵塊，其每邊長不大於 25 公尺
(C)每格坵塊各邊及地形圖等高線相交點之點數，記於各方格邊上，再將四邊之交點總和註在方格中間
(D)等高線及方格線交點數越多，代表平均坡度越小

41 建築物之防火避難設施依建築技術規則規定包括：出入口、走廊、樓梯，有關樓梯之規定，下列何者錯誤？
(A) 6 樓以上建築物應設置兩座樓梯
(B)安全梯及特別安全梯皆為直通樓梯，由建築物地面以上或以下任一樓層可直接通達避難層或地面
(C)直通樓梯之構造應具有半小時以上防火時效
(D)供集合住宅使用，且該樓層之樓地板面積超過 240 平方公尺者，應自該層設置二座以上之直通樓梯達避難層或地面

42 依建築技術規則規定，有關建築物安全維護設計，下列供公眾使用之公共空間，何者非屬必須至少設置一處緊急求救裝置之場所？
(A)室內停車空間　　　　(B)公共廁所　　　　(C)室內公共通路走廊　　　(D)屋頂避難平台出入口

43 建築技術規則中防火門分為常時關閉式及常時開放式兩種，有關防火門之規定，下列何者錯誤？
(A)常時關閉式防火門單一門扇面積不得超過 3 平方公尺
(B)常時開放式防火門應裝設利用煙感應器連動或其他方法控制之自動關閉裝置
(C)防火捲門與防火門兩者構造不同，不得作為防火門使用
(D)防火門窗周邊 15 公分範圍內之牆壁應以不燃材料建造

44 下列何者建築物申請建築執照，無須辦理防火避難綜合檢討評定？
(A)總樓層數為 35 層樓的旅館
(B)建築高度為 90 m 的 H-2 類組住宅建築
(C)總樓地板面積為 50,000 平方公尺的百貨公司
(D)建築高度 25 層樓且僅 1 樓做店鋪使用的住宅大樓

45 高層建築物應自建築線及地界線依落物曲線距離退縮建築。但建築物高度在 50 公尺以下部分得免退縮。落物曲線距離為建築物各該部分至基地地面高度平方根之多少？
(A) 1/2　　　　　(B) 1/3　　　　　(C) 1/4　　　　　(D) 1/5

46 依建築技術規則施工安全措施之規定，挖土深度在多少公尺以上者，除地質良好無安全之慮者外，應設置適當之擋土設備？
(A) 1.2　　　　　(B) 1.5　　　　　(C) 1.8　　　　　(D) 2.0

47 依建築技術規則有關都市計畫地區設置雨水貯集滯洪設施之規定，下列何者錯誤？
(A)建築基地面積在 1000 平方公尺以上者才須檢討設置
(B)基地內無其他合法建築物之新建建築物，雨水貯集滯洪設施之容量，不得低於申請基地面積乘以 0.045（立方公尺/平方公尺）
(C)雨水貯集滯洪設施得與建築基地保水或建築物雨水貯留系統合併設計
(D)雨水貯集滯洪設施得設置於法定空地、建築物地面層或筏基內

48 依建築技術規則工廠類建築物之規定，如需設置裝卸位者，其寬度、長度各不得小於多少公尺？
(A) 3、10　　　　(B) 4、13　　　　(C) 5、16　　　　(D) 6、19

49 依建築技術規則工廠類建築規定，下列敘述何者錯誤？
(A)陽臺面積於工廠類建築物應計入該層樓地板面積
(B)工廠類建築物每一樓層之衛生設備應集中設置；但該層樓地板面積超過 500 平方公尺者，每超過 500 平方公尺得增設一處，不足一處者以一處計
(C)作業廠房樓地板面積 1500 平方公尺以上者，應設一處裝卸位；面積超過 1500 平方公尺部分，每增加 4000 平方公尺，應增設一處
(D)工廠類建築物設有二座以上直通樓梯者，其樓梯口相互間之直線距離不得小於建築物區劃範圍對角線長度之 1/3

50 依建築技術規則規定，下列何者出入口之防火設備應同時具有防火時效、阻熱性及遮煙性能？
(A)進入室內安全梯之出入口　　　　　(B)進入戶外安全梯之出入口
(C)自排煙室進入特別安全梯之出入口　(D)室內進入排煙室之出入口

51 有關高層建築物之防災中心，下列敘述何者錯誤？
(A)防災中心應設於避難層或其直上層或直下層
(B)樓地板面積不得小於 30 平方公尺
(C)防災中心應以具有 2 小時以上防火時效之牆壁、防火門窗等防火設備及該層防火構造之樓地板予以區劃分隔
(D)室內牆面及天花板（包括底材），以耐燃一級材料為限

52 依建築技術規則老人住宅專章規定，老人住宅之臥室，居住人數不得超過 2 人，其樓地板面積至少應為多少平方公尺以上？
(A) 6　　　　　(B) 7　　　　　(C) 8　　　　　(D) 9

53 建築技術規則規定建築物附設防空避難設備之設計及構造，下列敘述何者正確？
(A)天花板高度或地板至樑底之高度不得小於 1.7 公尺
(B)樓地板面積大於 240 平方公尺之防空避難設備須設兩處進出口，小於 240 平方公尺者僅需設置一處即可
(C)供防空避難設備使用之樓層地板面積達到 200 平方公尺者，以兼作停車空間為限
(D)法定防空避難設備得免計入容積樓地板面積，中央主管建築機關未指定地區而自行增設者亦得免計

54 對於已劃定範圍並公告之活動斷層線（帶）通過地區，有關其建築管理方式，下列敘述何者錯誤？
(A)如位於實施都市計畫地區，得依都市計畫法相關規定迅行變更為不可建築用地
(B)如位於實施區域計畫地區，一律不得興建公有建築物
(C)如位於實施區域計畫地區且為可建築使用之土地，其建築物高度不得超過 2 層樓、簷高不得超過 7 公尺，並限作自用農舍或自用住宅使用
(D)如位於行政院核定公告之山坡地範圍，斷層帶二外側邊各 200 公尺內一律不得開發建築

55 依都市計畫法規定，優先發展區係指預計在幾年內，必須優先規劃建設發展之都市計畫地區？
(A) 5　　　　　(B) 10　　　　　(C) 15　　　　　(D) 20

56 依都市計畫定期通盤檢討實施辦法規定，都市計畫發布實施後，應即辦理通盤檢討之情形，不包含下列何者？
(A)區域計畫公告實施後，原已發布實施之都市計畫不能配合者
(B)都市計畫實施地區之行政界線重新調整，而原計畫無法配合者
(C)經內政部指示為配合都市計畫地區實際發展需要應即辦理通盤檢討者
(D)都市計畫發布實施後滿一年，為配合人民申請變更都市計畫或建議

57 依都市計畫公共設施用地多目標使用辦法規定，下列何者錯誤？
(A)公共設施用地作多目標使用時，不得影響原規劃設置公共設施之機能，並注意維護景觀、環境安寧、公共安全、衛生及交通順暢
(B)公共設施用地申請作多目標使用，如為新建案件者，其興建後之排水逕流量不得超出興建前之排水逕流量
(C)公共設施用地不得同時作立體及平面多目標使用
(D)相鄰公共設施用地以多目標方式開發者，得合併規劃興建

58 依都市更新條例規定，實施者擬訂或變更都市更新事業計畫報核時，應經一定比率之私有土地與私有合法建築物所有權人數及所有權面積之同意。但私有土地及私有合法建築物所有權面積均超過多少比例同意者，其所有權人數不予計算？
(A) 9/10　　　　　(B) 4/5　　　　　(C) 3/4　　　　　(D) 2/3

59 下列何者非屬直轄市、縣（市）國土計畫應載明事項？
(A)直轄市、縣（市）空間發展及成長管理計畫　　(B)國土永續發展目標
(C)部門空間發展計畫　　　　　　　　　　　　　　(D)氣候變遷調適計畫

60 依都市更新條例規定，下列敘述何者正確？
(A)依權利變換計畫申請建築執照，不得以實施者名義為之
(B)依權利變換計畫申請建築執照，應檢附土地、建物及他項權利證明文件
(C)權利變換範圍內土地改良物未拆除或遷移完竣前，不得辦理更新後土地及建築物銷售
(D)權利變換後，原土地所有權人應分配之土地及建築物，自分配結果確定之日起，視為新取得

61 依都市更新條例規定，對於更新單元內土地及建築物之稅捐減免，下列敘述何者正確？
(A)實施權利變換，以土地及建築物抵付權利變換負擔者，免徵土地增值稅及契稅
(B)依權利變換取得之土地及建築物，於更新後第一次移轉時，減徵土地增值稅及契稅 50%
(C)不願參加權利變換而領取現金補償者，減徵土地增值稅 60%
(D)實施權利變換應分配之土地未達最小分配面積單元，而改領現金者，減徵土地增值稅 40%

62 依都市更新建築容積獎勵辦法規定，取得候選綠建築證書者，依其等級給予獎勵容積，下列敘述何者正確？
(A)黃金級：基準容積百分之九 　　　　　　(B)銀級：基準容積百分之六
(C)銅級：基準容積百分之三 　　　　　　　(D)合格級：基準容積百分之一

63 關於全國國土計畫，下列敘述何者正確？
(A)全國國土計畫之計畫年期以不超過 25 年為原則
(B)全國國土計畫之國土空間發展策略應載明「環境品質提升及公共設施提供策略」
(C)全國國土計畫之部門空間發展策略應包括住宅、產業、運輸、重要公共設施及其他相關部門
(D)全國國土計畫之成長管理策略應載明「直轄市、縣（市）宜維護農地面積及區位」

64 關於區域計畫之擬定，下列何者錯誤？
(A)跨越兩個省（市）行政區以上之區域計畫，由中央主管機關擬定
(B)跨越兩個縣（市）行政區以上之區域計畫，由中央主管機關擬定
(C)擬定區域計畫時，其計畫年期以不超過 20 年為原則
(D)區域計畫之環境敏感地區，包括天然災害、生態、文化景觀、資源生產及其他環境敏感等地區

65 關於非都市土地容許使用，下列何者正確？
(A)土地使用編定後，其原有使用或原有建築物不合土地使用分區規定者，該管直轄市、縣（市）政府應限期令其變更或停止使用、遷移、拆除或改建，不得為從來之使用
(B)於海域用地申請區位許可者，應檢附申請書向中央主管機關申請核准
(C)森林區、山坡地保育區及特定專用區之土地，在未編定使用地之類別前，適用林業用地之管制
(D)依各使用地容許使用項目、許可使用細目附表，探採礦僅可於林業用地申請許可使用

66 關於山坡地保育利用條例，下列何者正確？
(A)山坡地供農業使用者，應由縣（市）主管機關辦理土地可利用限度分類查定作業
(B)在山坡地經營或使用宜農、牧地，無須實施水土保持之處理與維護
(C)在山坡地開發或經營森林遊樂區、遊憩用地，無須實施水土保持之處理與維護
(D)山坡地保育利用條例所稱山坡地，不包括試驗用林地

67 國土計畫中央主管機關應設置國土永續發展基金，下列何者為國土永續發展基金之用途？
(A)依國土計畫規劃之公共建設所需工程經費 　　(B)依國土計畫規劃之土地徵收經費
(C)依國土計畫法規定辦理補償所需支出 　　　　(D)國土復育促進地區復育計畫之執行所需支出

68 關於國家公園，下列敘述何者正確？
(A)國家公園得按土地利用型態及資源特性劃分為一般管制區、遊憩區、史蹟保存區、災害防護區及生態保護區
(B)史蹟保存區內原有建築物之修繕或重建，應先經直轄市、縣（市）政府許可
(C)進入國家公園之一般管制區者，應經國家公園管理處之許可
(D)國家自然公園也是依國家公園法劃設，其變更、管理及違規行為處罰，適用國家公園之規定

69 公寓大廈之區分所有權人因故無法出席區分所有權人會議時，得以書面委託配偶、有行為能力之直系血親、其他區分所有權人及何種身分之關係人代理出席？
(A)承租人　　　　　　　　　　　　　　　(B)社區總幹事
(C)二親等之旁系姻親　　　　　　　　　　(D)依民事訴訟法委託之訴訟代理人

70 專業營造業登記之專業工程不包括下列何者？
(A)防水工程　　　　(B)帷幕牆工程　　　　(C)粉刷工程　　　　(D)庭園、景觀工程

71 依營造業法之規定，聯合承攬協議書之內容，下列何者正確？
(A)工作範圍、出資比率、權利義務　　　　(B)工作範圍、出資比率、材料等級
(C)出資比率、材料等級、權利義務　　　　(D)工作範圍、權利義務、材料等級

72 有關營造業承攬工程承攬造價限額與工程規模範圍，下列敘述何者正確？
(A)甲等綜合營造業承攬造價限額為其資本額之 10 倍，其工程規模不受限制
(B)乙等綜合營造業承攬造價限額為新臺幣 7500 萬元，其工程規模為建築物高度 60 公尺以下
(C)丙等綜合營造業承攬造價限額為新臺幣 2700 萬元，其工程規模為建築物高度 36 公尺以下
(D)專業營造業承攬造價限額為其資本額之 20 倍，其工程規模不受限制

73 營造業法第 30 條所定應置工地主任之工程金額或規模之敘述，下列何者正確？
(A)承攬金額新臺幣 1 千萬元以上之工程　　　(B)建築物高度 20 公尺以上之工程
(C)建築物地下室開挖 10 公尺以上之工程　　(D)橋樑柱跨距 20 公尺以上之工程

74 依政府採購法規定，機關成立評選委員會，專家學者人數不得少於多少比例，且不得為政府機關之現職人員？
(A) 1/3　　　　　　(B) 1/2　　　　　　(C) 3/4　　　　　　(D)無比例限制

75 機關辦理工程，其委託監造者，有關監造現場人員規定，下列敘述何者錯誤？
(A)新臺幣 5 千萬元以上未達 2 億元之工程案，每標至少 1 人
(B)新臺幣 2 億元以上之工程，每標至少 2 人
(C)監造服務期間，現場人員應在工地執行職務
(D)機關自辦監造者，無須指派監造現場人員

76 為配合「工業區更新立體化發展方案」，非都市土地工業區丁種建築用地得有條件增加容積率，下列何者錯誤？
(A)為擴大投資或產業升級轉型得增加法定容積，其上限為法定容積之 20%
(B)除擴大投資或產業升級轉型可增加容積之外，為提升能源使用效率及設置再生能源發電設備，得再增加法定容積
(C)依前二項規定申請後仍有容積需求者，得以捐贈產業空間或繳納回饋金方式申請增加容積
(D)合併計算前三項增加之容積，其總容積率不得超過 400%

77 依政府採購法規定，機關辦理下列何種採購，應依採購之特性及實際需要，成立採購工作及審查小組，協助審查採購需求與經費、採購策略、招標文件等事項，及提供與採購有關事務之諮詢？
(A) 6,000 萬元之財物採購　　　　　　　　(B) 1,500 萬元之勞務採購
(C) 3 億元之工程採購　　　　　　　　　　(D)不論何種採購，均須成立採購工作及審查小組

78 依住宅法第 28 條規定，民間興辦之社會住宅係以新建築物辦理者，其建築基地應符合之規定，下列何者錯誤？
(A)在實施都市計畫地區達 500 平方公尺以上，且依都市計畫規定容積核算總樓地板面積達 600 平方公尺以上
(B)在非都市土地甲種建築用地達 500 平方公尺以上
(C)在非都市土地乙種建築用地達 500 平方公尺以上
(D)在非都市土地丙種建築用地達 500 平方公尺以上

79 依都市危險及老舊建築物建築容積獎勵辦法規定，建築物無障礙環境設計之容積獎勵額度為基準容積百分之幾？
(A)七　　　　　　(B)六　　　　　　(C)五　　　　　　(D)四

80 有關都市危險及老舊建築物加速重建條例之獎勵措施，下列何者錯誤？
(A)補助拆除費用　　(B)提高建築容積獎勵　　(C)給予地價稅減免優惠　　(D)給予房屋稅減免優惠

考試名稱： 109年專技高考建築師、32類科技師、大地工程分階段考試（第二階段考試）暨普考不動產經紀人、記帳士考試、109年第二次專技特考驗光人員考試

類科名稱： 建築師

科目名稱： 營建法規與實務

單選題數：80題　　　　　　　　單選每題配分：1.25分

複選題數：　　　　　　　　　　複選每題配分：

標準答案：答案標註#者，表該題有更正答案，其更正內容詳見備註。

題號	第1題	第2題	第3題	第4題	第5題	第6題	第7題	第8題	第9題	第10題
答案	D	C	A	D	D	A	A	B	D	C

題號	第11題	第12題	第13題	第14題	第15題	第16題	第17題	第18題	第19題	第20題
答案	#	A	D	A	C	B	A	C	C	A

題號	第21題	第22題	第23題	第24題	第25題	第26題	第27題	第28題	第29題	第30題
答案	D	C	B	B	D	A	C	B	#	D

題號	第31題	第32題	第33題	第34題	第35題	第36題	第37題	第38題	第39題	第40題
答案	A	B	D	D	B	A	D	B	A	D

題號	第41題	第42題	第43題	第44題	第45題	第46題	第47題	第48題	第49題	第50題
答案	A	D	C	B	A	B	A	B	D	A

題號	第51題	第52題	第53題	第54題	第55題	第56題	第57題	第58題	第59題	第60題
答案	B	D	C	D	B	D	C	A	B	C

題號	第61題	第62題	第63題	第64題	第65題	第66題	第67題	第68題	第69題	第70題
答案	A	B	C	C	B	D	C	D	A	C

題號	第71題	第72題	第73題	第74題	第75題	第76題	第77題	第78題	第79題	第80題
答案	A	A	C	A	D	A	C	D	#	A

題號	第81題	第82題	第83題	第84題	第85題	第86題	第87題	第88題	第89題	第90題
答案										

題號	第91題	第92題	第93題	第94題	第95題	第96題	第97題	第98題	第99題	第100題
答案										

備　　註： 第11題一律給分，第29題答Ａ或Ｃ或ＡＣ者均給分，第79題答Ｃ或Ｄ或ＣＤ者均給分。

110年專門職業及技術人員高等考試建築師、
24類科技師（含第二次食品技師）、大地工程技師
考試分階段考試（第二階段考試）、公共衛生師
考試暨普通考試不動產經紀人、記帳士考試試題

代號：1801
頁次：8-1

等　　別：高等考試
類　　科：建築師
科　　目：營建法規與實務
考試時間：2 小時　　　　　　　　　　　　　　　座號：＿＿＿＿＿＿＿＿

※注意：㈠本試題為單一選擇題，請選出一個正確或最適當的答案，複選作答者，該題不予計分。
　　　　㈡本科目共80題，每題1.25分，須用2B鉛筆在試卡上依題號清楚劃記，於本試題上作答者，不予計分。
　　　　㈢禁止使用電子計算器。

1　依水土保持法規之規定，下列敘述何者錯誤？
　　(A)所謂山坡地超限利用，係指依山坡地保育利用條例規定查定為宜林地或加強保育地內，從事農、漁、
　　　　牧業之墾殖、經營或使用者。但不包括依區域計畫法編定為農牧用地，或依都市計畫法、國家公園
　　　　法及其他依法得為農、漁、牧業之墾殖、經營或使用
　　(B)水土保持義務人於山坡地或森林區內開發建築用地，應先擬具水土保持計畫，送請主管機關核定
　　(C)所謂保護帶，係指特定水土保持區內維持農耕而不宜開發建築之土地
　　(D)山坡地坡度陡峭，具危害公共安全之虞者，應劃定為特定水土保持區

2　依建築物室內裝修管理辦法規定，室內裝修從業者業務範圍，下列敘述何者錯誤？
　　(A)依法登記開業之建築師得從事室內裝修設計業務
　　(B)依法登記開業之營造業得從事室內裝修施工業務
　　(C)室內裝修業得從事室內裝修設計或施工之業務
　　(D)依法登記開業之工業技師得從事室內裝修設計之業務

3　依建築物公共安全檢查簽證及申報辦法規定，有關耐震能力評估檢查，下列敘述何者錯誤？
　　(A)中華民國 88 年 12 月 31 日以前領得建造執照之所有建築物均須列入檢查
　　(B)經初步評估判定結果為尚無疑慮者，得免進行詳細評估
　　(C)建築物同屬一使用人使用者，該使用人得代為申報
　　(D)檢具已拆除建築物之證明文件，送當地主管機關備查者得免申報

4　建築法所稱建築執照分為四種，如單獨申請圍牆之興建，須申請下列那一種執照？
　　(A)建造執照　　　　　(B)雜項執照　　　　　(C)增建執照　　　　　(D)修建執照

5　依建築物公共安全檢查簽證及申報辦法規定，下列敘述何者正確？
　　(A)僅需申報建築物防火避難設施檢查
　　(B)僅需申報耐震能力評估檢查
　　(C)申報人為建築物所有權人或使用人，公寓大廈者得由主任委員或管理負責人代為申報
　　(D)耐震能力評估檢查之申報人僅得為建築物所有權人

6　依公共工程施工品質管理作業要點規定，監造單位派駐現場人員之工作，不包括下列何者？
　　(A)抽驗材料設備　　　(B)抽查施工作業　　　(C)訂定監造計畫　　　(D)辦理施工自主檢查

7　依建築物公共安全檢查簽證及申報辦法，供住宿類（H-2）組集合住宅使用之建築物，規定檢查項目
　　除直通樓梯、避難層出入口、昇降設備、避雷設備、緊急供電系統外，尚括下列那一項？
　　(A)內部裝修材料　　　(B)走廊　　　　　　　(C)防火區劃　　　　　(D)安全梯

8　依建築法規定，二層以上建築物施工時，其施工部分距離道路境界線或基地境界線至少多少公尺以內
　　者，應設置防止物體墜落之適當圍籬？
　　(A) 1.5　　　　　　　(B) 2.0　　　　　　　(C) 2.5　　　　　　　(D) 3.0

9 依建築法規定強制拆除之建築物，違反規定重建者，應受下列那一項罰則？
(A)處新臺幣 6 萬以上 30 萬元以下罰鍰
(B)處 1 年以下有期徒刑、拘役或科或併科新臺幣 30 萬元以下罰金
(C)處 1 年半有期徒刑
(D)處 1 年以上 2 年以下有期徒刑、拘役或科或併科新臺幣 30 萬元以下罰金

10 依山坡地建築管理辦法規定，下列何項非屬於起造人申請雜項執照時，應檢附之文件？
(A)申請書
(B)土地權利證明文件
(C)水土保持計畫核定證明文件或免擬具水土保持計畫之證明文件
(D)工程合約書

11 依招牌廣告及樹立廣告管理辦法規定，下列何者得免申請雜項執照？
(A)設置於地面之樹立廣告高度 7 公尺　　　　(B)設置於屋頂之樹立廣告高度 4 公尺
(C)正面式招牌廣告縱長 3 公尺　　　　　　　(D)側懸式招牌廣告縱長 5 公尺

12 依建築法規定，下列敘述何者正確？
(A)特種建築物得經直轄市、縣（市）主管建築機關之許可，不適用本法全部或一部之規定
(B)實施都市計畫以外地區或偏遠地區建築物之管理得以簡化，不適用本法全部或一部之規定
(C)紀念性之建築物得經行政院之許可，不適用本法全部或一部之規定
(D)海港、碼頭、鐵路車站、航空站等範圍內之雜項工作物，經中央目的事業主管機關之許可，不適用本法全部或一部之規定

13 依建築法規定，下列何者得經直轄市、縣（市）（局）主管建築機關許可，突出建築線？
(A)公有建築物　　　　　　　　　　　　　　(B)在公益上或短期內有需要且無礙交通之建築物
(C)無礙交通之陽台　　　　　　　　　　　　(D)無礙交通之露臺

14 依建築物公共安全檢查簽證及申報辦法規定，下列何者非屬建築物公共安全檢查申報項目？
(A)直通樓梯　　　　(B)避難層出入口　　　　(C)昇降設備　　　　(D)消防安全設備

15 依建築法規定，將建築物之一部分拆除，於原建築基地範圍內改造，而不增高或擴大面積者，屬於下列何者之建造行為？
(A)新建　　　　　　(B)改建　　　　　　　　(C)修建　　　　　　(D)增建

16 專任工程人員係指受聘於下列何者之技師或建築師？
(A)建設公司　　　　(B)建築師事務所　　　　(C)營造業　　　　　(D)督導機關

17 下列那一種情形不符合建築法規所稱建築工程部分完竣？
(A)連棟式建築物，其中任一棟業經施工完竣
(B)建築面積 6000 平方公尺的建築物，其中任一樓層至基地地面間各層業經施工完竣
(C) 12 層樓的建築物，其中任一樓層至基地地面間各層業經施工完竣
(D)高度 50 公尺的建築物，其中任一樓層至基地地面間各層業經施工完竣

18 依建築師法之規定，開業證書有效期間幾年？
(A) 3 年　　　　　　(B) 4 年　　　　　　　　(C) 5 年　　　　　　(D) 6 年

19 有關建築師開業之敘述，下列何者錯誤？
(A)建築師開業，應設立建築師事務所執行業務，或由二個以上建築師組織聯合建築師事務所共同執行業務
(B)外國人得依依中華民國法律應建築師考試，考試及格領有建築師證書之外國人並得申請開業
(C)建築師開業證書之換發不受建築師研習再教育因素之限制
(D)建築師受委託辦理業務，其工作範圍及應收酬金，應與委託人於事前訂立書面契約，共同遵守

20 下列何者不是建築師得接受委託範圍？
(A)實質環境之調查　　(B)估價　　(C)測量　　(D)鑽探簽證

21 依建築技術規則規定，地下建築物供地下通道使用之總樓地板面積，至多應按每多少平方公尺以具有一小時以上防火時效之牆壁、防火門窗等防火設備及防火構造之樓地板予以區劃分隔？
(A) 1000　　(B) 1500　　(C) 2000　　(D) 3000

22 依建築技術規則規定，廣告牌塔主要部分之構造不得為下列何者？
(A)磚造　　(B)鋼骨鋼筋混凝土造　　(C)鋼構造　　(D)鋼筋混凝土造

23 防火構造建築物內之挑空部分，應以一小時以上防火時效之牆壁、防火門窗等防火設備與該處防火構造之樓地板形成區劃分隔，下列何者得不受限制？
(A)連跨樓層數在 4 層以下，且樓地板面積在 1500 平方公尺以下之挑空
(B)連跨樓層數在 4 層以下，且樓地板面積在 2000 平方公尺以下之挑空
(C)連跨樓層數在 3 層以下，且樓地板面積在 1500 平方公尺以下之挑空
(D)連跨樓層數在 3 層以下，且樓地板面積在 2000 平方公尺以下之挑空

24 某十層樓高防火構造建築物總樓地板面積 5000 平方公尺，應按每多少平方公尺，以具有一小時以上防火時效之牆壁、防火門窗等防火設備與該處防火構造之樓地板區劃分隔？
(A) 1000　　(B) 1500　　(C) 2000　　(D) 2500

25 依建築技術規則規定，高層建築物之總樓地板面積與留設空地之比，在商業區時至多不得大於多少？
(A) 25　　(B) 30　　(C) 35　　(D) 40

26 都市更新地區內土地增值稅得予減免，下列何者依規定係減徵 40%？
(A)依權利變換取得之土地，於更新後第一次移轉時
(B)實施權利變換應分配之土地未達最小分配面積單元，而改領現金者
(C)實施權利變換，以土地及建築物抵付權利變換負擔者
(D)以更新地區內之土地為信託財產，因信託關係而於委託人與受託人間移轉所有權者

27 依山坡地建築管理辦法規定，山坡地應於雜項工程完成查驗合格後，領得雜項工程使用執照，始得申請那種執照？
(A)變更執照　　(B)拆除執照　　(C)建造執照　　(D)使用執照

28 依建築技術規則規定，架空走廊如穿越道路，其廊身與路面垂直淨距離最低不得小於多少？
(A) 4.2 公尺　　(B) 4.4 公尺　　(C) 4.6 公尺　　(D) 4.8 公尺

29 依建築技術規則規定，高度超過幾公尺之煙囪應為鋼筋混凝土造或鋼鐵造？
(A) 6　　(B) 8　　(C) 9　　(D) 10

30 實施容積管制地區，建築物高度依多少比例之斜率，其垂直建築線方向投影於面前道路之陰影面積，不得超過基地臨接面前道路之長度與該道路寬度乘積之半，且其陰影最大不得超過面前道路對側境界線？
(A) 1.5：1　　(B) 2.0：1　　(C) 3.0：1　　(D) 3.6：1

31 樓地板面積超過 50 平方公尺之居室，其天花板或天花板下方 80 公分範圍以內之有效通風面積未達樓地板面積至多百分之多少者，視為無窗戶居室？
(A) 1　　(B) 2　　(C) 3　　(D) 4

32 有一位於山坡地之建築物，基地建蔽率為 40%，容積率為 100%，除經目的事業主管機關審定有增加其建築物高度必要者外，其建築物高度非屬依都市計畫法或區域計畫法有關規定許可者，此其建築物高度至多不得超過多少公尺？
(A) 15　　(B) 18　　(C) 21　　(D) 24

33 依綠建築基準，建築物雨水或生活雜排水回收再利用之適用範圍，為總樓地板面積達多少平方公尺以上之新建築物，但衛生醫療類（F-1 組）或經中央主管建築機關認可之建築物，不在此限？
　(A) 5000　　　　　(B) 6000　　　　　(C) 8000　　　　　(D) 10000

34 依建築技術規則之規定，建築物內規定應設置之樓梯可以何者代替之？
　(A)坡道　　　　(B)昇降階梯　　　　(C)昇降機　　　　(D)輪椅昇降台

35 依建築技術規則山坡地建築專章規定，除經直轄市、縣（市）政府另定適用規定者，基地範圍依平均坡度計算法得出之坵塊平均坡度值，得計入法定空地面積之最大平均坡度為百分之多少以下？
　(A) 30　　　　　(B) 40　　　　　(C) 55　　　　　(D) 65

36 依建築技術規則規定，建築基地因設置雨水貯留利用系統及生活雜排水回收再利用系統，所增加之設備空間，於樓地板面積容積一定比例以內者，得不計入容積樓地板面積及不計入機電設備面積，其最高比例為何？
　(A)千分之五　　　　(B)千分之十　　　　(C)千分之二十　　　　(D)千分之五十

37 綠建築中所稱平均熱傳透率，是指當室內外溫差在絕對溫度多少度時，建築物外殼單位面積在單位時間內之平均傳透熱量？
　(A) 1　　　　　(B) 2　　　　　(C) 3　　　　　(D) 5

38 依建築技術規則規定，下列新建建築物，何者得免設置無障礙樓梯？
　(A) 3 層鄉公所
　(B) 3 層獨棟建築物，自地面層至最上層均屬同一住宅單位且第 2 層以上僅供住宅使用
　(C) 3 層銀行
　(D) 6 層集合住宅

39 依都市計畫法，直轄市及縣（市）政府對於內政部核定之主要計畫、細部計畫，如有申請復議之必要時，應如何處理？
　(A)應於接到核定公文之日起 1 個月內提出　　(B)應於接到核定公文之日起 2 個月內提出
　(C)應於接到核定公文之日起 3 個月內提出　　(D)應於接到核定公文之日起 6 個月內提出

40 依都市計畫容積移轉實施辦法，位於整體開發地區、實施都市更新地區、面臨永久性空地或其他都市計畫指定地區範圍內之接受基地，其可移入容積得予增加。但至多不得超過該接受基地基準容積之多少？
　(A) 20%　　　　　(B) 30%　　　　　(C) 40%　　　　　(D) 50%

41 有關都市計畫法用語定義，下列敘述何者錯誤？
　(A)都市計畫事業：係指依本法規定所舉辦之公共設施、新市區建設、舊市區更新等實質建設之事業
　(B)優先發展區：係指預計在 5 年內，必須優先規劃建設發展之都市計畫地區
　(C)新市區建設：係指建築物稀少，尚未依照都市計畫實施建設發展之地區
　(D)舊市區更新：係指舊有建築物密集，畸零破舊，有礙觀瞻，影響公共安全，必須拆除重建，就地整建或特別加以維護之地區

42 依都市計畫容積移轉實施辦法之規定，接受基地移入之容積，應按送出基地及接受基地之何種比值計算？
　(A)法定容積　　　(B)當期公告土地現值　　(C)土地市價　　　(D) 1：1

43 下列何種更新地區之劃定程序，得逕由各級主管機關劃定公告實施之，免送各級都市計畫委員會審議？
　(A)建築物窳陋且非防火構造或鄰棟間隔不足，有妨害公共安全之虞
　(B)涉及都市計畫之擬定或變更
　(C)為配合中央或地方之重大建設
　(D)全區採整建或維護方式處理

44 下列那一種情形得免辦理都市更新事業計畫之公開展覽？
(A)採重建方式辦理，且實施者已取得更新單元內全體私有土地及私有合法建築物所有權人同意者
(B)因具有歷史、文化價值，經主管機關優先劃定為更新地區者
(C)因景觀計畫之變更而辦理都市更新事業計畫之變更，經主管機關認定不影響原核定之都市更新事業計畫者
(D)由主管機關自行實施都市更新事業者

45 有關都市更新事業計畫範圍內公有土地及建築物之處理，下列敘述何者正確？
(A)除另有合理之利用計畫，確無法併同實施都市更新事業者外，於舉辦都市更新事業時，應一律參加都市更新
(B)其使用、收益與處分，仍應依土地法、國有財產法、預算法規定辦理
(C)以協議合建方式實施時，不得標售或專案讓售予實施者
(D)以權利變換方式實施都市更新事業時，不得讓售實施者

46 都市更新事業計畫由實施者擬訂，送由當地直轄市、縣（市）主管機關審議通過後核定發布實施，並即公告。其公告時間為：
(A) 30 日 　　　　(B) 20 日 　　　　(C) 15 日 　　　　(D) 10 日

47 依國土計畫法規定，下列敘述何者正確？
(A)中央主管機關應於本法施行後 2 年內，公告實施全國國土計畫
(B)直轄市、縣（市）主管機關應於全國國土計畫公告實施後 4 年內，依中央主管機關指定之日期，一併公告實施直轄市、縣（市）國土計畫
(C)直轄市、縣（市）主管機關應於直轄市、縣（市）國土計畫公告實施後 3 年內，依中央主管機關指定之日期，一併公告國土功能分區圖
(D)直轄市、縣（市）主管機關依前述公告國土功能分區圖之日起，區域計畫法、都市計畫法及國家公園法不再適用

48 有關國土計畫及區域計畫之法定計畫年期，下列敘述何者正確？
(A)全國國土計畫之計畫年期，以不超過 30 年為原則
(B)直轄市、縣（市）國土計畫之計畫年期，以不超過 20 年為原則
(C)全國區域計畫之計畫年期，以不超過 20 年為原則
(D)直轄市、縣（市）區域計畫之計畫年期，以不超過 10 年為原則

49 依國土計畫法規定，中央主管機關應設置國土永續發展基金，下列何者非屬基金來源？
(A)使用許可案件所收取之影響費 　　　　(B)政府循預算程序之撥款
(C)違反國土計畫法罰鍰之一定比率提撥 　　　　(D)民間捐贈

50 國土計畫法用詞定義，下列敘述何者正確？
(A)全國國土計畫：指以全國國土為範圍，所訂定目標性、政策性及整體性之國土計畫
(B)直轄市、縣（市）國土計畫：指以直轄市、縣（市）行政轄區除其海域管轄範圍外，所訂定實質發展及管制之國土計畫
(C)都會區域：指由 2 個以上之中心都市為核心，及與中心都市在社會、經濟上、地域上、空間上具有高度關聯之鄉（鎮、市、區）所共同組成之範圍
(D)特定區域：指具有特殊自然、經濟、文化或其他性質，經目的事業或直轄市、縣（市）主管機關指定之範圍

51 依非都市土地使用管制規則之規定，下列何者用地均應由行政院農業委員會會同建築管理、地政機關訂定其建蔽率及容積率？
(A)礦業、窯業、國土保安 　　　　(B)養殖、水利、特定目的事業
(C)農牧、林業、生態保護、國土保安 　　　　(D)古蹟保存、農牧、特定目的事業

52 依非都市土地使用管制規則規定，特定農業區得申請變更編定為下列何類使用地？
　(A)甲種建築用地　　　　　(B)丁種建築用地　　　　(C)特定目的事業用地　　(D)林業用地

53 依非都市土地使用管制規則規定，已依開發許可變更為丙種建築用地之土地，下列對於其使用管制及建築開發的敘述，何者正確？
　(A)可以直接作為市場用地使用
　(B)可以直接變更原開發計畫核准之主要公共設施、公用設備或必要性服務設施
　(C)違反原核定之土地使用計畫，經該管主管機關提出要求處分並經限期改善而未改善時，直轄市或縣（市）政府應報經區域計畫擬定機關廢止原開發許可
　(D)由當地鄉（鎮、市、區）公所負責管制其使用並應隨時檢查是否有違反土地使用管制之規定

54 國家公園內之特別景觀區，為應特殊需要，經國家公園管理處之許可，下列何者非得為之行為？
　(A)引進外來動、植物　　　(B)採集標本　　　　　(C)使用農藥　　　　　(D)溫泉水源之利用

55 依公寓大廈管理條例第 57 條規定，新建築物之起造人應於何時將公寓大廈共用部分、約定共用部分與其附屬設施設備移交管理委員會或管理負責人？
　(A)於領得使用執照後 1 年內
　(B)於接獲地方主管機關書面通知日起 7 日內
　(C)於管理委員會成立或管理負責人推選或指定後 7 日內，會同相關人員，現場針對水電等設備，確認其功能正常無誤後
　(D)基於社區自治精神，由起造人與管理委員會或管理負責人自行協商移交日期

56 某社區欲在公寓大廈樓頂設置廣告，以增加社區公共基金之收入，惟向當地主管建築機關申請廣告物設置許可前，應依下列何種程序辦理始生效力？
　(A)應經管理委員會會議決議
　(B)應經區分所有權人會議決議
　(C)應經區分所有權人會議決議，且經該頂層區分所有權人同意
　(D)應經區分所有權人會議決議，且會議紀錄經法院公證

57 公寓大廈之公共基金應設專戶儲存，並由管理負責人或管理委員會負責管理，其運用是依何者之決議為之？
　(A)管理委員會　　　　　　(B)管理負責人　　　　　(C)管理服務人　　　　　(D)區分所有權人會議

58 公寓大廈之區分所有權人會議應作成會議紀錄，載明開會經過及決議事項，並由主席簽名，最遲應於會後幾日內送達各區分所有權人並公告之？
　(A) 7　　　　　　　　　　(B) 15　　　　　　　　　(C) 20　　　　　　　　　(D) 30

59 依營造業法規之規定，應置工地主任之工程金額或規模之敘述，下列何者錯誤？
　(A)承攬金額新臺幣 5 千萬元以上之工程　　　　　(B)建築物高度 36 公尺以上之工程
　(C)建築物地下室開挖 5 公尺以上之工程　　　　　(D)橋樑柱跨距 25 公尺以上之工程

60 依優良營造業複評及獎勵辦法規定，不得複評為優良營造業者不包含下列何者？
　(A)違反建築法受處分者　　　　　　　　　　　　(B)違反公平交易法受處分者
　(C)違反都市計畫法受處分者　　　　　　　　　　(D)違反區域計畫法受處分者

61 依營造業法規定，綜合營造業轉交工程予專業營造業時，其轉交工程之施工責任，下列敘述何者正確？
　(A)原承攬之綜合營造業無需負責任
　(B)受轉交之專業營造業負全部責任
　(C)受轉交之專業營造業負責，原承攬之綜合營造業負連帶責任
　(D)原承攬之綜合營造業負責，受轉交之專業營造業就轉交部分，負連帶責任

62 依政府採購法規定，機關辦理公告金額以上委託技術服務採購，經公開客觀評選為優勝者，得採何種方式招標？
　(A)公開招標　　　　　　　(B)限制性招標　　　　　(C)選擇性招標　　　　　(D)合理性招標

63 最有利標採購之評選委員會委員名單之公布與否，下列敘述何者正確？
(A)於開始評選前應絕對保密
(B)委員會成立後，其委員名單應即公開於主管機關指定之資訊網站；但經機關衡酌個案特性及實際需要，有不予公開之必要者，不在此限
(C)其委員名單有變更或補充者，應一律公開於主管機關指定之資訊網站
(D)機關公開委員名單者，公開前亦無須保密

64 依建築物工程技術服務建造費用百分比法計費者，除機關已視個案特性及實際需要調整外，其服務費用包括規劃、設計及監造三項，原則上各占百分之多少？
(A)規劃：設計：監造 = 5%：55%：40%　　　　(B)規劃：設計：監造 = 10%：45%：45%
(C)規劃：設計：監造 = 0%：45%：55%　　　　(D)規劃：設計：監造 = 10%：40%：50%

65 依機關委託技術服務廠商評選及計費辦法規定，機關辦理新建建築物規劃、設計之技術服務採購，其採購金額最低為新臺幣多少以上應辦理競圖？
(A) 300 萬元　　　　(B) 500 萬元　　　　(C) 600 萬元　　　　(D) 1000 萬元

66 政府採購招標文件允許投標廠商提出同等品者，得標廠商得於使用同等品前，依契約規定向機關提出相關資料供審查。下列何者不屬於前述資料？
(A)廠牌　　　　(B)價格　　　　(C)功能　　　　(D)出廠證明

67 建築物無障礙設施設計規範有關廁所盥洗室之馬桶及扶手規定，下列敘述何者錯誤？
(A)馬桶至少有一側邊之淨空間不得小於 70 公分
(B)扶手如設於側牆時，馬桶中心線距側牆之距離不得大於 70 公分
(C)馬桶前緣淨空間不得小於 70 公分
(D)馬桶至少有一側為可固定之掀起式扶手

68 無障礙昇降設備之昇降機門規定，下列敘述何者正確？
(A)昇降機門應水平方向開啟，應為手動開關方式
(B)昇降機門無須設有可自動停止並重新開啟的裝置
(C)梯廳昇降機到達時，門開啟至關閉之時間不應少於 3 秒鐘
(D)昇降機出入口處與機廂地板面之水平間隙不得大於 3.2 公分

69 依建築物無障礙設施設計規範，下列敘述何者正確？
(A)戶外平台階梯之寬度在 5 公尺以上者，應於中間加裝扶手
(B)梯級級高之設置應符合級高（R）需為 20 公分以下，級深（T）不得小於 26 公分
(C)其樓梯兩側應裝設距梯級鼻端高度 75-85 公分之扶手
(D)二平台（或樓板）間之高差在 25 公分以下者，得不設扶手

70 設置無障礙昇降機的引導設施及引導標誌，下列敘述何者錯誤？
(A)建築物主要入口處及沿路轉彎處應設置無障礙昇降機方向指引
(B)設置無障礙標誌，其下緣距地板面可為 210 公分
(C)平行固定於牆面之無障礙標誌，考慮乘坐輪椅者的視線，高度其下緣應距地板面 120-160 公分處
(D)無障礙標誌長寬尺寸最小不得小於 15 公分

71 某一新建之 H 類老人福利機構建築物，依法設有 100 個停車位，依建築技術規則規定，其無障礙停車位至少應設置幾個？
(A) 1　　　　(B) 2　　　　(C) 3　　　　(D) 4

72 依建築物無障礙設施設計規範設置室內通路，通路走廊如有開門，則扣除門扇開啟之空間後，其寬度至少不得小於多少公分？
(A) 90　　　　(B) 100　　　　(C) 120　　　　(D) 135

73 有關無障礙設施室外通路之設計，獨棟或連棟之建築物其地面坡度至多不得大於下列何種比例？

(A) 1/12　　　　　(B) 1/10　　　　　(C) 1/8　　　　　(D) 1/6

74 有關無障礙客房之規定，下列敘述何者錯誤？

(A)建築物使用類組 B-4 旅館類者，客房數 80 間者，應設置 1 間無障礙客房

(B)客房內衛浴設備迴轉空間，其直徑不得小於 135 公分

(C)客房內床間淨寬度不得小於 60 公分

(D)客房內求助鈴應至少設置兩處

75 依古蹟土地容積移轉辦法規定，下列敘述何者錯誤？

(A)送出基地之可移出容積，得分次移出

(B)接受基地之可移入容積，以不超過該土地基準容積之 40%為原則

(C)接受基地在不超過規定之可移入容積內，不得分次移入不同送出基地之可移出容積

(D)實施都市更新地區之可移入容積，以不超過該接受基地基準容積之 50%為原則

76 依住宅法及住宅性能評估實施辦法規定，下列敘述何者錯誤？

(A)住宅性能評估分新建住宅性能評估及既有住宅性能評估 2 類

(B)新建與既有住宅類別之評估等級分為第 1 級至第 4 級，共 4 個等級

(C)新建住宅性能評估由起造人申請

(D)既有住宅性能評估可由既有住宅之承租人向評估機構申請

77 依都市危險及老舊建築物加速重建條例規定申請重建時，下列敘述何者錯誤？

(A)由新建建築物之設計人擬具重建計畫

(B)取得重建計畫範圍內全體土地及合法建築物所有權人之同意

(C)向直轄市、縣（市）主管機關申請核准

(D)重建計畫經核准後續依建築法令規定申請建築執照

78 依都市危險及老舊建築物加速重建條例規定申請重建時，下列敘述何者錯誤？

(A)申請建築容積獎勵者，不得同時適用其他法令規定之建築容積獎勵項目

(B)經核准重建之新建建築物起造人申請建造執照期限，得經直轄市、縣（市）主管機關同意延長 2 次，延長期間以 1 年為限

(C)辦理重建之建築物，其結構安全性能評估由建築物所有權人委託經中央主管機關評定之共同供應契約機構辦理

(D)實施重建之基地，其建蔽率得酌予放寬。但建蔽率之放寬以住宅區之基地為限，且不得超過原建蔽率

79 依都市危險及老舊建築物建築容積獎勵辦法規定，重建計畫範圍內建築基地面積達 500 平方公尺以上者，取得候選等級綠建築證書之容積獎勵額度，下列何者錯誤？

(A)鑽石級：基準容積百分之十　　　　　(B)黃金級：基準容積百分之八

(C)銀級：基準容積百分之六　　　　　(D)合格級：基準容積百分之四

80 依建築技術規則規定，下列何者建築物無須辦理防火避難綜合檢討評定或檢具防火避難性能設計計畫書及評定書？

(A)高度達 90 公尺以上之 H-2 類組建築物

(B)高度達 25 層以上之 G-2 類組建築物

(C)總樓地板面積達 30000 平方公尺以上之商場百貨

(D)與地下大眾捷運系統連接之地下街

測驗式試題標準答案

考試名稱： 110年專技高考建築師、24類科技師（含第二次食品技師）、大地工程分階段考試（第二階段考試）、公共衛生師考試暨普考不動產經紀人、記帳士考試

類科名稱： 建築師

科目名稱： 營建法規與實務（試題代號：1801）

單選題數：80題　　　　　　　　　單選每題配分：1.25分

複選題數：　　　　　　　　　　　複選每題配分：

標準答案：

題號	第1題	第2題	第3題	第4題	第5題	第6題	第7題	第8題	第9題	第10題
答案	C	D	A	B	C	D	D	C	B	D

題號	第11題	第12題	第13題	第14題	第15題	第16題	第17題	第18題	第19題	第20題
答案	D	B	B	D	B	C	B	D	C	D

題號	第21題	第22題	第23題	第24題	第25題	第26題	第27題	第28題	第29題	第30題
答案	B	A	C	B	B	A	C	C	D	D

題號	第31題	第32題	第33題	第34題	第35題	第36題	第37題	第38題	第39題	第40題
答案	B	B	D	A	C	A	A	B	A	C

題號	第41題	第42題	第43題	第44題	第45題	第46題	第47題	第48題	第49題	第50題
答案	B	B	D	C	A	A	A	B	A	A

題號	第51題	第52題	第53題	第54題	第55題	第56題	第57題	第58題	第59題	第60題
答案	C	C	C	D	C	C	D	B	C	B

題號	第61題	第62題	第63題	第64題	第65題	第66題	第67題	第68題	第69題	第70題
答案	D	B	B	B	B	D	B	D	C	C

題號	第71題	第72題	第73題	第74題	第75題	第76題	第77題	第78題	第79題	第80題
答案	B	C	B	C	C	D	A	B	D	A

題號	第81題	第82題	第83題	第84題	第85題	第86題	第87題	第88題	第89題	第90題
答案										

題號	第91題	第92題	第93題	第94題	第95題	第96題	第97題	第98題	第99題	第100題
答案										

備　　註：

111年專門職業及技術人員高等考試建築師、31類科技師（含第二次食品技師）、大地工程技師考試分階段考試（第二階段考試）暨普通考試不動產經紀人、記帳士考試試題

等　　別：高等考試
類　　科：建築師
科　　目：營建法規與實務
考試時間：2小時　　　　　　　　　　　　　　　　座號：＿＿＿＿＿＿＿＿

※注意：(一)本試題為單一選擇題，請選出一個正確或最適當答案。
　　　　(二)本科目共80題，每題1.25分，須用2B鉛筆在試卡上依題號清楚劃記，於本試題上作答者，不予計分。
　　　　(三)禁止使用電子計算器。

1　依建築師法之規定，下列何者非建築師開業執行業務的必要條件？
　　(A)設立建築師事務所　　　　　　　　　　(B)領得開業證書
　　(C)成立室內裝修公司　　　　　　　　　　(D)加入該管直轄市、縣（市）建築師公會

2　依非都市土地使用管制規則規定，有關非都市土地之各種建築用地，其建蔽率及容積率，下列敘述何者正確？
　　(A)丙種建築用地：建蔽率40%；容積率160%
　　(B)甲種建築用地、乙種建築用地：建蔽率60%；容積率240%
　　(C)交通用地、遊憩用地、殯葬用地：建蔽率40%；容積率140%
　　(D)特定目的事業用地：建蔽率60%；容積率160%

3　非都市土地申請開發達一定規模以上者，應辦理土地使用分區變更，下列敘述何者正確？
　　(A)申請開發高爾夫球場之土地面積達5公頃以上，應變更為特定專用區
　　(B)申請開發遊憩設施之土地面積達10公頃以上，應變更為特定專用區
　　(C)申請設立學校之土地面積達10公頃以上，應變更為特定專用區
　　(D)申請開發社區之計畫達50戶或土地面積在1公頃以上，應變更為住宅區

4　依公寓大廈管理條例規定，公寓大廈建築物所有權登記之區分所有權人達半數以上及其區分所有權比例合計達半數以上時，起造人最遲應於幾個月內召開區分所有權人會議？
　　(A) 1　　　　　　(B) 3　　　　　　(C) 6　　　　　　(D) 12

5　政府採購法中針對調解之敘述，下列何者正確？
　　(A)廠商得因履約爭議向採購申訴審議委員會申請調解
　　(B)分包商之間因履約爭議得向採購申訴審議委員會申請調解
　　(C)調解經當事人合意後，仍須經採購申訴審議委員會確認，方視為調解成立
　　(D)廠商申請調解者，機關得予拒絕

6　依工程採購契約範本規定，下列何種情形，機關不得暫停給付估驗計價款？
　　(A)履約有瑕疵經書面通知改正而逾期未改正者
　　(B)履約實際進度因不可歸責於廠商之事由，落後10%以上
　　(C)廠商未履行契約應辦事項，經通知仍延不履行者
　　(D)廠商履約人員不適任，經通知更換仍延不辦理者

7　依公共工程施工品質管理作業要點規定，公共工程施工品質管理制度中，施工圖（shop drawing）之製作是那一個單位的責任？
　　(A)設計人　　　　　　(B)監造人　　　　　　(C)施工廠商　　　　　　(D)起造人

8 某一新建 30 層之純集合住宅大樓依法設有 200 個停車位，依建築技術規則之規定，至少應設置幾個無障礙停車位？
(A) 1 個　　　　　　　(B) 2 個　　　　　　　(C) 3 個　　　　　　　(D) 4 個

9 依住宅性能評估實施辦法規定，新建住宅性能評估之性能類別中，除下列那一項得單獨申請評估外，應一併申請評估？
(A)防火安全　　　　　(B)結構安全　　　　　(C)無障礙環境　　　　(D)節能省水

10 依都市危險及老舊建築物加速重建條例施行細則規定，下列何者非屬直轄市、縣（市）主管機關認定建築物興建完工日之文件？
(A)建物所有權第一次登記謄本　　　　　　　(B)合法建築物證明文件
(C)房屋稅籍資料　　　　　　　　　　　　　(D)地籍圖謄本

11 依文化資產保存法有關營建工程或其他開發行為的規定，下列敘述何者錯誤？
(A)營建工程或其他開發行為進行中，發見具古蹟、歷史建築價值之建造物，應即停止工程或開發行為之進行，並報主管機關處理
(B)營建工程或其他開發行為，不得破壞古蹟、歷史建築、紀念建築及聚落建築群之完整，亦不得遮蓋其外貌或阻塞其觀覽之通道
(C)營建工程或其他開發行為進行中，發見具古蹟、歷史建築價值之建造物，應經建築主管機關審議通過後，始得繼續為之
(D)古蹟周邊申請營建工程或其他開發行為，辦理都市設計審議時，應會同主管機關就影響古蹟風貌保存之事項進行審查

12 依農業用地興建農舍辦法規定，若興建 35 棟集村農舍，下列何者非屬該集村農舍應設置之公共設施？
(A)基地內道路　　　　　　　　　　　　　　(B)每戶至少 1 個停車位
(C)公園綠地，以每棟 6 平方公尺計算　　　　(D)社區活動中心，以每棟 10 平方公尺計算

13 依建築法規定之主管建築機關，在臺北市轄區內為臺北市政府，在陽明山國家公園範圍內為經內政部核定之陽明山國家公園管理處。當建築執照申請基地跨越臺北市轄區及陽明山國家公園範圍時，辦理方式為何？
(A)由臺北市政府全權辦理
(B)由陽明山國家公園管理處全權辦理
(C)由臺北市政府及陽明山國家公園管理處各依轄管權責審查，如涉及關聯事項有會商之必要時，以所轄範圍面積較大者為主辦機關
(D)由內政部全權辦理

14 依建築技術規則規定，為便利行動不便者進出及使用建築物，新建或增建建築物在下列那些空間需設置無障礙通路通達？①居室出入口　②各專有部分使用單元內之廁所盥洗室　③昇降設備　④停車空間
(A)②③④　　　　　　(B)①②③④　　　　　(C)①③④　　　　　　(D)①②③

15 建築法所稱建造行為中，於原有建築物增加其面積或高度者，稱為：
(A)新建　　　　　　　(B)增建　　　　　　　(C)改建　　　　　　　(D)修建

16 供公眾使用建築物及經內政部認定有必要之非供公眾使用建築物，依建築物室內裝修管理辦法規定，下列敘述何者錯誤？
(A)室內裝修材料應合於建築技術規則之規定，且不得妨害或破壞防火避難設施、消防設備、防火區劃、主要構造及保護民眾隱私權設施
(B)建築物室內裝修應由經內政部登記許可之室內裝修從業者辦理，包括依法登記開業之建築師、營造業及室內裝修業
(C)室內裝修涉及建築物之分間牆位置變更、增加或減少，經審查機構認定涉及公共安全時，仍應併同由經內政部登記許可之室內裝修業署名負責施工，免再經開業建築師簽證負責
(D)內政部指定非供公眾使用建築物之集合住宅及辦公廳，除整幢建築物屬同一權利主體所有者之外，其任一戶有增設廁所或浴室者，均應依建築物室內裝修管理辦法相關規定辦理

17 依建築法之規定，建築物在施工中，直轄市、縣（市）（局）主管建築機關，發現有下列那一情事者，應以書面通知承造人或起造人或監造人，勒令停工或修改；必要時，得強制拆除？
(A)維護公共衛生者
(B)妨礙社會秩序者
(C)符合工程圖樣及說明書
(D)危害公共安全者

18 依建築法及其相關規定，對於原有合法建築物防火避難設施及消防設備的改善要求，下列敘述何者錯誤？
(A)依現行原有合法建築物防火避難設施及消防設備改善辦法之規定，僅民國 84 年該辦法發布施行日以前興建完成之建築物方有其適用
(B)應進行改善之防火避難設施及消防設備之項目與其改善期限，係由該管主管建築機關視其實際情形制定實施計畫，並發函予建築物所有權人或使用人令其辦理改善
(C)防火避難設施及消防設備於改善完竣後，應併同建築法第 77 條第 3 項公共安全檢查申報規定進行年度例行申報
(D)依個案建築物興建完成或領得建造執照時間或變更使用執照時間之不同，而有不同之改善項目、內容及方式

19 違反建築物室內裝修規定，處建築物所有權人、使用人或室內裝修業者多少罰鍰，並限期改善或補辦，逾期仍未改善或補辦者得連續處罰？
(A)新臺幣 2 萬元以上 10 萬元以下
(B)新臺幣 4 萬元以上 15 萬元以下
(C)新臺幣 6 萬元以上 30 萬元以下
(D)新臺幣 8 萬元以上 45 萬元以下

20 我國憲法保障國民合法的私有財產權利不受侵犯，但在某些情形下，建築法明定主管建築機關得依法強制拆除私有建築物且免辦理拆除執照。上述情形不包括下列何者？
(A)經直轄市、縣（市）（局）主管建築機關認定傾頹或朽壞已達危害公共安全程度必須立即拆除之建築物，通知所有人或占有人停止使用，並限期拆除而逾期未拆者，得強制拆除之
(B)經直轄市、縣（市）主管建築機關認定為本法施行前已興建完成供公眾使用之建築物而未領有使用執照者
(C)違反建築法或基於建築法所發布之命令規定，經主管建築機關通知限期拆除而逾期未拆者
(D)因地震災害致建築物發生危險已達危害公共安全程度必須立即拆除不及通知其所有人或占有人予以拆除者

21 在現行建築法管理體制下，未領有建造執照即擅自建造與已領有建造執照未按圖施工之間的差異，下列敘述何者錯誤？
(A)前者未領有建造執照即擅自建造，係違反建築法第 25 條非經發給執照不得擅自建造之規定，應依同法第 86 條處以罰鍰並勒令停工補辦手續，必要時得強制拆除其建築物
(B)後者已領有建造執照未按圖施工，係違反建築法第 39 條變更設計仍應依法申請辦理之規定，應依同法第 87 條處以罰鍰並勒令補辦手續，必要時得勒令停工
(C)後者已領有建造執照未按圖施工，亦得比照前者未領有建造執照即擅自建造情形，依同法第 86 條處以罰鍰並勒令停工補辦手續，必要時得予強制拆除其建築物
(D)後者若涉及受託建築師之監造責任，可由主管建築機關按所查得之個案事實，依據建築師法追究責任

22 依據建築物室內裝修管理辦法之規定，建築物之分間牆位置變更，增加或減少經審查機構認定涉及公共安全時，應由下列何者簽證負責？
(A)結構技師
(B)開業建築師
(C)專業設計技術人員
(D)專業施工技術人員

23 依違章建築處理辦法規定，既存違章建築之處理，下列敘述何者錯誤？
(A)既存違章建築之劃分日期由中央主管建築機關統一訂定，全國一致，以符合公平性原則
(B)既存違章建築有影響公共安全者，應由當地主管建築機關訂定拆除計畫限期拆除之
(C)既存違章建築不影響公共安全者，得由當地主管建築機關分類分期予以列管拆除之
(D)既存違章建築是否影響公共安全，得由當地主管建築機關自行額外增加認定

24 依建築法及其相關規定，有關已授權得由直轄市、縣（市）政府依據地方情形自行訂定，但仍必須報經內政部核定後方能實施的項目內容，下列敘述何者錯誤？
(A)臨時性建築物之管理方式　　　　　　(B)偏遠地區發照之簡化規定
(C)有效日照之檢討規定　　　　　　　　(D)停車空間之設置規定

25 依建築師法規定，建築師開業後，下列何種情形無須報請直轄市、縣（市）主管機關登記？
(A)事務所地址變更　　(B)從業建築師受聘　　(C)從業技術人員解僱　　(D)事務所資本額異動

26 依建築師法規定，下列何者非直轄市、縣（市）主管機關應備具開業建築師登記簿之載明事項？
(A)獎懲種類、期限及事由
(B)受託辦理建築物設計或監造之紀錄
(C)從業建築師及技術人員姓名、受聘或解僱日期
(D)登記事項之變更

27 建築師法第 7 條規定，領有建築師證書，具有 2 年以上建築工程經驗者，得申請發給開業證書。下列何者不符合「具 2 年以上建築工程經驗」之條件？
(A)在開業建築師事務所從事建築工程實際工作累計 2 年以上
(B)在登記有案之民營事業機構從事建築工程實際工作累計 2 年以上
(C)任專科以上學校教授，講授建築學科至少一門且累計 2 年以上
(D)在政府機關從事建築工程實際工作累計 2 年以上

28 有關建築師法對於建築師獎懲之相關規定，下列敘述何者錯誤？
(A)建築師未經領有開業證書、未加入建築師公會而擅自執業者，除勒令停業外，並處新臺幣 1 萬元以上 3 萬元以下之罰鍰；其不遵從而繼續執業者，得按次連續處罰
(B)建築師受申誡處分 3 次以上者，應另受停止執行業務時限之處分；受停止執行業務處分累計滿 5 年者，應廢止其開業證書
(C)直轄市、縣（市）主管機關對於建築師懲戒事項，應設置建築師懲戒委員會處理之。建築師懲戒委員會應將交付懲戒事項，通知被付懲戒之建築師，並限於 20 日內提出答辯或到會陳述；如不遵限提出答辯或到會陳述時，得逕行決定
(D)建築師開業證書有效期間為 6 年，開業證書已逾有效期間未申請換發，而繼續執行建築師業務者，除勒令停業外，處新臺幣 6 千元以上 3 萬元以下罰鍰，並令其限期補辦申請；屆期不遵從而繼續執業者，由直轄市、縣（市）主管機關交付懲戒

29 依建築技術規則規定，高層建築物應依規定設置防災中心，有關防災中心的規定，下列敘述何者錯誤？
(A)防災中心應設置於避難層或其直上層或直下層
(B)樓地板面積不得小於 30 平方公尺
(C)防災中心之內部裝修材料應使用耐燃 1 級材料
(D)防災中心應有獨立之防火區劃，且其構造應具有 2 小時以上防火時效

30 依建築技術規則規定，下列何種建築物應辦理防火避難綜合檢討評定？
(A)高度達 25 層供建築物用途類組 H-2 組使用之高層建築物
(B)高度達 25 層供建築物用途類組 H-1 組使用之高層建築物
(C)高度 60 公尺供建築物用途類組 H-2 組使用之高層建築物
(D)高度 85 公尺供建築物用途類組 H-2 組使用之高層建築物

31 依建築技術規則規定，有關建築物通風設計，下列敘述何者錯誤？
(A)建築物居室通風設備分為自然通風及機械通風兩種
(B)一般居室之窗戶或開口之有效通風面積，不得小於該室樓地板面積 5%。但設置符合規定之自然或機械通風設備者，不在此限
(C)廚房除設有符合規定之機械通風設備外，其有效通風面積不得小於該居室樓地板面積之 1/10，且不得小於 0.8 平方公尺
(D)廚房樓地板面積在 80 平方公尺以上者，應另依建築設備編規定設置排除油煙設備

32 依建築技術規則規定，有關停車空間之構造，下列敘述何者錯誤？
(A)停車位角度超過 60 度者，其停車位前方應留設深 6 公尺，寬 5 公尺以上之空間
(B)車道之內側曲線半徑應為 5 公尺以上
(C)停車空間設置戶外空氣之窗戶或開口，其有效通風面積不得小於該層供停車使用之樓地板面積 4%或依規定設置機械通風設備
(D)停車空間應依用戶用電設備裝置規則預留供電動車輛充電相關設備及裝置之裝設空間，並便利行動不便者使用

33 依建築技術規則有關防火間隔規定，防火構造建築物，除基地鄰接寬度 6 公尺以上之道路或深度 6 公尺以上之永久性空地側外，下列敘述何者錯誤？
(A)建築物自基地境界線退縮留設之防火間隔未達 1.5 公尺範圍內之外牆部分，應具有 1 小時以上防火時效
(B)建築物自基地境界線退縮留設之防火間隔在 1.5 公尺以上未達 3 公尺範圍內之外牆部分，應具有半小時以上防火時效
(C)同一居室開口面積在 3 平方公尺以下，且以具半小時防火時效之牆壁（不包括裝設於該牆壁上之門窗）與樓板區劃分隔者，其外牆之開口不在此限
(D)一基地內二幢建築物間之防火間隔未達 3 公尺範圍內之外牆部分，應具有半小時以上防火時效

34 依建築技術規則規定，有關建築物安全梯或特別安全梯之設置，下列敘述何者錯誤？
(A)安全梯之樓梯間於避難層之出入口，應裝設具 1 小時防火時效之防火門
(B)特別安全梯得經由他座特別安全梯之排煙室或陽臺進入
(C)建築物各棟設置之安全梯，應至少有一座於各樓層僅設一處出入口且不得直接連接居室
(D)安全梯開設採光用之向外窗戶或開口者，應與同幢建築物之其他窗戶或開口相距 90 公分以上

35 依建築技術規則規定，有關學校校舍配置，下列敘述何者錯誤？
(A)臨接應留設法定騎樓之道路時，應自建築線退縮騎樓地再加 1.5 公尺以上建築
(B)臨接建築線或鄰地境界線者，應自建築線或鄰地界線退後 2.5 公尺以上建築
(C)教室之方位應適當，並應有適當之人工照明及遮陽設備
(D)建築物高度，不得大於二幢建築物外牆中心線水平距離 1.5 倍，但相對之外牆均無開口，或有開口但不供教學使用者，不在此限

36 依建築技術規則無障礙建築物專章之規定，建築物用途為集合住宅，設置停車空間總數共 800 輛，且全為法定車位，其需設置之無障礙停車位數至少不得少於幾輛？
(A) 8 輛　　　　　　(B) 9 輛　　　　　　(C) 10 輛　　　　　　(D) 25 輛

37 依建築技術規則規定，有關地下使用單元與地下通道之關係，下列敘述何者錯誤？
(A)地下使用單元臨接地下通道之寬度，不得小於 2 公尺
(B)地下使用單元內之任一點，至地下通道或專用直通樓梯出入口之步行距離不得超過 20 公尺
(C)地下通道之寬度不得小於 5 公尺，並不得設置有礙避難通行之設施
(D)地下通道及地下廣場之天花板淨高不得小於 3 公尺，但至天花板下之防煙壁、廣告物等類似突出部分之下端，得減為 2.5 公尺以上

38 依建築技術規則規定，有關高層建築物之配管，下列敘述何者錯誤？
(A)一般配管之容許層間變位為百分之一
(B)消防配管之容許層間變位為百分之一
(C)瓦斯配管之容許層間變位為百分之一
(D)高層建築物配管管道間應考慮維修及更換空間。瓦斯管之管道間應單獨設置。但與給水管或排水管共構設置者，不在此限

39 依建築技術規則實施都市計畫地區建築基地綜合設計規定，建築物之設計，其基地臨接道路部分，應設寬度至少多少公尺以上之步行專用道或法定騎樓？
(A) 3　　　　　　　　(B) 4　　　　　　　　(C) 5　　　　　　　　(D) 6

40 依建築技術規則規定，某建築物總樓地板面積合計 3,000 平方公尺，該建築物以基地內通路為進出道路。該建築物之基地內通路寬度至少應為幾公尺？
(A) 5 公尺　　　　　　(B) 6 公尺　　　　　　(C) 7 公尺　　　　　　(D) 8 公尺

41 依建築技術規則規定，有關工廠類建築物之裝卸位，下列敘述何者錯誤？
(A)作業廠房樓地板面積 1,500 平方公尺以上者，應設一處裝卸位
(B)作業廠房樓地板面積超過 1,500 平方公尺部分，每增加 5,000 平方公尺，應增設一處裝卸位
(C)裝卸位長度不得小於 13 公尺，寬度不得小於 4 公尺
(D)裝卸位淨高不得低於 4.2 公尺

42 依建築技術規則規定，有關老人住宅服務空間之設置面積，下列敘述何者錯誤？
(A)浴室含廁所者，每一處之樓地板面積應為 4 平方公尺以上
(B)公共服務空間合計樓地板面積應達居住人數每人 2 平方公尺以上
(C)居住單元 10 戶時，應至少提供一處交誼室
(D)受服務之老人超過 20 人者，應至少提供一處交誼室

43 依建築技術規則規定，下列何者非屬特定建築物？
(A)供其使用之樓地板面積為 1,500 平方公尺的集會堂
(B)供其使用之樓地板面積為 500 平方公尺的 1 層樓建築物，以防火牆區劃分開，面積分別為 190、160、150 平方公尺之 2 間店鋪及 1 間飲食店且均直接通達道路
(C)供其使用之總樓地板面積為 1,000 平方公尺的戲院
(D)供其使用之總樓地板面積 150 平方公尺的工廠

44 依建築技術規則規定，有關建築物雨水或生活雜排水回收再利用，下列敘述何者錯誤？
(A)總樓地板面積達 10,000 平方公尺以上之新建建築物。但衛生醫療類（F-1 組）或經中央主管建築機關認可之建築物，不在此限
(B)設置雨水貯留利用系統者，其雨水貯留利用率應大於 3%
(C)設置生活雜排水回收利用系統者，其生活雜排水回收再利用率應大於 30%
(D)由雨水貯留利用系統或生活雜排水回收再利用系統處理後之用水，可使用於沖廁、景觀、澆灌、灑水、洗車、冷卻水、消防及其他不與人體直接接觸之用水

45 依都市計畫法規定，都市計畫不包含下列何者？
(A)市（鎮）計畫　　(B)鄉街計畫　　　　(C)都會區計畫　　　　(D)特定區計畫

46 依都市計畫法規定，未發布細部計畫地區，應限制其建築使用及變更地形。但主要計畫發布至少已逾幾年以上，而能確定建築線或主要公共設施已照主要計畫興建完成者，得依有關建築法令之規定，由主管建築機關指定建築線，核發建築執照？
(A) 1　　　　　　　　(B) 2　　　　　　　　(C) 3　　　　　　　　(D) 4

47 依都市計畫法規定，下列敘述何者錯誤？
(A)都市計畫地區，得視地理形勢，使用現況或軍事安全上之需要，保留農業地區或設置保護區，並限制其建築使用
(B)特定專用區內土地及建築物，不得違反其特定用途之使用
(C)都市計畫經發布實施後，應依營造法之規定，實施建築管理
(D)商業區為促進商業發展而劃定，其土地及建築物之使用，不得有礙商業之便利

48 依都市計畫法規定，依本法指定之公共設施保留地供公用事業設施之用者，由各該事業機構依法予以徵收或購買；其餘由該管政府或鄉、鎮、縣轄市公所取得之，其取得方式不包含下列何者？
(A)撥用　　　　　　(B)徵收　　　　　　(C)區段徵收　　　　　　(D)市地重劃

49 依都市計畫容積移轉實施辦法規定，接受基地得以折繳代金方式移入容積，其折繳代金金額之查估及其所需費用之負擔，下列敘述何者正確？
(A)由直轄市、縣（市）主管機關委託三家以上專業估價者查估後評定之；必要時，查估工作得由直轄市、縣（市）主管機關辦理。其所需費用，由接受基地所有權人或公有土地上權人負擔
(B)由直轄市、縣（市）主管機關委託三家以上專業估價者查估後評定之；必要時，查估工作得由直轄市、縣（市）主管機關辦理。其所需費用，由送出基地所有權人負擔
(C)由直轄市、縣（市）主管機關委託二家以上專業估價者查估後評定之；必要時，查估工作得由直轄市、縣（市）主管機關辦理。其所需費用，由接受基地所有權人或公有土地上權人負擔
(D)由直轄市、縣（市）主管機關委託二家以上專業估價者查估後評定之；必要時，查估工作得由直轄市、縣（市）主管機關辦理。其所需費用，由送出基地所有權人負擔

50 依都市更新條例規定，更新地區劃定或變更後，直轄市、縣（市）主管機關得視實際需要，公告禁止更新地區範圍內建築物之改建、增建或新建及採取土石或變更地形，其禁止期限，最長不得超過幾年？
(A) 1　　　　　　(B) 2　　　　　　(C) 3　　　　　　(D) 4

51 依都市更新建築容積獎勵辦法規定，實施容積管制前已興建完成之合法建築物，其原建築容積高於基準容積者，下列敘述何者正確？
(A)得依原建築容積 10%給予獎勵容積
(B)得依原建築基地基準容積 30%給予獎勵容積
(C)得依原建築容積建築，或依原建築基地基準容積 10%給予獎勵容積
(D)得依原建築容積 10%，或依原建築基地基準容積 30%給予獎勵容積

52 依都市更新權利變換實施辦法規定，實施者應訂定期限辦理土地所有權人及權利變換關係人分配位置之申請；未於規定期限內提出申請者，如何處理？
(A)以公開抽籤方式分配之　　　　　　(B)由實施者分配之
(C)申請當地主管機關分配之　　　　　　(D)申請法院分配之

53 依國土計畫法規定，關於國土計畫之使用許可，下列敘述何者正確？
(A)依國土計畫法規定，未來於農業發展地區申請使用許可後，可將農業發展地區變更為城鄉發展地區
(B)依國土計畫法規定，未來於農業發展地區申請使用許可後，可辦理填海造地工程
(C)主管機關審議申請使用許可案件，應考量土地使用適宜性、交通與公共設施服務水準、自然環境及人為設施容受力
(D)國土計畫主管機關核發使用許可案件，應向申請人收取國土保育費作為改善或增建相關公共設施用途

54 依區域計畫法規定，區域計畫公告實施後之分區變更，下列敘述何者錯誤？
(A)為加強資源保育須檢討變更使用分區者，得由直轄市、縣（市）政府報經上級主管機關核定時，逕為辦理分區變更
(B)為開發利用，依各該區域計畫之規定，由申請人擬具開發計畫，檢同有關文件，向直轄市、縣（市）政府申請，報經各該區域計畫擬定機關許可後，辦理分區變更
(C)區域計畫擬定機關為開發利用許可前，應先將申請開發案提各該區域計畫委員會審議之
(D)依規定取得區域計畫擬定機關許可後，應先辦理分區及用地變更，再向直轄市、縣（市）政府繳交開發影響費

55 依區域計畫法施行細則規定，關於區域計畫之使用地編定，下列敘述何者錯誤？
(A)甲種建築用地：供山坡地範圍外之農業區內建築使用者
(B)乙種建築用地：供森林區、山坡地保育區、風景區及山坡地範圍之農業區內建築使用者
(C)丁種建築用地：供工廠及有關工業設施建築使用者
(D)農牧用地：供農牧生產及其設施使用者

56 依國土計畫法規定，關於國土計畫之擬定與變更，下列敘述何者錯誤？
(A)全部行政轄區均已發布實施都市計畫或國家公園計畫者，得免擬訂直轄市、縣（市）國土計畫
(B)直轄市、縣（市）國土計畫公告實施後，擬訂計畫之機關應視實際發展情況，每 10 年通盤檢討一次，並作必要之變更
(C)為加強資源保育或避免重大災害之發生，得適時檢討變更國土計畫
(D)為政府興辦國防、重大之公共設施或公用事業計畫，得適時檢討變更國土計畫

57 依公寓大廈管理條例規定，公寓大廈之起造人應將共用部分、約定共用部分與其附屬設施設備之相關圖說文件，於下列何種時機，會同政府主管機關、公寓大廈管理委員會或管理負責人現場針對水電、機械設施、消防設施及各類管線進行檢測，確認功能正常無誤後，移交之？
(A)於領得使用執照之日起 3 個月內
(B)於建築物所有權登記之區分所有權人達半數以上後 3 個月內
(C)於管理委員會成立或管理負責人推選或指定後 7 日內
(D)於接獲主管機關書面通知日起 7 日內

58 有關公寓大廈管理條例之用辭定義，下列敘述何者錯誤？
(A)區分所有：指數人區分一建築物而各有其專有部分，並就其共用部分按其應有部分有所有權
(B)共用部分：指公寓大廈專有部分以外之其他部分及不屬專有之附屬建築物，而供共同使用者
(C)管理委員會：指為執行區分所有權人會議決議事項及公寓大廈管理維護工作，由區分所有權人自願擔任委員所設立之組織
(D)規約：公寓大廈區分所有權人為增進共同利益，確保良好生活環境，經區分所有權人會議決議之共同遵守事項

59 依公寓大廈管理條例規定，有關公寓大廈之共用部分，下列何者得做為約定專用部分？
(A)公寓大廈本身所占之地面
(B)公寓大廈基礎、主要樑柱、承重牆壁、樓地板及屋頂之構造
(C)連通數個專有部分之走廊或樓梯，及其通往室外之通路或門廳
(D)法定停車空間

60 依公寓大廈管理條例規定，有關公寓大廈管理委員會之委員任期，下列敘述何者正確？
(A)法令無限制，得由區分所有權人會議決議
(B)任期為 1 至 2 年，但區分所有權人會議或規約未規定者，任期 1 年
(C)應報請地方主管機關核定任期
(D)法令無限制，依規約規定

61 依公寓大廈管理條例相關規定，起造人應按工程造價一定比例或金額提列公共基金之計算標準，下列敘述何者錯誤？
(A)新臺幣 1,000 萬元以下者為 20/1000
(B)逾新臺幣 1,000 萬元至新臺幣 1 億元者，超過新臺幣 1,000 萬元部分為 15/1000
(C)逾新臺幣 1 億元至新臺幣 10 億元者，超過新臺幣 1 億元部分為 5/1000
(D)逾新臺幣 10 億元者，超過新臺幣 10 億元部分為 4/1000

62 廠商對於公告金額以上採購異議之處理結果不服,得於收受異議處理結果之次日起最多不超過多少日內,以書面分別向主管機關、直轄市或縣(市)政府所設之採購申訴審議委員會申訴?
(A) 10　　　　　(B) 15　　　　　(C) 20　　　　　(D) 25

63 依營造業法規定,下列何者非營造業之專任工程人員應負責辦理之工作?
(A)查核施工計畫書,並於認可後簽名或蓋章　　(B)於開工、竣工報告文件及工程查報表簽名或蓋章
(C)督察按圖施工、解決施工技術問題　　　　　(D)按日填報施工日誌

64 依營造業法施行細則規定,下列何者為甲等綜合營造業資本額最低門檻?
(A)新臺幣 2,500 萬元　(B)新臺幣 2,250 萬元　(C)新臺幣 2,000 萬元　(D)新臺幣 1,750 萬元

65 依營造業承攬工程造價限額工程規模範圍申報淨值及一定期間承攬總額認定辦法規定,營造業承攬造價限額之敘述,下列何者錯誤?
(A)丙等綜合營造業承攬造價限額為新臺幣 2,700 萬元
(B)乙等綜合營造業承攬造價限額為新臺幣 9,000 萬元
(C)專業營造業承攬造價限額為其資本額之 8 倍
(D)甲等綜合營造業承攬造價限額為其資本額之 10 倍

66 依政府採購法規定,機關人員對於與採購有關之事項,涉及幾親等以內親屬,或共同生活家屬之利益時,應行迴避?
(A)二親等　　　　　(B)三親等　　　　　(C)四親等　　　　　(D)五親等

67 依政府採購法規定,追繳押標金之請求權,至多幾年不行使而消滅?
(A) 3 年　　　　　(B) 5 年　　　　　(C) 10 年　　　　　(D)無限制

68 依政府採購法規定,下列何者為廠商得向採購申訴審議委員會申訴之採購金額最低門檻?
(A)公告金額十分之一以上　　　　　(B)公告金額以上
(C)查核金額以上　　　　　　　　　(D)無金額限制

69 依政府採購法規定,機關通知廠商有查驗或驗收不合格情節重大之情形,且該廠商於機關通知日起前 5 年內被任一機關刊登 1 次,則經廠商提出異議申訴審議結果並無不實者,自刊登公報之次日起多久期間內不得參加投標或作為決標或分包廠商?
(A) 6 個月　　　　　(B) 1 年　　　　　(C) 2 年　　　　　(D) 3 年

70 有關建築師法對於建築師開業及執行業務之相關規定,下列敘述何者錯誤?
(A)建築師在未領得開業證書前,不得執行業務
(B)建築師自行停止執業,應檢具其開業證書,向中央主管機關申請註銷開業證書
(C)建築師受委託辦理業務,其工作範圍及應收酬金,應與委託人於事前訂立書面契約,共同遵守
(D)建築師對於公共安全、社會福利及預防災害等有關建築事項,經主管機關之指定,應襄助辦理

71 依建築物無障礙設施設計規範有關室外通路之規定,下列敘述何者錯誤?
(A)室外通路寬度不得小於 130 公分;但適用獨棟或連棟建築物時,其通路寬度不得小於 90 公分
(B)室外通路應考慮排水,洩水坡度為 1/100 至 1/50
(C)室外通路寬度 130 公分範圍內,儘量不設置水溝格柵或其他開口,如需設置,水溝格柵或其他開口應至少有一方向開口不得大於 1.3 公分
(D)室外通路如為必要設置之突出物,應設置警示設施

72 依建築物無障礙設施設計規範有關無障礙樓梯之規定,下列敘述何者錯誤?
(A)得設置梯級間無垂直板之露空式樓梯
(B)樓梯底版距其直下方地板面淨高未達 190 公分部分應設防護設施
(C)樓梯梯級鼻端至樓梯間過梁之垂直淨高不得小於 190 公分
(D)樓梯上所有梯級之級高及級深應統一,級高(R)應為 16 公分以下,級深(T)應為 26 公分以上,且 55 公分≦2R+T≦65 公分

73 依建築物無障礙設施設計規範有關無障礙昇降設備之規定，下列敘述何者錯誤？
　　(A)主要入口樓層之昇降機應設置無障礙標誌
　　(B)無障礙昇降設備之無障礙標誌，其下緣應距地板面 180 公分至 210 公分
　　(C)如主要通路走廊與昇降機開門方向平行，則應另設置垂直於牆面之無障礙標誌
　　(D)昇降機出入口之樓地板應無高差，並留設直徑 150 公分以上且坡度不得大於 1/50 之淨空間

74 依建築物無障礙設施設計規範有關無障礙廁所盥洗室之規定，下列敘述何者錯誤？
　　(A)無障礙廁所盥洗室之止水，不得採用截水溝
　　(B)無障礙廁所盥洗室與一般廁所相同，應於適當處設置廁所位置指示
　　(C)無障礙廁所盥洗室前牆壁或門上應設置無障礙標誌
　　(D)無障礙廁所盥洗室開門方向如與主要通路走廊平行，則應另設置垂直於牆壁之無障礙標誌

75 依建築物無障礙設施設計規範規定，有關無障礙輪椅觀眾席位地面有高差且無適當阻隔者之防護設施，下列敘述何者正確？
　　(A)應設置高度 5 公分以上之邊緣防護與高度 75 公分之防護設施
　　(B)應設置高度 10 公分以上之邊緣防護與高度 80 公分之防護設施
　　(C)應設置高度 15 公分以上之邊緣防護與高度 85 公分之防護設施
　　(D)應設置高度 20 公分以上之邊緣防護與高度 90 公分之防護設施

76 依建築物無障礙設施設計規範有關無障礙停車空間之停車格線劃設規定，下列敘述何者錯誤？
　　(A)停車格線之顏色應與地面具有辨識之反差效果
　　(B)停車位地面標誌圖尺寸應為長、寬各 80 公分以上
　　(C)下車區斜線間淨距離為 40 公分以下
　　(D)下車區斜線之標線寬度為 10 公分

77 依建築物無障礙設施設計規範有關無障礙客房之規定，下列敘述何者錯誤？
　　(A)無障礙客房內通路寬度不得小於 120 公分
　　(B)無障礙客房內通路之床間淨寬度不得小於 90 公分
　　(C)無障礙客房使用之電器插座及開關，應設置於距地板面高 70 公分至 100 公分範圍內，設置位置應距柱、牆角 30 公分以上
　　(D)無障礙客房之室內求助鈴，應至少設置 1 處

78 依都市危險及老舊建築物建築容積獎勵辦法規定，重建計畫範圍內建築基地面積達 500 平方公尺以上者，取得銀級候選等級智慧建築證書之容積獎勵額度為基準容積百分之幾？
　　(A) 10　　　　　(B) 8　　　　　(C) 6　　　　　(D) 4

79 依都市危險及老舊建築物建築容積獎勵辦法規定，重建計畫範圍內原建築基地之原建築容積高於基準容積者，其容積獎勵額度為原建築基地之基準容積百分之幾，或依原建築容積建築？
　　(A) 5　　　　　(B) 10　　　　　(C) 15　　　　　(D) 20

80 依農業用地興建農舍辦法之規定，除離島地區外，申請興建農舍之農業用地，其農舍用地面積最多不得超過該農業用地面積百分之幾？
　　(A) 5　　　　　(B) 8　　　　　(C) 10　　　　　(D) 15

測驗式試題標準答案

考試名稱： 111年專門職業及技術人員高等考試建築師、31類科技師（含第二次食品技師）、大地工程技師考試分階段考試（第二階段考試）暨普通考試不動產經紀人、記帳士考試

類科名稱： 建築師

科目名稱： 營建法規與實務（試題代號：1801）

單選題數：80題　　　　　　　單選每題配分：1.25分

複選題數：　　　　　　　　　複選每題配分：

標準答案：

題號	第1題	第2題	第3題	第4題	第5題	第6題	第7題	第8題	第9題	第10題
答案	C	B	C	B	A	B	C	C	B	D

題號	第11題	第12題	第13題	第14題	第15題	第16題	第17題	第18題	第19題	第20題
答案	C	D	C	C	B	C	D	A	C	B

題號	第21題	第22題	第23題	第24題	第25題	第26題	第27題	第28題	第29題	第30題
答案	C	B	A	D	D	B	C	D	B	B

題號	第31題	第32題	第33題	第34題	第35題	第36題	第37題	第38題	第39題	第40題
答案	D	C	D	B	B	B	C	A	B	B

題號	第41題	第42題	第43題	第44題	第45題	第46題	第47題	第48題	第49題	第50題
答案	B	C	B	B	C	B	C	A	A	B

題號	第51題	第52題	第53題	第54題	第55題	第56題	第57題	第58題	第59題	第60題
答案	C	A	C	D	B	B	C	C	D	B

題號	第61題	第62題	第63題	第64題	第65題	第66題	第67題	第68題	第69題	第70題
答案	D	B	D	B	C	A	B	D	A	B

題號	第71題	第72題	第73題	第74題	第75題	第76題	第77題	第78題	第79題	第80題
答案	D	A	B	A	A	B	D	C	B	C

題號	第81題	第82題	第83題	第84題	第85題	第86題	第87題	第88題	第89題	第90題
答案										

題號	第91題	第92題	第93題	第94題	第95題	第96題	第97題	第98題	第99題	第100題
答案										

備　　註：